UNION INTERNATIONALE DES SCIENCES PRÉHISTORIQUES ET PROTOHISTORIQUES
INTERNATIONAL UNION FOR PREHISTORIC AND PROTOHISTORIC SCIENCES

PROCEEDINGS OF THE XV WORLD CONGRESS (LISBON, 4-9 SEPTEMBER 2006)
ACTES DU XV CONGRÈS MONDIAL (LISBONNE, 4-9 SEPTEMBRE 2006)

Series Editor: Luiz Oosterbeek

VOL. 21

2006 lisboa uispp XVcongresso

Session C64

Space and Time: Which Diachronies, Which Synchronies, Which Scales?

Session C65

Typology vs. Technology

Edited by

Thierry Aubry
Francisco Almeida
Ana Cristina Araújo
Marc Tiffagom

BAR International Series 1831
2008

This title published by

Archaeopress
Publishers of British Archaeological Reports
Gordon House
276 Banbury Road
Oxford OX2 7ED
England
bar@archaeopress.com
www.archaeopress.com

BAR S1831

Proceedings of the XV World Congress of the International Union for Prehistoric and Protohistoric Sciences
Actes du XV Congrès Mondial de l'Union Internationale des Sciences Préhistoriques et Protohistoriques

Outgoing President: Vítor Oliveira Jorge
Outgoing Secretary General: Jean Bourgeois
Congress Secretary General: Luiz Oosterbeek (Series Editor)
Incoming President: Pedro Ignacio Shmitz
Incoming Secretary General: Luiz Oosterbeek

Space and Time: Which Diachronies, Which Synchronies, Which Scales? / Typology vs. Technology, vol.21, Sections C64 and C65

ISBN 978 1 4073 0315 4

Contacts :
Secretary of U.I.S.P.P. – International Union for Prehistoric and Protohistoric Sciences
Instituto Politécnico de Tomar, Av. Dr. Cândido Madureira 13, 2300 TOMAR
Email: uispp@ipt.pt
www.uispp.ipt.pt

Printed in England by Alden HenDi, Oxfordshire

All BAR titles are available from:

Hadrian Books Ltd
122 Banbury Road
Oxford
OX2 7BP
England
bar@hadrianbooks.co.uk

The current BAR catalogue with details of all titles in print, prices and means of payment is available free from Hadrian Books or may be downloaded from www.archaeopress.com

NOTE OF THE SERIES EDITOR

The present volume is part of a series of proceedings of the XV world congress of the International Union for Prehistoric and Protohistoric Sciences (UISPP / IUPPS), held in September 2006, in Lisbon.

The Union is the international organization that represents the prehistoric and protohistoric research, involving thousands of archaeologists from all over the world. It holds a major congress every five years, to present a "state of the art" in its various domains. It also includes a series of scientific commissions that pursue the Union's goals in the various specialities, in between congresses. Aiming at promoting a multidisciplinary approach to prehistory, it has several regional or thematic associations as affiliates, and on its turn it is a member of the International Council for Philosophy and Human Sciences (an organism supported by UNESCO).

Over 2500 authors have contributed to c. 1500 papers presented in 101 sessions during the XVth world Congress of UISPP, held under the organisation of the Polytechnic Institute of Tomar. 25% of these papers dealt with Palaeolithic societies, and an extra 5% were related to Human evolution and environmental adaptations. The sessions on the origins and spread of hominids, on the origins of modern humans in Europe and on the middle / upper Palaeolithic transition, attracted the largest number of contributions. The papers on Post-Palaeolithic contexts were 22% of the total, with those focusing in the early farmers and metallurgists corresponding to 12,5%. Among these, the largest session was focused on prehistoric mounds across the world. The remaining sessions crossed these chronological boundaries, and within them were most represented the regional studies (14%), the prehistoric art papers (12%) and the technological studies (mostly on lithics – 10%).

The Congress staged the participation of many other international organisations (such as IFRAO, INQUA, WAC, CAA or HERITY) stressing the value of IUPPS as the common ground representative of prehistoric and protohistoric research. It also served for a relevant renewal of the Union: the fact that more than 50% of the sessions were organised by younger scholars, and the support of 150 volunteers (with the support of the European Forum of Heritage Organisations) were in line with the renewal of the Permanent Council (40 new members) and of the Executive Committee (5 new members). Several Scientific Commissions were also established.

Finally, the Congress decided to hold its next world congress in Brazil, in 2011. It elected Pe. Ignácio Shmitz as new President, Luiz Oosterbeek as Secretary General and Rossano Lopes Bastos as Congress secretary.

L.O.

TABLE OF CONTENTS

LIST OF FIGURES

Session C64 – Space and time: which Diachronies, which Synchronies, which Scales?

Session C65 – Typology vs Technology

LIST OF TABLES

Session C64 – Space and time: Diachronies, wich Synchronies, wich Scales?

Session C65 – Typology vs Technology

Brève introduction aux Colloques

C64 – ESPACE ET TEMPS: QUELLES DIACHRONIES, QUELLES SYNCHRONIES, QUELLES ECHELLES? ET C65 – TYPOLOGIE VS TECHNOLOGIE

Thierry AUBRY, Francisco ALMEIDA, Ana Cristina ARAÚJO et Marc TIFFAGOM

Les articles qui suivent correspondent à des communications présentées lors de deux colloques (C64 et C65) qui étaient intégrés dans le programme du XV° Congrès de l'U.I.S.P.P qui c'est déroulé en septembre 2006 à Lisbonne.

Le premier – **C64 Espace et temps: Quelles diachronies, quelles synchronies, quelles échelles?** – proposait de mettre en relation des données archéologiques afin d'établir des informations spatiales et temporelles. Nous lancions explicitement un appel à des contributions où les résultats permettaient de reconstruire 1) les processus sédimentaires et pédologiques et 2) l'organisation spatiale, à différentes échelles spatiales et temporelles, de vestiges archéologiques. L'objectif consistait à ouvrir une discussion sur l'interprétation et les méthodes susceptibles de permettre une corrélation de ces différentes catégories d'informations.

Pour le second de ces colloques – **C65 Typologie vs Technologie** – nous avions jugé que le moment était opportun pour faire le bilan des déviations actuelles de l'approche technologique, par rapport aux objectifs qui avait été fixés à la fin des années 70. La multiplication récente de travaux où sont décrits des procédés qui se voudraient révolutionnaires de production de lames ou de lamelles "sous le coude", ou la redécouverte de l'utilisation de percuteurs en pierre, ont abouti à la profusion de termes d'attente et d'assemblages lithiques décrits avec un luxe de détail, mais sans aucune consistance dans les cadres chers à notre esprit cartésien.

Ces thèmes ont été jugés comme pertinents et ces deux sessions ont été parrainées par les membres présents appartenant à la commission 8 de l'UISPP, lors d'une réunion sur le Gravettien qui s'est tenue en juin 2004 aux Eyzies-de-Tayac.

Lorsque nous avons diffusés ces deux projets, les réactions ont été distinctes. La session C64 – qui se proposait de présenter des exemples concrets d'analyse spatiale des données archéologiques et géoarchéologiques pour une approche des différents temps de la Préhistoire – s'inscrit dans la ligne d'axes de recherches actuelles de nombreuses équipes et dans le cadre de plusieurs réunions scientifiques de ces dernières années. Ainsi, elle a rapidement fait l'objet de nombreuses propositions. Cependant, les articles proposés permettent encore de constater que le dialogue constructif entre archéologues, géoarchéologues et les "dateurs" est loin d'être établi.

Le modèle de l'archéologie aux *multiples prestataires de service* reste encore la pratique dominante et le nerf de la guerre. Cette solution ne facilitera pas une mise en route systématique de l'approche taphonomique et critique des sites de référence, préalable qui nous semble de plus en plus nécessaire. La diversité et la richesse des présentations orales de la session chargée du 9 Septembre trouve son pendant dans celles des 10 articles qui nous ont été proposés pour publication dans les actes.

La restitution du cadre chrono-stratigraphique d'une région préhistorique, quelle qu'elle soit, constitue à n'en pas douter la pierre angulaire de notre discipline: sans elle, tout édifice paléohistorique et paléoanthropologique ressemblera plus à un château de cartes qu'à une cathédrale gothique. Appliqué par **Thierry Aubry**, **Miguel Almeida, Luca Dimuccio, Cristina Gameiro, Maria João Neves** et **Laurent Klaric** à la région centrale du Portugal, à partir d'un essai original de corrélation des séquences pédo-sédimentaires, ce *précepte* a permis aux auteurs de cet article d'inférer l'existence de processus érosifs durant la période 30.000-10.000 BP; en particulier durant les premières phases du Paléolithique supérieur, si bien que seule une partie de la séquence aurignacio-gravettienne est représentée dans cette région. En la replaçant dans le contexte du débat actuel sur l'origine et l'évolution des premières industries laminaires du sud-ouest de l'Europe (cf. "Neandertal *versus* Homme moderne"), cette information met ainsi en évidence le caractère par trop spéculatif des théories échafaudées jusqu'ici. Comme le soulignent les auteurs: *la description de ces discontinuités et la caractérisation de leurs rythmes et processus apparaissent comme des préalables nécessaires à toute discussion concernant l'interprétation des hiatus archéo-stratigraphiques*. On rejoint ici, bien sûr, le célèbre aphorisme – *l'autre* précepte – énoncé par J. Tixier il y a tout juste 40 ans sur la *valeur scientifique* des registres archéologiques: *l'autonomie et la pureté d'une série lithique, l'évolution des outillages appartenant à une même civilisation, la succession chronologique des différentes civilisations ne peuvent être démontrées que dans un cadre stratigraphique inattaquable* (1967: 772).

Ces deux préceptes apparaissent d'ailleurs en filigrane dans l'article suivant, *Approche pluridisciplinaire pour la reconstitution des processus pédo-sédimentaires et anthropiques au cours du Pléniglaciaire supérieur: application aux occupations solutréennes du site des Maîtreaux (France).* **Thierry Aubry, Miguel Almeida, Morgane Liard, Bertrand Walter** et **Maria João Neves** y abordent en effet les questions relatives au *rythme de sédimentation* des vestiges lithiques, scandé ici en trois temps: celui de l'accrétion sédimentaire, de la pédogenèse et du pergisol; leur *agencement micro-stratigraphique* ou encore leur *répartition spatiale*, si fondamentales pour toute tentative de reconstitution *paléoanthropologique* des modes de vie préhistoriques. Car c'est bien d'"épaisseur humaine" dont il est question ici: l'*intégrité stratigraphique* démontrée, le *caractère "palimpsestoïde"* solidement argumenté, les auteurs cherchent alors à mesurer, depuis une perspective *typo-technologique*, et en introduisant notamment la notion de *temps subjectif*, l'*épaisseur chronologique*, *"paléomicro-historique"* et, finalement, *palethnologique* de cet "Étiolles solutréen".

Catherine Cretin et **Michel Brenet** se placent plutôt dans l'approche techno-économique en nous proposant une analyse "pluridimensionnelle" de vestiges lithiques issus de deux niveaux d'occupation du Paléolithique moyen et de l'Aurignacien récent, mis au jour lors d'une fouille de sauvetage sur le site de Combemenue. Les résultats obtenus reposent sur l'application du concept de chaîne opératoire à l'étude des industries lithiques.

L'analyse taphonomique préalable des deux niveaux permet d'entamer une discussion sur les limites de l'interprétation de la représentation des chaînes opératoires des différentes matières premières utilisées sur un site. Les auteurs abordent plus particulièrement la question de l'interprétation de la sous représentation des produits lamellaires obtenus à partir des burins busqués du niveau supérieur et des ses possibles implications fonctionnelles. Il nous est proposé une interprétation techno-économique des vestiges taillés en quartzite et en silex qui provient d'une quinzaine de kilomètres et qui a servi à produire et à exporter des lamelles, pendant l'Aurignacien et des supports pseudo-levallois triangulaires, pour le Moustérien.

Pascal Foucher et **Cristina San Juan-Foucher** nous proposent un réexamen, selon le concept de chaîne opératoire, de contextes lithiques et osseux du Gravettien des Pyrénées, à partir des données d'une nouvelle fouille sur le site de Gargas. L'ensemble de résultats obtenus nuance les approches régionales antérieures et indique des relations avec d'autres secteurs géographiques, principalement la portion occidentale des Pyrénées, mais aussi avec le Nord de l'Aquitaine. Trois échelles d'espaces géographiques et des niveaux de contact sociaux sont proposées par les auteurs pour expliquer les déplacements de matériaux. La confrontation de ce modèle spatial aux données radiométriques les conduit à constater une apparente stabilité d'une tradition culturelle aux manifestations symboliques homogènes, sur plusieurs millénaires. Ce fait leur permet d'envisager un axe de recherche qui s'attacherait à mettre en évidence des rythmes différés entre les traditions symboliques et techniques.

Cristina Gameiro, Thierry Aubry et **Francisco Almeida** nous présentent une étude des sources d'origine et la reconstitution de leurs modalités d'approvisionnement. Ils analysent la circulation et les modalités de transformation des matières premières lithiques de séries issues de deux sites en domaine karstique, du centre du Portugal, qui contiennent des occupations magdaléniennes. L'approche, guidée par le concept de *chaîne opératoire*, s'appuie sur un référentiel lithologique des roches siliceuses qui rend possible une connaissance des espaces géographiques connus ou parcourus par ces populations. Malgré le caractère fondamentalement local de l'approvisionnement en matériaux lithiques des deux séries, la présence de silex à grain fin d'origine allochtone destinés à la production d'armatures qui permet aux auteurs de formuler des hypothèses qui restent à tester concernant reconstitution des territoires et les voies possibles de déplacement des ces groupes magdaléniens.

Francisco Almeida utilise deux exemples de contextes gravettiens de l'Estremadura portugaise où les taux de remontage sont exceptionnellement élevés, pour exposer les avantages de la combinaison des remontages avec l'enregistrement tridimensionnel des vestiges, dans l'objectif de répondre à plusieurs problématiques d'analyse stratigraphique, spatiale et paléocomportementale. Dans la Grotte de Lapa do Anecrial, cette approche a permis de différencier les volumes débités lors de deux passages gravettiens séparés d'environ 2000 ans, du même secteur de la cavité. Sur la surface d'occupation EE15 de l'Abri do Lagar Velho, l'application de la méthode des remontages et l'analyse de la répartition en trois dimensions des artefacts a permis à l'auteur de présenter un modèle d'analyse spatiale à une micro échelle qui indique la transmission de blocs entre différents tailleurs et où est proposé une séquence chronologique des différentes séquences de débitage, autours d'une petite structure de combustion.

Monique Olive et **Nicole Pigeot** nous exposent leur reconstitution de schémas opératoires de débitages de lames et des processus anthropique à l'origine de la répartition spatiale des vestiges taillés de niveaux d'occupation du site magdalénien d'Étiolles. La mise en évidence de faits récurrents concernant le déplacement des nucléus et l'enchaînement d'opérations de taille dans les différents secteurs du site, sont utilisés pour reconstituer la durée du séjour des groupes humains, le rythme et l'intervalle de leur accumulation et le contexte social des activités témoignés par les vestiges lithiques. Cette reconstitution en termes de temps et d'espace à l'échelle d'un site est fondée sur des données d'ordre technique et de l'interprétation des relations entre vestiges remontés dont la séquence des enlèvements peut être reconstituée. Cette approche, dans la ligne des travaux de Leroi-Gourhan à Pincevent, a déjà largement démontré son potentiel comme moyen de reconstitution de la durée, de l'intervalle d'occupation d'un site et pour approcher les comportements humains des sociétés préhistoriques. Néanmoins, le développement de l'approche palethnologique, la démonstration de récurrence nous semble encore chercher des moyens pour établir des relations entre sites.

L'article de **Ana Cristina Araújo** et **Francisco Almeida** présente des résultats obtenus grâce à l'application de la méthode des remontages de vestiges lithiques taillés et thermoaltérés provenant du site mésolithique de Barca de Xerez afin d'analyser la cohérence stratigraphique et d'évaluer l'intégrité des niveaux archéologiques comme préalables à une analyse de l'organisation de l'habitat. Ce site qui présente plusieurs niveaux d'occupation humaine dont la production lithique, homogène, est quasi exclusivement macrolithique, permet une approche diachronique d'unités archéologiques définies par les remontages. Les résultats présentés montrent qu'une analyse systématique et minutieuse des différents ensembles archéologiques met en évidence des degrés variables de conservation post-dépositionnelle en relation avec les processus de recouvrement et la réutilisation d'un même espace. Ces nuances permettent aux auteurs de proposer des hypothèses en terme de fonctionnalité des éléments lithiques taillés et chauffés, en relation avec les restes fauniques conservés, à l'échelle du site et de la sa réutilisation cyclique dans le cadre de l'exploitation des ressources d'un espace géographique plus large.

Grégor Marchand nous fourni un excellent d'exemple de comment aborder un site archéologique et des voies de recherche envisageables pour mieux travailler et contrôler l'information. Si le but de l'archéologue est bien d'élaborer des connaissances, la démarche doit tenir compte des processus de formation et d'altération du registre archéologique, qu'ils soient d'origine naturelle ou bien d'origine anthropique. Le gisement de l'Essart (Poitiers, France) a livré des nombreuses structures de combustion datées du Mésolithique final qui se trouvent immédiatement au-dessous d'une occupation du Néolithique final. La reconstitution du filtre taphonomique, associée aux études de l'organisation spatiale des vestiges, ont permis à l'auteur de proposer des hypothèses explicatives sur le fonctionnement de ce contexte.

Marie-Isabelle Cattin nous offre une étude des vestiges lithiques magdaléniens abandonnés sur les campements de Neuchâtel-Monruz et Hauterive-Champréveyres sur la base d'une analyse technologique et des remontages, intégrés avec d'autres données obtenues sur ces sites. A partir de la représentation technologique des chaînes opératoire de productions des supports de l'outillage de cette phase du Magdalénien, de la reconstitution de la biographie fonctionnelle d'usage des armatures microlithiques, elle place les activités de taille au sein de l'ensemble des activités liées à la chasse et en terme temporelle de la durée de formation du site archéologique, depuis l'installation jusqu'à l'abandon. Ces propositions aboutissent à une évaluation de la durée du passage sur le site, de la forme technologique et fonctionnelle sous lesquelles sont arrivés et repartis les différentes catégories de silex locaux et allochtones. Le cadre interprétatif des vestiges lithique, en termes d'activités, qu'elle nous propose en synthèse constitue une première systématisation de cette approche et des éléments pris en comptes pour organiser spatialement, fonctionnellement et temporellement les données. Cette proposition nous paraît une base de travail extrêmement originale et d'un grand potentiel s'il est appliqué systématiquement.

Le thème de la session C65 était probablement trop ambitieux dans le cadre du fonctionnement et des objectifs d'un grand colloque. Si plusieurs communications ont permis une utile mise au point concernant les objectifs de l'étude des industries lithiques et les problèmes ressentis par chacun, sommes nous en mesure de les mettre en relation directe avec des changements culturels? Néanmoins, les réflexions qui nous sont proposées dans les 12 articles qui correspondent à cette session posent toutes en toile de fond cette question qui pourra difficilement continuer à être evitée.

Michel Lenoir nous dresse un riche historique du développement des approches dites typologiques et technologiques appliquées aux industries lithiques taillés, au cours du 20° siècle. Après avoir établi un bilan des objectifs et de la nature des informations fournies par chaque domaine d'analyse, il place le principal tournant au moment l'approche historico-culturelle visant à établir des changements diachroniques de normes techniques, fondée sur des bases chronostratigraphiques, a fait place au développement de l'approche technologique, influencée par les ethnologues. Il nous rappelle que dans l'optique d'une étude de changements évolutifs et diachroniques, la méthode d'étude typologique s'est imposée et ses raffinements en cours continuent à en faire un outil maniable et efficace pour comparer des séries lithiques. Les observations d'ordre technique qui étaient présente dans la définition des catégories des listes typologiques des initiateurs de cette approche sont de plus en plus et mieux intégrées et la réinterprétation de ce qui avait été considéré comme des outils en nucléus en "forme d'outils" est maintenant consensuelle. Il termine en souhaitant que les approches typologique et technologique ne s'imposent désormais plus comme rivales ou concurrentes mais soient complémentaires, mais aussi et surtout, pour qu'une réelle multidisciplinarité soit appliquée aux études des industries lithiques.

Anthony Marks et **Nicholas Conard** nous présentent les résultats d'une courageuse tentative d'approche technologique et typologique de vestiges lithiques taillés provenant des fouilles de Mumba Cave. Il s'agit à la lueur des paradigmes et de problème théoriques actuels de réétudier une collection issue de l'une des plus longues séquences stratigraphique du continent africain dans l'objectif de la problématique de la transition entre le MSA et le LSA. L'étude en cours nous révèle une apparente uniformité technologique au long de toute la séquence tout en mettant en évidence une évolution "monotone" dans le sens d'une disparition graduel de la technologie levallois et l'augmentation de la technologie de production bipolaire. Ces résultats permettent de réviser les attributions antérieurement proposées pour la séquence de Mumba.

Dans leur contribution sur l'Aurignacien Archaïque et le Protoaurignacien de la région Cantabrique **Arrizabalaga Valbuena** et **Maíllo-Fernández** présentent une argumentation convaincante sur la complémentarité des approches typologiques et technologique appliquées aux industries lithiques. Ils analysent l'évolution des industries lithiques entre la fin du Moustérien (au sein duquel il est, selon les auteurs, impossible de définir une phase finale) et les phases initiales de l'Aurignacien qui est ici abordé à partir des données provenant de deux sites clés de la région: Cueva Morin et Labeko Koba. Sur les deux séquences, ils notent un processus graduel de changement typologique et technologique, avec l'existence de rares pièces attribuable dans le Châtelperronien, le Protoaurignacien et l'Aurignacien Archaïque présentent des éléments typo-technologiques qu'ils considèrent caractériser les premiers technocomplexes réellement leptolithique dans les Cantabres.

Juan F. Gibaja et **Nuno Bicho** nous présentent les résultats d'une approche tracéologique prèliminare des vestiges de pierre taillée issus des niveaux d'occupation gravettiens et solutréens du site de Vale Boi. Les pièces qui ont été analysées ne sont pas seulement des outils retouchés mais aussi des supports bruts. Les résultats révèlent la conservation de différentes traces et endommagement en relation avec des modes d'utilisation et sur des matériaux variés, sans qu'apparaissent de nettes différences entre les deux cultures. On attend avec intérêt l'élargissement du prélèvement et l'élargissement aux pointes lithiques bifaciales des niveaux solutréens ainsi qu'une comparaison entre la fonction des outils communs au deux cultures

Parce qu'il traite, finalement, de la reconstitution du cadre chrono-stratigraphique du Solutréen du centre de la France, **Thierry Aubry, Miguel Almeida, Javier Mangado Llach, Maria João Neves, Jean-Baptiste Peyrouse** et **Bertrand Walter** aurait pu être inséré dans la section 64 de ce congrès. Toutefois, la démarche proposée ici est différente de celle utilisée dans les deux autres articles: il s'agit d'une approche strictement *techno-économique*, qui intègre les données à la fois *typologiques*, *"techniques"* (au sens large) et *lithologiques* des principaux sites du bassin versant de la Creuse (Les Maitreaux, Monthaud et Fritsch) et, dans une moindre mesure, de la Charente et de la Dordogne (La Tannerie, Le Placard, Laugerie-Haute et le Fourneau du Diable). Or, par cette inclination méthodologique, les auteurs entendent nous rappeler que l'*identification des stratégies lithiques*, au moyen du concept de *chaîne opératoire*, ou plus exactement de *fractionnement spatio-temporel de la chaîne opératoire*, peut – doit – être un complément aux analyses taphonomiques, paléoclimatiques, etc. Mais pas n'importe quelle identification, car celle-ci demeure trop souvent cloisonnée: la typologie pour la typologie par exemple, renvoyant donc aux calandres grecques l'approche véritablement *litho-typo-technologique*, telle qu'elle est développée ici. Les premiers résultats sont d'ailleurs très prometteurs, puisqu'on apprend, notamment, qu'il existe des indices de *complémentarité fonctionnelle* entre le site de plein air des Maitreaux et l'Abri Fritsch, de *convergence technique* entre l'Abri de Monthaud et Laugerie-Haute et de *diffusion des matériaux* entre la vallée de Creuse et le bassin Aquitain; ce qui prouve bien, au passage, que les "stratigraphies subjectives" (sites fouillés au début du XXème siècle) ne sont pas insondables. La *dimension palethnologique*, c'est-à-dire *culturelle*, est dès à présent effleurée. Quand sera-t-elle embrassée?

Catherine Cretin reprend la notion de complémentarité entre les deux approches typologiques et technologiques. Elle examine la nature des informations fournies par l'application de chacune des approches à des industries lithiques de la transition du Solutréen au Magdalénien. L'auteur constate la richesse mais aussi la complexité de comparaison des données technologiques qui rend difficile la définition de norme culturelle. L'exigence de hiérarchisation qui est lancé dans l'article de Boris Valentin, apparaît là aussi clairement, il "semble maintenant nécessaire de dépasser le domaine de l'expertise pour tenter la synthèse" en établissant que "certains outils sont très importants et d'autres moins, et que certaines chaînes opératoires sont capitales, alors que d'autres représentent une part plus aléatoire du comportement technique". De cette réflexion naît une piste de recherche séduisante où "l'agencement du système technique badegoulien relèverait plus d'une organisation en réseau que d'une structure. Contrairement aux structures, dont la raison d'être est de fixer une norme qu'il est difficile d'outrepasser, le réseau permettrait de passer plus aisément d'une solution technique à une autre, d'un outil à l'autre". L'application de protocoles d'analyse qui ont abouti à des propositions de reconstitutions de l'organisation sociale des occupations de la fin du tardiglaciaire du Bassin parisien (*cf* article Olive et Pigeot) pourrait permettre de franchir un pas dans cette direction?

Bodu Pierre Bodu et **Lucie Chehmana** nous montre comment l'approche technologique des industries badegoulienne issues des fouilles récentes sur le gisement de Oisy (Nièvre, France) permet de mettre en évidence une composante de production lamellaire mais surtout le la mettre en relation avec des lamelles retouchées que les conditions d'une fouille moderne ont permis de récupérer. Cette constatation n'est pas sans importance, si l'on considère l'ancienneté et la fragilité des données qui fondent le cadre chronostratigraphique du Paléolithique supérieur du bassin parisien et le fait que le Badegoulien du bassin parisien demeurait, il y a peu, comme la seule culture matérielle matérielles du Paléolithique supérieur exempte d'une production d'armature sur supports lamellaire. On notera une fois encore, l'accumulation d'indice d'exploitation des ressources lithiques et des coquilles pour l'élaboration de la parure, en provenance de régions du bassin parisien où les indices archéologiques contemporains sont encore absents qui devrait permettre d'orienter de nouvelles prospections et montrent clairement les lacunes de la documentation actuelle.

Guillaume Boccacio et **Frédéric Bazile** nous offrent, pour la phase ancienne du Salpétrien qui fait suite au Dernier Maximum Glaciaire, un bon exemple de comment compléter des données typologiques traditionnelles par des observations d'ordre technologique dans l'objectif d'obtenir une vision plus complète de l'évolution des industries lithiques. Malgré l'absence de remontage il leur est possible de constater des continuités et des ruptures d'ordre technique entre le Solutréen supérieur et le Salpétrien. Il fonde leur argumentation pour en faire deux entités, sur l'abandon de la retouche plate et la réduction des schémas opératoires employé pour la production des supports laminaires qui passent à un objectif principal de production de supports standardisés pour la production des types de pointes à cran qui caractérisent le Salpétrien.

Boris Valentin défend une position opposée à l'idée largement répandue et acceptée d'une distinction et de complémentarité entre les approches dites typologiques et technologiques. Cette séparation artificielle découlerait, selon lui, de l'évolution de la Préhistoire, où chacun s'est octroyé une priorité sur les deux composantes des ensembles lithiques, l'"outillage retouché" et les "restes de débitage". L'auteur souligne qu'à l'instar de la crise du milieu du 20° siècle, dans le développement des études typologiques de l'outillage retouché, l'arrêt à une étape descriptive devient pratique courante dans les études qui se disent technologiques. Elles se gardent bien souvent de tenter une hiérarchisation et l'insertion des faits techniques constatés dans le cadre de systèmes techniques globaux. Or, c'est justement cet objectif que visaient les préhistoriens qui ont adapté le concept de chaînes opératoires des ethnologues qui s'est progressivement effacé au détriment de listes de schéma opératifs types. En utilisant trois exemples d'outils retouchés issus de domaines géographiques et de chronologie variées, des armatures lithiques de projectile, confectionnées sur des supports lamellaires, il nous expose comment l'analyse typologique n'a jamais été uniquement morphologique et doit nécessairement faire appel à des observations techniques. Nous nous associons à lui pour espérer que plus personne ne considère que l'approche technologique doive être restreinte à l'examen des seuls "déchets" de taille, mais aussi pour que nous l'entamions au moment où elle a effectivement débuté, celui de la collecte des matières premières, et passions à une phase moins empirique d'utilisation des faits techniques pour arriver à une "*véritable palethnologie de la culture matérielle cherchant à restituer quelques liens entre les rares composantes préservées et aujourd'hui disjointes des systèmes techniques préhistoriques*".

Dans une autre contribution volontairement "provocante" de la session 65, **Lawrence G. Straus** met le doigt dans la plaie quand il réfléchi sur les méthodes qui ont été utilisées pour définir des entités culturelles au sein du Paléolithique supérieur et met en cause la propre méthodologie d'étude du registre archéologique. L'auteur évoque le problème des possibles convergences technologiques, la survivance de fossile directeur et le rôle de la variabilité intra et inter site en relation avec les activités qui y ont été réalisés. La comparaison entre des données obtenues lors de fouilles anciennes et de travaux actuels en contexte de grotte et d'abri nous semble particulièrement pertinente, tout comme son alerte sur la nécessité de définition de la cohérence des prélèvements, conditions qui affecte aussi bien l'approche typologique que celles de nature technologie qui tendent actuellement à les remplacer pour définir des entité culturelles.

Federica Fontana et **Maria G. Cremona** profitent de la problématique du Colloque C65 pour discuter des avantages d'intégration des approches technologiques et typologiques afin d'interpréter des séries archéologiques issues de sites de plein air de la marge méridionale du Po (Italie). Ces sites, attribués à l'Holocène initial, sont quasiment exclusivement caractérisés par leurs ensembles lithiques. Ce travail, clair et bien structuré, a permis aux auteurs d'identifier les objectifs et les modalités de production lithique pour l'ensemble de ces gisements sauveterriens, et de formuler des hypothèses explicatives sur la nature (chronologique?, fonctionnelle?, ethnique?) de leur variabilité qui concerne les types d'outils et les chaînes opératoires représentés. Malheureusement, l'absence d'éléments liés à d'autres aspects comportementaux empêche une connaissance plus épurée des autres activités des groupes humains à l'origine de l'accumulation de ces vestiges lithiques.

Quels supports ont été employés pour produire les différentes catégories d'outils trouvés sur le site sauveterrien de Galgenbuhel (Italie)?, c'est la question qu' **Ursula Wierer** se pose dans sa contribution au Colloque C65. La voie choisie par l'auteur repose sur l'analyse des méthodes et techniques de taille et des déchets de fabrication des *outils à dos* et des *outils du fond commun,* décrits dans ce texte selon la nomenclature *Laplacienne* et par l'application de la méthode des remontages pour la reconstitution des schémas opératoires de production des supports allongés. Les résultats de cette étude sont forts intéressants, néanmoins on peut regretter que la problématique posée demeure restreinte. Il sera surement très profitable de discuter les résultats obtenus d'un point de vue diachronique, ce que les différentes occupations sauveterriennes documentées à l'intérieur du gisement permettent.

SPACE AND TIME:
WHICH DIACHRONIES, WHICH SYNCHRONIES, WHICH SCALES?

CARACTERISATION ET DISCONTINUITES DES REGISTRES PEDO-SEDIMENTAIRES DE L'OCCIDENT PENINSULAIRE ENTRE 30.000 ET 10.000 BP: IMPLICATION SUR L'INTERPRETATION ARCHEOLOGIQUE

Thierry AUBRY

Instituto Português de Arqueologia, Extensão do IPA em Pombal, Largo da Piscina Municipal, P-3100-449 Pombal, Portugal. thaubry@sapo.pt

Miguel ALMEIDA

Dryas Arqueologia, Av. Fernão de Magalhães, 157, 4º, sala 11, 3000-176 Coimbra, Portugal. miguel.almeida@dryas-arqueologia.pt

Luca DIMUCCIO

Instituto de Estudos Geográficos & Departamento de Ciências da Terra, Universidade de Coimbra, Portugal. luca@ci.uc.pt

Cristina GAMEIRO

Doctorant à l'université de Paris 1, UMR 7041 et boursière de la *Fundação para a Ciência e Tecnologia* (Fondation pour la Science et la Technologie) (SFRH/BD/6709/2001) cgameiro@netcabo.pt

Maria João NEVES

Dryas Arqueologia, Av. Fernão de Magalhães, 157, 4º, sala 11, 3000-176 Coimbra, Portugal. mjoao.neves@dryas-arqueologia.pt

Laurent KLARIC

UMR 7041 Equipe d'Ethnologie Préhistorique, Allée de L'Université, 21, 92023 Nanterre, France laurent.Klaric@mae.u-paris10.fr

***Résumé**: Après avoir occupé le devant de la scène internationale, sous l'influence de Carlos Ribeiro et J.F. Nery Delgado, la recherche préhistorique portugaise devient progressivement tributaire des résultats obtenus dans d'autres pays. En effet, le Paléolithique de la façade atlantique de la Péninsule ibérique a souvent été interprété en fonction de la chronologie établie à partir des séquences karstiques du Sud-Ouest français et plus particulièrement de Dordogne. À la lumière de ce paradigme l'absence de certaines phases du Paléolithique supérieur de la "séquence classique", dans le registre paléolithique du Portugal fait depuis quelques années l'objet d'une vive discussion. Ce débat concerne particulièrement la chronologie et les modalités de diffusion des premières "cultures" du Paléolithique supérieur dans la région. Pour le Pléistocène supérieur, le registre stratigraphique karstique de la basse vallée du Mondego montre des discontinuités sédimentaires prenant place à la fin du Paléolithique moyen et au début du Paléolithique supérieur. Les observations réalisées lors de travaux archéologiques récents, indiquent que ces discontinuités sédimentaires pourraient expliquer les hiatus observés. De tels phénomènes compliqueraient donc la reconstitution des premières phases du Paléolithique supérieur de l'Ouest de la Péninsule Ibérique. De ce fait, la description de ces discontinuités et la caractérisation de leurs rythmes et processus apparaissent comme des préalables nécessaires à toute discussion concernant l'interprétation des hiatus archéo-stratigraphiques. Cet article a donc pour objectif de décrire précisément le registre pédo-sédimentaire et archéo-stratigraphique de différents sites archéologiques du centre du Portugal. Ces gisements, qui ont fait l'objet de fouilles récentes sont situés dans la région du massif karstifié de Condeixa-Sicó-Alvaiázere (Buraca Grande, Buraca Escura, Vale das Buracas et Abrigo 1 de Vale dos Covões) et au nord du Mondego (Gândara do Outil 1). À partir de ces données, nous proposons une corrélation entre les séquences sédimentaires de chaque site en termes de faciès et d'interprétation des conditions climatiques. Dans un second temps, les événements sédimentaires, érosifs ou lacune de sédimentation, matérialisés par des discontinuités majeures sont intégrés dans un cadre chronologique. L'analyse parallèle des processus de constitution et d'évolution post-dépositionnelle des dépôts sédimentaires et des caractéristiques typo-technologiques et économiques des industries lithiques des différents niveaux archéologiques sert de point de départ à l'élaboration de différents scénarios permettant d'expliquer les changements techniques et culturels observés dans l'Occident péninsulaire entre 30.000 et 10.000BP.*

***Mots-clés**: Paléolithique, séquence karstique, fleuve Mondego, Discontinuité stratigraphique*

***Abstract**: After a phase of pivotal international role, under the works of Carlos Ribeiro and J.F. Nery Delgado, Portuguese prehistory has become more and more tributary of results obtained in other European countries. This explains why quite often the Palaeolithic of Atlantic western Iberia is interpreted in the framework of Southwest France Karstic sequences, specifically those studied in Dordogne. The absence of certain phases of the "classical sequence" on the Portuguese record has been a recurrent theme of debate in the latest years. This debate has been focusing specifically on the chronology and diffusion modalities of the first upper Palaeolithic "cultures" of the region.*

The stratigraphic record from the Lower Mondego karstic sequences evidences sedimentary discontinuities taking place at the transition between the final Middle Palaeolithic and the initial Upper Palaeolithic. Recent fieldwork suggests that those erosion discontinuities may explain the observed cultural hiatuses. For this reason, the description of such discontinuities and their rhythm becomes crucial for any discussion concerning the interpretation of archaeological and sedimentary absences.
In this paper we evaluate the pedo-sedimentary and archeo-stratigraphic record of several recently excavated karstic sequences from central Portugal. The sites locate on the Condeixa-Sicó-Alvaiázere massif (Buraca Grande, Buraca Escura, Vale das Buracas and Abrigo 1 de Vale de Covões), and on Mondego northern margin (Gândara do Outil 1). After a correlation between sedimentary facies and paleoclimatic inferences based on the observed sequences, the major discontinuities were plotted on a regional chronological framework. The inclusion of the techno-typological characteristics of the lithic assembles from different archeological levels to this sedimentary background permits the elaboration of different scenarios for the explanation of technical and cultural changes between 30.000 and 10.000 BP.
***Keywords**: Palaeolithic, Karstic sequence, Mondego River. Stratigraphical discontinuity*

***Resumo**: Após ter conhecido um lugar cimeiro na cena internacional, sob influência de Carlos Ribeiro e J.F. Nery Delgado, a investigação pré-histórica portuguesa, tornou-se progressivamente tributária dos resultados obtidos noutros países. Com efeito, o Paleolítico da fachada Atlântica da Península Ibérica foi frequentemente interpretado em função da cronologia estabelecida a partir de sequências cársticas do Sudoeste francês, mais precisamente da Dordonha. À luz deste paradigma, a ausência, em Portugal, de certas fases da sequência crono-estratigráfica do Paleolítico superior da região dita clássica, foi objecto de discussões e de interpretações divergentes. O tema mais polémico reside na cronologia e na reconstituição das modalidades de difusão das primeiras culturas do Paleolítico superior. Durante o Pleistocénico superior, o registo arqueológico associado ao carso do baixo Mondego revela fases de descontinuidades sedimentares no fim do Paleolítico médio e no início do Paleolítico superior. As observações efectuadas durante trabalhos arqueológicos recentes indicam que estas fases erosivas e as lacunas do registo sedimentar poderiam explicar a inexistência de certas ocupações. Tais fenómenos complicam a reconstitução da sequência de ocupação humana do fim do Paleolítico médio e das primeiras fases do Paleolítico superior. Assim, a descrição das descontinuidades, dos ritmos e processos é indispensável antes de iniciar uma interpretação dos hiatos arqueo-estratigráficos. Este artigo descreve o registo pedo-sedimentar e arqueo-estratigráfico de sítios arqueológicos do centro de Portugal. Estes, objecto de intervenções recentes, pertencem ao carso do maciço de Condeixa-Sicó-Alvaiázere (Buraca Grande, Buraca Escura, Vale das Buracas e o Abrigo 1 de Vale dos Covões) e a margem norte do Mondego (Gândara do Outil 1). Avançamos uma proposta de correlação entre as diversas sequências, com base no fácies sedimentar e na interpretação climática. Numa segunda fase, os eventos sedimentares, erosivos ou hiatos de sedimentação, materializados pelas descontinuidades estão posicionados num quadro cronológico. Esta proposta e as características tecno-tipológicas das indústrias líticas lascadas servem de base a diversas hipóteses de interpretação da evolução observada no registo do ocidente peninsular, entre 30.000 e 10.000 BP.*
***Palavras-chave**: Paleolítico, sequência cársica, Mondego, descontinuidades estratigráficas*

CADRE THÉORIQUE: LES DERNIÈRES CULTURES DU PALÉOLITHIQUE MOYEN ET L'ÉMERGENCE DU PALÉOLITHIQUE SUPÉRIEUR EN PÉNINSULE IBÉRIQUE

Dans le Sud de la Péninsule ibérique, la découverte de restes néandertaliens et de vestiges lithiques attribuables au Paléolithique moyen datés aux alentours de 30.000 BP (Hublin *et al.*, 1995) a conduit à une multiplication des travaux visant à expliquer la perduration des industries de type Paléolithique moyen dans cette région. Deux principaux scénarios ont été avancés. Pour Zilhão et d'Errico (1999; 2003), les industries à supports laminaires (dites de "transition") n'auraient aucun rapport avec l'arrivée des hommes modernes. Ces derniers n'apporteraient les éléments caractéristiques de la "culture aurignacienne" qu'aux alentours de 36.000 BP. Sa diffusion d'Est en Ouest serait alors le fruit d'une hybridation entre les deux groupes (Zilhão et Trinkaus, 2002). Pour d'autres (Raposo et Cardoso, 1998; Bicho, 2005), le contact entre les néandertaliens et les hommes modernes se produirait bien plus tôt (vers 43.000 BP.) au Nord des Pyrénées et la cohabitation serait à l'origine de la transformation laminaire des industries produites par les néandertaliens. Au Portugal, ce phénomène de contact serait beaucoup plus tardif et n'aurait lieu qu'autour de 27.000 BP. Dans ce deuxième scénario, les premiers hommes modernes arriveraient en limite sud occidentale de l'Europe porteur d'industries lithiques de type "gravettien" (Bicho, 2005). Pour chacun des deux scénarios, l'existence ou l'absence de vestiges d'occupation attribuables à l'Aurignacien ou au Gravettien ancien au Portugal revêt une importance capitale dans la discussion.

Toutefois, les types d'outils lithiques découverts au Portugal sont toujours comparés avec ceux des séquences d'abri ou de grotte de l'aire franco-cantabrique. Une telle démarche reviendrait donc à considérer que le schéma évolutif soit identique à l'échelle de l'Europe occidentale. Or cette approche découle plutôt d'un déficit en données archéologiques locales qui ne permet pas d'établir une séquence propre au Sud-Ouest de la Péninsule ibérique.

Les "faits" attestant de la présence de l'Aurignacien et du Gravettien ancien au Portugal sont finalement assez "maigres". Pour argumenter, l'existence d'une phase récente de l'Aurignacien, on dispose seulement de 6 lamelles Dufour (5 fragments et une entière) à la grotte de Pego do Diabo, trois à Salemas et quatre à Escoural (Zilhão, 1997). Quant à l'attribution des sites de plein air de Vascas et Vale de Porcos, au Gravettien, elle ne repose que sur "2 microgravettes et 4 burins" (Bicho, 2005).

Si ces marqueurs typologiques sont très ténus, il faut cependant souligner que d'un point de vue technologique

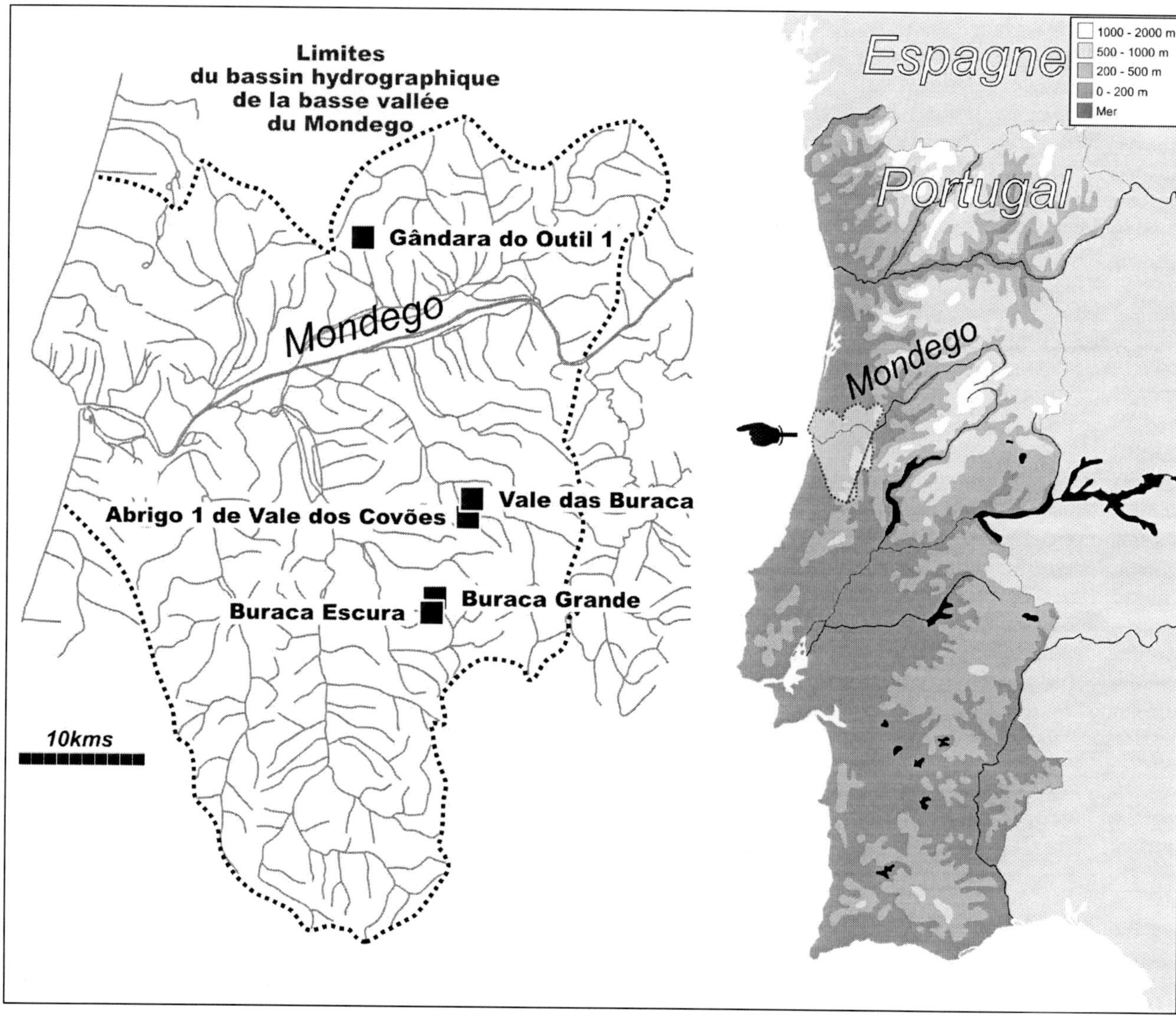

Fig. 1.1 – Localisation du Bas Mondego et des 5 sites étudiés
(Gândara de Outil 1, Buraca Escura, Buraca Grande, Abrigo do Vale dos Covões, Vale das Buracas)

les données sont plus riches. Ainsi, on dispose de plusieurs milliers de vestiges provenant tous de sites localisés sur des sources de silex: Vale de Porcos, Vascas, Sanguinhal (Zilhão, 1997 e 2006; Bicho, 2005), Chainça (Thacker, 2001), dans la région de Rio Maior et Gândara de Outil I à Cantanhede (Almeida *et al.*, 2006; Aubry *et al.*, 2006). Si ces gisements présentent tous des industries se rapprochant de l'Aurignacien ou du Gravettien d'un point de vue technologique, nous ne disposons malheureusement d'aucune datation absolue. Néanmoins, nous pensons que le déficit temporaire de datations absolues ne constitue pas une raison suffisante pour accepter sans discussion l'application du "modèle aquitain" (Sonneville-Bordes, 1988) à l'ensemble de la Péninsule ibérique et particulièrement à sa partie sud occidentale.

Il apparaît donc essentiel d'évaluer la représentativité du registre archéologique de l'occident péninsulaire, avant de pouvoir proposer un scénario explicatif et d'établir les bases d'un cadre chrono-stratigraphique régional. C'est à partir des sites du centre du Portugal que nous proposons d'analyser en détail les processus de constitution et d'évolution post-dépositionnelle des dépôts sédimentaires et leur contenu archéologique afin de déterminer dans quelle mesure ce registre peut être utilisé pour reconstituer les différents épisodes d'occupation humaine de ces territoires.

LE CENTRE DU PORTUGAL ET LA RÉGION DU BAS MONDEGO: LES RAISONS D'UN CHOIX

Le fleuve Mondego prend sa source dans la Serra da Estrela (sommet le plus élevé du Portugal continental) pour parcourir 220 km avant de se jeter dans l'océan Atlantique à Figueira da Foz. Durant son parcours, il draine en grande partie des terrains cristallins et ne rencontre les terrains sédimentaires du bassin lusitanien qu'à partir de Coimbra soit à moins de 30 kilomètres de son estuaire.

La partie la plus basse du bassin, connue sous le nom de bas Mondego (Fig. 1.1) associe des unités morphologiques très variées: montagne et plateaux calcaires, collines gréseuses, plaines alluviales e plateaux littoral. Il s'agit d'un espace géographique complexe, où se conjuguent des paysages variés en relation avec la lithologie et/ou de la structure géologique. Cette diversité semble justifier son appropriation directe ou indirecte, dès l'époque préhistorique en plein air, en grotte ou sous abri.

Dans cette dernière portion du bassin versant du Mondego, les affluents des deux rives parcourent des formations sédimentaires des étages Secondaire et du Tertiaire. La variété de la roche mère sur une aire restreinte, l'enfoncement du réseau hydrographique et les mouvements tectoniques sont à l'origine de terroirs variés. Malgré ce contexte favorable, un seul site paléolithique était connu (Ribeiro, 1982) avant que nous ne travaillions dans la région. C'est la raison qui nous a conduit à initier un travail de prospections (Aubry et Moura, 1993), de sondages et de fouilles dans le cadre de deux projets de recherche pluriannuels. Depuis, l'image de l'occupation paléolithique de la région a radicalement changée et s'est trouvée grandement enrichie (Fig. 1.1). Ce sont les données issues de ces travaux que nous présentons ci-après.

LES DONNÉES PÉDO-SÉDIMENTAIRES

Géoarchéologie, une approche récente au Portugal

Les études stratigraphiques basées sur l'analyse sédimentologique des dépôts développées par Bonifay (1962), puis par H. Laville (1975) et Laville *et. al.* (1980) en Périgord, et Hoyos Gómes (1979) dans les Cantabres et les Asturies, ont permis de proposer un cadre corrélatif entre les séquences de ces régions où ont été définies les différentes phases du Paléolithique moyen et supérieur. La critique de l'interprétation proposée, en termes de reconstitution des conditions paléoenvironnementales et la question de subjectivité de cette appréciation apparaît déjà dans les travaux de Farrand (1985). D'autres travaux vont alors se développer afin de chercher à mieux comprendre les processus de dépôt en pied de paroi calcaire et leur relation avec les facteurs climatiques (Le Ber, 1985; Lautridou et Ozouf , 1978) et ceux de nature pédologique (Bullock *et al.*, 1985; Goldbert 1983; Courty *et al.*, 1987) qui les affectent postérieurement à leur mise en place. La nécessité de reconstituer les processus naturels de dégradation des sites après leur abandon par l'homme préhistorique s'est imposé depuis la fin des années 1980 (Texier *et al.*, 1998; Bertrand 1994; Bertran et Lenoble, 2002; Bordes 2002).

Au Portugal, les études géoarchéologiques (Aldeias, 2003) n'ont pas suivi ces développements. Celles effectuées par F. Real (1985) sur les karsts, étaient basées sur des analyses granulométriques (méthodologie en vigueur à l'époque). Ce n'est que récemment, dans le cadre de la mise en place du *Centro de Investigação em Paleoecologia Humana e Arqueociências* (CIPA) que D. Angelucci (2003) et F. Sellami (Aubry *et al.*, 2002) ont initié des études selon une approche géomorphologique et réalisé les premières analyses micromorphologiques.

Les données géo-archéologiques des sites du Bas Mondego

Optant pour la même démarche que celle mise en œuvre par D. Angelucci pour l'analyse de la séquence de l'Abri du Lagar Velho à Lapedo (Angelucci, 2003) et de la Grotte de Lapa dos Coelhos (Almeida *et al.,* 2004), nous présentons ici une étude géoarchéologique qui est basée sur la description des séquences stratigraphiques observées sur les différents sites fouillés. Cette première phase permet déjà plusieurs observations qui seront complétées ultérieurement par des analyses de laboratoire (en cours).

Gândara do Outil

Le site de plein air de Gândara de Outil 1 fut détecté lors de prospections de surface en 2002 et a fait l'objet de sondages en 2003. Le gisement se situe dans une petite vallée secondaire d'un affluent direct du Mondego (en rive droite) qui coupe le rebord méridional du plateau calcaire de "Outil" (Almeida *et al.,* 2006, 2006; Aubry *et al,*. 2006). À cet endroit, les calcaires de la limite entre le Bajocien et le Bathonien livrent en abondance du silex sous forme de nodules pouvant dépasser 30 cm. Lorsqu'ils sont en place dans leur encaissant, ces silex sont souvent fracturés et leur matière siliceuse de qualité médiocre, leur transport dans les formations crétacés et tertiaires (où, naturellement, ils se trouvent en volumes plus réduits) a produit une épigénie secondaire qui en a amélioré la qualité pour le débitage de supports lamellaires.

La description de terrain nous a permis de définir 10 unités qui peuvent être regroupées en 4 ensembles stratigraphiques séparés par 3 discontinuités (Tableau 1.1).

Buraca Escura

Les autres sites fouillés sont localisés dans les calcaires du même étage (Bajocien/Bathonien) qui constituent l'ossature du massif calcaire de Síco, à une vingtaine de kilomètres plus au sud, en rive gauche du Mondego. Dans ce secteur, des remontées isostatiques ont provoqué un enfoncement plus important du réseau hydrographique (Cunha, 1990) et la mise au jour d'un réseau karstique dont la base est toujours active.

Ainsi, la Grotte dite "Buraca Escura", est localisée à 250 mètres d'altitude sur un versant fortement incliné (entre 160 et 310 m d'altitude), exposé vers le Nord. Elle s'est développée à partir d'une fracture, perpendiculaire au canyon et parallèle au miroir de faille qui limite le massif vers l'océan (Aubry et Moura, 1993; Aubry *et*

Tab. 1.1 – Corrélation de faciès entre les différentes séquences stratigraphiques des sites archéologiques étudiés, discontinuités observées et propositions de reconstitution paléo-climatique

BURACA ESCURA

1	*2*	*3*	*4*	*5*	*6*
	actuel				
C1		**CE1 - BE**	Lutites d'aspect massif et granulaire, brun foncé fragments et blocs de calcaire, matière organique	Flux hydrique/décantation, Bioturbation chute de blocs et remaniement anthropique	Tempéré et humide
	DE3				
C2a **C2b** **C2c**		**CE2 - BE**	Lutite massive, teinte brun jaune galets de quartz et de quartzite homogènement répartis pierres calcaires anguleuses à sub-anguleuses nodules carbonatés	Flux hydrique/décantation Cryoclastie Percolation/pédogénèse	Frais et humide
	DE2				
C2d **C2e** **C2f**		**CE3 - BE**	sable massif brun rouge, galets de quartz et de quartzites dans une matrice pélitique pierre et blocs calcaires anguleux à subanguleux, concrétionnés	Flux ou mise en place rapide Cryoclastie et chute de blocs Percolation/pédogénèse	Frais et humide
	DE1				
C3		**CE4 - BE**	Argiles rouges	Altération karstique	Froid ou tempéré (?)

BURACA GRANDE

1	*2*	*3*	*4*	*5*	*6*
	actuel				
C1 **C2** **C3** **C4** **C5** **C6c**		**CE1 - BG**		apport et remaniement anthropiques	Tempéré humide
	DE3				
C7c **C8a/b** **C8c**		**CE2 - BG**	Lutites massives de teinte brune à brun foncée avec des petits galets de quartz et de quartzite répartis de manière homogène, fragments de calcaire anguleux ou sub-anguleux matière organique	Flux hydrique et décantation chute de blocs Pedogénèse	frais et humide
	DE2				
C9a **C9b-1** **C9b-2**		**CE3 - BG**	Lutites massives de teinte brun rouge et brun jaune pierres calcaires anguleuses à sub-anguleuses concretions carbonatées pulvérulentes encroutement de manganèse	Flux ou mise en place rapide Cryoclastie et chute de blocs Percolation/Pédogénèse	frais et humide
	DE1				
C10 **C11**		**CE4 - BG**	Argiles rouges à blocs de calcaire	Altération karstique chute de blocs	Froid ou tempéré

ABRIGO DE VALE DOS COVÕES

1	*2*	*3*	*4*	*5*	*6*
	actuel				
UE1 **UE2** **UE3** **UE4**		**CE1 - BVC**	conglomérat de support clastique massif à pierres et blocs de calcaire anguleux à sub-anguleux peu de matrice lutitique de teinte grise Lutite blanchâtres massives lentilles de sable stratifié, concrétions carbonatées bioturbation intense	remeximento antropico Cryoclastie et chute de blocs Flux hydrique localisé Inundation/stagnation Pédogénèse	tempéré à frais humide
	DE4				
UE5		**CE2 - BVC**	conglomérat de support clastique stratifié pierre et blocs de calcaire, anguleux à sub-anguleux faible matrice lutitique de teinte grise	chute de bloc mise en place rapide (essenciellement gravitaire)	tempéré à frais humide
	DE3				
UE6 **UE7** **UE8O** **UE8a**		**CE3 - BVC**	sables grossiers à moyens, grains de calcaire stratification entrecroisée matrice lutitique bioturbation intense Lutites brun jaune massives concretions carbonatées, présence de *helicideos*	Flux hydrique localisé Inundation/stagnation pédogénèse	Frais humide
	DE2				
UE8b **UE8c**		**CE4 - BVC**	conglomérat de support clastique stratifié pierres calcaires anguleuses à sub-anguleuses faible matrice lutitique de teinte brune, oxydation concrétions carbonatées et de manganèse	Cryoclastie mise en place rapide (essenciellement gravitaire) pédogénèse	Froid ou tempéré (?)
	DE1				

VALE DAS BURACAS					
1	*2*	*3*	*4*	*5*	*6*
	actuel				
UE1 UE2		CE1 - VB	Lutites de teinte noire pierres calcaires roulées hétérométriques	Flux ou mise en place rapide pédogénèse	Tempéré à frais humide
	DE3				
UE3A UE3		CE2 - VB	lit de galets de calcaire anguleux à sub-anguleux lutites d'aspect massif de teinte brune à galets de quartz et de quartzites	cryoclastie Flux ou mise en place rapide pédogénèse	Tempéré à frais humide
	DE2				
UE4 UE5		CE3 - VB	Argiles de teinte rouge à brun rouge à galets de quartz et de quartzite	Flux ou mise en place rapide altération karsique	Froid ou tempéré (?)
	DE1				

GÂNDARA DE OUTIL 1					
1	*2*	*3*	*4*	*5*	*6*
	actuel				
UEOV UEOV1 UEOm UE1		CE1 - GO	Destruction anthropique récente (labour préalable à la plantation d'eucalyptus) et sol actuel		Tempéré et humide
	DE3				
UE2		CE2 - GO	paléosol de teinte brune foncée	pédogénèse bioturbation	frais et humide
	DE2				
UE3a UE3b UE3c UE3d		CE3 - GO	dépôt de limon-sableux hétérométrique, teinte rougeâtre sans structure interne galets de quartz et quartzite à basse sphéricité, anguleux sub-anguleux à sub-arrondis de haute sphéricité sable fin bien calibré, propre et blanchâtre (hydro-éoliens) galets de quartz et de quartzites de haute sphéricité, arrondis et sub-arrondis	flux hydrique déposition éolienne	Frais et humide
	DE1				
UE4		CE4 - GO	dépôt sableux rouge-jaune à galets quartz et quartzites hétérométriques, sans struture interne	flux et mise en place rapide	frais et humide

al., 2001). La zone fouillée entre 1991 et 1997 est située au niveau de l'entrée actuelle de la salle principale qui est surmontée par une galerie supérieure, active en période de pluie et actuellement obstruée par des dépôts concrétionnés. Cette galerie doit être en contact avec le sommet de la vallée, où sont visibles des entrées de petits gouffres régulièrement obstrués par des bergers. La galerie qui s'ouvre à l'ouest de l'entrée actuelle se termine par un puits en contact avec une galerie inférieure colmatée qui s'étend en direction du massif calcaire et est en relation avec une petite entrée située à quelques mètres au nord (en contrebas de la salle fouillée).

La coupe longitudinale et la projection des vestiges osseux et lithiques indiquent un recul du versant. Les dépôts de l'ensemble 3 ont été tronqués et devaient se prolonger vers la vallée au moment de leur mise en place. L'importance des apports argileux en sédiments karstiques antérieurs au Pléistocène supérieur et en éléments clastiques (provenant de la désagrégation des parois) nous ont permis de définir 8 unités lors de la fouille. Ces dernières toutefois peuvent être regroupées en quatre ensembles stratigraphiques séparés par 3 discontinuités (Tableau 1.1).

Buraca Grande

La Grotte de Buraca Grande est localisée un peu plus haut et en amont du canyon, sur le versant qui fait face à la cavité précédente (Aubry et Moura 1994; Aubry *et al.* 1997). Les fouilles effectuées entre 1991 et 2002 ont révélé trois séquences stratigraphiques distinctes (Fig. 1.2). La première a été identifiée dans l'entrée et dans la salle qui débouche sur le porche actuel. La deuxième, plus épaisse, occupe le fond de la sale intermédiaire. La cavité se termine par des salles profondes qui sont obstruées au moins depuis le Mésolithique récent et qui préservent la troisième.

La séquence de l'entrée, qui contient des vestiges d'occupations paléolithiques, est superposée à des sédiments argileux et sableux. Ils correspondent à un dépôt, de chronologie indéterminée, à un moment où la galerie était plus longue et en régime fermé. Lors de la fouille, la roche mère n'a pas été atteinte dans la séquence de la salle intermédiaire. Cette dernière repose sur un cône d'argile et de gros blocs dont le pendage est de l'ordre de 30° en direction du fond de la cavité. Cette salle est en relation avec une galerie supérieure par un puits. La dernière portion de la cavité, en contrebas de cette salle, a

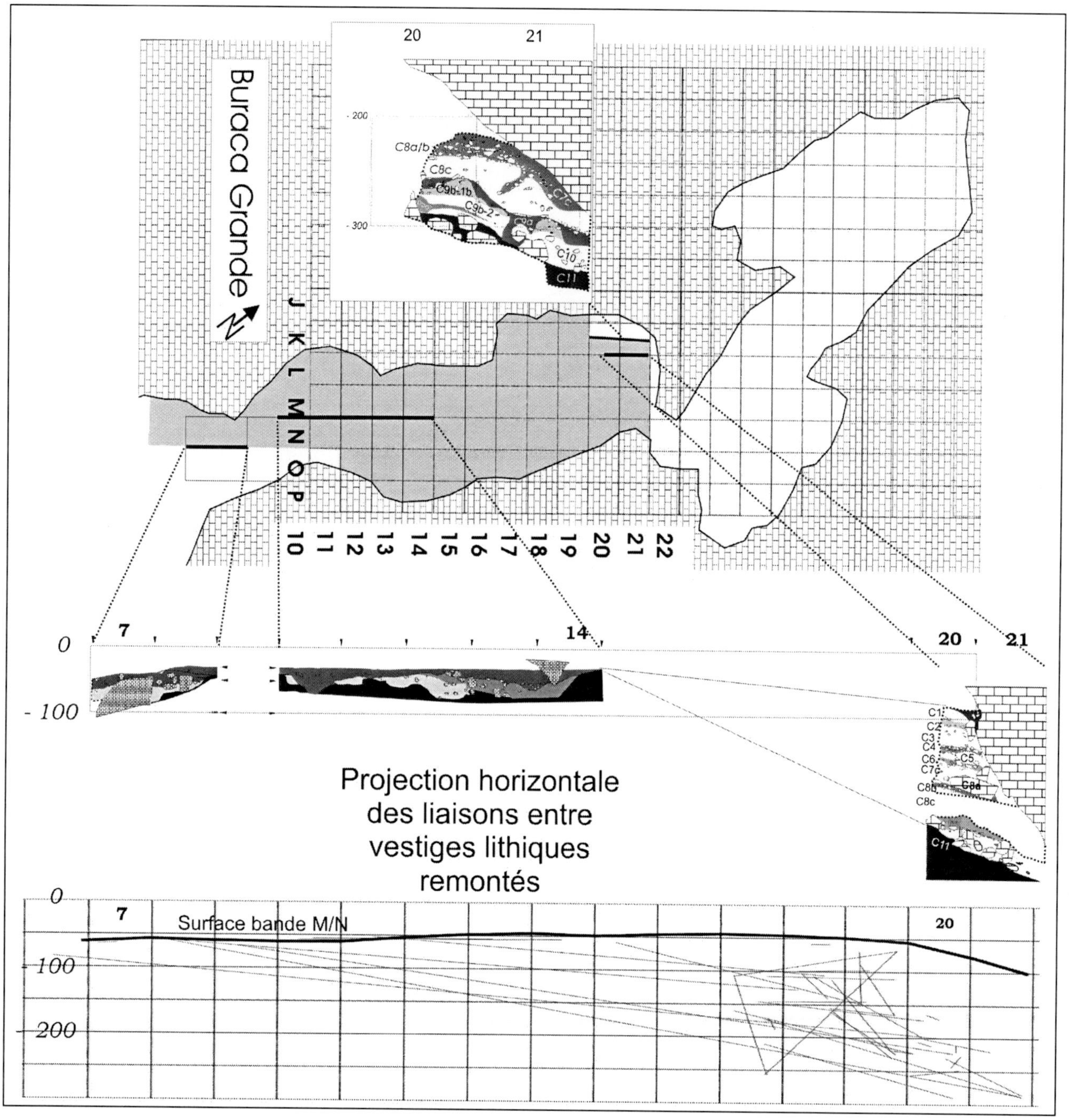

Fig. 1.2 – Représentation de la projection verticale des relations établies par remontage entre des vestiges lithiques de l'ensemble de la séquence stratigraphique de la grotte de Buraca Grande

servi de butée pour les sédiments érodés en provenance de la seconde salle. La proportion des matériaux organiques, des apports en sédiments karstiques antérieurs au Pléistocène supérieur, de fragments rocheux de désagrégation des parois et les apports anthropiques nous ont permis de définir 14 unités lors de la fouille. Ces dernières peuvent être regroupées en 4 ensembles sédimentaires séparés par trois discontinuités (Tableau 1.1 et Fig. 1.2).

Afin d'évaluer la cohérence du contenu archéologique des différentes unités sédimentaires et de reconstituer les processus et la chronologie de leur mise en place, nous avons tenté le remontage systématique des vestiges lithiques de plus de 5 mm sans distinction de provenance stratigraphique.

Bien que la fouille n'ait concerné qu'un peu plus des deux tiers de l'ensemble du volume des dépôts conservés dans la cavité (Fig. 1.2), la tentative de remontage systématique des 7694 vestiges lithiques a seulement permis de mettre en relation 73 pièces soit un taux de remontage de moins de 1%. Les tentatives systématiques sur des silex allochtones présents á quelques unités, nous a fourni un taux de remontage du même ordre.

Même si l'on considère que les dépôts de la dernière salle conservent plusieurs mètres cubes de sédiments, la représentation des différentes catégories techniques de vestiges, la proportions d'outils retouchés et les faibles taux de remontages indiquent que la majeure partie des activités de production de supports (éclats et lames) n'a probablement pas été pratiquée dans la cavité même. Seule une partie de la production lamellaire semble avoir pu être réalisée sur place. Les compositions similaires des assemblages lithiques du fond et de l'entrée suggèrent que cet état de fait n'est pas lié à un fractionnement des activités au sein du site mais est plutôt à mettre en relation avec un découpage des activités inter-sites.

La projection horizontale des objets mis en relation par les remontages (Fig. 1.2) révèle des déplacements de nature anthropique entre l'entrée et le fond de la deuxième salle et d'origine naturelle selon les plus forts pendages du cône argileux de la deuxième salle. Dans l'unité C8c, des vestiges d'occupations caractéristiques d'une phase moyenne du Solutréen (fragments de feuille de laurier) co-existent avec une production lamellaire attribuable au Magdalénien dont le passage est attesté par les dates ASM de 11.390 ± 110 BP (GifA 96307) et 13.050 ± 100 BP (OxA-5522) effectué sur une esquille d'os et une fragment de baguette demi-ronde. L'accumulation de l'unité C8c par un ruissellement intense dans les dépressions topographiques contre les parois de la cavité est postérieure à l'abandon des charbons datés entre 8120 ± 70 BP (Gif-9679) et 8680 ± 40 BP (Gif-9708) et antérieure à l'occupation du mésolithique récent de l'unité 8a, datée de 7000 ± 60 BP (Gif-9940). Les vestiges gravettiens contenus dans l'unité C9b devaient déjà être recouverts et semblent moins affectés par ces phénomènes érosifs. Le sommet de cette unité (C9b) est séparé par des canaux érosifs, remplis par l'unité C9a. Celle-ci contenait originellement les vestiges solutréens et magdaléniens que l'on retrouve en position secondaire dans l'unité C8c.

Un remontage et des rapprochements lithologiques montrent une relation directe entre de rares vestiges de l'unité C9b (qui proviennent du fond de la deuxième salle) et des artefacts issus de la base de la deuxième unité de la séquence de l'entrée de la cavité, où un fragment de charbon a été daté par ASM de 23.920 ± 300 BP. (GifA-930348).

Vale das Buracas

A une quinzaine de kilomètres au Nord des deux cavités précédentes, la rectification d'un chemin a mis au jour des vestiges lithiques en coupe stratigraphique au fond d'une vallée bordée par plusieurs étages d'abris. Cette coupe est localisée à la base d'un versant surplombé par plusieurs abris qui ont fait l'objet d'une fouille en 1998 et 1999. La séquence observée sur la coupe du bas de versant a fait l'objet d'une description et interprétation géomorphologique en fonction du contenu archéologique de chacune des couches. Six unités stratigraphiques ont été identifiées et elles peuvent être regroupés en trois ensembles sédimentaires séparés par trois discontinuités (Almeida et Neves, 2003; Almeida *et al.*, 2006) (Tableau 1.1).

Abrigo do Vale dos Covões

À quelques centaines de mètres dans la continuation de Vale das Buracas, se trouve le site de Vale dos Covões. Correspondant à une faille, cet abri est perpendiculaire au fond de la vallée. En 2001, nous y avons récolté des vestiges lithiques en surface ce qui nous a décidé à y pratiquer un sondage (la même année) et à y engager des fouilles en 2005. Dans le fond de l'abri, un dépôt clastique consolidé affleure en surface et se trouve en relation avec des "écoulements" provenant d'une résurgence du cours d'eau dans cette partie du site.

Sur une séquence de près de 2 mètres de puissance, nous avons défini onze 11 unités dont la plus profonde repose sur les calcaires du Jurassique moyen. Ces unités peuvent être regroupées en quatre ensembles sédimentaires séparés par 4 discontinuités (Tableau 1.1).

Les tentatives de remontage systématiques entre les vestiges lithiques des unités UE5 (n=1513 objets) UE6 (n=1763), UE6/7 (n=72) et UE7 (n=2233) ont mis en évidence un taux de remontage inférieur à 1 % pour chacune de ces unités. Par ailleurs, un remontage de thermoclastes en silex indique des relations sur toute l'épaisseur de la cinquième unité.

En revanche, d'autres remontages concernent 56 objets des 220 vestiges lithiques rencontrés au sommet de l'unité UE8c (Fig. 1.3).

Dans le premier cas des unités UE5-6-7, deux facteurs successifs peuvent expliquer cet état de fait: d'une part un apport de supports déjà débités et d'autre part un processus d'accumulation des vestiges par ruissellement vers l'intérieur de l'abri après la chute du surplomb. Un tel cas de figure serait alors analogue à la situation des vestiges remaniés le long du cône de l'unité C10 de Buraca Grande (cf. *supra*). Pour les unités de l'ensemble UE8b-c, la nature cryoclastique et le dépôt rapide des plaquettes ont constitué un milieu favorable pour la stabilisation des dépôts et la conservation post-dépositionnelle des vestiges lithiques. Ce point expliquerait alors le fort taux de remontage de l'unité 8C. En revanche, ce mode de dépôt est plutôt favorable aux infiltrations secondaires entre les éléments grossiers.

PROPOSITION DE CORRÉLATION ENTRE LES SÉQUENCES

Indépendamment de l'attribution culturelle des vestiges archéologiques et des dates absolues obtenues par le ^{14}C (ASM et conventionnelles), nous avons proposé un cadre corrélatif fondé sur la reconstitution paléo-climatique et sur les discordances érosives observées. Une phase érosive matérialisée par une discontinuité a été détectée

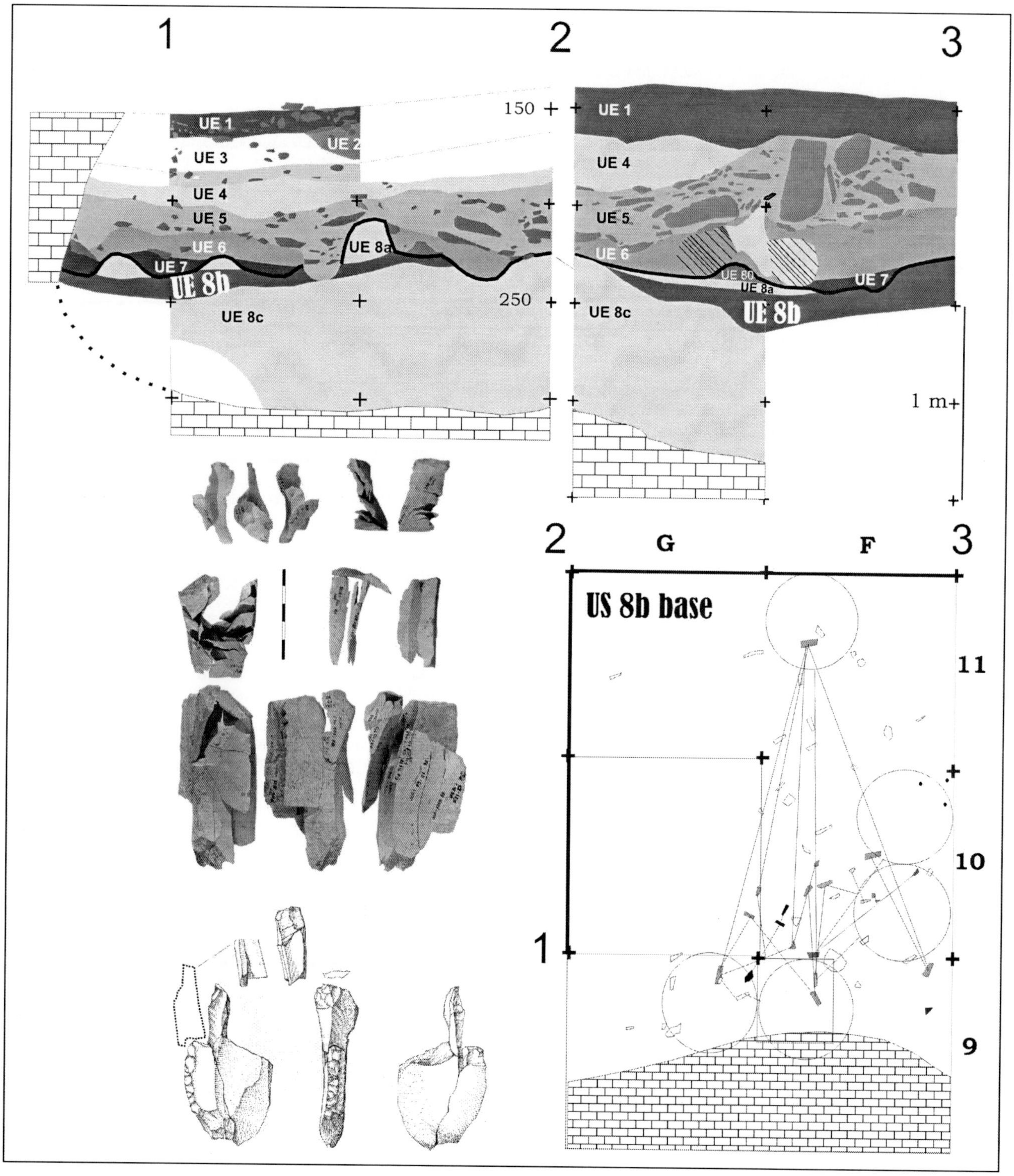

Fig. 1.3 – Remontages, projection horizontale et en plan des relations établies entre des vestiges lithiques taillés du sommet de l'unité 8c de l'Abri de Vale dos Covões

entre les unités UE8b et UE8a de l'Abri de Vale dos Covões, les unités C10 et C9b-2 de Buraca Grande, la couche C3 et l'unité C2f à Buraca Escura et les UE4 et UE3 à Vale das Buracas et entre les UE4 et UE3 (ou 3a/3b?) à Gândara do Outil 1 (Tableau 1.1). Dans tous les cas, les vestiges attribués au Paléolithique moyen sont sous-jacents à cette limite.

Cette phase érosive est antérieure au dépôt contenant la vertèbre de bouquetin de l'unité C2f de Buraca Escura, datée de 26.560 ± 450 BP (GifA-97258). En revanche, elle est effectivement postérieure aux occupations du Paléolithique moyen du même site, datées entre 50.000 et 100.000 BP (réf. 277, 295 et 296) par le procédé U-series (Mc. Kinney) sur des dents d'équidés.

Un remontage et des rapprochements lithologiques montrent une relation directe entre des vestiges de l'unité C9b du fond de la deuxième salle et ceux de l'entrée de la cavité dans le secteur ou un fragment de charbon a été daté par le procédé ASM de 23.920 ± 300 BP (GifA-930348). Cette donnée permet donc de confirmer que la discordance majeure, placée entre les unités C9b-2 et C10, est antérieure à cette chronologie;

Enfin, cet événement est postérieur à l'occupation humaine qui correspond au dépôt de l'assemblage lithique du sommet de l'unité UE8c de l'Abri de Vale dos Covões.

Pour Cette dernière, nous disposons d'une date conventionnelle obtenue sur des charbons de 12.220 ± 240 BP (Gif-12080) et d'une date de 10.010 ± 90 BP (Ua-24593), obtenue sur esquille osseuse. Ces deux dates paraissent incohérentes entre elle et avec la limite supérieure définie à Buraca Escura. D'ailleurs, l'association entre les éléments organiques datés et le moment de dépôt de l'unité UE8b et UE8c nous semble fortement douteuse pour plusieurs raisons. Tout d'abord, on ne connaît pas de phase érosive de grande ampleur dans les autres séquences de la fin du Tardiglaciaire (Almeida *et al.*, 2005). Ensuite, les unités intermédiaires UE6 et UE7 sont attribuées (typo-technologiquement) à une phase récente du Gravettien. Il paraît donc peu vraisemblable que le matériel de l'unité 8C (sous-jacente) se rapporte à une phase plus récente comme l'indiqueraient ces deux dates. Il se pourrait que les os datés aient pu être rajeunis par des phénomènes de contamination en relation ave l'exsurgence du fond de l'abri, où que les micro charbons proviennent directement des unités UE4 et UE5 (unité UE4: 10.020 ± 40; Beta-201014; unité UE5: 12.340 ± 50; Beta-201013) (Fig. 1.3 et Tableau 1.2). Malgré le nombre réduit de pièces et le taux élevé de fracturation des nucléus, les principales caractéristiques typo-technologiques des séries lithiques des unité 2 à 4 convergent vers une attribution au Magdalénien Supérieur ou Final. La miniaturisation de l'outillage, la stratégie de rentabilisation maximale des matières premières, visible sur les nucléus de dimensions très réduites, abandonnés à un stade d'exhaustion et le débitage expéditif d'éclats, sur des matières premières locales, transformées surtout en encoches et denticulées, l'absence de lames, la morphométrie et typologie de l'ensemble des lamelles retouchées peuvent être comparée aux unités 3 et 4 de Lapa dos Coelhos, datées respectivement de 11.660 ± 60 et 12.240 ± 60 BP (Almeida *et al.*, 2004)

Si l'on met en relation la discontinuité principale repérée sur toutes les séquences (Tab. 1.2), il reste d'autres discontinuités postérieures qui indiquent l'existence d'autres phases érosives:

Une apparaît postérieure à la phase gravettienne représenté dans l'unité C9b de Buraca Grande et contemporaine des occupations du Gravettien final de Buraca Escura.

Une autre se positionne entre les occupations du Paléolithique supérieur (Magdalénien supérieur?) et les occupations du Mésolithique;

La dernière serait postérieure ou contemporaine du Mésolithique récent et antérieure au Néolithique ancien épicardial de Buraca Grande.

CAUSES LOCALES ET ÉVOLUTION PALÉO-CLIMATIQUE

On peut relier la discontinuité majeure repérée sur les séquences du massif de Sicó, avec l'évènement érosif de Lapedo, antérieur à 27.100 ± 900 BP (OxA-10849) qui a tronqué les ensembles Bs et Al, datés de 29.800 ± 2500 BP (OxA-11318) (Angelucci 2002 et 2003). Angelucci a mis en relation cet évènement avec un abaissement du réseau hydrographique consécutivement à une régression marine. Si notre proposition de corrélation de la discontinuité repérée entre les unités UE8b et UE8a de Vale dos Covões avec cet événement global s'avère correcte, elle valide l'existence d'une production lamellaire, de type Paléolithique supérieur (Fig. 1.3) dans une fourchette comprise entre 27.000 BP. et 29.000 BP.

L'analyse de faciès et la corrélation stratigraphique entre les dépôts et leur reconstitution paléo-climatique permettent de proposer l'existence d'une phase humide mais néanmoins toujours froide (au moins à l'échelle de la région étudiée) qui a suivi l'abaissement généralisé du niveau karstique et cela jusqu'au Gravettien final (Tableau 1.1 et 1.2).

On peut aussi constater une lacune de sédimentation identique entre à la phase gravettienne datée des alentours de 25.000 BP et les occupations du Gravettien final. De même, il existe une autre phase érosive, postérieure au Solutréen daté autour de 20.000 BP. Les phases de stabilisation observées à l'abri de Lapedo et dans les séquences du massif de Sicò pourraient durer plusieurs millénaires. Cela suggèrerait qu'il doit s'agir d'un phénomène général de stabilisation des sols antérieur à la formation des palimpsestes de vestiges d'occupations de phases gravettiennes plus récentes, en milieu karstique et probablement aussi en plein air (Aubry *et al.*, 2002).

DES QUESTIONS ET DES PROPOSITIONS DE PISTES DE RECHERCHE

Si l'on considère les processus sédimentaires définis pour la période comprise entre 30.000 et 10.000 BP, les dépôts cryoclastiques gravitaires associés aux zones de fracture principale du massif de Sicó, nous paraissent propices à la bonne conservation des vestiges d'occupation humaine.

Les phases érosives repérées ont probablement aussi affecté les limites supérieures du domaine alluvial qui pourrait être propice à la conservation des vestiges.

Tab. 1.2 – Corrélation de la discontinuité majeure et attribution chrono-culturelle des unités stratigraphiques isolées sur les différents sites archéologiques étudiés

ABRIGO DE VALE DOS COVÕES

UE1		
UE2		Magdalénien supérieur
UE3		Magdalénien supérieur
UE4	***10 020 +/- 40***	Magdalénien supérieur
	12 340 +/- 50	Magdalénien supérieur ?
UE5		Gravettien récent
UE6		Gravettien récent
UE7		Gravettien
UE8O		
UE8a		Gravettien
UE8b		
	10 210 +/- 90,	Gravettien ancien ?
UE8c	***12 220 +/- 240***	

VALE DAS BURACAS

UE1	
	Chalcolithique
UE2	Néolithique ancien
UE3A	Magdalénien
	Solutréen
UE3	Gravettien
UE4	stérile
UE5	

BURACA ESCURA

C1		actuel - Néolithique final
C2a	***21820 +/- 200***	Gravettien final
C2b		Gravettien final
C2c		
C2d		
C2e	***22700 +/- 240***	Gravettien final
C2f	***26 560 +/- 450***	Gravettien
C3	***50 000 30000*** ***70 000 +22000/-19000*** ***81 000 +/- 16000***	Paléolithique moyen

BURACA GRANDE

C1		Age du Bronze-actuel
C2	***4530+-20***	Néolithique final
C3		
C4	***5030+-20***	Néolithique moyen
C5	***5670+-70***	Néolithique ancien Epicardial
C6c		
C7c	***6850 +/-210, 6560 +/- 140***	Mésolithique récent
	4790 +/- 60	
C8a/b	***7000+-60***	Mésolithique récent
	7580 +/- 30, 8445 +/-20	
C8c	***8120 +-70, 8680 +/-40,***	Mésolithique ancien
C9a	***17850+-200, 13050 +/-100, 11390 +/- 110***	Magdalénien/Solutréen
C9b-1		Gravettien
C9b-2	***23920+-300***	Gravettien
C10		Paléolithique moyen
C11		

GÂNDARA DE OUTIL 1

UEOV	
UEOV1	
UEOm	
UE1	
UE2	
UE3a	
UE3b	
	Aurig. récent/Gravet. ancien
UE3c	
UE3d	
UE4	

Malheureusement, la conservation de dépôts alluviaux du Pléistocène supérieur n'a pas encore été formellement attestée, probablement du fait de l'épaisseur des alluvions holocènes de la basse vallée du Mondego et de ses affluents. En revanche, on peut espérer de nouveaux résultats grâce à la prospection de la bande littorale, où, malgré la couverture éolienne accumulée pendant l'Holocène, des dépôts ont pu être conservés, à l'instar de ceux détectés au sud de Espinho (entre les plages de Esmoriz, Cortegaça et Maceda) qui contiennent des troncs de *Pinus sylvestris* datés d'entre 20.700 ± 300 BP (KSU-2203) et 29.100 ± 510 BP (GSC-2393), (Granja *et al.* 1996). Dans la région au sud de Leiria, la surveillance archéologique a permis, la découverte d'un site du Paléolithique moyen sur la plage de Pedrogão (Aubry *et al.*, 2005), ce qui confirme que les dunes holocènes peuvent préserver des occupations humaines dans un contexte d'estuaire.

Bibliographie

ALDEIAS, V. (2003) – Estudos geoarqueológicos em Portugal: breve historial. In: *Paleoecologia Humana e Arqueociências. Um programa Multidisciplinar para a Arqueologia sob a tutela da Cultura.* Mateus J.E. & Moreno-García M., (Eds), Trabalhos de Arqueologia 29, p. 39-41.

ALMEIDA, F.; ANGELLUCCI, D.; GAMEIRO, C.; CORREIA, J.; PEREIRA, T. (2004) – Novos dados para o Paleolítico Superior final da Estremadura Portuguesa: Resultados preliminares dos trabalhos arqueológicos de 1997-2003 no Lapa dos Coelhos (Casais Martanes, Torres Novas). Promontoria, Ano 2, Nº 2, p. 157-192.

ALMEIDA, M.; NEVES, M.J. (2003) – Ocupação holocénica do Vale das Buracas (Zambujal, Condeixa-a-Nova, Coimbra), in: *Estudos Pré-históricos*, Vila Nova de Paiva (Portugal): Centro de Estudos Pré-históricos da Beira Alta, vol. IX (2001), p. 5-27.

ALMEIDA, M.; DIMUCCIO, L. A.; AUBRY, T.; NEVES, M.J.; CUNHA, L. (2006) – Enquadramento geomorfológico e crono-cultural do sítio arqueológico da Gândara do Outil I. In: Actas do 2º Congresso Nacional de geomorfologia, Coimbra, 11-13 Novembro.

ALMEIDA, M.; AUBRY, T.; NEVES, M.J. (2006) – O Sítio da Gândara do Outil 1: un novo indício da presença aurinhacence no Ocidente Peninsular?. In: Actas do IV Congresso de arqueologia peninsular, Faro, 14-19 Setembro 2004, O Paleolítico, Promontório Monográfico 02, p. 419-431.

ANGELLUCCI, D. (2002) – The Lagar Velho rock-shelter (lapedo, Leiria, Portugal): stratigraphic record and palaeoenvironnement during the Oxygen Isotope stage 2. Publicações da Associação portuguesa de geomorfologia, Vol. 1, *Contribuições para a Dinâmica geomorfológica*, Associação Portuguesa de Geomorfologia, Lisboa, 2002.

ANGELLUCCI, D. (2003) – The Geoarchaological Context. In: Portrait of the Artist as a Child. Zilhão (J.), Trinkaus (E.) (eds) (2003) – Portrait of the artist as a Child. The Gravettian Human Skeleton from the Abrigo do Lagar Velho and its Archaeological Context. *Trabalhos de Arqueologia*, 22, Instituto Português de Arqueologia, Lisboa, p. 58-91.

AUBRY, T.; MOURA, M.H. (1993) – Redinha. (Pombal), Subsídios para a carta arqueológica da freguesia. Conimbriga, 29 (1990), p. 5-37.

AUBRY, T.; MOURA, M.H. (1994) – Dados preliminares sobre a organização estratigráfica da Buraca Grande do Vale do Poio Novo (Redinha). Memórias e Notícias, p. 119-132.

AUBRY, T.; FONTUGNE, M.; MOURA, M.H. (1997) – Les occupations de la grotte de Buraca Grande depuis le Paléolithique supérieur et les apports de la séquence holocène à l'étude de la transition Mésolithique/Néolithique au Portugal. Bulletin de la Société Préhistorique Française 1997/ Tome 94, nº2, p. 182-190.

AUBRY, T.; BRUGAL, J.P.; CHAUVIÈRE, F.X.; FIGUEIRAL, I.; MOURA, M.H.; PLISSON, H. (2001) – Modalités d'occupation au Paléolithique supérieur dans la grotte de Buraca Escura (Redinha, Pombal, Portugal). *Revista Portuguesa de Arqueologia*, Volume 4, nº2, 2001, p. 19 – 46.

AUBRY, T.; MANGADO LLACH, X.; SAMPAIO, J. D.; SELLAMI, F. (2002) – Open-Air Rock-Art and Modes of Exploitation during the Upper Paleolithic in the Côa Valley (Portugal). *Antiquity*, York. 76, p. 62-76.

AUBRY, T.; ALMEIDA, M.; NEVES, M.-J. (2006) – The Middle-to-Upper Palaeolithic transition in Portugal: An Aurignacian phase or not? Proceeding of the Symposium Towards a definition of the Aurignacian", held in Lisbon, Portugal, June 25-30, 2002, O. Bar-Yosef O. e J. Zilhão (eds.). *Trabalhos de Arqueologia;* 45, p. 95-108.

AUBRY, T.; ANGELLUCCI, D.; CUNHA RIBEIRO, J.P. (2005) – Testemunhos da ocupação pelo Homem de Neandertal: O sítio da Praia do Pedrógão. In: Catalogue de l'exposition: Habitantes e Habitats, Pré e Proto-História na Bacia do Lis, p. 54-67.

BICHO, N.F. (2005) – The Extinction of Neanderthals and the emergence of the Upper Paleolithic in Portugal. *Promontoria.* Ano 3, Número 3, 2005, p. 173-228.

BERTRAN, P. (1994) – Dégradation des niveaux d'occupation paléolithiques en contexte périglaciaire et implications archéologiques. *Paléo,* 6, p. 285-302.

BERTRAN, P.; LENOBLE, A. (2002) – Fabriques des niveaux archéologiques: méthode et premier bilan des apports à l'étude taphonomique des sites paléolithiques. *Paléo*, 14, p.13-28.

BONIFAY, E. (1962) – Les terrains quaternaires du Sud-Est de la France. Travaux de l'Institut de Préhistoire de l'Université de Bordeaux, nº2, 194 p.

BORDES, J.G. (2006) – Le premier européen moderne. *Les Dossiers de la Recherche*, nº24, Août-octobre 2006, p. 79-83.

BULLOCK, R.; FÉDEROFF, N.; JONGERUIS, A.; STOOPS, G.; TURSINA, T. (1985) – Hand book for soils thin section description. Waine Research Publication, Wolverhampton.

COURTY, M.A.; FÉDEROFF, N.; GUILLORÉ, P. (1987) – Micromorphologie des sédiments archéologiques. In: Géologie de la préhistoire: Méthodes, techniques, applications Miskovsky (dir.), A.E.E.G.P, Geopre, Paris, p. 439-477.

CUNHA, L. (1990) – As Serras Calcárias de Condeixa-Sicó-Alvaiázere. Estudo de Geomorfologia. Thèse de Doctorat de l'Université de Coimbra. I.N.I.C., collection de Géographie physique.

FARRAND, W.R. (1985) – Rockshelter and cave sediemnts. In: SEIN (J.K.) & FARRAND (W.R.) (Eds) – *Archaeological Sediments in Context*. Orono: Center for the study of Early Man, University of Maine, 1985, p. 21-40.

GOLDBERG, P. (1983) – Application of micromorphology in Archaeology. In: Soil Micromorphology, Bullock P. & Murphy C. (Eds), Academic Publisher, vol.1, p.245-252.

GRANJA, H.M.; SOARES DE CARVALHO, G.; DE GROOT, T. de; MONGE SOARES, A.; PARISH, R. (1996) – Geochronology and the Recent Geomorphological Evolution of the Northwest Zone of Portugal. *Partnership in Costal Zone Management*, J. Taussik & J. Mitchell (eds), 1996, Samara Publishing Limited, Cardigan.

HOJOS GOMEZ, M. (1979) – El Karst de Asturias en el Pleistoceno Superior y Holoceno: Geomorfologia, Sedimentologia y Paleoclimatologia. Tesis doctoral. Faculdad de Geologia. Universidade Complutense de Madrid.

HUBLIN, J.J.; BARRASO RUIZ, C.; MEDINA LARA, P.; FONTUGNES, M.; REYSS, J.L. (1995) – The Mousterian site of Zafarraya (Andalucia, Spain): dating and implications on the paleolithic peopling processes of western Europe. "*Comptes-Rendus de l'Académie des Sciences de Paris*", 321, Série IIa, p. 931-937.

KLARIC, L. (2003) – L'Unité technique des industries à burins du Raysse dans leur contexte diachronique. Réflexions sur la diversité culturelle au Gravettien à partir des données de la Picardie, d'Arcy-sur-Cure, de Brassempouy et du Cirque de la Patrie. Thèse de doctorat, Université de Paris 1 – Panthéon/Sorbonne. 426 pages.

LAUTRIDOU, J.P.; OZOUF, J.C. (1978) – Relation entre la gélivité et les propriétés physiques (porosité, ascension capillaire). Colloque International "Altération et protection des monuments en pierre", Paris 1978.

LAVILLE, H. (1975) – Climatologie et chronologie du Paléolithique en Périgord. Etude sédimentologique de dépôts en grottes et sous abris. Marseille: laboratoire de Paléontologie humaine et de Préhistoire, Université de Provence, 1975, (Etudes quaternaires, Géologie, Paléontologie, Préhistoire, Mémoire; 4).

LAVILLE, H.; RIGAUD, J.P.; SACKETT, J.R. (1980) – Rock Shelters of the Périgord. Geological Stratigraphy and Archaeological Sucession. New York: Academic Press, 1980.

LE BER, M. (1985) – Un début de paramétrisation de modèle de sédimentation en pied de paroi – Méthodes et limites. Actes du Colloque INQUA, SEQS "Corrélation Glaciaire-Périglaciaire", Besançon 1984, Bull. AFEQ, nº 22-23 (1985/2-3)

RAPOSO, L.; CARDOSO, J.L. (1998) – Las indústrias líticas de la Gruta Nova da Columbeira (Bombarral, Portugal) en el contexto del Musteriense final de la Península Ibérica. *Trabajos de Prehistoria*, 55 (1), p. 39-62.

REAL, F., 1985 – Reconstituição Paleoclimática através dos sedimentos Plistocénicos da Gruta do Caldeirão (Tomar). Actas da Iº Reunião do Quaternário Ibérico. Vol.1, Lisboa, G.T.P.E.Q./G.E.T.C, p.127-139.

RIBEIRO, J.P.C. (1982) – A industria da Gruta do Ourão (Redinha, Pombal). Noticia preliminar. *Arqueologia*, 5, p.27-31.

TEXIER, J.P.; BERTRAN, P.; COUTARD, J.P.; FRANCOU, B.; GABER, P.; GUADELLI, J.L.; OZOUF, J.C.; PLISSON, H.; RAYNAL, J.P.; VIVENT, D. (1998) – TRANSIT, an experimental archaeological program in periglacial environment: problem, methodology, first results. *Geoarchaeology: an international journal*. 1998, 13 (5), p. 433-473.

THACKER, P. (2001) – The Aurignacian campsite at Chainça, and its relevance for the earliest Upper Paleolithic settlement of the Rio Maior vicinity. *Revista Portuguesa de Arqueologia*, 4, (19), p. 5-15, Lisboa

ZILHÃO, J. (1997) – *O Paleolítico superior da Estremadura portuguesa*, 2 Volumes, Lisboa, Ed. Colibri.

ZILHÃO, J. (2006) – The Aurignacian of Portugal: a Reappraisal. In: E, Baquedano & J.M. Maillo-Fernández, Homenagem a Victória Cabrera. MAR-UNED.

ZILHÃO, J.; D'ERRICO, F. (1999) – The chronology and taphonomy of the earliest Aurignacian and its implications for the understanding of Neandertal extinction. *Journal of World Prehistory*, 1999, 13, p. 1-68.

ZILHÃO, J.; D'ERRICO, F. (2003) – The chronology of the Aurignacian and Transitional technocomplexes. Where do we stand? In: Zilhão J and D'Errico F. (Eds), *The Chronology of the Aurignacian and of the Transitional Technocomplexes. Dating, Stratigraphies, Cultural Implication*. Lisbon: Instituto Português de Arqueologia, 2003, p.313-349.

ZILHÃO, J.; TRINKAUS, E. (eds) (2002) – Portrait of the artist as a Child. The Gravettian Human Skeleton from the Abrigo do Lagar Velho and its Archaeological Context. *Trabalhos de Arqueologia*, 22, Instituto Português de Arqueologia, Lisboa.

APPROCHE PLURIDISCIPLINAIRE POUR LA RECONSTITUTION DE PROCESSUS PEDO-SEDIMENTAIRES ET ANTHROPIQUES PENDANT LE PLENIGLACIAIRE SUPERIEUR: APPLICATION AU OCCUPATIONS SOLUTREENNES DU SITE DES MAITREAUX (FRANCE)

Thierry AUBRY
Instituto Português de Arqueologia, Extensão do IPA em Pombal, Largo da Piscina Municipal, Pombal (Portugal).
thaubry@sapo.pt

Miguel ALMEIDA*
Dryas Arqueologia, Av. Fernão de Magalhães, 157, 4º, sala 11, 3000-176 Coimbra (Portugal).
miguel.almeida@dryas-arqueologia.pt

Morgane LIARD
INRAP – Direction interrégionale Centre / Île-de-France. Base d'Orléans (site BRGM), 3 av Claude Guillemin, 45100 Orléans (France). mliard@club-internet.fr

Bertrand WALTER
Musée de la Poterne, Les Chirons, 37290 Preuilly-sur-Claise.
bertrand.walter@wanadoo.fr

Maria João NEVES
Dryas Arqueologia, Av. Fernão de Magalhães, 157, 4º, sala 11, 3000-176 Coimbra (Portugal).
mjoao.neves@dryas-arqueologia.pt

***Résumé**: Sur le site solutréen de plein air des Maîtreaux (Indre-et-Loire, France), la reconstitution des méthodes de production de l'outillage lithique et la comparaison de la répartition spatiale des vestiges avec un référentiel expérimental indiquent que leur organisation n'a été que peu modifiée après leur abandon. Leur remontage permet de définir des unités spatiales correspondant à moins d'une dizaine de passages successifs qui présentent des constantes au niveau des comportements techniques. Nous interprétons cette convergence de marqueurs à forte valeur de savoir-faire technique comme l'indice d'une appartenance à une même tradition culturelle. Un essai d'évaluation de l'intervalle entre ces passages et de corrélation du registre archéologique avec les rythmes sédimentaires et pédologiques définis par l'approche géoarchéologique servent de départ à une réflexion sur les moyens et les limites de chacun de ces domaines de recherche pour évaluer le facteur temps et la taphonomie comparée avec celle d'autres sites.*
***Mots-clés**: Solutréen, outillage lithique, analyse spatiale, géoarchéologie, temps*

***Abstract**: The comparison between an experimental framework and the spatial analysis and technological reconstruction of the lithic production at the site of Les Maîtreaux suggests that no major post-depositional process affected the site since its prehistoric abandonment. Systematic refitting allowed for the definition of spatial units resulting from at least 10 successive passages on the site, characterized by constant technical procedures. Such homogeneity, besides revealing a complex technical expertise and knowledge, can be interpreted as an argument for a set of behaviours taking part on a same cultural tradition. An attempt to evaluate the time between each occupation and its relations to sedimentary and pedological rhythms on the basis of a geoarchaeological approach can elucidate us on the limits of the applied methods for studying time and taphonomy in Les Maîtreaux and other comparable sites.*
***Keywords**: Solutrean, Lithic Tools, Spatial Analysis, Geoarchaeolgy, Time*

***Resumo**: No sítio solutrense de ar livre de Les Maîtreaux, a reconstituição dos métodos de produção dos utensílios de pedra lascada e a análise da distribuição espacial dos vestígios comparada com um referencial experimental, indicam que a organização dos restos líticos não foi afectado por nenhum processo de grande amplitude, desde o abandono do local pelos seus habitantes pré-históricos. As relações estabelecidas pelas remontagens permitem definir unidades espaciais constituídas por vestígios resultantes de menos duma dezena de passagens sucessivas no sítio, caracterizados por uma constância das técnicas presentes. Esta homogeneidade das opções que evidenciam uma aprendizagem e saberes técnicos complexos é aqui interpretada como argumento de ordem comportamental integrado numa mesma tradição cultural. A tentativa de avaliação do intervalo de tempo entre as várias passagens pelo sítio e a sua correlação com os ritmos sedimentares e pedológicos reconstituídos com base no estudo geoarqueológico, servem de ponto de partida para uma reflexão sobre os limites dos métodos de cada uma destas abordagens para avaliar o factor tempo e a tafonomia comparada de Les Maîtreaux com outros sítios.*
***Palavras-chave**: Solutrense, utensílios líticos, análise espacial, geoarqueologia, tempo*

* Les travaux de recherche de Miguel Almeida sont soutenus par une bourse de FCT – Fundação para a Ciência e Tecnologia / Ministério da Ciência e do Ensino Superior, dans le cadre du Programa Operacional Ciência e Inovação 2010.

DIACHRONIE, DURÉE ET RYTHMES

Le site des Maîtreaux et son contexte archéologique

Le site des Maîtreaux intègre un groupe de gisements solutréens qui appartiennent au bassin versant de la Creuse et constituent la limite septentrionale de l'aire de répartition de cette entité culturelle du Paléolithique supérieur (Aubry *et al.*, sp1) (Fig. 2.1).

L'historique des travaux archéologique dans le Centre Ouest de la France révèle que les données qui ont permis une reconstitution de l'occupation solutréenne de cette région (Allain, 1976) sont la conséquence de l'existence d'un réseau karstique ouvert, dans plusieurs formations calcaires jurassiques de la bordure méridionale du Bassin parisien, et du faible enfouissement des dépôts de plein air contemporains du dernier Pléniglaciaire, comme dans la vallée de la Claise, sur le Turonien supérieur, où les argiles de décalcification des craies de cet étage livrent des nodules de très grandes dimensions et d'excellente aptitude à la taille (Aubry, 1991; Aubry et Walter, 1993).

Répartition, contraintes de matière première et implications socio-économiques de la production de feuilles de laurier de "type J"

Malgré la variété des silex disponibles au sein des différents étages de l'auréole sédimentaire qui bordent les terrains cristallins du Massif Central, le déplacement systématique de certaines d'entre elles constitue une caractéristiques communes des sites solutréens (Aubry, 1991; Demars, 1994). Les industries solutréennes de ces régions présentent aussi une caractéristique typologique commune, la présence de grandes pièces foliacés bifaces, classées par Phillip Smith comme le "type J" (Smith, 1966), définit à partir des pièces de la cache de Volgu (Chabas, 1874).

Leur production exige un lourd investissement de la part du tailleur, mais aussi de son groupe, en raison de la complexité du temps d'apprentissage et du savoir-faire nécessaires et des contraintes d'approvisionnement en matières premières permettant de produire ces pièces foliacées de plus de 25 centimètres. L'identification de déplacements de certaines de ces pièces sur de très longues distances (Aubry *et al.*, sp2; Aubry *et al.*, sp3) démontre *de per se* la fréquentation de régions où aucun indice solutréen n'est connu et l'importance du choix des sources exploitées pour la confection des grandes feuilles de laurier, tout en dénonçant une signification de ces pièces qui dépasse probablement le simple intérêt fonctionnel.

Traits tecno-économiques fondamentaux des occupations solutréennes des Maîtreaux

En réponse à cette contrainte d'approvisionnement, le gisement des Maîtreaux se situe directement sur un gîte de silex (Fig. 2.1). Les formations argileuses qui ont été entaillées par le ruisseau au long duquel les solutréens sont venus s'installer livrent des grandes dalles, dépassant souvent 40 centimètres de long et pouvant atteindre le mètre, de morphologie aplatie et d'excellente qualité (Aubry et Walter, 2003).

L'analyse technologique des vestiges démontre que l'exploitation de cette matière première pour la constitution de réserves d'outils, notamment des pointes à cran et des pièces foliacées de grand module pour exportation et usage différé constituait un des objectifs de la fréquentation du site par les solutréens avec l'acquisition et transformation de matières colorantes (Salomon, 2004).

Cette interprétation est soutenue par:

- La proportion écrasante de fragments de pointes à cran portant des stigmates de cassure compatibles avec les fractures observées en cours de taille expérimentale (Aubry *et al.*, 1998), en opposition à la faible représentation de pièces cassées portant des possibles stigmates témoignant de leur utilisation active, en percussion lancée (Geneste et Plisson, 1986, 1993; Plisson et Geneste, 1989) et,
- Le déficit en supports-type, identiques à ceux utilisés pour la fabrication des pointes à cran cassées en cour de retouche aux Maîtreaux, observé lors de l'analyse technologique des ensembles remontés (Almeida, 2005).

Une telle observation est valable pour les chaînes opératoires de façonnage de pièces foliacées de grand module. Elles montrent aussi une nette sous représentation de la phase finale du façonnage, sur les préformes cassées, ainsi que la rareté des éclats de façonnage correspondant à la phase de finition connues sur les pièces de Volgu (Aubry *et al.*, 1998; Almeida, 2005).

Organisation stratigraphique et spatiale des niveaux solutréens

Des observations effectuées lors de la fouille ont montré une répartition des vestiges qui n'est pas homogène. Ils sont nettement concentrés en amas. La majorité des remontages concernent des pièces distantes de moins de 50 cm, appartenant aux mêmes concentrations. Certaines ont pu être mis en relation par des liaisons réciproques, permettant de définir, au sein de l'ensembles des vestiges solutréens, une séquence d'unités chrono-spatiales indépendantes, occupant chacune une aire de l'ordre de 8/10 m^2 (Aubry *et al.,* 2004: 254; Almeida, 2005: p 28) (Fig. 2.1).

Quelques unes des unités d'occupation ainsi constituées sont stratigraphiquement superposées et séparées par de fins dépôts sédimentaires stériles (Aubry *et al.*, 1998: p. 167). L'analyse spatiale des vestiges et surtout des ensembles remontés a permis de confirmer l'absence de relation entre les objets qui appartiennent aux niveaux

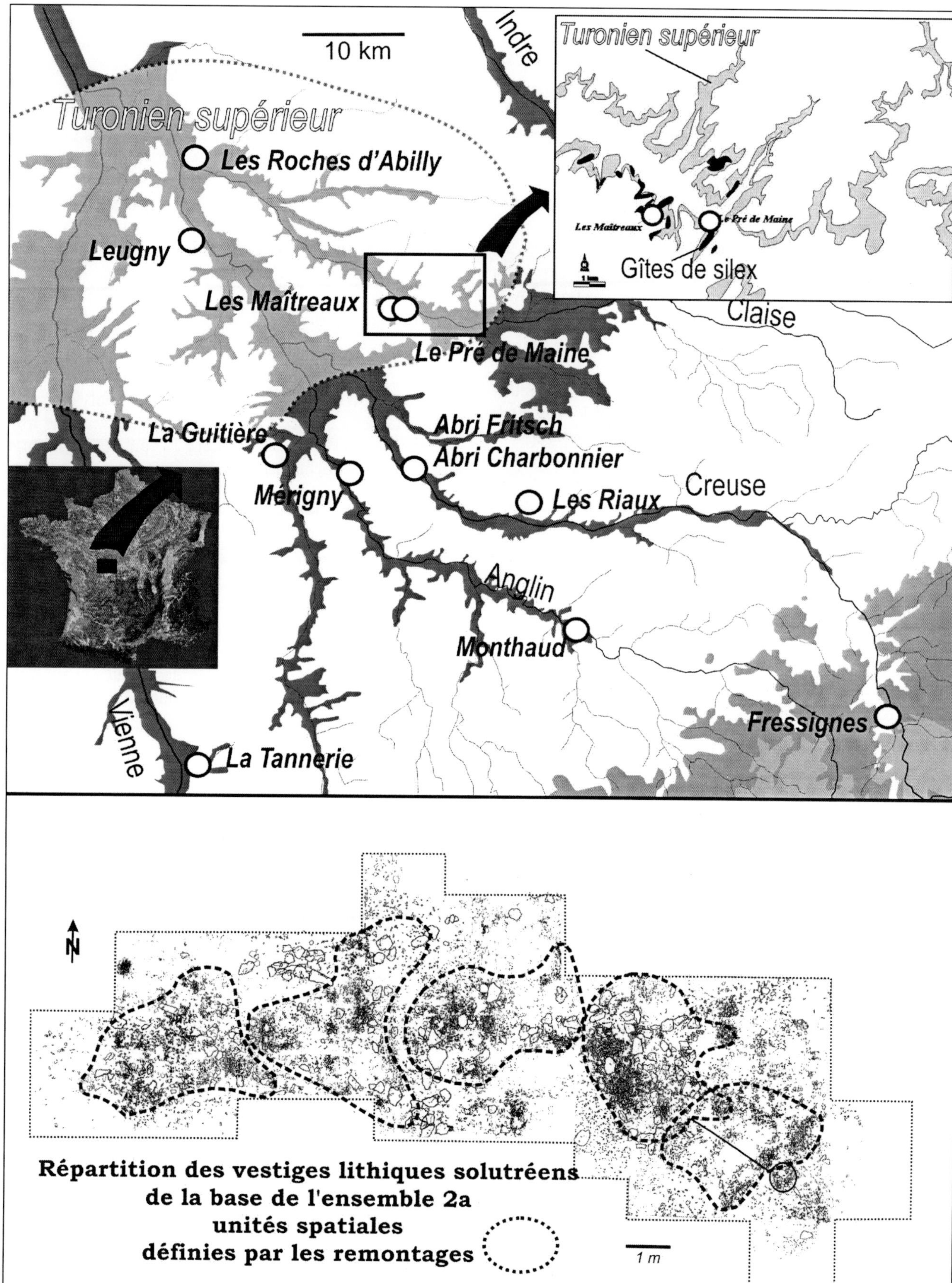

Fig. 2.1 – Localisation géographique du site des Maîtreaux (a) dans le contexte solutréen du bassin versant de la Creuse, (b) relation géographique avec les affleurements siliceux, (c) et plan de répartition des remontages, (d) avec détail de deux unités spatiales diachroniques

superposés, éliminant ainsi la possibilité d'une ségrégation verticale par un procédé lié au gel des sols.

Nous avons interprété ces unités chrono-spatiales indépendantes comme le résultat d'occupations successives du site par les solutréens (Aubry *et al.*, 2004; Almeida, 2005).

L'application d'une perspective palethnologique à l'étude du Dernier Maximum Glaciaire

Une fois attestée la cohérence des ensembles archéologiques qui sont caractérisés par un degré de préservation de l'information spatiale exceptionnel pour le dernier maximum glaciaire et par l'abondance d'informations techniques, les bases documentaires nécessaires étaient établies pour dépasser le stade de l'approche purement typologique de ces industries solutréennes à grandes feuilles de laurier. Nous avons donc abordé ces productions d'un point de vue palethnologique, notamment par l'étude des schémas de façonnage, de l'économie de la production et de ses aspects sociaux, en considérant les gestes techniques, les comportements des groupes préhistoriques et leur organisation spatiale et temporelle au centre de l'analyse (Chauvière, 2005: 758).

Par ailleurs, la présence d'un contexte régional de sites solutréens rend possible d'intégrer l'interprétation de phénomènes d'échelle micro-historiques, observés aux Maîtreaux, dans le cadre d'une approche palethnologique de ce groupe solutréen, à l'échelle de la Claise et de la Creuse (Almeida *et al.*, sp1; Aubry *et al.*, sp3).

Palethnologie et l'évaluation du temps en Préhistoire: chronologie relative, durée et intervalles de temps

Une telle approche palethnologique se base donc sur la reconstitution micro-historique des activités techniques qui se sont déroulées sur le site et sur la définition d'un ordre dans leurs organisation spatiale et agencement chronologique (Almeida, 2005: 73-74; Almeida *et al.*, sp1).

Au cours du travail de remontage systématique des vestiges lithiques, se pose rapidement le problème de l'évaluation de la durée des activités l'origine de l'abandon des vestiges.

En effet, c'est surtout à partir des années 1980, à la suite des travaux pionniers de Leroi-Gourhan (1972), que la reconstitution de la dimension diachronique des niveaux d'occupation devint possible, grâce à un changement de perspective interprétative. Leroi-Gourhan a introduit la notion de dynamique des activités des groupes humains contenue dans l'information livrée par les plans des niveaux d'occupation archéologiques animés par les remontages qui permettent de reconstituer la séquence des évènements et la direction des actions (Newcomer et Sieveking, 1980; Hofman, 1992).

Cette approche a été récemment complétée par l'application d'une démarche interprétative micro-stratigraphique, ayant pour base objective le remontage des vestiges lithiques et surtout la définition des successions diachroniques de gestes techniques que ces remontages révèlent. L'objectif consiste à récupérer l'agencement chronologique exact des activités techniques réalisées sur un site (Ketterer *et al.*, 2004). Le même raisonnement, appliqué à l'étude d'autres types de chaînes opératoires (non lithiques), a mis en évidence "l'épaisseur chronologique" témoigné par les stigmates accumulés ("stratifiés"!) des séquences diachroniques de gestes techniques réalisés sur les objets étudiés (Castel *et al.*, 2003: 46).

L'analyse en cours à partir du site des Maîtreaux, repose sur trois axes:

- Pour chacune des unités chrono-spatiales identifiées en fouille et confirmées à la fois par l'analyse micromorphologique et par les remontages de vestiges lithiques, il importe de comprendre l'"épaisseur chronologique" de l'occupation, en terme de chronologie relative des différentes activités techniques réalisées sur le site par les solutréens;
- Ensuite, nous tentons d'apprécier la durée de ces occupations;
- Enfin et surtout, l'objectif étant aussi de contribuer à la compréhension de l'évolution paléohistorique (dans le sens proposé par Valentin (1995) des groupes solutréens de la région, au-delà des limites spatiales et chronologiques du campement des Maîtreaux, il est nécessaire de pouvoir raisonner sur les intervalles de temps séparant les passages successifs sur le site.

La première de ces tâches peut avoir recours à des méthodes analytiques basés sur les remontages systématiques et l'analyse technologique selon le concept de "chaîne opératoire" (Pigeot, 2004; Geneste, 1985; Pelegrin, 1995; Ketterer *et al.*, 2004). Bien qu'extrêmement consommatrices en temps elles peuvent produire des résultats objectifs (Alameida *et al.*, sp1). C'est dans le cadre des deux autres problématiques évoquées (à savoir: l'intervalle entre les occupations successives et la durée de chaque occupation) que l'interprétation de l'informa-tion archéologique devient subjective, puisque, dans toutes les approches tentées précédemment, ce "temps technique" (Chauvière, 2005: 758), est resté successif, unidirectionnel, irréversible et relatif (Chauvière, 2005: 760-761).

GÉOARCHÉOLOGIE ET INTERVALLE ENTRE LES OCCUPATIONS: TEMPS DE CONSTITUTION ET INDICES DE PRÉSERVATION POST-DÉPOSITIONNELLE DES VESTIGES

Processus de constitution du niveau archéologique

Les vestiges archéologiques solutréens sont contenus dans la strate 2 du site des Maitreaux qui atteint près d'un mètre dans sa plus grande épaisseur. Elle repose sur un niveau soliflué pendant le glaciaire saalien supérieur ou au début du glaciaire weichsélien. Sa texture est argilo-limono-sableuse (limons et sables fins sont majoritaires au sein de la fraction grossière) sur toute sa hauteur (absence de limite sédimentaire ou de modification de la granularité). Cependant, les observations macroscopiques et l'analyse micromorphologique permettent de différencier des traits pédologiques et/ou périglaciaires, de haut en bas de la strate.

Le niveau solutréen se trouve dans la partie supérieure de la strate 2. Sa matrice présente les caractéristiques d'apport loessiques (limons visibles dans le fond matriciel) et de matériaux fins issus du versant (surface des sols fragilisée par différents processus en période froide). Ils ont été mobilisés par le vent (déflation, saltation), le ruissellement sinon la cryoreptation. L'accrétion sédimentaire peut être progressive et saisonnière, avec une grande constance des processus de dépôt impliqués, confirmée par l'absence de modification des types de matériaux et de rupture sédimentaire sur toute la hauteur de la strate 2. Cependant, il est possible que des phases érosives aient eu lieu, invisibles dans la stratigraphie en raison d'une même origine des matériaux sédimentés et de l'action pédogénique ultérieure (traits pédologiques qui se surimposent à l'information sédimentaire).

Ainsi, le rythme de sédimentation de la strate 2 ne peut pas être défini par la seule analyse pédo-sédimentaire. Le dépôt de quelques centimètres séparant deux niveaux archéologiques définis par des remontages, pourrait correspondre à l'intervalle entre deux occupations solutréennes successives, néanmoins l'analyse géoarchéologique ne nous fourni aucun argument pour savoir si il est saisonnier ou pluriannuel.

Comprendre la constitution et la dégradation des niveaux archéologiques comme les conséquences de processus multiples

Les niveaux archéologiques des Maitreaux sont au départ définis par l'existence de vestiges lithiques, mais aussi par les matériaux sédimentaires qui les contiennent. Les caractéristiques de cette enveloppe sont héritées de processus sédimentaires, pédologiques et physiques qui s'échelonnent où se superposent dans le temps et qui déterminent la plus ou moins bonne conservation de l'organisation initiale des objets lithiques. Il est possible d'évoquer trois temps dans la constitution et dans l'évolution post-dépositionnelle du niveau. Le "temps de l'accrétion sédimentaire", le "temps de la pédogenèse" sous climat arctique, subarctique et boréal et le "temps du pergélisol" ou d'un gélisol saisonnier. Chacun présente un rythme particulier, lié aux conditions climatiques générales (induisant l'environnement végétal) et au contexte géomorphologique local. Ce dernier peut être à l'origine de variations locales par rapport aux séquences d'évènements climato-pédogénétiques enregistrées de façon générale (Van Vliet Lanoë *et al*, 1992). Ainsi, le niveau archéologique des Maitreaux est bien conservé compte tenu des conditions climatiques contemporaines et postérieures à son existence. Cet état est lié en partie aux modes de dépôt des sédiments (*cf.* paragraphe 2.1.) qui n'ont pas induit de redistributions importantes des pièces lithiques, sinon des déplacements localisés, ainsi qu'à la moindre action du froid contemporaine mais surtout postérieure au recouvrement des pièces.

L'analyse micromorphologique nous apprend aussi qu'un horizon supérieur de sol s'est développé à l'emplacement stratigraphique du niveau archéologique (évidence d'un fond matriciel argilo-humique, de bioturbations et de déferrification) et qu'il est par la suite affecté par une alternance de gel/dégel à l'origine d'une microstructure lamellaire, produite par une ségrégation de glace dans le sol (Van Vliet-Lanoë, 1985), observée dans le niveau (Liard, 2004). Cependant, aucun processus de cryoexpulsion qui se traduirait par un redressement de la majorité des pièces lithiques, n'a affecté les vestiges archéologiques, expliquant aussi leur bonne conservation, avec le mode de sédimentation et les conditions climatiques au moment de l'occupation du site.

Ainsi, les données géoarchéologiques de l'ensemble pédo-sédimentaire qui contient les vestiges solutréens indiquent un rythme de sédimentation plutôt lent, régulier, et non pas marqué par des épisodes érosifs intenses ou brutaux de type gélifluxion ou déplacement en masse. Le ruissellement, lorsqu'il a eu lieu, a été saisonnier et diffus et participe à la fois à l'accrétion sédimentaire sur le site et à la modification de l'organisation initiale des pièces lithiques. Cependant, l'importance de ce processus dans la constitution et la dégradation des niveaux archéologiques, même si il est avéré, doit être envisagée en relation avec d'autres processus attestés eux aussi (déflation, saltation de particules de sol, cryoreptation, gel/dégel du sol, évolution pédologique de surface etc.).

ARGUMENTS TECHNOLOGIQUES À L'APPUI DE L'HYPOTHÈSE D'UNE DIACHRONIE COURTE DES OCCUPATIONS: LA RÉCURRENCE D'OPTIONS TECHNIQUES COMPLEXES ET D'OPTIONS ÉCONOMIQUES COUTEUSES

Des marqueurs culturels plus forts que les types d'outils retouchés: des options techniques pour la production de pointes à cran

Le premier indice d'une succession assez rapide des diverses occupations solutréennes du site apporté par l'analyse technologique des vestiges lithiques est constitué par la récurrence, dans les diverses unités chrono-spatiales, d'options techniques de production des outils à usage différé.

Pour le débitage de supports laminaires de pointes à cran, trois observations récurrentes possèdent une valeur techno-culturelle que nous considérons comme forte:

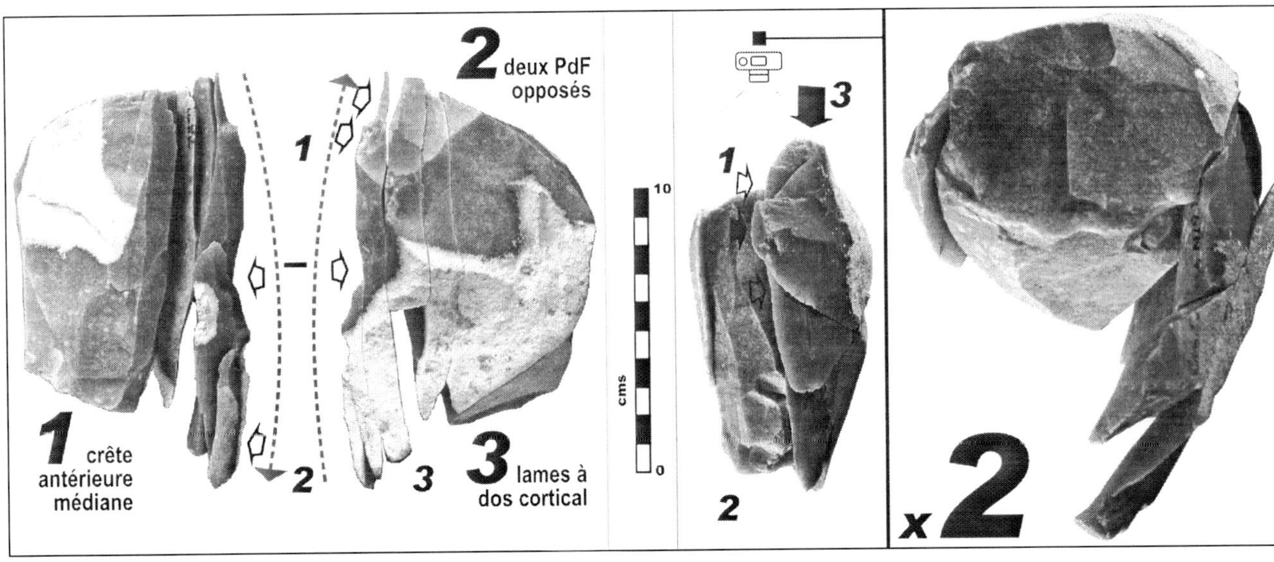

Fig. 2.2 – Les Maîtreaux: production de supports de pointes à cran: deux exemples de remontages qui présentent les caractéristiques principales du schéma opératoire

- en premier lieu, on constate une volonté de réduire au minimum les procédés de configuration initiale des nucléus (Fig. 2.2). De façon systématique, la phase de débitage débute dès la mise en œuvre d'une configuration sommaire des nucléus par la confection d'une crête antérieure en position médiane et l'ouverture des deux plans de frappe opposés. L'élargissement ultérieur de la table de débitage et la gestion du cintre seront ensuite réalisés en retirant des lames à dos cortical ou des éclats laminaires sur les flancs du nucléus et de direction isoaxiale avec le sens du débitage. La face postérieure des nucléus conserve fréquemment d'importantes plages corticales. Lorsque des interventions touchant la face postérieure sont présentes, elles n'apparaissent qu'en phase de plein débitage, comme une opération de maintien. Un choix rigoureux des volumes à débiter constitue donc la condition de rentabilité de cette option de réduction des opérations initiales de configuration.
- en second lieu, les techniques de débitage des futurs supports de pointe à cran et leurs procédés de préparation sont aussi constants dans les différentes unités chrono-spatiales. La technique utilisée consiste à pratiquer un geste de percussion tangentiel, effectué à l'aide d'un percuteur organique sur des plans de frappe systématiquement abrasés, très rarement facettés. Plus qu'un prolongement de l'intention de simplification observée pour les modalités de configuration initiale des nucléus c'est plutôt la régularité des produits laminaires qui est ici recherchée.
- en effet, comme troisième observation, cette technique de détachement est utilisée en corrélation avec une modalité particulière de gestion du débitage des nucléus qui consiste à alterner fréquemment des deux plans de frappe opposés. Chacun peut successivement jouer le rôle de plan de frappe productif puis secondaire (Fig. 2.2). Grâce à la technique et gestuelle utilisés, le tailleur parvient à contrôler la longueur de ces produits, idéalement situé autour des trois quarts de la table laminaire.

L'objectif de l'utilisation conjointe de la technique de détachement, du schéma de configuration et de la modalité de gestion du débitage décrit, vise à obtenir des supports standardisés de profil rectiligne. C'est la conjonction de cet investissement technique centré sur la standardisation du support, visant la réduction des opérations postérieures de retouche de la pointe, à partir d'une conjugaison précise de technique de détachement, schéma de configuration et modalité de gestion, qui peut être considéré comme un trait d'appartenance à une même tradition culturelle.

Une option stratégique: les avantages volumétriques du schéma dissymétrique de façonnage

La même valeur peut aussi être accordée aux schémas opératoires de façonnage des pièces foliacées de grand module que nous avons pu mettre en évidence aux Maîtreaux.

En effet, plutôt que le schéma symétrique classiquement admis, qui est utilisé de manière minoritaire aux Maîtreaux, l'analyse technologique des pièces cassées en cours de façonnage et des remontages de leur déchets, a démontré que l'option privilégiée par les tailleurs des Maîtreaux fut celle d'un schéma dissymétrique (Aubry *et al.*, 1998: 174-175; Almeida, 2005: 41-42).

Dans cette option, après la préparation d'un plan de frappe sur les bords de la dalle, le tailleur procède à la quasi totalité de la réduction de l'épaisseur sur une seule des faces, jusqu'au moment de la dernière phase ou le façonnage devient bifacial (Fig. 2.3).

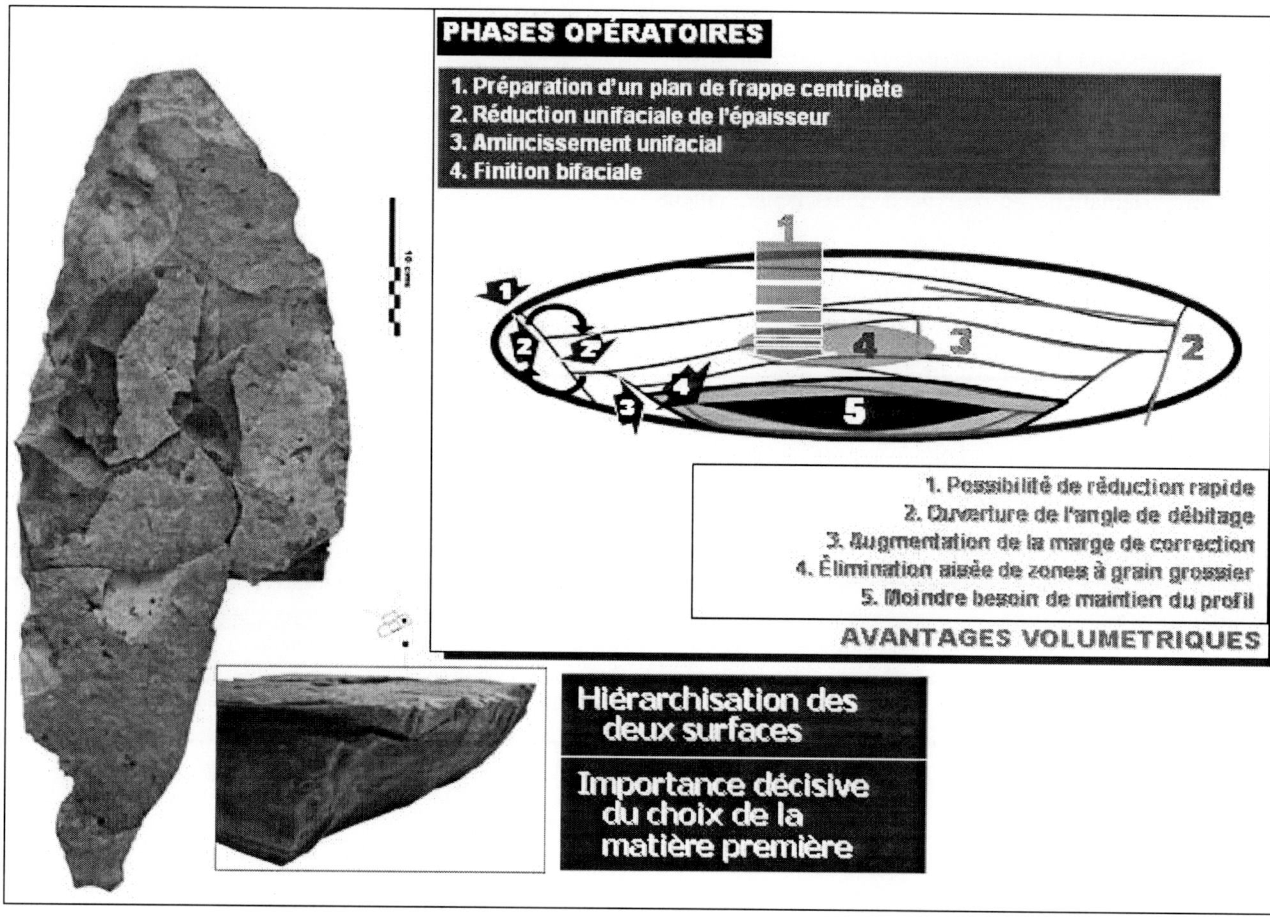

Fig. 2.3 – Les Maîtreaux: reconstitution du schéma opératoire de façonnage dissymétrique

L'analyse technologique (Almeida, 2005: 42) et la reproduction expérimentale (Almeida *et al*: sp2) de ce schéma de façonnage a permis de comprendre l'importance de ses avantages volumétriques, à savoir:

- La possibilité de réduction plus rapide de l'épaisseur de la dalle,
- L'ouverture de l'angle de débitage des éclats de façonnage qui facilite les enlèvements,
- L'augmentation de la marge de correction d'éventuelles erreurs,
- L'élimination aisée de zones à grain grossier, fréquentes à l'intérieur des dalles de silex du Turonien supérieur et la conservation pour la phase de finition de la zone sous-corticale, souvent de meilleure qualité; et, finale-ment,
- Le moindre besoin d'opérations de maintien du profil de la préforme.

La description technologique de ce schéma dissymétrique de façonnage et sa reproduction expérimentale (Aubry *et al.*, sp4) ont permis la reconnaissance et la quantification de ses déchets de taille caractéristiques, ce qui constituera un élément additionnel de comparaison avec d'autres séries archéologiques, notamment celles issues de d'autres sites solutréens éventuellement complémentaires, dans la mesure où ce schéma dissymétrique fut appliqué aux Maîtreaux en rapport avec une option systématique d'interruption du façonnage avant la dernier phase du façonnage de la pièce. Cette récurrence de la discontinuité dans la chaîne opératoire à un moment bien précis, nous fait considérer qu'il s'agit aussi d'une option à valeur de tradition culturelle.

"Signatures" techniques: les procédés techniques spécifiques

La reconnaissance de l'emploi d'options particulières parmi un ensemble plus large de solutions possibles, est soumise a une quête préalable des conditions effectives de cette possibilité (Pelegrin, 1995a). Sa valeur de "signatures" techno-culturelles, constitue un élément fondamental de la reconstitution palethnologique des comportements techniques des groupes préhistoriques et donc aussi d'évaluation de liens chronologiques entre des niveaux d'occupation.

L'analyse technologique des ensembles remontés des Maîtreaux montre la maîtrise et l'emploi par les tailleurs de procédés techniques très précis, qu'ils conjuguent avec des objectifs tactiques, pour correction d'une erreur précédente, ou qu'ils intègrent dans leur projet de façonnage pour surmonter des difficultés de gestion volumétrique de la dalle de départ. Deux cas concernent le façonnage de pièces foliacées (Almeida, 2005: 59-60):

- L'outrepassage volontaire d'éclats de façonnage. Son caractère intentionnel peut être démontré par l'association systématique de ce type d'éclats généralement considères comme des erreurs de taille à des situations dont la possibilité de poursuite du façonnage de la pièce dépend directement du résultat de cet enlèvement et par la poursuite effective de ces chaînes opératoires après l'enlèvement de ce type d'éclats,
- L'enlèvement du bord à partir de la zone apicale de la préforme, dans l'objectif de corriger des erreurs antérieures et/ou de produire des bords réguliers, permettant la poursuite du façonnage.

Interprétation socio-économique des options des tailleurs: intégrer ces données dans une stratégie de subsistance du groupe

Les observations technologiques mentionnées indiquent un lien techno-culturel très fort et nous paraissent indiquer un intervalle de temps relativement court entre les différentes occupations du site. Ces occupations pourraient même correspondent aux passages successifs de personnes appartenant à une même tradition culturelle sur une durée n'excédant pas une génération.

Ce groupe (ou ces groupes), se caractérise par l'investissement en temps accordé à la production de pièces foliacées de grand module pour la spécialisation des tailleurs que l'analyse technologique (Almeida, 2005, p. 41-42) et l'approche expérimentale montrent clairement (Almeida *et al.*, sp2; Aubry *et al.*, SP4)

Les remontages et l'économie de la production lithique indique aussi que les tailleurs ont essayé de minimiser l'investissement en temps par l'exportation des pièces foliacées, avant le début de la dernière phase de façonnage, celle où le temps nécessaire au choix du positionnement et à la préparation de chaque enlèvement croissent de manière exponentielle (Almeida *et al.*, sp1; Aubry *et al.*, sp4).

Ces constatations nous conduisent toutes à une dernière question: comment évaluer la durée des haltes aux Maîtreaux?

DURÉE SUBJECTIVE À DÉFAUT DE LA DURÉE EFFECTIVE ... RAISONNER SUR LES IMPLICATIONS DES OPTIONS TECHNO-ÉCONOMIQUES DU GROUPE

Nous venons de décrire la prédominance du schéma opératoire dissymétrique de façonnage des pièces foliacées de grand module qui possède plusieurs avantages volumétriques, dont la possibilité de procéder à une réduction rapide de l'épaisseur de la dalle pendant les premières phases.

Les autres avantages techniques ne sont pas sans intérêt pour le tailleur, mais il nous semble évident que sur le site des Maîtreaux, cette possibilité de réduction du temps effectif nécessaire pour la production d'une préforme de grande pièce foliacée, est un atout significatif pour le tailleur et pour le groupe.

C'est une conjugaison de deux observations d'ordre technologique qui nous permet d'avancer cette notion d'"économie du temps" par le groupe lorsque qui est passé aux Maîtreaux. La récurrence d'options techniques visant à raccourcir le temps d'exécution des schémas opératoires, grâce à un choix très rigoureux des volumes à débiter/façonner et des évidences d'exportation systématique non pas d'outils finis, mais plutôt de préformes et de supports standardisés.

Ainsi, même si nous ne pourrons jamais proposer une évaluation, même approximative, de la durée effective des passage aux Maîtreaux, l'analyse techno-économique et l'étude des options de fragmentation spatiale inter-sites nous permet en quelque sorte de reconstituer une durée subjective (telle qu'elle pouvait être perçue et intégrée dans la stratégie de subsistance du groupe), dont les objectifs sont clairement la constitution rapide de réserves d'outils et de supports d'outils pour un usage différé.

UNE AUTRE PERSPECTIVE DE LA PRÉHISTOIRE: VERS UNE "PALÉO-HISTOIRE" À TRAVERS "L'ETHNOLOGIE PRÉHISTORIQUE" ET À PARTIR DE LA "MICRO-HISTOIRE" DES OCCUPATIONS

Une vision dynamique du registre archéologique: récupérer l'organisation spatiale et les relations chronologiques des activités techniques à différentes échelles d'analyse

Malgré le manque d'une partie fondamentale du registre des activités du groupe que sont les restes organiques, le degré de préservation des vestiges lithiques et son information spatiale permet d'appliquer une approche palethnologique à des vestiges solutréens dans la ligne de celles qui a été appliquée à des sites du Tardiglaciaire dans le bassin parisien.

À l'échelle du site, les objectifs de cette approche consistent à:

- Caractériser socialement et techno-économiquement le groupe solutréen qui l'a occupé,
- Reconstituer les activités techniques qui y ont été réalisés, dans leur contexte spatial,
- Récupérer "l'épaisseur chronologique" de ces occupations par l'analyse spatiale et techno-économique des vestiges, leur remontage et l'analyse de leur agencement micro-stratigraphique.

L'approche multidisciplinaire du registre archéologique est un préalable indispensable à un tel projet de reconstitution (paléo)historique qui débute au niveau de l'unité événementielle la plus élémentaire: le fait technique. Une fois observées les conditions nécessaires, c'est l'organisation de ces faits techniques dans l'espace et dans le temps qui permet une interprétation du registre archéologique.

Micro-histoire des occupations des Maîtreaux: organisation spatiale et diachronie des activités techniques

Ainsi, une fois évalué le degré de préservation du registre archéologique des Maîtreaux par les études micromorphologiques et l'analyse des remontages de vestiges lithiques, l'aire de fouille devient une partie d'un ensemble plus vaste, organisé et dynamique. L'enjeu consiste alors:

- A récupérer la logique de cette organisation spatiale, à partir des liens spatiaux entre les ensembles remontés. Aux Maîtreaux ils sont organisés en structures de débitage, ou, pour les remontages de l'ordre de quelques mètres, témoignant toujours d'une activité anthropique, par des épisodes de fragmentation de chaînes opératoires, de reprise d'un éclat pour la fabrication d'un outil pour usage immédiat,
- A retracer aussi l'évolution des activités techniques réalisées tout au long de l'occupation du site, à partir de la définition technologique des gestes techniques opérés par les tailleurs dans chacune des chaînes opératoires identifiées (Pigeot, 2004; Pelegrin, 1995; Chauvière, 2005, p. 760-761), corrélée avec l'agencement chronologique relatif de ces chaînes opératoires dans l'histoire de cette occupation (Ketterer *et al.*, 2004).

Des relations avec l'environnement proche malgré l'absence de vestiges organiques

Aux Maîtreaux, même en toute absence de préservation de restes organiques, témoin par excellence des rapports d'un groupe humain avec son environnement proche, la présence fréquente dans les diverses occupations du site de quelques débitages réalisés en matières premières correspondant à des faciès non strictement locaux du Turonien supérieur, permet de retracer des liens entre le site et d'autres espaces géographiques proches (Aubry et Walter, 2003).

Deux hypothèses sont alors possibles pour expliquer ce mode d'approvisionnement. Il peut s'agir d'une collecte effectuée lors du déplacement du groupe depuis sa halte précédente ou bien leur apport peut résulter de petites expéditions de proximité, spécifiquement orientées ou non vers la récupération de ces ressources. Ces deux hypothèses, pour lesquels nous ne trouvons pas d'argument pour trancher, ont pourtant des implications distinctes pour la reconstitution des modalités d'exploitation et de la connaissance des espaces parcourus.

La reconstitution d'une "terre- histoire": relation avec d'autres espaces mises en évidence par un registre archéologique transitif (approvisionnement en matières premières et circulation d'objets taillés)

Finalement, l'examen des apports introduits par le groupe et abandonnés sur le site et des exportations des objets produits aux Maîtreaux, le met en relation avec des espaces régionaux, distants de plusieurs dizaines de kilomètres, où ont été dans le même "temps", produits des pointes à cran.

Cette constatation entraîne alors toute une autre série de questions, notamment celles liées au moment de constitution de ces réserves d'armatures lithiques, aux trajets de diffusion de ses objets, à leur rôle dans la stratégie économique globale des groupes qui sont passés aux Maîtreaux et de la nature et fréquence de leur relations avec d'autres.

La signification particulière de la production des grandes feuilles de laurier, objets qui restent quantitativement exceptionnels et dont les lieux d'abandon restent inconnus, restent des problèmes posés.

Dès à présent, la reconnaissance, dans le bassin versant de la Creuse et au delà, d'ensembles lithiques pouvant constituer des occupations techno-économiquement complémentaires de celle des Maîtreaux permet de franchir les premiers pas vers une reconstitution paléohistorique plausible pour cette phase du Solutréen. Cette approche, fondée sur les industries lithiques taillées peut être améliorée par une meilleure caractérisation des déplacements de silex et la détection de nouveaux sites qui permettront de préciser les ruptures spatio-temporelles dans les schémas opératoires et la place de cette production dans la complémentarité techno-économique des différents sites.

Bibliographie

ALLAIN, J. (1976) – La fin du Paléolithique supérieur en Région Centre. *In*: Otte, M. (ed.) *Le Magdalénien en Europe. Actes du colloque de Mayence, 1987.* Liège: ERAUL, nº 38, p. 193-214.

ALMEIDA, M. (2005) – *Première approche à l'interprétation palethnologique du groupe solutréen des Maîtreaux: perspectives sur la technologie et répartition spatiale des vestiges lithiques et ses implications pour l'interprétation du registre archéologique.* D.E.A. de l'Université de Paris I, 82 p.

ALMEIDA, M.; AUBRY, T.; MANGADO LLACH, J.; NEVES, M. J.; PEYROUSE, J.-B.; WALTER, B. (SP1) – 40 ans d'études technologiques: comment et jusqu'où aller dans la reconstitution du quotidien des groupes humains préhistoriques. *In*: *Actes du Colloque international "Restituer la vie quotidienne au Paléolithique supérieur", Lyon, 16 18 Mars 2005.*

ALMEIDA, M.; AUBRY, T.; BRADLEY, B.; WALTER, B.; PELEGRIN, J.; NEVES, M. J.; LIARD, M.; PEYROUSE, J.-B. (SP2) – Un programa de arqueología experimental aplicado a la solución de problemas arqueológicos concretos del yacimiento solutrense de Les Maîtreaux (Francia): estructuración espacial y producción lítica. *In*: *Actas del I Congreso Español de Arqueología Experimental.*

AUBRY, T. (1991) – *L'exploitation des ressources en matières premières lithiques dans les gisements solutréens et badegouliens du bassin versant de la Creuse (France).* Thèse de doctorat, Université de Bordeaux I, Préhistoire. 327 p.

AUBRY, T.; ALMEIDA, M.; MANGADO LLACH, J.; NEVES, M. J.; PEYROUSE, J.-B.; WALTER B. (SP1) – Mythes et réalités préhistoriques: apport du site des Maîtreaux à la définition de la variabilité des productions lithiques au Solutréen. *In*: *Actes du centenaire de La Société préhistorique française (Avignon).*

AUBRY, T.; ALMEIDA, M.; MANGADO LLACH, J.; NEVES, M. J.; PEYROUSE, J.-B.; WALTER, B. (SP2) – Interprétation techno-économique des présences et absences dans les registres archéologiques solutréens du centre de la France. *In*: Actes du Colloque UISPP 2006 (Lisbon), Session C65.

AUBRY, T.; BRADLEY, B.; ALMEIDA, M.; WATER, B.; NEVES, M. J.; PELEGRIN, J.; MAURY, S.; LENOIR, M.; TIFFAGOM, M.; MILLER, M. (SP4) – Experimental reproduction of Solutrean technology based on refitting and technological analysis of Les Maîtreaux. *In*: EAA Annual Meeting – Cracow 2006. Cracovie, 19-24 septembre 2006.

AUBRY, T.; WALTER, B. (2003) – Reconstitution des modalités d'approvisionnement et de diffusion des matières premières lithiques pendant le Paléolithique Supérieur – L'apport du site solutréen et badegoulien des Maîtreaux (Indre-et-Loire, France). *In*: *Table ronde internationale organisée à Aurillac (Cantal), du 20 au 22 juin 2002: les matières premières lithiques en Préhistoire.* 5ème supplément à Préhistoire du Sud Ouest, p. 41-49.

AUBRY, T.; WALTER, B.; ROBIN, E.; PLISSON, H.; BENHABDELHADI, M. (1998) – Le site solutréen de plein air des Maîtreaux (Bossay-sur-Claise, Indre-et-Loire): un faciès original de production lithique. *Paléo*, 10. p. 163-184.

CASTEL, J.-C.; CHAUVIÈRE, F.-X.; MADELEINE, S. (2003) – Sur os et sur dents: les "retouchoirs" aurignaciens de la Ferrassie (Savignac-de-Miremont, Dordogne). *Paléo*, 15. p. 29-49.

CHABAS, F. (1874) – *Les silex de Volgu (Saône-et-Loire).* Rapport à la société d'Histoire et d'Archéologie de Chalon-sur-Saône. Chalon-sur-Saône: Imprimerie et lithographie de J. Dejussieu. 24 p + 4 pl.

CHAUVIÈRE, F.-X. (2005) – Quand la technique jalonne le temps: la notion de temps technique en archéologie préhistorique. *BSPF*, 102 (2005), 4. p. 757-761.

DEMARS, P.Y. (1994) – *L'économie du silex au Paléolithique supérieur dans le Nord de l'Aquitaine.* Thèse de l'Université de Bordeaux I pour obtenir le grade de Docteur d'Etat es Science. 2 vol.

GENESTE, J. M. (1985) – *Analyse lithique d'industries moustériennes du Périgord: une approche technologique du comportement des groupes humains au Paléolithique moyen.* Thèse de doctorat, Université de Bordeaux I. 572 p.

GENESTE, J.-M.; PLISSON H. (1986) – Le Solutréen de la Grotte de Combe-Saunière I (Dordogne). Première approche paléoethnologique. *Gallia Préhistoire.* 29. p. 9-27.

GENESTE, J.-M.; PLISSON, H. (1993) – Hunting technologies and human behaviour. Lithic analisys of Solutrean shouldered points. *In*: Knecht, H.; Pike-Tay, A.; White, R. (eds.) – *Before Lascaux. The complex record of the Early Paleolithic.* Boca Raton: CRC Press, Inc. p. 9-27.

HOFMAN, J. L. (1992) – Putting the pieces together: an introduction to refitting. *In*: J. Hofman, J. Enloe (eds.): *Piecing together the past: applications of refitting studies in Archaeology.* Oxford, Tempvs Reparatvm – Archaeological and Historical Associates Limited, BAR – International Series, nº 578, p. 1-20.

KETTERER, I.; PIGEOT, N.; SERRA, S. (2004) – Le Temps de l'occupation: une histoire des activités et des comportements. *In*: PIGEOT, N. (dir.) (2004) – *Les derniers magdaléniens d'Étiolles: perspectives culturels et paléohistoriques.* Paris: CNRS Éditions, XXXVIIe supplément à Gallia Préhistoire. p. 235-254.

LEROI-GOURHAN, A. (1972) – *Fouilles de Pincevent: Essai d'analyse ethnographique d'un habitat magdalénien: la section 36.* Avec la participation de David F., Julien, M. e Karlin, C. Paris: CNRS Éditions, VIIe supplément à *Gallia Préhistoire.* 331p.

LIARD, M. (2004) – *Contribution des approches géographique, pédologique et archéologique à la connaissance des environnements morphosédimentaires et pédologiques de la Vallée de la Claise tourangelle, du Pléistocène supérieur au début de l'Holocène.* Thèse de doctorat, Université de Rennes II – U.F.R. de Sciences Sociales, Géographie. 256 p.

NEWCOMER, M.H.; SIEVEKING, G. (1980) – Experimental flake scatter-patterns: a new interpretative technique. *Journal of Fied Archaeology*, 7 (3), p. 345-354.

PELEGRIN, J. (1995) – *Technologie lithique: le Châtelperronien de Roc-de-Combe (Lot) et de La Côte (Dordogne).* Paris: Éditions du C.N.R.S. (Cahiers du Quaternaire. 20). 297 p.

PIGEOT, N. (dir.) (2004) – *Les derniers magdaléniens d'Étiolles: perspectives culturels et paléohistoriques.* Paris: CNRS Éditions, XXXVIIe supplément à Gallia Préhistoire. p. 235-254.

PLISSON, H.; GENESTE, J. M. (1989) – Analyse technologique des pointes à cran solutréennes du Placard (Charente), du Fourneau du Diable, du Pech de la Boisière et de Combe Saunière (Dordogne). *Paléo*. 1. p. 65-106.

SALOMON, H. (2004) – *Caractérisation et transformations techniques des matières colorantes dans le Solutréen de l'Ouest de la France*. Mémoire de DEA, Université de Paris 1 – Université de Paris 6 – Université de Paris 10, DEA Environnement et Archéologie. 77 p. et annexes.

SMITH, P. (1966) – *Le Solutréen en France*. Bordeaux: Imprimeries Delmas, Mémoire n° 5. 449 p.

VALENTIN, B. (1995) – *Les groupes humains et leurs traditions au Tardiglaciaire dans le Bassin Parisien: apports de la technologie lithique comparée*. Thèse de Doctorat de l'Université de Paris I – Panthéon/Sorbonne, spécialité: Préhistoire – Ethnologie – Anthropologie. 3 vols.

VAN VLIET-LANOË, B. (1985) – Frost effects in soils. *In*: *Soils and Quaternary Landscape Evolution*, J. Boardman, John Wiley and Sons Ltd., p.117-158.

VAN VLIET-LANOË, B.; FAGNART, J. P.; LANGOHR, R.; MUNAUT, A. (1992) – Importance de la succession des phases écologiques anciennes et actuelles dans la différenciation des sols lessivés de la couverture loessique d'Europe occidentale: argumentation stratigraphique et archéologique. *Science du sol*, vol. 30, 2, p.75-93.

LE GISEMENT PALEOLITHIQUE MOYEN ET SUPERIEUR DE COMBEMENUE (BRIGNAC-LA-PLAINE, CORREZE). DU MICROVESTIGE AU TERRITOIRE, REFLEXIONS SUR LES PERSPECTIVES D'UNE APPROCHE MULTISCALAIRE

Michel BRENET

INRAP Grand Sud-Ouest, Centre d'activité Les Echoppes, 156 avenue Jean Jaurès, F-33600 PESSAC, UMR 5599-PACEA, IPGQ, Bâtiment de géologie, avenue des facultés, F-33405 TALENCE. michel.brenet@wanadoo.fr

Catherine CRETIN

Centre national de Préhistoire, 38, rue du 26ème RI, F-24000 PERIGUEUX, UMR 5599-PACEA, IPGQ, Bâtiment de géologie, avenue des facultés, F-33405 TALENCE
catherine.cretin@culture.gouv.fr.

Abstract: *The open air site of Combemenue (Brignac-la-Plaine, Corrèze) was excavated in the framework of a rescue project. Two different archaeological horizons were recognized: one attributed to the Mousterian, and the second, best preserved, to the Aurignacian. The study of the lithic component – based on the chaîne opératoire concept – was undertaken using different scales of analyses (a pluridimensional approach), from multiple observations levels.*
Keywords: *Mousterian, Aurignacian, lithic industries, scales of analyses*

Résumé: *Le site de plein air de Combemenue (Brignac-la-Plaine, Corrèze) a fait l'objet d'une fouille préventive en octobre 2002. Deux horizons archéologiques ont été reconnus, l'un moustérien, l'autre, mieux conservé que le premier, aurignacien. Bien que ce site ne présente pas les conditions optimales (site de plein air, conditions de fouilles archéologiques assez difficiles, niveau paléolithique moyen très dispersé, résultats de l'analyse taphonomique assez réservés), son étude nous a permis d'aborder différents niveaux d'analyse selon plusieurs échelles d'observation, depuis les microvestiges jusqu'au territoire. Toutes les échelles ne sont pas forcément abordées dans l'étude des deux niveaux archéologiques, mais les difficultés rencontrées, l'absence de certaines données et la nécessaire prudence de nos conclusions nous ont conduits à engager une discussion sur la nature des faits archéologiques que nous avons rencontrés, les grilles méthodologiques que nous utilisons et sur leurs interactions réciproques. Les données de l'analyse taphonomique, par exemple, n'ont pas la même incidence selon le type d'approche, diachronique ou synchronique, et le type d'échelle utilisées, le microvestige ou le territoire. Nous proposons ici une présentation des résultats de nos analyses et de notre réflexion. Nous espérons faire la démonstration du caractère pluridimensionnel d'une approche que nous croyons représentative de la démarche d'une majorité de technologues. Nous souhaitons montrer à quel point il est important d'avoir conscience de la multiplicité des échelles abordées, parce qu'elles constituent autant de voies qui s'offrent à nos recherches.*
Mots clés: *Moustérien, Aurignacien, industrie lithique et échelles d'analyse*

Resumo: *O sítio de ar livre de Combemenue (Brignac-la-Plaine, Corrèze) foi objecto de uma escavação preventiva em Outubro de 2002. Foram reconhecidos dois horizontes arqueológicos: um atribuível ao Moustierense e outro, melhor preservado, atribuível ao Aurignacense. Mesmo tendo em conta as condicionantes do sítio (contexto de ar livre, condições de intervenção complicadas, dispersão do nível paleolítico, e resultados limitados da abordagem tafonómica), o respectivo estudo permitiu-nos abordar diferentes níveis de análise segundo várias escalas de observação: desde os microvestígios ao território. Embora nem todas as escalas pudessem ser abordadas no estudo de ambos os níveis arqueológicos, foi ainda assim possível a discussão sobre a natureza dos factos arqueológicos encontrados, as grelhas metodológicas utilizadas, e respectivas interacções. A título de exemplo, a incidência dos dados provenientes da análise tafonómica varia consoante o tipo de abordagem, diacrónica ou sincrónica, e a escala utilizada, microvestígio ou território. Apresentamos aqui os resultados da nossa análise e da nossa reflexão. Esperamos conseguir demonstrar o carácter pluridimensional de uma abordagem que consideramos representativa da maioria dos tecnólogos. Mostrar assim o quão é importante ter consciência da multiplicidade de escalas a abordar, uma vez que estas constituem um número mínimo de vias que se abrem à investigação.*
Palavras-chave: *Musteriense, Aurignacense, indústria lítica, escalas de análise*

INTRODUCTION

Lors de l'étude du gisement et de l'interprétation du matériel lithique de Combemenue, différents registres d'analyse ont été abordés: cadre géomorphologique, prise en compte des processus naturels, approche taphonomique des vestiges, origine des matières premières, caractérisation typo-technologique, représentativité économique, répartition spatiale, comparaisons avec d'autres sites, diagnose chrono-culturelle...

Rien de très original en soi, les méthodes employées pour aborder ces thèmes étant adoptées par tous. Mais c'est sur leur utilisation, leurs interactions – ou non-interactions –, sur le nécessaire ajustement en fonction des qualités et faiblesses d'une série qu'il nous est apparu intéressant de nous pencher. Leur usage est, en effet, le plus souvent implicite, mais il nous semble pertinent de réfléchir à leur emploi, leurs limites, leurs registres d'application et, en particulier, aux différentes échelles d'observations auxquelles elles nous permettent d'accéder.

Par exemple, et puisque les résultats obtenus sur les deux ensembles de Combemenue ne sont pas équivalents, quels sont ceux que nous sommes autorisés à comparer, et pour quelle échelle d'observation?

Quelles données pourront être utilisées pour tel ou tel niveau de synthèse, comme, par exemple, celui du territoire d'approvisionnement en matériaux lithiques?

Afin de tenter de répondre à ces questions, il a donc été nécessaire de hiérarchiser les données, d'en privilégier certaines et de créer des passerelles entre ce qui relevait de différents ordres d'analyse.

LES DONNEES

Le site

Le gisement de plein-air de Combemenue se trouve en Corrèze dans la partie sud-ouest de la France (*figure 3.1*). Il a fait l'objet d'une fouille préventive sur le tracé de l'autoroute A89 en 2002 (Brenet *et al.*, 2003). Il se situe à 20 km à l'ouest de Brive, à 303 mètres d'altitude, sur une ligne de crête au nord de la vallée de la Vézère et à l'ouest de la vallée de la Logne.

Deux horizons archéologiques, l'un moustérien et l'autre aurignacien, stratifiés dans une grande partie du gisement, ont été individualisés.

Les niveaux archéologiques

Le niveau inférieur, moustérien, avec 502 objets, est plus étendu et plus diffus. Il a été reconnu sur près de 500 m^2, à partir de 45 cm de profondeur. Il est plus dilaté que le niveau supérieur, jusqu'à 35 cm d'épaisseur, et moins dense, avec 15 objets au maximum par m^2. Accusant également un pendage vers le nord-ouest, il est en contact direct avec le niveau aurignacien dans la partie nord-est du gisement.

Le niveau supérieur aurignacien, avec 1333 objets lithiques en silex ou en quartzite de plus de 1,5 cm et 1076 petits éléments, a été observé sur plus de 200 m^2 et 15 à 25 cm d'épaisseur; il occupait toute la partie haute de la séquence sédimentaire sous la semelle de labour. Il est horizontal dans la partie la plus haute du gisement et se dilate un peu en accusant un pendage de 4 % vers le nord-ouest. La zone de plus forte densité, sur près de 30 m^2, comprenait plus de 1100 artefacts de plus de 1,5 cm.

Les données archéologiques

Origine de la matière première:

La matière première taillée sur le site de Combemenue est très sensiblement la même dans les deux niveaux.

Les deux industries en silex sont composées de silex du Sénonien (plus de 85 % des effectifs dans les deux cas), alors qu'il est absent de l'environnement immédiat. Ce silex, d'origine non alluviale, a donc été transporté sur 10 à 15 kilomètres, avec un dénivelé positif de 200 m.

Un silex jaspoïde de l'Infralias, accessible sous forme de petites plaquettes dans les colluvions, est également présent dans des proportions très minoritaires.

Un autre matériau a été utilisé de façon assez importante, il s'agit des galets de quartzite et de roches métamorphiques. Les modules sont de masses et de dimensions très diverses et ont pu être récoltés in situ ou dans un lambeau accessible de la formation alluviale tertiaire sous-jacente. En effet, la terrasse est affleurante sur un flanc de la vallée de la Logne à quelques dizaines de mètres au nord du site.

Données typo-technologiques

Le niveau inférieur *(tableau 3.1 et figure 3.2, A)*

La plus grande partie de la série lithique du niveau inférieur est constituée par les produits et déchets de chaînes opératoires de débitage sur silex. La production discoïde est dominante avec 32 nucléus sur les 45 entiers et 70 % des 113 éléments caractérisés. Les débitages de conception Levallois et Kombewa sont plus discrets et représentent respectivement 18 % et 10 % des éléments attribués à une production d'éclats. Le débitage sur éclat pourrait n'être qu'une modalité ramifiée des schémas dominants.

Les supports recherchés sont variés. Ils sont souvent assez courts robustes présentant un tranchant opposé à un dos envahissant comme les produits pseudo-Levallois largement issus des débitages discoïde ou Levallois.

L'outillage sur éclat n'est pas très abondant avec 20 individus. Il représente ainsi seulement 6,2 % des 322 éclats de la série; il est peu standardisé, dominé par les grattoirs atypiques (N = 4) (figure 3.2, C) et les encoches et denticulés (N = 5).

L'exploitation de galets de quartzite et de roches métamorphiques est assez marginale, avec 14 artefacts dont 2 nucléus, quelques éclats et un galet aménagé.

Le niveau supérieur *(tableau 3.2)*

Plus de 2000 pièces, objets cotés et petits éléments récoltés par sous-carrés composent le matériel en silex du niveau supérieur.

Outre une part importante de pièces indéterminées et trop fragmentées, il est constitué, en majorité d'éclats non corticaux, de chutes de burins et autres éclats de retouche (éclats de pièces esquillées compris), enfin de supports laminaires.

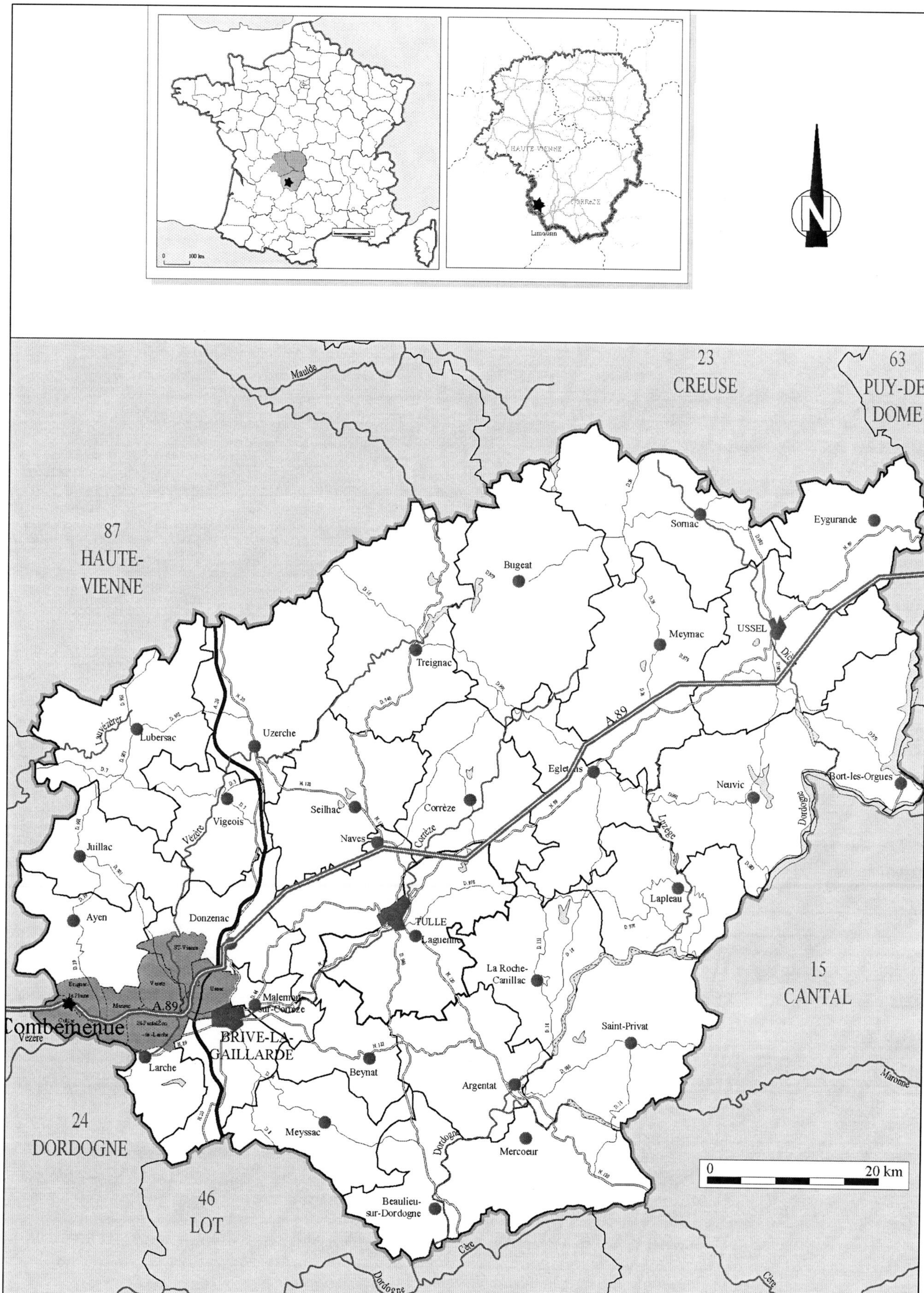

Fig. 3.1 – Localisation du gisement de Combemenue

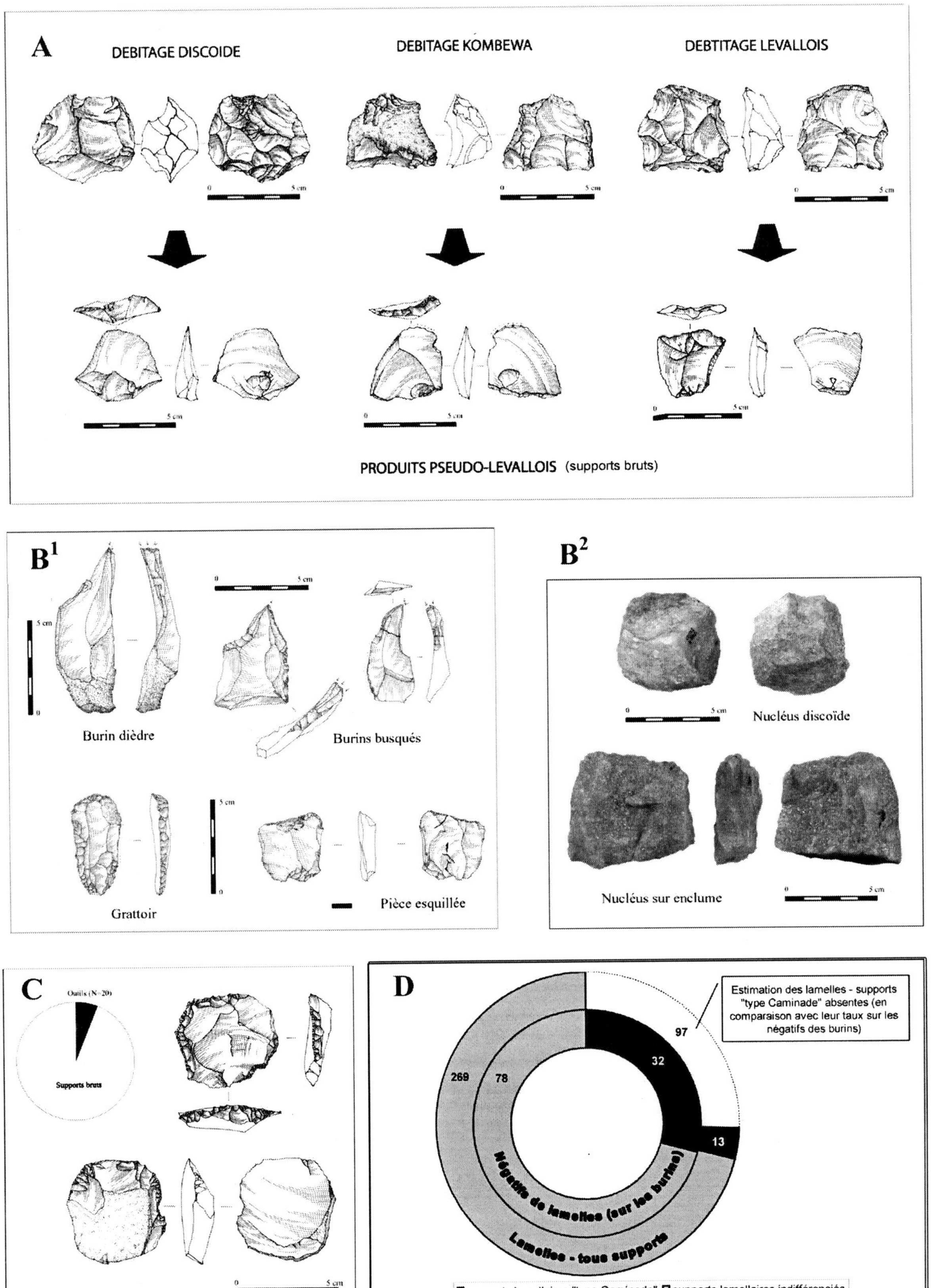

Fig. 3.2 – Principales caractéristiques technologiques et typologiques des niveaux paléolithiques moyen et supérieur de Combemenue (*dessin M.-H. Jamois, photo M. Brenet*): A – Débitage du Paléolithique moyen; B1 et B2 – Outillage en silex et nucléus en quartz du Paléolithique supérieur; C – Outillage du Paléolithique moyen (grattoirs atypiques); D – Mise en évidence du déficit en lamelles, en particulier en supports de "type Caminade" dans le niveau paléolithique supérieur)

Tab. 3.1 – Principales caractéristiques du débitage paléolithique moyen

	Catégories techniques simplifiées						
Conception de débitage	**Eclats corticaux**	**Eclats d'entretien**	**Eclats de plein débitage**	**Pointes pseudo-Levallois**	**Nucléus**	**Indéterminés**	**Total**
Discoïde	13	16	44	5	36		94
Levallois	4		19	2	2		27
Kombewa	2		6	2	6		16
Indéterminé	157	9	43	3	1	46	259
Total	176	25	112	12	45	46	416

Tab. 3.2 – Principales caractéristiques du débitage paléolithique supérieur

Silex							
Production	**Supports corticaux**	**Mise en forme**	**Plein débitage**	**Pièces de réfection**	**Nucléus**	**Indéterminés**	**Total**
laminaire	11	10	167	36	1		225
lamellaire	1	0	48	0	(*)		49
à tendance laminaire	4	2	30	0	3		39
d'éclats	112	4	196	38	8		358
Eclats de retouche, de pièces esquillées, chutes de burin, fragments d'outils						228	228
Indéterminés et fragments						259	259
Total	128	16	441	74	12	487	**1158**
Quartz							
Type de supports	**Supports corticaux**	**Eclats à dos naturel**	**Plein débitage**	**Nucléus**	**Galet/Bloc**	**Indéterminés**	**Total**
Eclats	23	14	26	11			74
Percuteurs, enclumes et fragment de galet aménagé					7		7
Indéterminés						13	13
Petits fragments < 3 cm						31	31
Total	23	14	26	11	7	44	**125**

Une centaine d'outils (*figure 3.2, B[1]*) a été décomptée, parmi lesquels le burin, en majorité dièdre, est de loin le plus important, avec 64 %. Un type de burin particulier, le burin busqué, représente le quart de l'outillage et est caractéristique d'un Aurignacien moyen. Viennent ensuite les grattoirs, plats pour la plupart. Quelques pièces esquillées et un denticulé complètent l'ensemble.

Enfin, 165 objets en quartzite ont été découverts (*figure 3.2, B[2]*). Il s'agit, d'une part, de nucléus discoïdes ou nucléus bipolaires sur enclume, de supports produits très robustes, d'un macro-outillage de percussion, percuteurs et enclumes et, d'autre part de fragments de quartzite brûlés.

Ceux-ci ont été retrouvés pour l'essentiel dans la partie ouest de l'occupation, où deux agencements mal conservés, formés par les plus gros éléments en quartzite, étaient encore visibles (*cf. infra*).

METHODES D'ANALYSES MISES EN OEUVRES

Notre démarche a été dans un premier temps d'évaluer les degrés d'intégrité des niveaux, tant par l'analyse géoarchéologique que par leurs cohérences typo-technologiques respectives. En fonction des hypothèses proposées pour l'un et pour l'autre niveau, il s'est agit ensuite d'aborder, quand cela était pertinent, ce qui relevait de l'organisation interne du site, de son ou ses modes de fonctionnement et enfin de sa place dans un contexte plus large, à la fois culturel et économique, comme l'approvisionnement en matières premières lithiques et l'exploitation d'un territoire.

Dans cette optique, nous avons donc conscience d'aborder quatre niveaux d'interprétation, correspondants à différentes échelles:

- l'échelle des micro-vestiges,
- l'échelle des vestiges sub-centimétriques et leur organisation dans le site, niveau par niveau
- l'échelle du site dans son contexte: économie de débitage et des matières premières
- l'échelle du territoire d'approvisionnement.

D'autres niveaux d'observation existent. Ils ne nous sont pas tous, *a priori*, accessibles, étant donné l'absence de vestiges non lithiques et les différences de conservation des niveaux et du mobilier. Le niveau paléolithique moyen, par exemple, n'a pas été traité à l'échelle des micro-vestiges, car ils sont absents. Le registre de l'organisation spatiale n'est pas non plus accessible, étant donné la redistribution des vestiges. Pour le niveau du Paléolithique supérieur, l'étude géoarchéologique (Bertran *et al.*, 2005) a mis en évidence l'impact du ruissellement, ayant entraîné un appauvrissement en éléments fins et une reptation lente des éléments plus grossiers, auquel s'ajoute la bioturbation. L'impact de ces perturbations est plus ou moins important selon la pente du secteur fouillé.

Ces résultats, qui peuvent sembler décourageants, doivent être confrontés à l'analyse du mobilier archéologique, ici uniquement lithique. Nous verrons dans quelle mesure cette dernière peut, elle aussi, apporter des éléments d'appréciation du degré de perturbation des sites. Nous verrons également dans quelle mesure les différentes échelles que nous allons évoquer sont diversement affectées par ces résultats de l'analyse taphonomique.

L'échelle des micro-vestiges

Il ne s'agit pas des vestiges microscopiques, mais de ceux de dimensions plurimillimétriques. Ils ont, pour l'essentiel, contribué à apprécier l'impact des perturbations post-dépositionnelles.

Dans le niveau paléolithique moyen, celles-ci ont probablement été conséquentes puisque les petits éléments sont quasiment absents. Cette échelle ne peut donc être abordée pour cet ensemble.

Dans le cas du niveau supérieur, les analyses relatives aux micro-vestiges ont permis de mieux comprendre les phénomènes taphonomiques et leur intensité (Bertran *et alii*, 2005). Mais d'un point de vue archéologique, la présence de ces microvestiges est également indicative de certains comportements. En effet, l'analyse du niveau paléolithique supérieur révélait un aurignacien évolué à burins busqués, pour lequel les activités liées au silex restaient à définir, notamment en ce qui concerne l'éventualité d'une production de lamelles à partir des burins busqués. De même, l'on pouvait s'interroger sur l'importance de la phase de consommation (*i.e.* fabrication, réfection, utilisation des outils et des supports bruts) dans les activités exercées sur le site. Or, les phénomènes de remaniement ayant surtout touché les éléments de dimension inférieure à 5 millimètres, ils n'ont, en général, pas de répercussion majeure sur la lecture technologique et typologique du matériel, hormis peut-être en ce qui concerne la proportion de lamelles. Sur ce point en effet, nous n'avons retrouvé aucune lamelle retouchée, ce qui rendait difficile l'interprétation des burins busqués en tant que nucléus. Mais, par ailleurs, une certaine catégorie de négatifs de chutes de burin / supports visibles sur les burins busqués[1] était absente de notre série. Ce constat contradictoire nous a amené à un examen poussé et une quantification des négatifs lamellaires présents sur les burins busqués, considérés comme des nucléus. C'est l'échelle d'observation suivante (*cf. infra*).

L'échelle des vestiges et leur répartition

C'est, en réalité, la première échelle abordée dans une étude de série archéologique.

Niveau paléolithique moyen

L'organisation interne de l'occupation du paléolithique moyen ne nous est pas accessible, aucune structure évidente ou organisation des vestiges n'étant conservée. L'essentiel de nos réflexions se sont donc portées sur l'analyse technologique des nucléus. Les modalité de débitage identifiées, discoïdes et Levallois, sont tournées vers la production de supports avec un tranchant robuste opposé à un dos. Or, l'examen diacritique des nucléus discoïdes, ici dominants, a montré qu'une partie conséquente de la production n'a pas été retrouvée, notamment les produits pseudo-Levallois triangulaires à dos, robustes et coupants (*figure 3.2, A*). Ce fait, mis en relation avec le faible nombre et l'aspect atypique de l'outillage (*figure 3.2, C*), nous conduit à envisager que la quantité des supports retouchés identifiés ne reflète pas la quantité d'outillage qui a pu être généré sur place.

En résumé, si aucune lecture spatiale de ce niveau n'a pu être envisagée, l'analyse technologique a bien amené cette constatation d'ordre économique, l'absence de certains supports et des outils correspondants. Nous l'examinerons dans l'échelle suivante par comparaison avec d'autres séries archéologiques.

Niveau paléolithique supérieur:

L'analyse individuelle des artefacts a permis, en premier lieu, de caractériser la constitution techno-typologique de

[1] Il s'agit, en fait, de négatifs d'enlèvements très étroits situés à l'intersection du pan du biseau du burin busqué et de la face d'éclatement du support. Il correspondent à des produits fins et de section triangulaires, susceptibles de porter une très fine retouche, identifiés à l'abri Caminade (Bordes, Lenoble, 2002) en Dordogne et dénommés, de ce fait, lamelles Caminade.

Tab. 3.3 – Les données concernant la production de lamelles à partir des burins busqués

	Occurrences	Représentativité	Total
Malgré la présence avérée de:			
Burins busqués	21	20,0%	Tous outils (N=105)
Produits dérivés de l'exploitation des burins busqués (chutes et lamelles)	168	19,2%	Tous supports (N=875)
Lamelles portant des modifications du bord	39	18,8%	Toutes lamelles (N=168)
On constate un déficit en:			
Supports "Caminade"	13	4,6%	Toutes lamelles (côtées et
Lamelles retouchées	0	0,0%	non côtées; N=269)

la série, notamment les modalités de production laminaire, mais aussi de poser la question de la production de lamelles à partir des burins busqués (Cretin *in* Brenet *et al.*, 2003).

En effet, le décompte de négatifs d'enlèvements lamellaires sur ces matrice/burins nous a amené en particulier à quantifier le nombre de supports de type Caminade qui ont été détachés et ainsi d'évaluer leur déficit réel dans le niveau: 32 "négatifs Caminade" (*cf. note infra-paginale*) ont pu être décomptés sur les biseaux des burins busqués, alors que seulement 13 fragments de lamelles morphologiquement proches de la lamelle Caminade (Bordes, Lenoble, 2002) ont été retrouvés (*tableau 3.3*). Par ailleurs, l'examen des 110 négatifs de lamelles présents sur les burins busqués nous révèle une proportion de 29 % de "négatifs Caminade". Or, étant donné que 269 lamelles ont été décomptées sur l'ensemble du matériel, on peut ainsi estimer à une centaine le nombre de lamelles Caminade absentes (*figure 3.2, D*).

Enfin, en dépit du déplacement avéré des petits éléments, quelques indices d'organisation spatiale ont mérité notre attention: le secteur ouest montre une très faible densité de matériel en silex et la présence de très gros artefacts en quartzite regroupés en deux ensembles: nucléus/enclume et nucléus/percuteur. Malgré les perturbations avérées, une organisation spatiale du niveau n'était-elle pas encore résiduelle avec une zone dédiée à l'utilisation et/ou production de supports en silex et une zone dédiée à la production et/ou l'utilisation de macro-supports en quartzite? Bien qu'il nous semble important de ne pas taire ce fait archéologique, nous n'avons pas les moyens d'aller plus loin que cette simple constatation.

L'échelle du site dans son contexte: analyses économiques et comparaisons avec d'autres sites

Paléolithique moyen

L'approche techno-économique du débitage d'éclats du niveau inférieur a été conduite par comparaison avec les productions discoïdes de sites de plein-air de la Dordogne comme La Conne de Bergerac et les Forets (*figure 3.3*). Cette mise en parallèle a montré en particulier:

- une assez forte similitude entre les trois sites dans la représentation des produits de débitage;
- un pourcentage des nucléus entre Combemenue et la Conne de Bergerac assez voisin (plus faible aux Forets);
- enfin une moindre présence des produits pseudo-Levallois à Combemenue.

Bien entendu, ces convergences et différences de composition peuvent dépendre pour partie de paramètres liés à la matière première et à divers autres facteurs d'ordre technologique et économique. Malgré tout, il apparaît bien à Combemenue une surreprésentation des nucléus avec un déficit avéré en supports pseudo-Levallois, ce qui constitue un faisceau d'arguments sur le mode de fonctionnement, de l'(ou des) occupation(s), comme un lieu de passage et de production d'outillage. Ces supports sont dans ce cas destinés à une utilisation différée. Il nous faudra ensuite replacer le site et les activités de production qui y sont liées dans le contexte environnemental plus large.

Paléolithique supérieur

L'analyse techno-économique révèle un ensemble paléolithique supérieur bien homogène, caractéristique d'une activité orientée vers la fabrication, l'utilisation et la réfection des outils. Les chaînes de production de lames (et d'éclats), sont fragmentaires, les premières phases d'acquisition étant totalement absentes. Les outils, en très grande majorité sur lames, ont sans doute été en partie apportés sur le site sous forme brute ou déjà retouchée. Quant à la production d'éclats éventuelle, destinée à répondre à des besoins ponctuels, elle ne semble pas non plus avoir été réalisée en totalité sur le site. Les diverses phases de production de lamelles sont mieux représentées. Celles-ci, produites sur place, semblent avoir été emportées, les lamelles retouchées étant absentes.

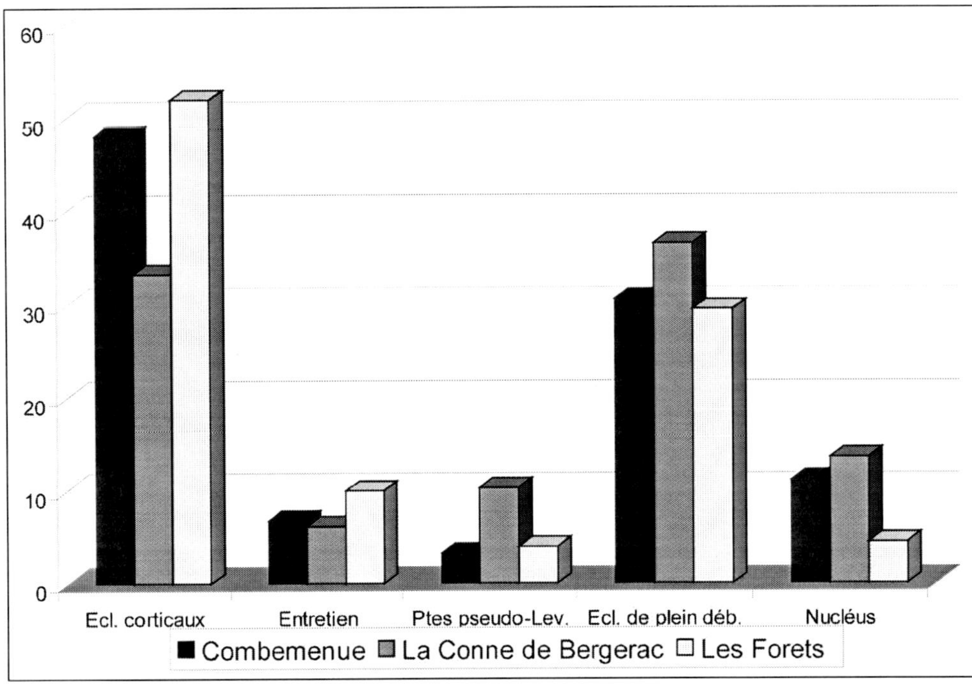

Fig. 3.3 – Mise en parallèle des débitages discoïdes des gisements paléolithiques moyens de La Conne de Bergerac, les Forets et Combemenue

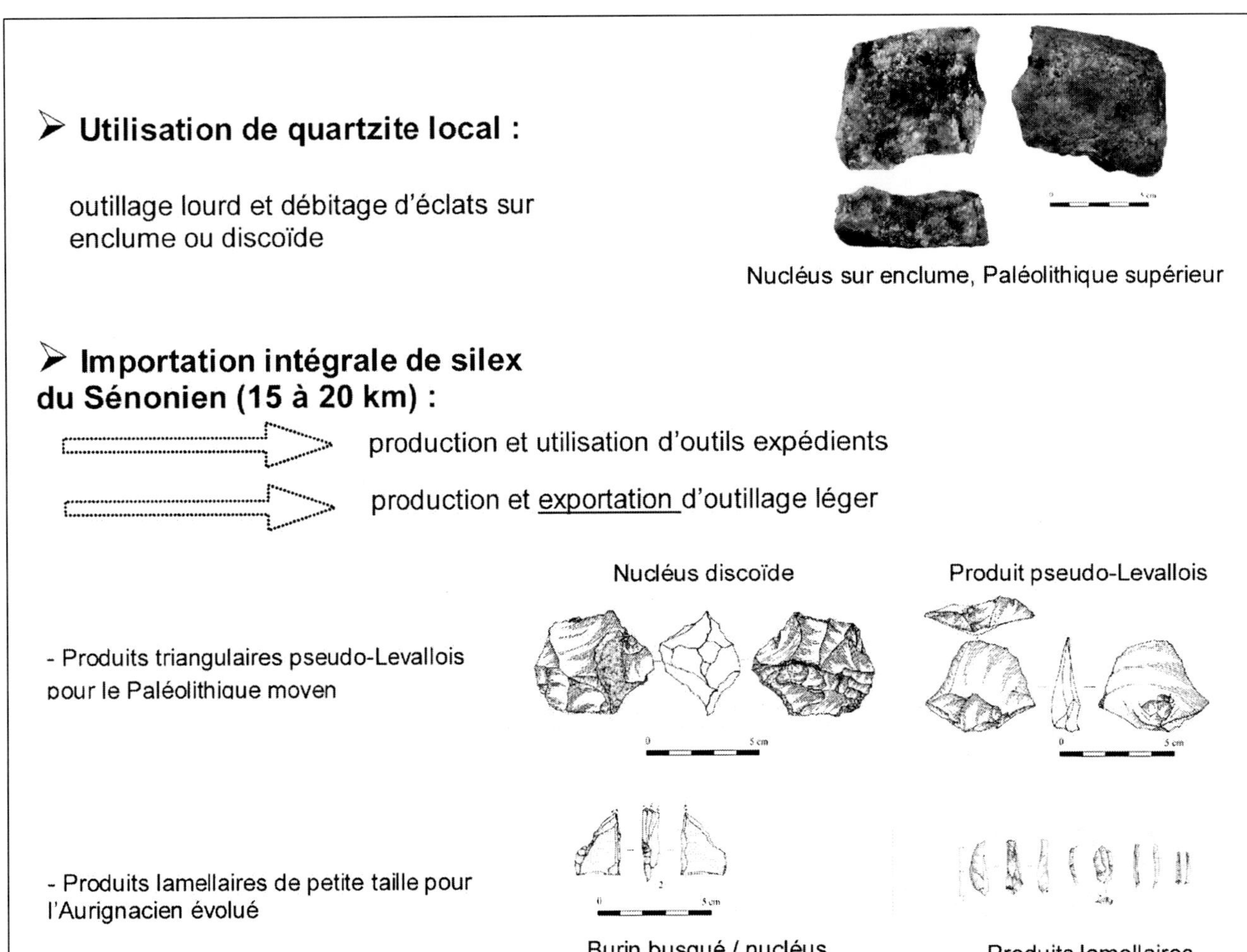

Fig. 3.4 – Synthèse économique des niveaux paléolithiques moyen et supérieur de Combemenue (*photo M. Brenet, dessin M.-H. Jamois*)

Nous ne disposons que de peu d'éléments de comparaison. Les autres sites aurignaciens moyens (c. 7 Lower de l'abri Pataud, horizons D2i et D2s de Caminade, c. 12 de La Ferrassie, c. 2 de l'abri n° 1 des Vachons, niveau supérieur de Coumba del Bouitou) diffèrent du nôtre par un certain nombre de points: Combemenue est le seul site de plein air, les burins busqués y sont plus nombreux et aucun silex extra-régional n'est à signaler.

L'échelle du territoire d'approvisionnement lithique

A la différence d'autres sites où les matières premières ont été prélevées et exploitées sur place, ici le silex importé est majoritaire. Il a été amené sous des formes diverses, exploité et exporté sous d'autres formes. Dans les deux niveaux, il s'agit, pour le silex sénonien distant d'une quinzaine de kilomètres au sud-ouest et le quartzite présent *in situ*, d'une véritable économie de la matière première (Perles, 1980). Les productions seraient conduites en fonction des besoins immédiats liés aux activités réalisées sur le gisement et, au moins pour le silex sénonien, de besoins anticipés lié à des déplacements futurs (hors zone explorée).

Dans les deux niveaux, on serait en présence de faciès associant à la fois une production/consommation *in situ* de gros supports en quartzite local (trouvé sur place), d'une importation/consommation d'outils expédients en silex local éloigné (car provenant d'une quinzaine de kilomètres) et d'une production/exportation de supports élaborés dans ce même silex (*figure 3.4*): pour l'Aurignacien, il s'agirait des lamelles et pour le Moustérien, des supports robustes pseudo-Levallois.

Discussion

Bien entendu, il existe d'autres échelles de lecture envisageables, comme:

- les comparaisons régionales, par territoires, par groupes culturels. Elles nécessitent une qualité de l'information et donc de synthèse auxquelles nous n'avons pas encore accès. La place des deux ensembles étudiés dans un cadre chronostratigraphique régional n'est par exemple pas encore accessible.
- les échelles microscopiques, comme l'analyse micromorphologique ou la tracéologie. Par exemple, les premières observations tracéologiques ont été réalisées par Hugues Plissson (UMR 6130 du CNRS) sur les burins busqués et des lamelles. Elles posent une question, nouvelle, de traces sur les dièdres des burins qui pourraient tout autant être attribuées à une utilisation en tant qu'outil ou une préparation avant l'extraction de supports lamellaires. Les deux cas de figures n'étant pas exclusifs.

Enfin, ajoutons que le plan choisi pour cette présentation ne reflète pas la réalité de l'étude du matériel archéologique: l'échelle des microvestiges n'est bien entendue pas la première à être abordée. C'est la reconstitution des chaînes opératoires de production qui, avec le filtre des matières premières, a constitué un préliminaire à tout autre développement. Au cours de l'analyse techno-économique qui suit, nous faisons implicitement des approches multiscalaires, en passant de l'une à l'autre des échelles sans toujours le préciser et avec toute l'ambiguïté que cela peut générer. Mais la césure d'une échelle à l'autre est arbitraire, les transgressions sont d'ailleurs indispensables, comme dans le cas des aller-retours vestiges / microvestiges / vestiges à propos de la question de la production de lamelles à partir des burins busqués.

A l'inverse, certaines observations effectuées à partir d'une échelle n'ont pas de conséquences sur une autre. Par exemple, en dépit de l'étude taphonomique sur les microvestiges, notre étude montre, pour le niveau paléolithique supérieur comme pour le niveau paléolithique moyen, qu'une interprétation techno-économique peut parfaitement être avancée en restant conscient que des informations ont été perdues sur le plan quantitatif et spatial. Les informations technologiques, d'ordre essentiellement qualitatives et relationnelles (systémiques), sont, elles, bien présentes et bien avérées. Seule, l'absence de certains vestiges est une donnée à interpréter avec prudence, mais c'est autant le cas pour l'archéologue que pour le géologue. Les raisons de l'absence de lamelles ont été notamment très discutées.

CONCLUSION

Les analyses à l'échelle des microvestiges sont en premier lieu nécessaires pour une approche raisonnée du matériel archéologique en présence. Elles permettent, en fonction des degrés d'intégrité respectifs des niveaux, d'éliminer certaines pistes de recherche improductives.

Par contre, elles ont un faible impact sur la reconstitution des chaînes opératoires. Elles ne nous sont guères utiles lorsque nous désirons aborder les questions d'échanges, de territoire, de populations.... *A contrario*, il faut toujours les garder à l'esprit, comme garde fou, afin d'éviter de se lancer dans des hypothèses trop ambitieuses.

Les approches aux échelles supérieures du gisement, quand le degré d'intégrité du ou des niveaux a été discuté, nous permettent par contre des comparaisons d'ordre économique entre deux niveaux archéologiques différents; comme la mise en évidence de l'utilisation d'outillage expédient et de l'exportation probable de supports de première intention, qui peut être mise en parallèle entre les deux niveaux.

L'échelle territoriale est affranchie en grande partie des problèmes relatifs aux conditions de conservation, même variées, des niveaux puisqu'il s'agit de se questionner sur la position du gisement dans un territoire d'approvisionnement lithique qui est resté stable. A ce stade de l'analyse, il est vraiment dommage de ne pas pouvoir lui comparer les données sur l'approvisionnement en matières animales.

Dans les deux cas, pour le niveau paléolithique moyen et le niveau paléolithique supérieur, nous avons pu mettre en évidence des comportements complexes d'approvisionnement anticipé en matières premières, de circulation et d'occupation dans un espace géographique connu.

Bibliographie

BERTRAN, P.; LENOBLE, A.; LACRAMPE, F.; BRENET, M.; CRETIN, C.; MILOR, F. (2005) - Le site aurignacien de plein-air de Combemenue à Brignac-la-Plaine (Corrèze): apport de la géoarchéologie et de l'étude de l'industrie lithique à la compréhension des processus taphonomiques. *PALEO*, 17: 7-29.

BORDES, J.-G.; LENOBLE, A. (2002) - La "lamelle Caminade": un nouvel outil lithique aurignacien?, *Bulletin de la Société préhistorique française*, t. 99, n° 4: 735-749.

BRENET, M.; CRETIN, C.; MILOR, F.; BERTRAN, P. (2004) - *Les occupations paléolithiques du site de plein-air de Combemenue*. Document Final de Synthèse, Inrap Grand Sud-Ouest, Pessac.

BRENET, M.; FOLGADO, M. (1998) - Les gisements paléolithiques du Champ des débats, de La Rogère 1, des Forets et de La Croix de Trote. Autoroute A 89, section Arveyres-Montpon, *Bulletin de la Société Préhistorique Française*: 429-431.

BRENET, M.; FOLGADO, M. (2000) - Le débitage discoïde du gisement des Forets (Dordogne), *in Discoïd Lithic Technology. Advances and implications*, PERESANI (ed.) BAR International Series 1120, Oxford: 153-178.

CHIOTTI, L. (1999) - *Les industries lithiques des niveaux aurignaciens de l'abri Pataud, les Eyzies-de-Tayac (Dordogne): Etude technologique et typologique*, Thèse de doctorat, I.P.H., Paris.

LE BRUN-RICALENS, F.; BROU, L. (2003) - "Burins carénés-nucléus à lamelles: identification d'une chaîne opératoire particulière à Thèmes (Yonne) et implications", *Bulletin de la Société Préhistorique Française*, t. 100, n° 1: 67-83.

PERLES, C. (1980) - Economie de la matière première et économie de débitage: Deux exemples grecs, *in Préhistoire et Technologie lithique*, Centre de Recherches Archéologiques du CNRS, Journées du 11-12-13 Mai 1979, organisées par J. TIXIER, Valbonne, Publication de l'URA 28, cahier 1, C.N.R.S: 37-41.

DU SILEX, DE L'OS ET DES COQUILLAGES: MATIERES ET ESPACES GEOGRAPHIQUES DANS LE GRAVETTIEN PYRENEEN

Pascal FOUCHER

Service Régional de l'Archéologie de Midi-Pyrénées, 32 rue de la Dalbade, BP 811, 31080 TOULOUSE cedex 06 – (France) UMR 5608 TRACES / Université de Toulouse II-le-Mirail. pascal.foucher@culture.gouv.fr

Cristina SAN JUAN-FOUCHER

Service Régional de l'Archéologie de Midi-Pyrénées, 32 rue de la Dalbade, BP 811, 31080 TOULOUSE cedex 06 – (France) UMR 5608 TRACES / Université de Toulouse II-le-Mirail. cristina.san-juan@culture.gouv.fr

Abstract: *The new perspectives opened by a research project dealing with the Gravettian and the Solutrean in the Pyrenees allow the Gravettian occupations of Gargas Cave to be put within the networks of technical exchanges and/or of raw material procurement, in a geographical context including the Pyrenees and the Cantabrian coastal corridor. The results of research about the origins of siliceous raw materials and the techno-typological analyses of lithic industries, as well as preliminary observations about the patterns of manufacturing of bone and antler artifacts, are presented for the Pyrenean Gravettian and for Gargas in particular. These data clearly show that the western area of the Pyrenees was frequently visited by the Gravettian populations of Gargas. Some close relationships between Gargas and Isturitz, the other great Pyrenean site, are superimposed on the movements for flint procurement, as perceived through the morphological and typological characteristics of osseous industries. Finally, some pierced shells with an oceanic or fossil origin were discovered during the 2004-2006 Gargas' excavations. Therefore, these ornaments point out some direct links between Gargas, the Atlantic shore and the the deposits of Miocene of Aquitaine. This confirms the hypothesis about regular movements between this region and the central Pyrenean area. In a chronological and cultural point of view, the Pyrenean Gravettian lasts almost 6.000 years with an apparent homogeneity. The new* ^{14}C *dates obtained for Gargas give further information within this vast sequence.*

Key words: *Gravettian – Pyrenees – Lithic industry – Bone industry – Shell ornaments – Technical traditions – Natural resources*

Résumé: *Les nouvelles perspectives ouvertes par un projet de recherche portant sur le Gravettien et le Solutréen des Pyrénées, permettent désormais de replacer les occupations gravettiennes de la grotte de Gargas au sein des circuits d'échanges techniques et/ou d'approvisionnement en matières premières, dans un contexte géographique comprenant les Pyrénées et le couloir littoral cantabrique. Tour à tour sont présentés, pour le Gravettien pyrénéen et Gargas en particulier, les résultats des recherches sur l'origine des matières siliceuses, des analyses typo-technologiques de l'industrie lithique ainsi que des études, encore préliminaires, des modes d'élaboration de l'industrie en matière dure d'origine animale. L'ensemble de ces données indique clairement que la partie la plus occidentale des Pyrénées a été une zone très fréquentée par les Gravettiens de Gargas. Aux déplacements pour l'approvisionnement en silex se surimposent des relations étroites entre Gargas et l'autre grand site pyrénéen, Isturitz, que l'on perçoit à travers les caractéristiques typo-morphologiques de l'outillage osseux. Enfin, la découverte récente de coquillages percés d'origine océanique et fossile au cours des campagnes de fouilles 2004-2006 à Gargas, établit des liens directs avec le littoral atlantique et les gîtes du Miocène aquitain, confirmant l'hypothèse de l'existence de déplacements réguliers entre cette région et la zone centrale pyrénéenne. A l'échelle du temps, le cadre chrono-culturel du Gravettien pyrénéen s'étend sur presque 6.000 ans dans une apparente homogénéité. De nouvelles dates* ^{14}C *réalisées à Gargas apportent des précisions à l'intérieur de cette vaste séquence.*

Mots-clés: *Gravettien – Pyrénées - Industrie lithique – Industrie osseuse – Parure en coquillages - Traditions techniques – Ressources naturelles*

INTRODUCTION

Notre projet de recherche propose une nouvelle approche du Gravettien dans les Pyrénées. Après un premier constat établi sur l'état de la documentation existante (principalement à partir des collections des fouilles anciennes de Tarté, Gargas, Les Rideaux, La Tuto de Camalhot et de celles récentes d'Enlène EDG), il nous a semblé intéressant de réviser l'ensemble de ces collections selon des problématiques plus ouvertes, en multipliant les points de vue pluridisciplinaires (San Juan-Foucher 2003; Foucher 2004; Foucher, San Juan 2005).

Nous nous sommes attachés à une meilleure identification des caractères typo-technologiques de l'industrie lithique et osseuse, ainsi qu'à une caractérisation plus précise de la parure et de l'art mobilier. En croisant un certain nombre de résultats, nous avons pu mettre en évidence des facteurs d'ordre économique à l'échelle de la région pyrénéenne et constater une forte homogénéité culturelle attachée à cet espace géographique (San Juan-Foucher 2006, Foucher *et al.* à paraître).

Par ailleurs, la réalisation d'une première série de datations radiocarbones sur échantillons uniques des sites des Pyrénées centrales (Foucher *et al.* 2002; Foucher 2004) a fourni un cadre chronologique large de plus de 6000 ans, entre 28.500 BP (Tarté, Enlène) et 23.000 BP (Tuto de Camalhot), sans que l'on puisse y discerner des variabilités bien tranchées dans les traditions techniques ou typologiques, l'ensemble pouvant se rapporter au Noaillien *sensu lato*.

La reprise des fouilles à Gargas, site emblématique du Gravettien pyrénéen (Foucher 2006; Foucher, San Juan 2006), offrait la possibilité d'obtenir plus de précisions sur cette séquence chrono-culturelle. Les premiers résultats fournissent des compléments indispensables à la collection Cartailhac-Breuil (fouilles 1911-1913: Breuil, Cheynier 1958) et l'apport de nouvelles dates ^{14}C, effectuées à partir du matériel osseux *in situ* et selon un protocole rigoureux, pourrait à terme dégager quelques éléments de réponse aux nombreuses interrogations que pose le Gravettien pyrénéen.

CADRE TECHNIQUE ET ÉCONOMIQUE DU GRAVETTIEN PYRÉNÉEN

Les industries lithiques

Les données apportées par des études récentes (Sáenz de Buruaga 1995; Esparza 1995; Dartiguepeyrou 1995; Esparza, Mújika 1996; Klaric 2003; Foucher 2004; Simonet 2005), semblent confirmer l'homogénéité des industries lithiques gravettiennes des Pyrénées, déjà signalée lors de synthèses générales plus anciennes (Simonnet 1973; Clottes 1976). Elles se caractérisent typologiquement par:

- les éléments à dos (pointes de la Gravette, des Vachons et microgravettes),
- les burins de Noailles,
- les pièces esquillées,
- l'absence des pointes de La Font-Robert, qui apparaissent paradoxalement bien plus à l'ouest, sur le site de Cueva Morín (Cantabria) et de La Viña (Asturias), ou dans l'arrière pays pyrénéen, vers le nord, à l'abri Les Battuts (Tarn).

Ces groupes morpho-typologiques sont prépondérants dans les assemblages lithiques de tous les gisements; des variations statistiques peu significatives existent entre les sites, mais elles ne semblent pas indiquer une évolution diachronique; des facteurs autres que culturels (biais des calculs statistiques dans de nombreux cas, occasionnés par des tris sélectifs opérés par certains anciens fouilleurs) ainsi que l'existence de variabilités fonctionnelles (sites "spécialisés") peuvent aussi bien les provoquer. En tout état de cause, les séries lithiques provenant de sites anciennement fouillés (Isturitz, Gargas, Tarté) et d'autres, fouillés récemment (Enlène), présentent de grandes similitudes, tant dans la structuration générale de leur outillage que dans les formes et techniques de façonnage de certains pièces (pointes de la Gravette, burins de Noailles, pièces esquillées). Ceci est davantage marquant si l'on considère les variables forcément induites par l'hétérogénéité des occupations et les éventuelles différences fonctionnelles de ces gisements. D'un point de vue technologique, il n'est pas encore possible d'apporter des précisions d'ordre chrono-culturel ou d'envisager l'existence de "sous-faciès" (Simonet, 2005: 75).

Il faut souligner qu'on ne retrouve pas dans les Pyrénées les autres cortèges industriels et procédés techniques définis dans le Périgord comme les fléchettes, les pointes de La Font-Robert, les procédés liés aux burins de Raysse, etc., considérés comme des marqueurs de courants chrono-culturels au sein du Gravettien. C'est pourquoi le terme de "Noaillien" pourrait s'appliquer parfaitement aux ensembles pyrénéens.

L'économie des matières siliceuses[1] se fonde sur une exploitation légèrement prédominante des ressources locales (silex des Petites Pyrénées), de l'ordre de 55-60% des supports d'outils. Néanmoins, la part des silex allochtones est encore importante, puisqu'elle représente 25-30% de l'outillage (le reste est d'origine indéterminée). Les principaux gîtes de provenance du silex sont: la Chalosse (Audignon) et le Flysch (dont Hibarette) pour la partie ouest de la chaîne pyrénéenne; les Corbières maritimes à l'est, et le Périgord (Bergeracois, Gris-Noir du Sénonien, Jaspéroïdes de l'Infralias) au nord (Foucher, 2004, Foucher, San Juan 2005a).

L'industrie lithique de Gargas (collection Cartailhac-Breuil) s'intègre bien dans le schéma général décrit précédemment (Foucher, 2004, 2006). L'outillage (848 pièces) est très laminaire: 70% des supports sont soit des lames, soit des petites lames ou lamelles. Il se structure autour des burins de Noailles (22,7%) des grattoirs (14%), des lames retouchées (13,9%) et des pièces esquillées (13,5%). Les outils composites, dont un des éléments principaux est soit un burin, soit un grattoir, ont un poids statistique important (7,3%) autant que les burins dièdres (6,1%) et les burins sur troncature (7,2%). Les pointes de la Gravette/Vachons sont en revanche peu nombreuses (4,1%).

Les quelques données d'ordre technologique ont été obtenues à partir de l'examen des nucléus (60 exemplaires), les déchets de débitage n'ayant pas été gardés par les anciens fouilleurs. Les nucléus sont généralement de petite taille. Il en existe seulement deux abandonnés au stade de la production laminaire. On décompte quatre nucléus à éclats et trois autres sont fragmentaires, tous les autres (49) ont fourni des lamelles. Dans l'ensemble, les nucléus à un plan de frappe sont majoritaires (22); les nucléus à deux plans de frappe (12) présentent généralement un plan de frappe principal, le second opposé n'intervenant que dans les processus de réaménagement des convexités. Il y a aussi deux burins nucléiformes dont le rôle de nucléus est évident, et on remarque un nombre relativement important de nucléus à morphologie de grattoir caréné (14). L'analyse des supports d'outils révèle la présence majoritaire de talons linéaires (longueur > 2mm et largeur < 2mm) souvent fortement abrasés et dont les corniches ont été éliminées. Ce type de préparation soignée, associé à l'existence d'autres stigmates visibles sur les faces inférieures des

[1] Nous avons pu compter sur la collaboration de R. Simonnet, M.-R et M. Séronie-Vivien, A. Morala, Ch. Normand, A. Tarriño et F. Briois. Nous les en remercions ici très chaleureusement.

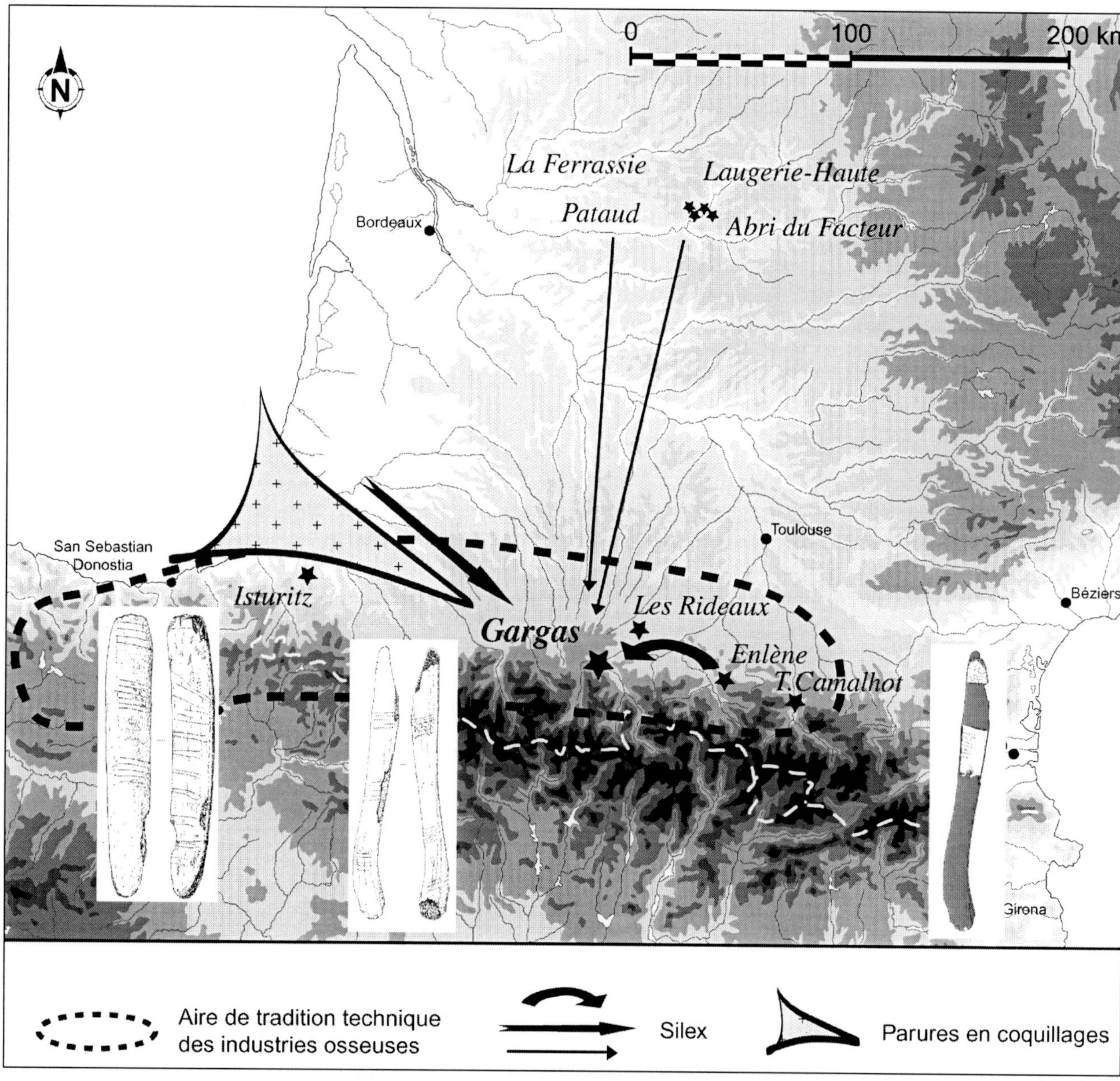

Fig. 4.1 – Zones d'approvisionnement et aire de traditions techniques du Gravettien de Gargas (fonds de carte: F. Tessier)

supports (talon portant plusieurs points de contact, esquillement du bulbe...), renvoie à des techniques de percussion au percuteur à pierre tendre (Pelegrin 2000; Klaric 2003).

En ce qui concerne la **gestion des matières premières**, Gargas présente le cas peu fréquent, pour la zone pyrénéenne, d'un site d'habitat relativement éloigné des sources de matières premières locales (les plus proches se trouvent entre 20-40 km). On constate un équilibre entre la part des silex des Petites Pyrénées (35% des outils) et les silex de l'Ouest (Flysch/Hibarette: 19%, Chalosse/Audignon: 18%). Les silex du Nord viennent en complément, à hauteur de 10% (Gris-noir du Sénonien, Bergeracois, Fumélois-Gavaudun) (Fig. 4.1). Ce schéma de répartition des provenances s'éloigne légèrement de ceux des autres sites pyrénéens - en raison principalement de la situation du site par rapport aux gîtes à silex – dans lesquels la part des silex locaux occupe une place clairement prépondérante (aux alentours de 55-60% des supports d'outils). Néanmoins, l'aire générale de circulation et d'approvisionnement reste identique, circonscrite à un très grand Sud-ouest, même si, dans le cas de Gargas, il faudrait envisager une extension vers le versant sud des Pyrénées, localisée sur le haut du bassin versant de l'Ebre (Foucher 2006).

Les premiers résultats obtenus lors des campagnes de fouilles 2004-2006 à Gargas corroborent les grandes lignes définies par les études antérieures. On note toutefois quelques compléments qui modifient certains aspects. Le poids statistique des pointes de la Gravette est plus important (16%) et nous avons constaté un microlithisme très affirmé dans l'outillage, tant au sein des burins de Noailles que des pointes de la Gravette (micro-gravette). Par ailleurs, le volume d'éléments de débitage (lames et lamelles brutes, éclats de façonnage, nucléus et pièces techniques dérivées) est très réduit; la catégorie majoritaire des éclats (<0,5cm) correspond soit à des cassons indéterminables soit à des produits de réfection de l'outillage, mais elle ne semble pas vraiment liée à une chaîne de débitage complète (du nucléus à l'outil fini). Ces observations correspondent aux séries lithiques obtenues sur les deux locus fouillés (GPO et GES) qui couvrent ensemble une surface de 7 m^2 (Foucher, San Juan 2005b, 2006; Foucher 2006).

L'industrie osseuse

La diversité des **objets fabriqués en matières dures d'origine animale** trouvés dans les gisements gravettiens pyrénéens est largement représentative des quatre principales catégories typo-fonctionnelles: les armatures de chasse, l'outillage domestique, les éléments de parure et l'art mobilier.

Les **matières premières** utilisées sont essentiellement les bois de Cervidés, surtout le Cerf et le Renne (quelquefois le Mégacéros) et les os: en particulier les côtes, diaphyses et métapodes des grands et moyens herbivores, les os longs de différents Oiseaux, Rongeurs et Carnivores, les dents de Bovidés, Cervidés et les canines d'Ours et Lion des Cavernes, de Renard et de Loup, ainsi que l'ivoire de Mammouth. Les coquillages marins et fossiles ont été employés pour la confection d'objets de parure (colliers, bracelets, et pendeloques) et pour l'ornement de vêtements.

Différentes **techniques** pour l'obtention des supports ont été attestées au cours d'études récentes menées sur les séries d'outillage osseux de Gargas, des Rideaux, de la Tuto de Camalhot et d'Isturitz (San Juan-Foucher 2003, 2006; San Juan-Foucher, Vercoutère 2005; Goutas 2003, 2004). Le débitage des supports en os se fait généralement par tronçonnage (sciage périphérique pour les côtes de Cheval encochées et utilisées de Gargas) suivi de rainurage, de raclage ou d'abrasion/fendage (p. ex. pour la bipartition des côtes utilisées pour les lissoirs) ou selon un schéma de partitions successives (employé sur les métapodes transformés en poinçons ou épingles). Fréquemment, les objets sont fabriqués à partir d'os dont la morphologie particulière constitue une sorte de "préforme" (extrémité appointée des corps de côtes dans le cas des "pioches", métapodes vestigiels de Cheval et de Renne dans celui des poinçons, épingles et pendeloques). Pour les pièces d'industrie osseuse peu élaborées, comme les poinçons sur esquille ou les "retouchoirs", le débitage des supports se fait par simple fracturation des diaphyses, suivie d'un façonnage sommaire de la pointe ou de l'utilisation directe des éclats choisis.

Le travail de transformation des bois de Cervidés, obtenus autant par la chasse que par la collecte, comprend une première phase d'élagage de la perche au cours de laquelle la plupart des andouillers sont dégagés par percussion directe ou par entaillage et flexion. Certaines parties (andouillers de glace et chevillures) sont tronçonnées par rainurage bifacial (quelques exemples caractéristiques de ce type de déchets ont été collectés lors des fouilles anciennes à Gargas et Isturitz, *cf.* Breuil et Cheynier 1958, pl. XVII; Saint-Périer 1952, fig. 55). Les baguettes qui serviront de support aux outils et armatures sont obtenues soit directement sur la perche, soit sur des sections de perche préalablement tronçonnées, débitées ensuite par double rainurage ou par bipartition. Toutes les données fournies par les différents aspects de ces études indiquent une gestion bien réfléchie de l'économie des ressources animales non alimentaires, en particulier des matières utilisées pour l'équipement de chasse et les outils de base les plus solides (bâtons percés, ciseaux,...), alors que les outils en os du fonds commun, peu façonnés et facilement remplaçables (poinçons, lissoirs, côtes utilisées, retouchoirs...), sont réalisés sur des supports prélevés sur les carcasses des animaux chassés, après dépouillement et dépeçage de la viande ou d'extraction de la moelle.

D'un point de vue **typologique**, l'équipement osseux des Gravettiens pyrénéens se caractérise par un objet emblématique, la "sagaie d'Isturitz". Considéré par D. de Sonneville-Bordes (1971, 1972a et b, 1988) comme "fossile directeur osseux" du Périgordien à burins de Noailles, sa diffusion comprend une vaste zone incluant l'Aquitaine, les Pyrénées centrales, et les deux versants des Pyrénées atlantiques. Cette pièce est représentée surtout dans le gisement éponyme (la série d'Isturitz compte 179 pièces recensées, toutes collections confondues, d'après Goutas 2004), mais plusieurs exemplaires ont été répertoriés dans des niveaux gravettiens d'autres sites du piémont pyrénéen: Usategui (1), Bolinkoba (1), Aitzbitarte III (1), Les Rideaux (5), Téoulé (2), Les Battuts (10). Quant à Gargas, un seul exemplaire avait été repéré par S. de Saint-Périer dans la collection Garrigou du Musée de l'Ariège, mais notre récente révision de l'ancienne collection Cartailhac-Breuil a permis d'identifier cinq autres extrémités proximales typiques, ainsi que plusieurs probables extrémités distales. Les caractéristiques typo-morphologiques de cette série correspondent presque à l'identique avec celles du site d'Isturitz (niveaux IV et III). Ces pièces avaient été définies comme pointes de projectiles, mais les dernières recherches tendent à montrer qu'il pourrait s'agir d'un ensemble de différents outils et armatures, partageant un aménagement similaire d'extrémité proximale appointée, avec des variantes à biseau, incisions et encoches (Goutas 2004; San Juan-Foucher, Vercoutère 2005).

Un autre type d'outil osseux caractéristique de cet horizon chronologique dans les Pyrénées est une variante de ce que A. Leroi-Gourhan (1963: 82) avait appelé les "pioches en côtes d'herbivores". Il s'agit de plusieurs côtes de grand herbivore (Bison à Gargas et la Tuto de Camalhot, taxon non déterminé pour l'instant à Isturitz) qui présentent une extrémité active appointée et très usée, parfois esquillée, correspondant à la partie distale anatomique. Sur les deux faces de ces côtes, apparaissent gravées des séries d'incisions parallèles, longues et fines, organisées en groupes réguliers, parfois associés à d'autres séries d'incisions courtes et profondes sur les bords (San Juan-Foucher 2006). Dans le cas original des deux pièces de la Tuto de Camalhot (Vézian 1966), il s'agit de pendeloques "de deuxième intention", mais nous pouvons déduire la première fonction de la côte gravée qui a servi de matrice par comparaison avec la n°236-IPH de Gargas. Le débitage des deux tronçons a été ainsi réalisé sur une côte déjà utilisée (fig. 4.1). La réutilisation d'éléments d'outillage osseux pour en faire des pendeloques avait déjà été signalée par Saint-Périer (1952, fig. 26 et Pl. IV: 13) dans le niveau III d'Isturitz (Gravettien avec mélanges de niveaux sus-jacents), où il est question de fragments de sagaies perforés.

Dans l'état actuel des recherches, le **créneau chronologique** dans lequel sont compris les niveaux ayant fourni ces côtes gravées dans les Pyrénées se situe, en dates AMS, entre **26.910 ± 130**, la plus ancienne du Gravettien de Gargas (*cf.* tableau 4.1), et **23.380 ± 150** BP, la plus récente pour la Tuto de Camalhot (Foucher *et al.* 2002). Étant donné l'extraordinaire ressemblance des pièces répertoriées à Gargas, Isturitz et la Tuto de Camalhot, nous avons deux hypothèses alternatives pour expliquer ce phénomène: soit les artisans de ces objets appartiennent au même groupe humain (à échelle de quelques générations), qui se déplace périodiquement de site en site, suivant un long itinéraire parallèle à la chaîne pyrénéenne, soit les pièces sont le résultat d'une tradition millénaire régionale qui a abouti à une standardisation de l'industrie osseuse comparable à celle de l'industrie lithique.

La parure

Parmi les objets considérés comme des **éléments de parure**, certains sont largement diffusés dans la plupart des gisements de l'aire étudiée et ne montrent pas des caractères discriminants par rapport aux corpus des périodes précédentes et suivantes: c'est le cas des dents percées et des perles de collier en segments d'os d'oiseau. Les dents perforées des niveaux gravettiens de Gargas et d'Isturitz proviennent en général des animaux chassés pour leur apport en viande et en fourrure (Cerf[2], Boviné, Cheval, Renard, Loup), mais pour certains taxons, comme l'Hyène, le Blaireau, l'Ours et le Lion des Cavernes, les canines ont été certainement prélevées sur des crânes d'animaux trouvés dans les galeries des grottes.

Un cas particulier est celui des **coquillages perforés** trouvés dans les sites pyrénéens, nécessairement apportés au cours de déplacements de moyenne et longue durée. A l'occasion de la première campagne de fouilles en 2004, nous avions trouvé les trois premiers exemplaires de coquillages percés connus dans le site de Gargas; ceci concernait la totalité des niveaux et des collections répertoriées. En effet, ce type de matériel, fréquent dans la plupart des autres gisements gravettiens du Sud-ouest français, n'est pas signalé dans la publication de H. Breuil et A. Cheynier en 1958 et nous n'en avons pas trouvé dans les séries anciennes examinées. Une mention de deux fragments de *Pecten* non perforés et sans provenance de niveau, signalés par F. Régnault (1887) dans une courte note, laissait espérer la découverte de ces éléments de parure, tellement révélateurs en ce qui concerne l'exploitation de ressources naturelles et les échanges/ déplacements des groupes humains.

Après trois campagnes de fouilles, le corpus actuel de coquillages enregistrés à Gargas est de 17 éléments, dont cinq fragments de test et une douzaine de pièces perforées. Parmi ces dernières, toutes des coquilles de gastéropodes, les espèces identifiées sont: *Littorina obtusata, Littorina littorea, Patella vulgata, Nucella lapillus, Trivia europea, Néritina fluviatilis, Neritina picta* et *Pirenella plicata* (Foucher, San Juan 2004; Foucher 2005).

D'après les travaux de référence d'Y. Taborin (1993, 2001), *Littorina obtusata*, *Littorina littorea* et *Nucella lapillus* figurent parmi les coquillages le plus fréquemment ramassés et utilisés pour la parure paléolithique. Il s'agit d'espèces océaniques et elles sont bien attestées dans les niveaux gravettiens de tout le Sud-ouest français.

Patella vulgata est beaucoup moins fréquente dans ce même contexte, mais elle est documentée dans des niveaux gravettiens de l'Abri Pataud, La Gravette, La Ferrassie, Isturitz et le Roc de Gavaudun. Elle est une forme originelle du rivage atlantique.

Trivia europea et *Néritina fluviatilis* sont des espèces plutôt ubiquistes, à moindre valeur diagnostique par rapport à la provenance, la première étant adaptée aux conditions de vie des rivages atlantiques et méditerranéens français et la deuxième se trouvant fréquemment dans tous les cours d'eau et les estuaires.

Les deux coquillages fossiles percés, *Neritina picta* et *Pirenella plicata*, sont fréquents dans les gîtes fossilifères des faluns du Miocène inférieur d'Aquitaine et sont assez communs dans les zones du Bordelais, des Landes (entre Dax et Mont-de-Marsan) et dans le Béarn (Orthez-Salies de Béarn). La plupart des zones d'origine potentielle se situe entre les bassins de l'Adour et du Gave de Pau, territoire d'approvisionnement en silex allochtone prédominant à Gargas.

Si l'apport de coquillages marins essentiellement atlantiques et la collecte de fossiles dans les gîtes aquitains peuvent sembler évidents pour un site comme Isturitz, qui se trouve dans le secteur occidental des Pyrénées, il en va autrement pour Gargas, situé au pied de la zone centrale

[2] Les dents de Cerf ont été bien documentées à Gargas et à Isturitz mais, en revanche, aucune dent de Renne ne figure dans les deux séries.

Tab. 4.1 – Dates ^{14}C du Gravettien des Pyrénées (en gras, les résultats inédits obtenus au cours du nouveau programme de fouilles)

Site	Niveau	Culture	Age BP	Nature échantillon	Réf. Labo.	Réf. Biblio.
Gargas-GPO	2.1	Noaillien	**23.590 ± 100**	Bouquetin / Isard	Ly-3400-Gr1	Inédit
Gargas-GES	2.1	Noaillien	**25.030 ± 110**	Renne	Ly-3404-GrA	Inédit
Gargas-Cartailhac/Breuil		Noaillien	25.050 ± 170	Bois de Renne	Ly-1625-GrA	Foucher 2004
Gargas-GES	2.1	Noaillien	**25.230 ± 110**	Grand herbivore	Ly-3406-GrA	Inédit
Gargas-GPO	2.1	Noaillien	**25.520 ± 110**	Moyen herbivore	Ly-3401-GrA	Inédit
Gargas-GES	2.1	Noaillien	**25.700 ± 120**	Cerf (os)	Ly-3405-GrA	Inédit
Gargas-GPO	2.3	Noaillien	**25.920 ± 130**	Grand herbivore	Ly-3403-GrA	Inédit
Gargas-GPO	2.2	Noaillien	**26.260 ± 130**	Moyen herbivore	Ly-3402-GrA	Inédit
Gargas-GES	2.3	Noaillien	**26.380 ± 120**	Grand herbivore	Ly-3410-GrA	Inédit
Gargas-GES	2.3	Noaillien	**26.480 ± 420**	Grand herbivore	Ly-3409-GrA	Inédit
Gargas-Panneau peint		Gravettien	26.860 ± 460	Os	GifA-92369	Clottes *et al.* 1992
Gargas-GES	2.2	Noaillien	**26.910 ± 130**	Grand herbivore	Ly-3408-GrA	Inédit
Tarté (fouille Gratacos)	c1b	Noaillien	26.600 ± 170	Métatarse Bovidé	Ly-2104-OxA	Foucher 2004
Tarté (fouille Gratacos)	c1c	Noaillien	27.180 ±150	Renne	Ly-2999-OxA	Inédit
Tarté (fouille Gratacos)	c1c	Noaillien	28.410 ± 150	Métacarpe Renne	Ly-2105-OxA	Foucher 2004
Enlène EDG	c 5	Noaillien	24.600 ± 350	ossements	Gif-6656	Clottes 1989
Enlène EDG	c 5	Noaillien	25.850 ± 360	M3 inf. G. Renne	Ly-1627-GrA	Foucher 2004
Enlène EDG	c 5	Noaillien	27.980 ± 480	Cerf (métapode)	GifA-97306	Foucher *et al.* 2002
La Tuto de Camalhot		Noaillien	21.500 ± 400	Ossements	Gif 2942	Bui-Thi-Mai, Girard 1984
La Tuto de Camalhot		Noaillien	23.380 ± 150	Cheval (dent)	Ly-997- GrA	Foucher *et al.* 2002
La Tuto de Camalhot		Noaillien	24.220 ± 160	Bouquetin (dent)	Ly-996-GrA	Foucher *et al.* 2002
La Carane-3	c 1.2	Noaillien	23.710 ± 270	Cerf (esquille os)	GifA-99245	Foucher *et al.* 2000
La Carane-3	c. 1.3	Noaillien	26.490 ± 390	diaphyse indéter.	GifA-100404	Foucher *et al.* 2002

de la chaîne. Cette information est très significative en termes de vecteur de déplacement et d'espace culturel (Foucher 2005).

Jusqu'à présent, on n'a pas trouvé à Gargas d'objets d'ornement personnel plus originaux et élaborés, comme les bandeaux en ivoire décorés de motifs incisés en zigzag de la grotte du Pape à Brassempouy (Thiault 2001) ou les pendeloques de "deuxième intention" mentionnés plus haut de la Tuto de Camalhot et du niveau III d'Isturitz. Sont également absentes du corpus les pendeloques sur support lithique, obtenues à partir de petits galets incisés et perforés, répertoriées dans les séries gravettiennes d'Isturitz (Saint-Périer 1952).

Ces différences relatives à la présence ou absence de certains objets de décoration personnelle, sans doute porteurs d'informations sociales (Scheer 2000; Kuhn, Stiner 2006), devront être davantage examinées dans nos recherches à venir, au fur et à mesure des révisions d'anciennes collections et des fouilles en cours, en même temps que l'analyse approfondie des similitudes / différences inter-sites du registre des pièces d'art mobilier gravé et sculpté (San Juan, Foucher à paraître).

SÉQUENCE CHRONOLOGIQUE ACTUALISÉE: NOUVELLES DATES ^{14}C

Le programme de datations radiocarbones réalisées à Gargas veut répondre à une problématique multiple et aller au-delà de la simple obtention d'un cadre chronologique. La principale préoccupation se rapporte à une meilleure perception des phénomènes taphonomiques au sein des unités stratigraphiques, a priori homogènes, ainsi qu'à la perception d'éventuelles perturbations (ou mélanges). Dans ce même ordre d'idées, nous voulions constater si on retrouvait à Gargas le même phénomène de dispersion des dates entre 28.500 et 23.000 BP, dans un contexte Noaillien, observé dans les autres gisements pyrénéens (Foucher 2004).

Dans le prolongement de ce que nous avions déjà entrepris sur les sites pyrénéens (Foucher *et al.* 2002), les analyses ^{14}C AMS ont été réalisées à chaque fois sur fragment d'os unique, à partir d'un échantillon représentatif de la variabilité des espèces présentes dans le spectre faunique sur les deux locus en cours de fouille (GES et GPO). Pour cette première campagne de datations, les taxons ont été prélevés dans la partie supérieure du niveau gravettien (niv. 2). Selon le protocole habituel, le laboratoire de Lyon (Centre de datation par le radiocarbone) a traité les échantillons et celui de Gröningen a effectué le comptage au Tandétron.

Sur la série de résultats exposés dans le tableau 4.1, on peut constater une concentration significative de dates entre 25.000 et 27.000 BP sur les deux locus, celle de 23.590 se décalant de l'ensemble.

Ces résultats s'accordent aux dates obtenues précédemment dans le site.

- 26.6860 ± 460 sur os prélevé par J. Clottes dans une fissure d'un des panneaux des mains peintes (Clottes *et al.* 1992)
- 25.050 ± 170 sur bois de renne issu du niveau gravettien de la collection Cartailhac-Breuil (Foucher 2004)

Bien que nous ne soyons pas encore en mesure d'établir une séquence stratigraphique plus précise à l'intérieur de cette fourchette de 2000 ans, l'ensemble des dates du sommet du niveau 2 se situe nettement dans la phase moyenne du Gravettien. Ceci est totalement cohérent avec les caractéristiques de l'industrie lithique qui se rapporte au Noaillien. Des similitudes peuvent être signalées avec le Noaillien (c 4) de la séquence de l'abri Pataud (Fouilles H.L. Movius; Bricker 1995). Comme nous sommes encore dans l'attente des résultats concernant les échantillons des décapages inférieurs, ces conclusions restent donc préliminaires.

GARGAS DANS L'ESPACE GRAVETTIEN RÉGIONAL

Le souci de réviser les anciennes collections tout en les confrontant avec les résultats de fouilles récentes procure toujours des résultats intéressants et inattendus. Les approches pluridisciplinaires, telles que nous les avons décrites ici, présentent également un grand intérêt, par la perception plus dynamique des données archéologiques qu'elles peuvent offrir. Dans le cas du Gravettien de Gargas, nous avons pu définir des espaces territoriaux reliés d'une part à la circulation de matières premières (silex et coquillages) et d'autre part à des traits techniques (industrie osseuse); ils se développent dans un Grand Sud-Ouest et se prolongent dans le secteur oriental du couloir cantabrique (Fig. 4.1).

Les espaces ainsi délimités ne se superposent pas exactement les uns avec les autres. Leur interrelation permet d'apporter davantage de précisions dans un contexte chrono-culturel assez large, correspondant au Noaillien. Il apparaît donc une aire de tradition technique plus réduite dans le cas des productions de l'industrie osseuse pyrénéenne qui pourrait traduire des phénomènes de régionalisation à l'intérieur de l'espace noaillien. Ce constat semble suggérer que les groupes gravettiens vivant dans les Pyrénées ne sont peut-être pas les mêmes qui ont peuplé le Périgord, tout au moins qu'il existe un attachement durable à des zones géographiques particulières au Gravettien et que l'on n'a pas affaire à des groupes nomades en perpétuel mouvement sans racine territoriale. L'origine des matières siliceuses indique en revanche une diffusion de certains supports lithiques à l'intérieur d'un espace beaucoup plus vaste intégrant également le Périgord, même si la portée des échanges ou des apports reste assez limitée (dans la collection ancienne de Gargas, la part des silex du Périgord représente 10% de l'outillage, soit 75 outils).

Deux hypothèses pourraient expliquer cette contradiction apparente; soit quelques individus du groupe, disons des "prospecteurs", se déplacent épisodiquement pour s'approvisionner en matières allochtones, tandis que la majorité du groupe se limite à évoluer dans l'espace pyrénéen; ou bien, les groupes pyrénéens, dans le cadre des relations sociales entre populations qui partagent des traditions culturelles communes, accueillent certains individus (hommes ou femmes) provenant de groupes de régions voisines, voire échangent périodiquement des membres du groupe. La première hypothèse est plausible mais présente l'inconvénient majeur de répondre à un comportement économique très peu "rentable": le déplacement sur une si longue distance et durée pour un approvisionnement tellement limité ne peut pas se justifier uniquement sur des critères de subsistance ou d'exploitation de ressources, il faut que le matériel ainsi obtenu détienne une forte valeur symbolique. On en revient nécessairement à des motivations d'ordre culturel ayant une relation avec la cohésion sociale du groupe, restreint ou étendu. Les outils en silex d'origine périgourdine feraient donc partie de l'équipement personnel ou des lots apportés par un ou plusieurs individus séjournant de façon temporaire ou définitive dans un groupe "d'accueil", ou se rencontrant dans le cadre d'échanges sociaux de part et d'autre du grand axe Lot-Garonne.

En ce qui concerne la provenance de la parure en coquillages, l'origine atlantique des espèces déterminées à Gargas renforce encore les liens envisagés avec le secteur occidental des Pyrénées, établis à partir des similitudes typo-technologiques de l'industrie osseuse d'Isturitz et de l'approvisionnement prédominant en silex de Chalosse (Audignon). La convergence des vecteurs est remarquable si l'on considère en plus la collecte des coquillages fossiles dans des gîtes aquitains situés sur ces mêmes parcours. Le fleuve Adour et ses affluents ont constitué probablement un axe de circulation essentiel dans les déplacements des Gravettiens - davantage en guise de repère géographique que comme voie de communication directe – entre les bords de l'océan et le cœur des Pyrénées.

Nous avons vu que les espaces régionaux gravettiens peuvent se décliner selon une série de paramètres déterminants. Il en existe un autre renvoyant à la sphère

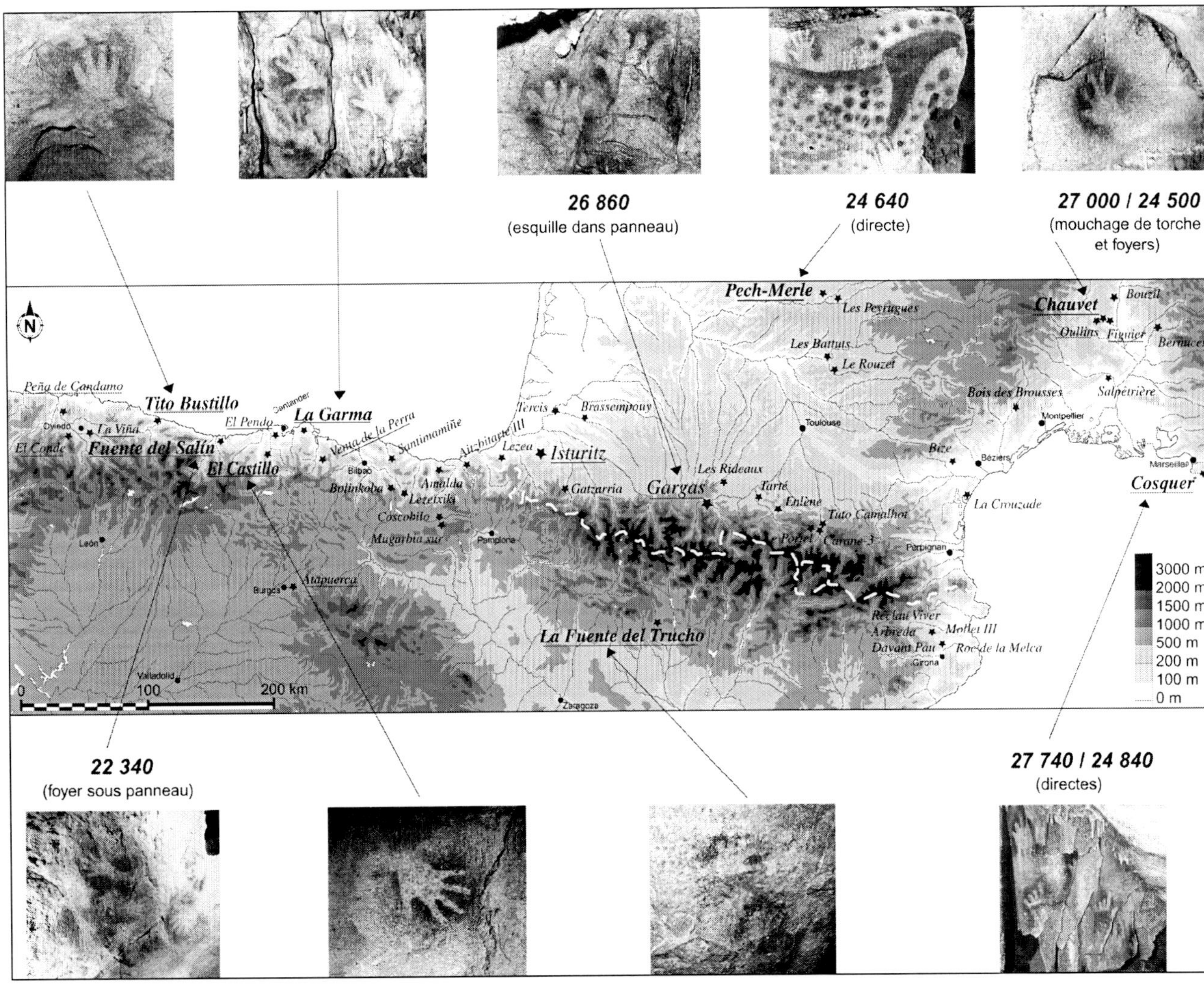

Fig. 4.2 – Chronologie des mains peintes gravettiennes dans un contexte régional (*cf.* références dans le texte)

symbolique et tout aussi indispensable à intégrer, celui défini par le réseau des grottes ornées abritant les représentations humaines les plus reconnues du dispositif pariétal gravettien: les empreintes de mains peintes. Cette dimension symbolique, partagée par l'ensemble de la culture gravettienne franco-ibérique, occupe une place de choix à Gargas, puisque plus de 200 mains négatives ont été réalisées dans le site alors qu'on en compte généralement quelques dizaines dans chacune des autres grottes. D'après les données actuellement disponibles (Balbin, Moure 1981; Moure, González 1992; Clottes *et al.* 1992, 1996; Lorblanchet *et al.* 1995; Clottes 1995; Utrilla 2006; González, Moure 2002; Perez, Smith 2002; Valladas *et al.* 2005), basées en particulier sur des datations directes de peintures, la chronologie absolue des panneaux à mains peintes semble s'échelonner sur toute la durée du Gravettien, de 28.000 à 22.500 BP (Fig. 4.2), fourchette qui coïncide avec l'étendue chronologique du Noaillien pyrénéen. Est-il possible d'envisager un contexte culturel aussi long et stable sur la base de manifestations symboliques aussi homogènes? Comme pour d'autres périodes plus récentes du Paléolithique, pourrions-nous imaginer des évolutions à un rythme différé entre les traditions symboliques et techniques?

En mode de conclusion et dans l'état actuel des données, trois "cercles" ou espaces semblent ainsi se superposer:

- celui défini par l'aire des traditions techniques locales et des déplacements habituels d'un groupe (quotidiens, saisonniers) dans le cadre d'activités de subsistance et d'approvisionnement (entre les Pyrénées centrales et les Pyrénées atlantiques);
- un autre, plus large, déterminé par des déplacements du groupe et/ou d'individus dans la sphère des relations sociales entre populations, au sein d'une région géographique élargie (le Grand Sud-ouest français);
- le dernier, perceptible à l'échelle interrégionale, comprenant les manifestations explicites du domaine symbolique commun à plusieurs groupes / populations, qui dessine un réseau plus vaste, avec des "points de repères" constitués par les grottes ornées;

Le dernier espace détermine un territoire virtuel dans lequel évoluent les groupes gravettiens qui partagent les mêmes "croyances" ou conventions symboliques, mais il n'est pas forcément parcouru dans sa totalité par l'ensemble des individus. Il s'insère nécessairement dans l'aire chrono-culturelle du Gravettien d'Eurasie, mais les liens à cette échelle sont moins visibles et ne se manifestent qu'à travers certains éléments à forte valeur significative (statuettes féminines, parures personnelles) qui peuvent être transmis sur une durée de plusieurs générations.

La définition de périodisations plus fines dans l'évolution diachronique de la culture gravettienne constitue un des enjeux archéologiques pour les années à venir. Les approches multiples et pluridisciplinaires que nous venons d'évoquer peuvent apporter leur contribution. Leur principal intérêt est de faire converger toute une série de paramètres dans le cadre des contextes régionaux, en essayant de comprendre comment s'articulent les uns par rapport aux autres, et surtout à quelle échelle de temps ils se placent.

Bibliographie

BALBIN BEHRMANN, R. de; MOURE ROMANILLO, A. (1981) – *Las pinturas y grabados de la cueva de Tito Bustillo. El sector oriental.* Valladolid, 43 p., 6 pl. h.t.

BREUIL, H.; CHEYNIER, A. (1958) – Les fouilles de Breuil et Cartailhac dans la grotte de Gargas en 1911 et 1913. *Bulletin de la Société méridionale de Spéléologie et de Préhistoire*, V, 1954-55, p. 341-382 (extrait du *Bulletin de la Société d'Histoire naturelle de Toulouse,* 93).

BRICKER, H.M. (1995) – *Le Paléolithique supérieur de l'abri Pataud (Les Eyzies, Dordogne): les fouilles de H.L. Movius Jr.*, Paris: Éd. De la Maison des Sciences de l'Homme, 328 p. (Document d'Archéologie française, n° 50).

CLOTTES, J. (1976) – Les civilisations du Paléolithique supérieur dans les Pyrénées. In LUMLEY, H. de eds - *La Préhistoire française.* Paris, CNRS, vol 1, p. 1212-1231.

CLOTTES, J. (1995) – Dates directes pour les peintures paléolithiques. *Préhistoire ariégeoise, Bulletin de la Société préhistorique Ariège-Pyrénées*, 49, 1994, p. 51-70, 8 fig.

CLOTTES, J.; COURTIN, J.; VALLADAS, H. (1996) - Nouvelles dates directes pour la grotte de Cosquer. *International Newsletter on Rock Art (INORA)*, 15, p.2-4, 2 fig.

CLOTTES, J.; VALLADAS, H.; CACHIER, H.; ARNOLD, M. (1992) – Des dates pour Niaux et Gargas. *Bulletin de la Société préhistorique française*, t. 89, n° 9, p. 270-274.

FOUCHER, P. (2004) – *Les industries lithiques du complexe Gravettien-Solutréen dans les Pyrénées. Techno-typologie et circulation des matières siliceuses de part et d'autre de l'axe Pyrénées-Cantabres.* Thèse de l'Université de Toulouse II-le-Mirail, 3 vol., 334 p., 253 fig., tabl. en Annexes.

FOUCHER, P. (2006) – Gargas et l'Atlantique: les relations transpyrénéennes au cours du Gravettien. In *Homenaje al Prof. Jesús Altuna. Munibe*, 57, 2005-2006, tome II: Arqueología, p. 131-147, 9 fig.

FOUCHER, P.; SAN JUAN, C. (2005a) – La circulation des matières siliceuses dans le Gravettien pyrénéen. In JAUBERT, J.; BARBAZA, M. eds – *Territoires, déplacements, mobilité, échanges durant la Préhistoire. Terres et hommes du Sud.* Actes du colloque CTHS de Toulouse, avril 2001, p. 199-216, 13 fig.

FOUCHER, P.; SAN JUAN, C. (2005b) – *La grotte de Gargas (Aventignan, Hautes-Pyrénées). Rapport intermédiaire de fouille programmée 2005-2007.* Service régional de l'Archéologie de Midi-Pyrénées, 65 p., 24 tabl., 20 fig.

FOUCHER, P.; SAN JUAN, C. (2006) – La grotte de Gargas à Aventignan (Hautes-Pyrénées). *Bilan scientifique 2004 du Service Régional de l'Archéologie de Midi-Pyrénées,* Ministère de la Culture et de la Communication, p. 129-131, 1 fig.

FOUCHER, P.; SAN JUAN, C.; VALLADAS, H.; CLOTTES, J.; BEGOUËN, R.; GIRAUD J.-P. (2002) – De nouvelles dates ^{14}C pour le Gravettien des Pyrénées centrales. *Bulletin de la Société préhistorique Ariège-Pyrénées,* LVI, 2001, p. 35-44, 4 fig.

FOUCHER, P.; SAN JUAN, C.; SACCHI, D.; ARRIZABALAGA, A. (à paraître) – Le Gravettien des Pyrénées. Actes de la table ronde des Eyzies, juin 2004.

GONZÁLEZ SAINZ, C.; MOURE ROMANILLO, A. (2002) – La Garma. In Collectif – *Las cuevas con arte paleolítico en Cantabria.* Éd. ACDPS – Cantabria en Imagen, Santander, p. 209-218.

GOUTAS N. (2003) - L'exploitation des bois de cervidés dans les niveaux gravettiens de la grotte d'Isturitz (Pyrénées-Atlantiques): le procédé d'extraction de baguette par double rainurage longitudinal. In PATOU-MATHIS, M.; CATTELAIN, P.; RAMSEYER, D. (coord.) - *L'industrie osseuse pré- et protohistorique en Europe. Approches technologiques et fonctionnelles.* Actes du Colloque 1.6, XIVe congrès de l'UISPP, Liège, septembre 2001. Amay: p. 19-28, 7 fig. (*Bulletin du Cercle archéologique Hesbaye-Condroz* 26, 2002).

GOUTAS, N. (2004) – *Caractérisation et évolution du Gravettien en France par l'approche techno-économique des industries en matières dures animales (étude de six gisements du Sud-ouest.* Thèse de doctorat de l'Université de Paris I, Panthéon-Sorbonne, 2 vol., 675 p.

KLARIC, L. (2003) – *L'unité technique des industries à burins du Raysse dans leur contexte diachronique. Réflexions sur la diversité culturelle au Gravettien à partir des données de la Picardie, d'Arcy-sur-Cure, de Brassempouy et du Cirque-de-la-Patrie.* Thèse de l'Université de Paris I – Panthéon-Sorbonne, 419 p., 144 fig.

KUHN, S.L.; STINER, M.C. (2006) – Les parures au Paléolithique. In KOZLOWSKI, J.K.; SACCHI, D. éds. - *Naissance de la pensée symbolique et du langage. Diogène*, n° 214, Presses Universitaires de France, p. 47-58.

LEROI-GOURHAN, A. (1963) - Châtelperronien et Aurignacien dans le Nord-Est de la France (d'après la stratigraphie d'Arcy-sur-Cure, Yonne). In *Aurignac et l'Aurignacien, centenaire des fouilles d'Édouard Lartet. Bulletin de la Société méridionale de Spéléologie et de Préhistoire,* VI à IX, 1956-59. Toulouse: p. 75-84, 3 fig.

LORBLANCHET, M.; CACHIER, H.; VALLADAS, H. (1995) – Datation des chevaux ponctués de Pech-Merle. *International Newsletter on Rock Art (INORA)*, 12, p. 2-3, 1 fig.

MOURE ROMANILLO, A.; GONZALEZ MORALES, M.-R. (1992) – Datation ^{14}C d'une zone décorée de la grotte de Fuente del Salín, en Espagne. *International Newsletter on Rock Art (INORA)*, 3, p. 1-2.

PELEGRIN, J. (2000) – Les techniques de débitage laminaire au Tardiglaciaire: critères de diagnose et quelques réflexions. In VALENTIN, B.; BODU, P.; CHRISTENSEN, M.; eds - *L'Europe centrale et septentrionale au Tardiglaciaire.* Table ronde de Nemours du 13-16 mai 1997, p. 73-86 (Mémoires du Musée de Préhistoire d'Ile-de-France, n°7).

PEREZ, M.; SMITH, P. (2002) – El Castillo. In Collectif – *Las cuevas con arte paleolítico en Cantabria.* Éd. ACDPS – Cantabria en Imagen, Santander, p. 155-164.

RÉGNAULT, F. (1887) – L'industrie primitive de l'Homme dans la grotte de Gargas. In *Congrès A.F.A.S.,* 16e session, Toulouse 1887, p. 241-242.

SAN JUAN-FOUCHER, C. (2003) - *Le complexe Gravettien–Solutréen dans les Pyrénées: cadre chronoculturel et stratégie d'exploitation des ressources naturelles,* Rapport de Projet collectif de Recherche, Service régional de l'Archéologie, Toulouse, 97 p.

SAN JUAN-FOUCHER, C. (2006) – Industrie osseuse décorée du Gravettien des Pyrénées. In *Homenaje al Prof. Jesús Altuna. Munibe*, 57, 2005-2006, tome III: Arte, Antropología y Patrimonio arqueológico, p. 95-111, 8 fig.

SAN JUAN-FOUCHER, C.; VERCOUTÈRE, C. (2005) - Les "sagaies d'Isturitz" des niveaux gravettiens de Gargas (Hautes-Pyrénées) et de Pataud (Dordogne). Un exemple d'approche pluridisciplinaire et complémentaire de l'industrie osseuse. *Préhistoire Anthropologie Méditerranéennes,* 12, 2003, 75-94, 7 fig.

SAN JUAN, C.; FOUCHER, P. (à paraître) - 90 ans après: relecture de l'art mobilier de la grotte de Gargas (Aventignan, Hautes-Pyrénées) à partir de pièces inédites provenant des fouilles Cartailhac-Breuil.

SAINT-PÉRIER, R. et S. de (1952) - *La grotte d'Isturitz: les Solutréens, les Aurignaciens et les Moustériens.* Paris, Masson, 264 p., 135 fig., XI pl. h.-t. (Archives de l'Institut de Paléontologie humaine, mémoire n° 25)

SCHEER, A. (2000) – The Gravettian in Southwest Germany: stylistics features, raw material resources and settlement patterns. In ROEBROEKS, W.; MUSSI, M.; SVOBODA, J.; FENNEMA, K. – *Hunters of the Golden Age. The Mid Upper Palaeolithic of Eurasia 30.000 – 20.000 BP.* University of Leiden, p. 257-270, 4 figs.

SIMONET, A. (2005) – *Les armatures lithiques. Méthodes d'étude et enjeux: l'exemple des armatures lithiques d'Isturitz.* Diplôme d'Études Approfondies, Université de Toulouse II-le-Mirail, 94 p., 61 fig.

SIMONNET, R. (1973) – Le Paléolithique supérieur entre l'Hers et la Garonne. In *Préhistoire et Protohistoire des Pyrénées françaises*, Musée pyrénéen, Château de Lourdes, p. 39-44.

SONNEVILLE-BORDES, D. de (1971) – Un fossile directeur osseux du Périgordien supérieur à burins de Noailles. *Bulletin de la Société préhistorique française,* 68, 2, p. 44-45, 2 fig.

SONNEVILLE-BORDES, D. de (1972a) – A propos des pointes osseuses à extrémité striée du Périgordien à burins de Noailles. *Bulletin de la Société préhistorique française,* 69, 2, p. 37-38.

SONNEVILLE-BORDES D. de (1972b) – A propos des sagaies d'Isturitz. *Bulletin de la Société préhistorique française,* 69, 4, p. 101-101.

SONNEVILLE-BORDES, D. de (1988) – Fiche sagaie d'Isturitz, n°8. In CAMPS FABER, H. (dir.) – *Fiches typologiques de l'industrie osseuse préhistorique, Cahier I: Sagaies.* Commission de nomenclature sur l'industrie de l'os préhistorique (UISPP), Publications de l'Université de Aix-en-Provence, 9 p., 4 fig.

TABORIN, Y. (1993) – *La parure en coquillage au Paléolithique.* Paris, Éd. du CNRS, 538 p. (XXIXe supplément à *Gallia Préhistoire*).

TABORIN, Y. (2001) – La parure des Gravettiens de l'Europe occidentale et centrale. *Bulletin de la Société préhistorique Ariège-Pyrénées*, LV, 2000, p. 11-18, 2 fig.

THIAULT, M.H. (2001) – L'exploitation et la transformation de l'ivoire de Mammouth. Une étude technologique d'objets gravettiens de la grotte du Pape (Brassempouy, Landes). *Gallia Préhistoire*, 43, p. 153-174, 16 fig.

UTRILLA MIRANDA, P. (2006) – Arte rupestre paleolítico en Aragón. In Collectif – *Arte rupestre en Aragón.* Catálogo de expocisión (Zaragoza, 5 abril-16 junio de 2006). Éd. Universidad de Zaragoza / Gobierno de Aragón, Zaragoza, p. 22-27 et 50-55.

VALLADAS, H.; TISNERAT-LABORDE, N.; CACHIER, H.; KALTNECKER, E.; ARNOLD, M.;

OBERLIN, C.; EVIN, J. (2005) – Bilan des datations carbone 14 effectuées sur des charbons de bois de la grotte Chauvet. In GENESTE, J.M. eds – *Recherches pluridisciplinaires dans la grotte Chauvet*, Journées SPF, Lyon 11-12 oct. 2003. *Bulletin de la Société préhistorique française*, 102, 1, p. 109-113 (Société préhistorique française – Travaux n°6 et *Karstologia*, mémoire n°11).

VEZIAN, J. et J. (1966) – Les gisements de la grotte de Saint-Jean-de-Verges (Ariège). *Gallia Préhistoire*, t. IX, fasc. 1, p. 93-130, 19 fig.

L'EXPLOITATION DES MATIERES PREMIERES LITHIQUES AU MAGDALENIEN FINAL EN ESTREMADURE PORTUGAISE: DONNEES SUR LES SITES DE LAPA DOS COELHOS ET DE L'ABRI 1 DE VALE DOS COVÕES

Cristina GAMEIRO
Doctorant à l'université de Paris 1, UMR 7041 et boursière de la *Fundação para a Ciência e Tecnologia* (Fondation pour la Science et la Technologie) (SFRH/BD/6709/2001)
cgameiro@netcabo.pt

Thierry AUBRY
Instituto Português de Arqueologia, Extensão do IPA em Pombal, Largo da Piscina Municipal, Pombal (Portugal).
thaubry@sapo.pt

Francisco ALMEIDA
Centro de Investigação em Paleoecologia Humana e Arqueociências.
Instituto Português de Arqueologia, Av. da Índia, 136. 1300-300 Lisboa.
falmeida@igespar.pt

***Abstract**: Recent excavations at Lapa dos Coelhos (Torres Novas) and Rock shelter 1 of Vale dos Covões (Soure) yielded several well preserved Final Magdalenian levels. Both sites have been interpreted as temporary camps, repeatedly occupied over relative short periods. The technological study undertaken on the lithic assemblages followed the «chaîne operatoire» concept, and lithological groups were established through macroscopic observation of the knapped raw materials. The comparison between such groups and the available geological reference collection allowed for the identification of raw material sources and thus, the definition of exploited territories.*
***Keywords**: Magdalenian, Estremadura, raw material sources, raw materials*

***Résumé**: La grotte dénommée Lapa dos Coelhos (Torres Novas) et l'abri 1 de Vale dos Covões (Soure) ont fait l'objet de fouilles récentes. Ils ont conservé des vestiges lithiques du Magdalénien récent qui témoignent probablement d'occupations temporaires et répétées. L'étude technologique des industries lithiques associées aux niveaux d'occupation magdaléniens des deux sites a été réalisée selon le concept de chaîne opératoire. Nous avons ainsi considéré les différents groupes lithologiques établis sur la base d'une observation macroscopique ou sous un faible grossissement. La comparaison avec un référentiel des roches siliceuses disponibles a permis d'identifier les sources d'origine des différents matériaux employés et de définir des espaces géographiques d'approvisionnement.*
***Mots clés**: Magdalénien, Estrémadure, approvisionnement, matières premières*

INTRODUCTION

Les résultats préliminaires concernant l'exploitation des matières premières lithiques au Magdalénien final, en Estrémadure, ont été obtenus dans le cadre d'une révision de la séquence tardiglaciaire portugaise[1]. Dix ans après la première proposition de séquence chrono-culturelle du Paléolithique supérieur de l'Estrémadure (Zilhão, 1997), c'est dans un autre cadre théorique et après la découverte de sites dans des régions que l'on croyait inhabitées, que l'on peut, maintenant, poser d'autres questions. Ce travail a été possible grâce à l'acquisition de données nouvelles, dans le cadre de projets de recherche menés depuis, par T. Aubry et F. Almeida, en charge de fouilles dans les sites présentés ici. L'identification des différentes sources de silex se base sur une collection de référence d'échantillons géologiques constituée par T. Aubry dans le cadre de prospections de terrain.

[1] Thèse de 3ème cycle à présenter à l'Université de Paris 1 par C. Gameiro.

Historique des recherches

Au Portugal, l'identification des sources de matières premières n'a jamais été un objectif prioritaire pour les archéologues et ce genre d'étude est récent. Il convient d'ailleurs de noter que la cartographie géologique du pays à l'échelle 1/50.000, dont les relevés ont commencé en 1857, sous l'égide de la Commission Géologique du Royaume, n'est toujours pas achevée! Même si les origines de l'archéologie et de la géologie scientifiques sont intimement liées au début du XXe siècle, quand plusieurs géologues (comme par exemple Nery Delgado ou C. Ribeiro) ont travaillé comme archéologues, il a été accordé très peu d'attention aux approches géoarchéologiques. Durant les années 1950 à 1960, G. Zbyszewski, géologue de formation, a identifié de nombreux sites paléolithiques au cours du relevé des cartes géologiques. Ces travaux ont été effectués dans la région centre du Portugal, là où le silex existe naturellement, néanmoins aucune mention d'une éventuelle relation avec la dispo-

Tab. 5.1 – Description des types de silex désignés dans le texte.
* Pour une description complète voir: Aubry & Mangado Llach, 2003 et 2006

Code	Position Stratigraphique	Description abrégé*
C2	Cénomanien en position secondaire	Un silex homogène à grain fin, opaque, de teinte très variable (du rouge clair au jaune orangé). Le cortex est fréquemment roulé révélant un prélèvement en position secondaire (formations détritiques). Quelques clivages et de rares géodes. Bonne qualité.
J2	Limite entre Bajocien et Bathonien	Un silex à grain grossier, opaque, de teinte grise et présentant une structure légèrement zonée. Les pièces isolées ne possèdent pas de cortex.
J3	Base de l'Oxfordien	Un silex à grain fin, opaque, de teinte grise (clair à foncé). Le cortex est d'habitude épais, mais il n'est pas roulé. Son observation indique une morphologie en plaquettes ou sous la forme de nódules. La qualité est variable mais en général il present une bonne aptitude à la taille.
Mc	Miocène	Silex translucide à grain fin, disponible en petites plaquettes.

nibilité de matières premières n'a été avancée. Pourtant, certains niveaux de silicifications dans les formations carbonatées du Jurassique moyen et du Crétacé supérieur sont utilisés par les géologues, comme repère pour corréler les différents affleurements. (Aldeias, 2003; Cardoso, 2002; Zbyszewski; 1962; Zilhão, 1993)

Pendant les années 80 et 90, des travaux de prospections orientées vers l'identification de sites paléolithiques ont été menés dans la région de Rio Maior, dans le cadre d'un projet de collaboration entre des chercheurs portugais et américains[2]. Cette région est riche en gîtes de silex du Cénomanien, en position secondaire, et aucun site n'en est éloigné de plus que 4 km. Malgré ce contexte difficile, il faut noter l'effort de caractérisation des différentes sources de silex et de mise en évidence d'éventuels déplacements au sein de ce territoire (Forehbaher, 1999; Marks *et al.*, 1991; Shokler, 2002).

Les premiers travaux systématiques orientés vers l'identification des sources de silex ne devaient démarrer effectivement qu'au début des années 90, motivés par la découverte de sites d'habitat et de gravures paléolithiques dans la vallée du Côa. (Aubry & Mangado Llach, 2003, 2003a, 2006; Aubry *et al*, 2004; Aubry, 2005). L'absence totale de silex dans la région et le faible pourcentage de cette roche, pourtant systématiquement présente dans les séries archéologiques, a amené à poursuivre dans cette voie de recherche. L'absence de cartographie pour certaines régions ou encore l'absence de mention de la présence de silex dans les notices des cartes géologiques constituent des problèmes qui ont retardé le développement de cette approche – une approche qui devrait pourtant constituer le premier pas de toute étude selon le concept de chaîne opératoire. (Aubry & Mangado Llach, 2003, Aubry & Mangado Llach, 2006)

A partir de 2003, cette approche a été étendue à la région de l'Algarve, dans le cadre de travaux de prospection entrepris par H. Veríssimo (Veríssimo, 2004, 2006).

[2] The Upper Paleolithic of the Rio Maior bassin (Portugal). Cf. Marks, A.; Bichno, N.; Zilhão, J.; Ferring, C.; Figueiral, I. (1995).

METHODOLOGIE

La méthodologie adoptée pour ce travail repose sur l'observation macroscopique des séries archéologiques et leur comparaison avec une collection de référence d'échantillons géologiques, en plusieurs étapes:

1. Une description macroscopique des différentes catégories pétrographiques des roches siliceuses présentes dans les séries archéologiques.
2. La prospection et l'inventaire des ressources lithologiques proches des sites étudiés et la constitution d'une base de données (Cf. Table 5.1 – Description des principaux types de silex disponibles d'après Aubry & Mangado Llach, 2003, 2006).
3. La comparaison macroscopique entre les catégories établies pour les ensembles archéologiques et les échantillons géologiques, suivie de l'examen à la loupe d'une sélection des pièces interprétées comme étant d'origine allochtone.

LE PEUPLEMENT MAGDALENIEN EN ESTREMADURE

Présentation et implantation des sites

L'Estrémadure est une région littorale située entre deux fleuves, le Tage au Sud et le Mondego, comme limite septentrionale. Son sous-sol comprend des formations sédimentaires calcaires où des réseaux karstiques se sont développés, dont certaines sont riches en silex. Ces facteurs expliquent que cette région ait été prospectée dès la fin du XIXe siècle et que, jusqu'à 1995, seuls deux sites du Paléolithique supérieur étaient connus, sur le territoire portugais, en dehors de ce secteur géographique (Monte da Faínha et Grotte d'Escoural).

Pour la période comprise entre 16.000 et 10.000 BP, la majorité des sites connus se situe en Estrémadure. Cependant, grâce au développement, ces dix dernières années, des travaux d'archéologie préventive et des

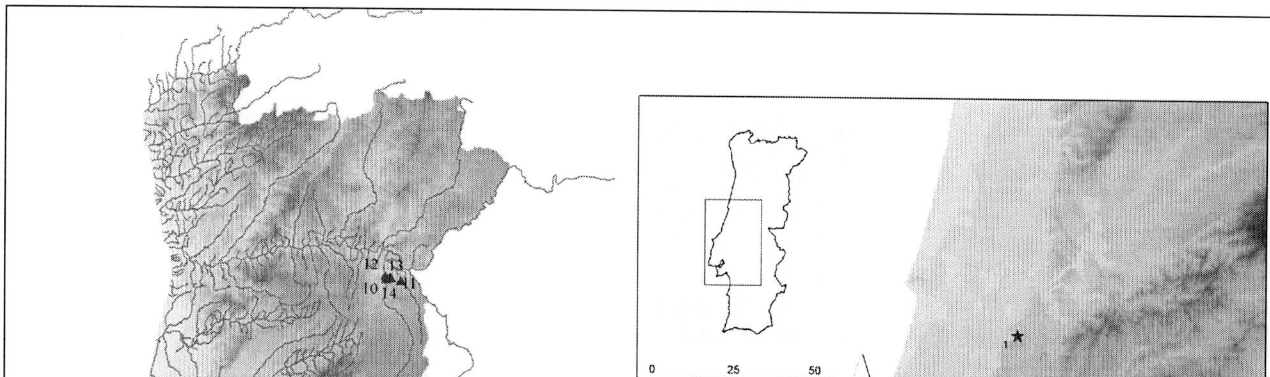

Fig. 5.1 – A: sites magdaléniens du Portugal, d'après la base de données Endovélico (IPA): 1- Lapa dos Coelhos; 2- Rossio do Cabo; 3- Abrigo 1 de Vale dos Covões; 4- Praia da Galé; 5- Monte do Januário; 6- Cruz da Pedra; 7- Vale Boi; 8- Pinheirocas 2; 9- Buraca Grande; 10- Salto de Boi; 11- Insula; 12- Quinta da Barca Sul; 13- Devesa 3; 14- Fonte do Olmo; 15- Cadoiças; 16- Lapa do Suão; 17- Baio; 18- Bairrada; 19- Cerrado Novo; 20- Vale da Mata; 21- Lapa do Picareiro; 22-Vascas; 23-Pinhal da Carneira; 24- Cabeço de Porto Marinho; 25- Abrigo 1 de Bocas; 26- Olival Fechado; 27- Vale Santo 4; 28- Monte da Ribeira; 29- Malhada do Mercador; 30- Chancudos 3; 31- Gruta do Caldeirão. B: localisation des deux sites mentionnés dans le texte

projets collectifs de recherche, d'autres sites ont été identifiés dans la Vallée du Côa, dans la région de l'Alqueva et en Algarve. (Almeida *et al.*, 2002; Aubry, 2001; Bicho, 2004) (Cf. Fig. 5.1A)

Comme l'a souligné J. Zilhão (1997), en Estrémadure, aucun site paléolithique n'est éloigné de plus de 30 km d'une source de silex, une distance qui correspond à la définition de «*zone de fréquentation occasionnelle*» proposée par Geneste (*apud* Zilhão, 1997, p. 132), et la plupart sont situées à moins d'un kilomètre d'un gîte.

Lapa dos Coelhos et Abri 1 de Vale dos Covões présentent plusieurs caractéristiques communes. Ils se situent tous les deux à basse altitude (< 300m), en bordure d'un massif montagneux et sont interprétés actuellement comme des campements temporaires du Magdalénien supérieur/final. Les deux sites ont été choisis parce que plusieurs éléments indiquent qu'ils correspondent à des types d'occupation et de chronologie semblables. (cf. Fig. 5.1B)

Lapa dos Coelhos

Lapa dos Coelhos est une petite cavité localisée sur le bord d'une falaise abrupte qui correspond à une ligne de faille. Cette fracture, visible dans le paysage et sur de nombreux kilomètres, constitue la limite entre le massif calcaire et les formations détritiques au Sud qui appartiennent au bassin tertiaire du Tage. Cette grotte fait partie du réseau karstique de l'Almonda où des fouilles, dirigées par F. Almeida et José Correia, ont été réalisées entre 1997 et 2005.

Plusieurs cavités appartenant au réseau karstique qui s'ouvre dans cette falaise, sont proches de la source de la

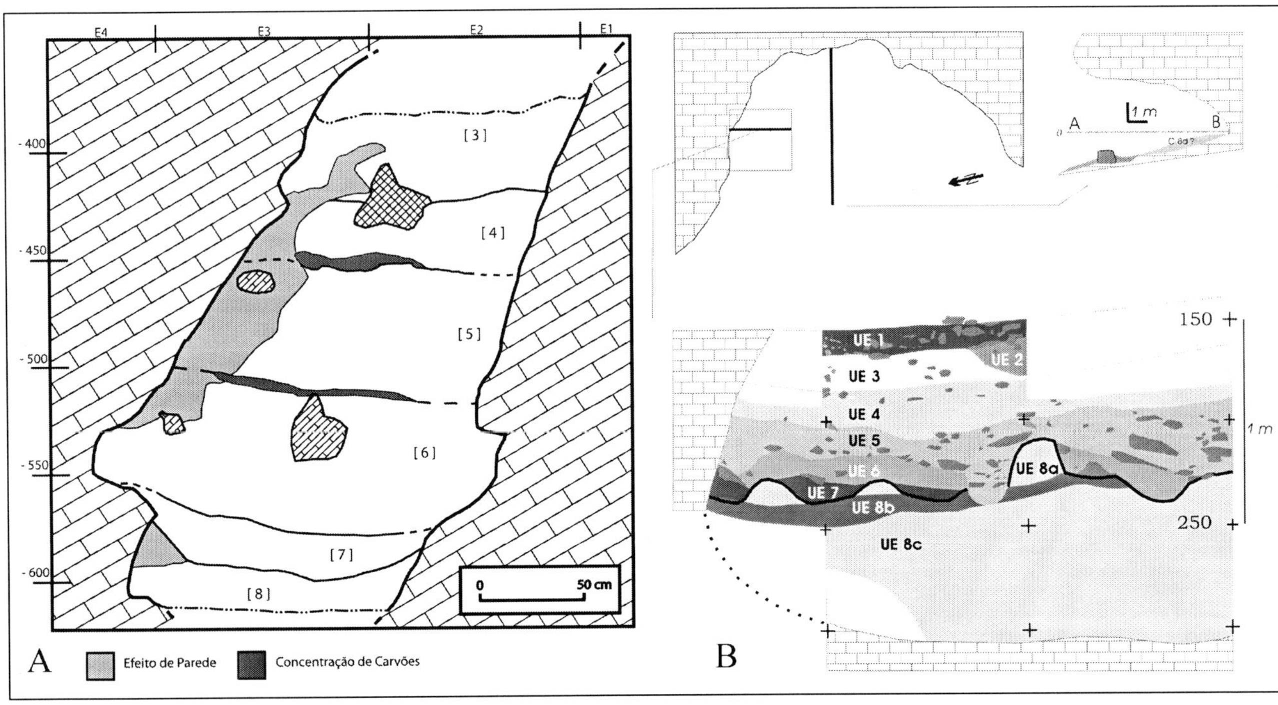

Fig. 5.2 – A. coupe Ouest de Lapa dos Coelhos; B: plan et coupe Est de l'Abri 1 de Vale dos Covões

rivière Almonda et ont été explorées d'un point de vue archéologique depuis les années 40. Des occupations datées du Paléolithique inférieur et moyen ont été identifiées (Zilhão, 1990; Marks *et al*, 2002). Jusqu'à présent, dans la séquence stratigraphique de Lapa dos Coelhos, trois couches témoignent de l'occupation humaine durant le Paléolithique supérieur. Les occupations humaines représentées dans les couches 3 et 4 datent du Tardiglaciaire. Ces niveaux ont été datés par ^{14}C comme étant, respectivement, de 11.660±60 BP et de 12.240 ±60 BP. L'étude technologique de la couche 3 est achevée[3]. La couche 8 est attribuée au Solutréen sur la base d'un fragment de feuille de laurier. (Gameiro, 2003, Gameiro & Almeida, 2004, Almeida *et al.*, 2004) (cf. Fig. 5.2A)

L'abri 1 de Vale dos Covões

Les sondages effectués en 2001 ainsi qu'une campagne de fouille réalisée en 2005 à l'abri de Vale dos Covões ont été dirigés par T. Aubry dans le cadre d'un projet collectif de recherche sur l'occupation du massif de Sicó. L'étude des séries lithiques des strates 8 à 5[4], nous a conduit à proposer une attribution à plusieurs phases du Gravettien. Cependant, les résultats des datations ^{14}C sur os et charbons, obtenus pour ces niveaux, à savoir, de la fin du Tardiglaciaire, sont en désaccord avec les attributions proposées. L'analyse de la répartition verticale, d'une part, et celle réalisée en fonction des matériaux datés à partir des résultats radiochronométriques obtenus, d'autre part, indiquent des inversions et des associations de résultats incohérents avec la stratigraphie. Nous l'interprétons comme le résultat d'un rajeunissement, à mettre en rapport avec une contamination par des acides humiques pour les ossements de différents niveaux de la séquence, et avec les effets de la percolation depuis les niveaux supérieurs, pour les charbons datés appartenant à la base de la séquence. Ce double phénomène qui peut s'expliquer par la réactivation d'une exsurgence à la fin du Pléistocène ou au début de l'Holocène est visible sous la forme d'une concrétion, postérieure à la mise en place de la séquence. L'étude géomorphologique effectuée par L. Dimuccio met en évidence plusieurs phases érosives qui peuvent être mises en parallèle avec celles détectées au sein de séquences comprenant des occupations gravettiennes du Massif de Sicó, ce qui concorde avec l'interprétation fondée sur les industries lithiques (Aubry *et al.*, s.p.). L'étude des matériaux lithiques des strates 2 à 4, permet une attribution au Magdalénien supérieur ou au Magdalénien final par comparaison avec d'autres séries. Malheureusement, les limitations de l'application de la méthode du ^{14}C sur le site ne permettent pas une association fiable entre les vestiges et les dates disponibles obtenues par le procédé ASM sur des charbons, des strates 4 et 5, et correspondant, respectivement, à 10.020 ± 40 BP et 12.340 ± 50 BP. (Aubry *et al.*, s.p.) (Cf. Fig. 5.2B).

L'EMPLOI DES MATIERES PREMIERES

L'usage du quartz et quartzite

Pendant toute la séquence du Paléolithique supérieur portugais, le débitage de quartz et quartzite correspond à

[3] La couche 4 est en cours d'étude.

[4] Étude en collaboration avec L. Klaric.

l'exploitation de matières premières locales. (Zilhão, 1997) Le quartz et le quartzite sont fréquemment disponibles, sous la forme de galets roulés, dans les formations détritiques ou dans les alluvions situées près des sites archéologiques. Les collections provenant de fouilles anciennes montrent toujours des pourcentages plus faibles de ces matériaux, probablement en raison d'un tri lors de la récolte du matériel. Souvent les éclats bruts n'étaient même pas recueillis par les fouilleurs qui avaient tendance à considérer le quartz et le quartzite comme des matériaux de deuxième choix. (Mourre, 1997; Zilhão, 1997).

Jusqu'il y a peu, les pourcentages élevés de quartz et quartzite avaient été expliqués par l'éloignement des sources de silex. Cependant, l'expérimentation a permis de confirmer l'efficacité de ce type de matériel et son adaptation sous forme brute pour certaines activités. (Bracco, 1997, 1998; Mourre, 1997; Sussman, 1988) Le choix de ces matières premières pourrait donc aussi être lié à la fonctionnalité du site et aux activités réalisées. (Almeida, 2000; Bicho, 1996; Strauss, 1996; Utrilla & Mazo, 1996)

Pendant le Proto-Solutréen/Gravettien final par exemple, il n'y a pas de lien entre le pourcentage élevé de quartz et sa disponibilité par rapport à celle des sources de silex. Une même chaîne opératoire d'obtention de supports lamellaires torses et utilisant des nucléus de type grattoirs carénés, a été appliquée aussi bien sur le silex que sur le quartz comme l'a démontré F. Almeida (2000). Cela semble indiquer que, durant certaines périodes ou dans certains cas, il peut effectivement s'agir d'un choix culturel.

En outre, les auteurs qui ont étudié le Tardiglaciaire de l'Estrémadure portugaise mentionnent qu'une des différences entre les séries de la phase ancienne du Magdalénien (16.000-14.000 BP) et celles de la phase récente (12.000-10.000 BP), réside dans l'augmentation significative de l'usage du silex. D'après N. Bicho, A. Marks et J. Zilhão, le pourcentage du silex dépasse toujours 90% pour les sites les plus récents. (Bicho, 1996, 1997, 1997a, 2000; Marks & Mischoe, 1997, Zilhão, 1997, 1997a)

Une constatation importante que l'on peut retirer de ce travail, c'est l'usage de matières premières autres que le silex, dans des proportions considérables (environ 30%) au sein des collections étudiées. (Cf. Fig. 5.3, Fig. 5.4, Fig. 5.5) Ce pourcentage élevé peut s'expliquer de plusieurs façons: la distance des sources de matière première de meilleure qualité, la durée de l'occupation humaine ou la fonctionnalité des sites sont des facteurs qui ont pu jouer un rôle dans ce choix. S'il s'agit de campements temporaires fréquemment utilisés par le même groupe humain, le quartz et le quartzite, disponibles aux alentours du site, pouvaient éventuellement permettre de subvenir aux besoins immédiats. Étant donné les arguments présentés, il ne semble plus légitime de continuer à utiliser les pourcentages des matières premières autres que le silex, comme critère d'attribution chronologique.

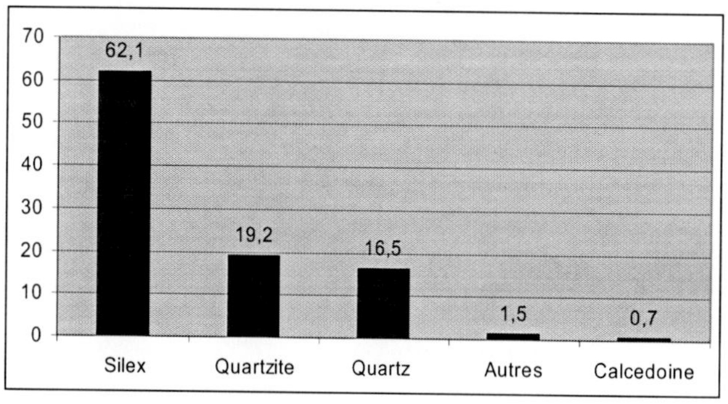

Fig. 5.3 – Pourcentage d'exploitation des matières premières. Lapa dos Coelhos C3

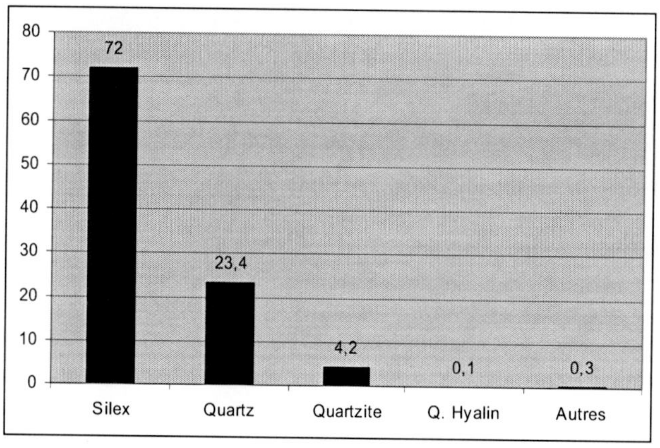

Fig. 5.4 – Pourcentage d'exploitation des matières premières. Abri 1 Vale de Covões C3

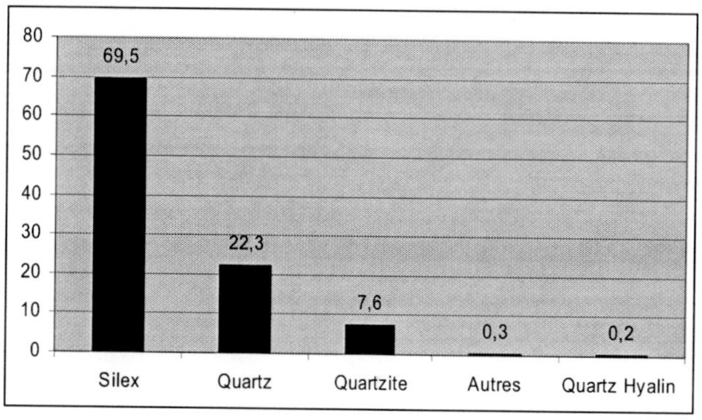

Fig. 5.5 – Pourcentage d'exploitation des matières premières. Abri 1 Vale de Covões C4

Pour le quartzite, les procédés techniques d'obtention de supports sont simples et adaptés aux morphologies des galets utilisés. Ceux-ci visent à obtenir des éclats, probablement pour une utilisation sous forme brute, ou comme outils du fond commun. Les encoches et les denticulées sont des outils fréquents dans ce matériau.

A l'abri 1 de Vale dos Covões, le pourcentage de quartzite est plus faible mais le silex local, de qualité médiocre (J2) et disponible à moindre distance que le quartzite, semble avoir joué un rôle pour la production d'éclats qui ont été transformés en encoches et denticulées.

Dans les séries analysées, le quartz a été choisi pour la production d'éclats, toutefois, quand sa qualité le permet, il existe une production de supports lamellaires. Si pour le quartzite, nous avons constaté qu'il y avait très peu de catégories d'outils, pour le quartz, par contre, nous avons noté une plus grande variété, comprenant des grattoirs et des lamelles retouchées.

L'usage des matériaux siliceux

Dans les séries étudiées, le pourcentage de silex dépasse toujours 60%. (Cf. Fig. 5.3, Fig. 5.4, Fig. 5.5) Cette matière première a été utilisée pour produire des éclats et des lamelles. La miniaturisation de l'outillage et les dimensions réduites des nucléus suggèrent une stratégie de rentabilisation de ce type de matière première. Les outils en silex ont, généralement, des dimensions plus réduites que leurs équivalents en quartz et quartzite. Parfois, l'emploi du silex est spécifique à l'élaboration de certaines catégories de pièces: 90% des lamelles retouchées à Lapa dos Coelhos, par exemple.

L'APPROVISIONNEMENT EN SILEX A LAPA DOS COELHOS

L'analyse du matériel lithique de la couche 3 de Lapa dos Coelhos permet d'inférer l'existence d'un espace géographique défini par les sources d'approvisionnement assez restreint (30 km) probablement en rapport avec la relative proximité des sources de silex du Cénomanien. Cette matière première abondante et d'excellente qualité, est disponible en position secondaire, à environ 10-15 km du site (Alcanena).

Le silex du Cénomanien, la source la plus proche, représente 50% de la totalité des matières premières et 78% de l'ensemble du silex. L'excellence de sa qualité explique que ce type de sílex ait été choisi pour la plupart des outils, en particulier pour les lamelles retouchées. Toutes les phases de la chaîne opératoire sont présentes, ce qui indique que le débitage a été effectué sur l'aire fouillée. (Cf. Fig. 5.6 et Fig. 5.7)

Le silex oxfordien (J3), disponible dans les calcaires oxfordiens de la région de Mendiga et dans les calcaires d'âge équivalent de la basse vallée du Nabão, au Nord de Tomar, à environ 30 km du site, représente 7% du total des matières premières exploitées et 12% du matériel siliceux. L'absence d'éclats corticaux dans ce type de silex (J3) peut s'expliquer par sa morphologie en petites plaquettes ou par la fréquence des blocs portant un néocortex. Les arêtes des plaquettes, un dièdre naturel, ont été utilisées pour entamer et guider les premiers enlèvements lamellaires. L'absence de sous-produits de préparation est en accord avec cette hypothèse de gestion des volumes initiaux. (Cf. Fig. 5.7)

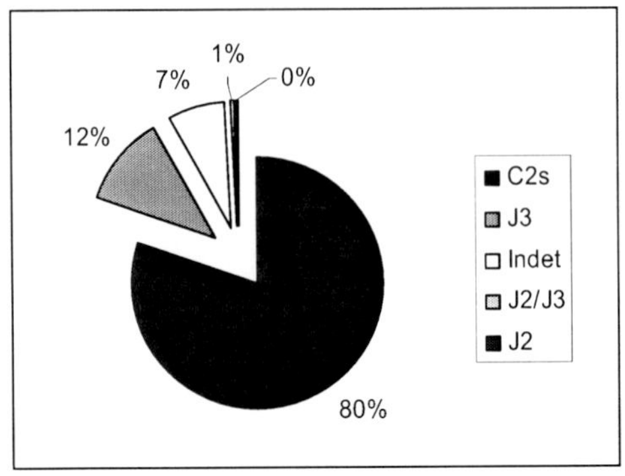

Fig. 5.6 – Lapa dos Coelhos C3. Pourcentages des types de silex

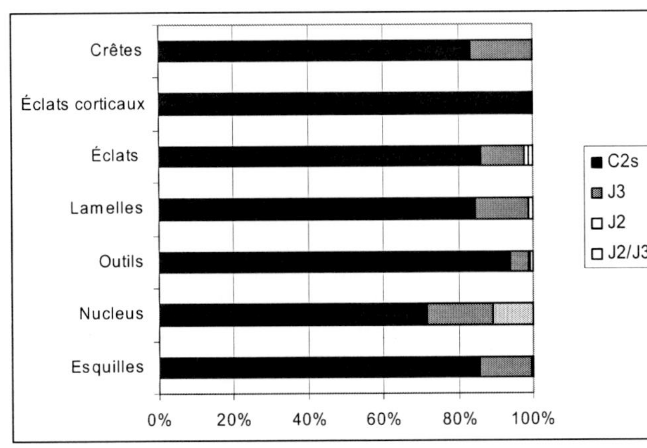

Fig. 5.7 – Lapa dos Coelhos C3

Moins d'un pour cent du matériel ne peut pas être localisé avec précision. Néanmoins, il s'agit de silex de la limite du Bajocien et du Bathonien (J2), qui sont présents à plus de 50 km du site, au Sud d'Ansião ou, plus probablement, dans une faible proportion et associés à des chailles, sur les gîtes localisés au Sud de Porto de Mós, dans le massif calcaire de Aire et Candeeiros. L'absence d'éclats corticaux et de supports présentant des négatifs d'une crête dans ce silex peut s'expliquer par la réalisation des activités de préparation des volumes dans un autre endroit. (Cf. Fig. 5.7) La mauvaise qualité de ce type de silex ne justifiait probablement pas des déplacements spécifiques en vue d'un approvisionnement. Il pourrait, donc, s'agir de pièces apportées par le groupe, ramassées lors de déplacements effectués dans le cadre d'une exploitation saisonnière du territoire.

L'origine d'environ 7% du matériel siliceux n'a pu être déterminée. Il est probable qu'il s'agisse de silex miocène, disponible en association avec le silex cénomanien, dans les terrasses du Tage (plus au Sud).

L'APPROVISIONNEMENT EN SILEX DANS L'ABRI 1 DE VALE DOS COVÕES

A l'Abri 1 de Vale dos Covões, l'identification des sources d'approvisionnement en silex, a révélé une exploitation majoritaire du silex local qui apparaît stratigraphiquement entre le Bajocien et le Bathonien (J2). Il est disponible, en place dans les calcaires ou repris dans les formations détritiques, à moins d'un kilomètre du site. Il s'agit d'un silex de mauvaise qualité, à grain grossier, qui apparaît sous forme de nodules, parfois de grande taille, mais qui sont souvent affectés par des fissures d'origine tectonique. Sa fréquence atteint 54% dans la C3 et 47,5% dans la C4 ou, respectivement, 75% et 69%, si l'on tient compte uniquement du silex. Ce silex a été employé pour le débitage d'éclats et d'outils du fond commun, jouant ainsi un rôle équivalent à celui du quartzite à Lapa dos Coelhos. (Cf. Fig. 5.8, Fig. 5.9, Fig. 5.10 et Fig. 5.11)

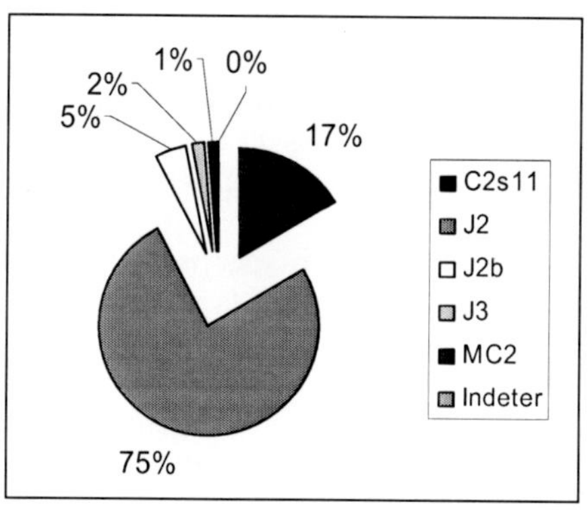

Fig. 5.8 – Abri 1 de Vale dos Covões C3. Pourcentages des types de silex

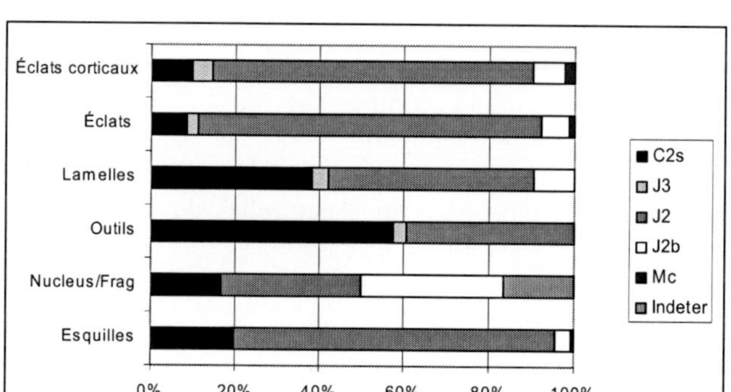

Fig. 5.9 – Abri 1 de Vale dos Covões C3

L'exploitation, dans de faibles pourcentages, d'autres types de silex, disponibles à environ 20-25 km, a été attestée. Il s'agit du silex J2b, qui atteint 3,5% dans la C3 et 3,1% dans la C4, des silex oxfordiens J3, qui représentent 1,7% dans la C3 et 2,3% dans la C4 et de ceux du Miocène/Pliocène (Mc2) qui atteignent un pourcentage inférieur à 1% dans les deux unités stratigraphiques. Les pourcentages pour la totalité du silex augmentent légèrement: 5% (C3) et 4% (C4) pour le silex J2b; 2% (C3) et 3% (C4) pour le J3 et à peine 0,9% (C3) et 0,3% (C4) pour le silex miocène.

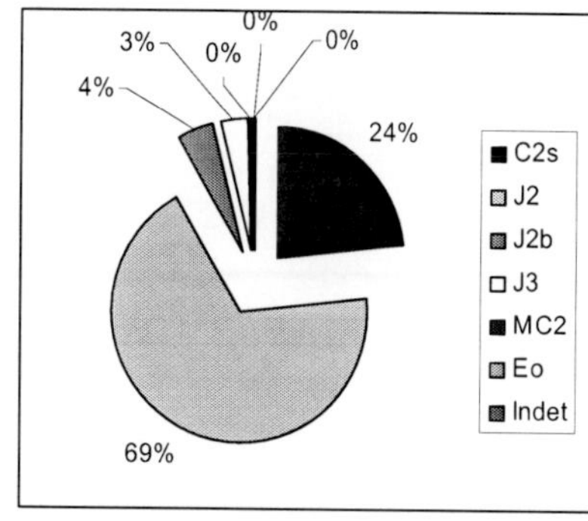

Fig. 5.10 – Abri 1 de Vale dos Covões C4. Pourcentages des types de silex

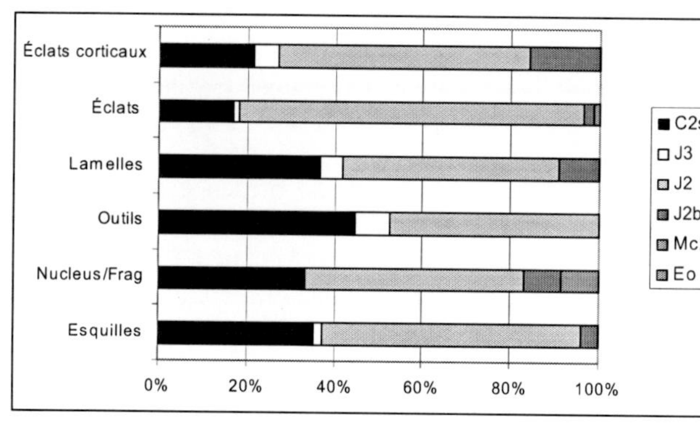

Fig. 5.11 – Abri 1 de Vale dos Covões C4

Les silex J2b, qui affleurent au Nord du Mondego, sont de meilleure qualité que ceux, du même étage, retrouvés à proximité de l'abri. Ce type de silex a été utilisé pour produire des éclats et des lamelles. Un des trois nucleus identifiés présente les stigmates d'un débitage par percussion bipolaire posée sur enclume, peut-être par suite de l'impossibilité d'extraire des lamelles employant une autre technique, ce qui semble indiquer une tentative de rentabilisation de cette matière première. (Cf. Fig. 5.9 et Fig. 5.11)

Les silex oxfordiens (J3), disponibles plus au Sud dans la vallée du Nabão et présents également à Lapa dos Coelhos, ont été destinés à une production d'éclats et de lamelles. L'absence de nucleus dans ce type de silex rend difficile la compréhension des chaînes opératoires employées, mais l'identification parmi les lamelles retouchées de quatre exemplaires en J3 nous permet de dire qu'il y a eu une production intentionnelle de ce type de support. (Cf. Fig. 5.9 et Fig. 5.11)

Les silex du Miocène/Pliocène (Mc2) sont rares et disponibles uniquement sous forme de petits nodules et plaquettes à cortex très irrégulier, mais dont le grain est très fin, et nous l'avons détecté dans un affleurement localisé sur la rive gauche du Mondego, près de Figueira da Foz.

Même si le silex disponible localement aurait permis de subvenir aux besoins du groupe, un silex à grain plus fin et de meilleure qualité a été choisi pour certaines catégories de pièces. Le silex du Cénomanien, disponible à environ 40km (qui est disponible à moindre distance à Lapa dos Coelhos), représente 12 à 16% de la totalité des matières premières employées et 17% (UE3) et 23% (UE4) pour l'ensemble du matériel siliceux. Cependant, le pourcentage d'outils fabriqués dans ce type de silex dépasse 40%. Pour les lamelles retouchées, il atteint 87% (UE3) et 63% (UE4). Certains outils ou supports bruts en silex du Cénomanien ont donc été probablement introduits déjà débités. À l'Abri 1 de Vale dos Covões, les dimensions des outils (et des nucléus) en silex du Cénomanien sont toujours plus réduites que celles de leurs équivalents en silex local (et en quartz), ce qui montre une rentabilisation de cette matière première. Cependant, le taux de fracturation et le degré d'exploitation des nucleus en silex cénomanien rendent difficile la compréhension des chaînes opératoires employées.

Nous avons également détecté la présence d'un nucléus produit à partir d'un silex éocène, disponible dans les formations détritiques pliocènes. Aucune autre pièce faite dans ce silex n'a été identifiée dans la série.

CONCLUSION

Au Magdalénien supérieur/final, l'emploi du quartz et du quartzite ne peut pas se justifier uniquement par l'éloignement des sources de silex. La qualité de ces matières premières était peut-être suffisante pour subvenir aux besoins immédiats du groupe et aux activités menées sur les sites. Pour l'instant, nous ne disposons pas de données nous permettant d'évoquer un choix culturel. Néanmoins, la présence ou l'absence de quartz et de quartzite ne peut pas, pour autant, être utilisée comme un critère chronologique. Les pourcentages identifiés dans des séries provenant de fouilles récentes[5] et les sites bien datés n'autorisent plus un tel raisonnement.

Sur ces deux gisements, l'approvisionnement en matières premières se faisait, majoritairement, dans un environnement proche: plus de 80% des matières premières sont locales, quartz et quartzite compris. Néanmoins, nous avons constaté systématiquement le déplacement de silex à grain fin sur des distances dépassant 30 km, dont l'exploitation est parfois restreinte à certaines catégories de pièces. Ainsi, par exemple, la plupart des armatures sont réalisées en silex à grain fin et surtout à partir de silex cénomaniens. (Cf. Fig. 5.12)

[5] C'est le cas de Lapa dos Coelhos et de l'Abri de Vale dos Covões mais aussi de la Grotte du Caldeirão, par exemple. (Zilhão, 1996,1997)

Si l'identification des sources de provenance des matières premières lithiques abandonnées sur les sites permet de définir un espace géographique, elle ne permet pas de reconstituer, à elle seule, les modalités de leur exploitation. Comment les matières premières allochtones sont-elles arrivées sur les sites? Plusieurs hypothèses sont envisageables, sachant que les silex de bonne qualité ont pu faire l'objet d'échange entre groupes ou constituer le propos d'expéditions spécifiques en vue de l'approvisionnement en matières premières. Ce que l'on peut d'ores et déjà constater, c'est que les groupes de la fin du Magdalénien ont exploité les ressources sur un vaste territoire, même si l'on considère qu'il a pu exister un réseau d'échange entre groupes. La présence du silex miocène à l'Abri 1 de Vale dos Covões évoque une fréquentation du littoral, proche de Figueira da Foz, à environ 25 km du site, à vol d'oiseau. La présence, dans les deux séries analysées, du silex oxfordien (J3) semble indiquer une circulation des matières premières ainsi que des populations dans la basse vallée du Nabão.

En 1997, J. Zilhão a souligné l'existence d'une correspondance entre les zones d'approvisionnement en matières premières et les groupes sociaux, pendant le maximum glaciaire, aboutissant à une division de l'Estrémadure en 3 zones: Cambelas, Maciço et Mondego[6].

Le travail que nous venons de présenter montre qu'au Magdalénien supérieur/final, la vallée de Nabão ne semble pas constituer une frontière, mais bien une voie de déplacement. La présence, même dans des proportions très faibles, du silex de l'Oxfordien (J3), dans les deux séries, semble indiquer des déplacements entre ces deux régions. La vallée du Nabão a probablement joué un rôle de couloir de circulation et de communication entre les massifs d'Aire et de Sicó et entre le massif de Sicó et la vallée du Tage. (Cf. Fig. 5.12)

La poursuite du travail d'identification des sources de silex, enrichie par celle des analyses pétrographiques sur lames minces, déjà commencée pour les principales sources (Aubry & Mangado, 2006), et par une analyse minutieuse de l'environnement géographique visant la recherche de plusieurs voies naturelles de passage, permettra d'aller plus loin que ces observations préliminaires et, sans doute, d'identifier des relations avec des groupes d'autres espaces géographiques.

Remerciements

Nous tenons à remercier Armando Lucena pour la réalisation des cartes à partir de la base de données Endovélico (IPA), Miguel Almeida par la coupe et les cartes d'implantation de l'abri 1 de Vale dos Covões, Marina Araújo Igreja pour avoir apporté une biblio-graphie sur l'expérimentation en quartz, sans oublier Jeremie Liagre et Eveline Martin que nous remercions particulièrement pour la relecture et la correction de cet article.

[6] Cf. Vol. I, p.144, fig.4.8.

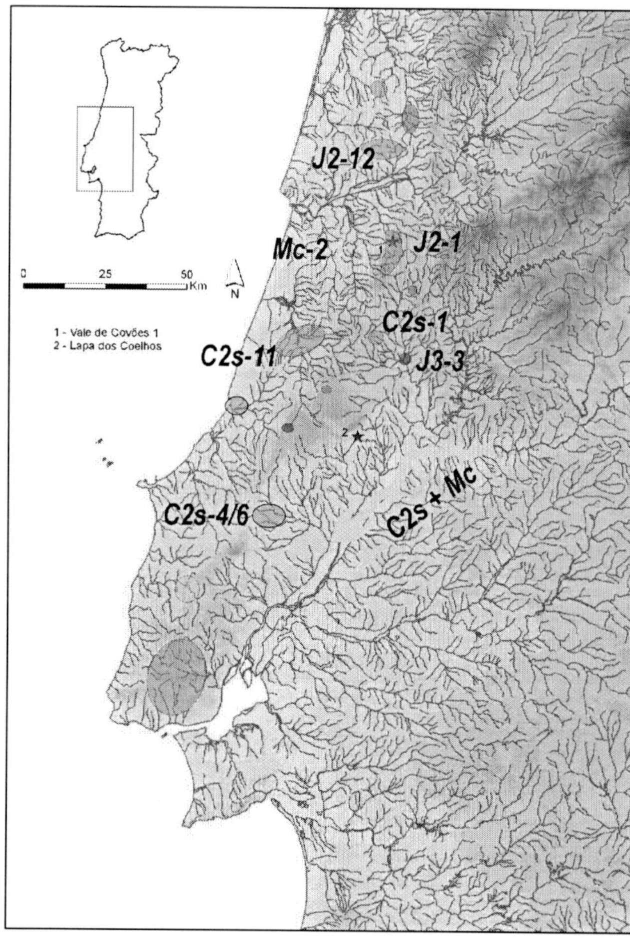

Fig. 5.12 – Localisation des principales sources de silex de l'Estrémadure et territoire d'approvisionnement des deux sites

Bibliographie

ALDEIAS, V. (2003) – Estudos geoarqueológicos em Portugal: breve historial, In: MATEUS, J.E. e MORENO-GARCIA M. eds. – *Paleoecologia Humana e Arqueociências. Um Programa Multidisciplinar para a Arqueologia sob a Tutela da Cultura.* Lisboa: IPA (Trabalhos de Arqueologia; 29), p.39-41.

ALMEIDA, F. (2000) – *The Terminal Gravettian of Portuguese Estremadura,* Dallas: Southern Methodist University.

ALMEIDA, F.; ARAÚJO, A.; RIBEIRO, J.P.C. (2002) – Contribuição para o estudo do Paleolítico no Alentejo interior. Resultados preliminares do Bloco I do plano de minimizações de impactes da barragem do Alqueva. *Almadan*, Almada. 2:11, p.94-98.

ALMEIDA, F.; ANGELUCCI, D.; GAMEIRO, C.; CORREIA, J.; PEREIRA, T. (2004) – Novos dados para o Paleolítico Superior final da Estremadura Portuguesa: resultados preliminares dos trabalhos arqueológicos de 1997-2003 na Lapa dos Coelhos (Casais Martanes, Torres Novas). *Promontoria,* Faro, 2:2, p.157-192.

AUBRY, T. (2005) – Etude de l'approvisionnement en matières premières lithiques d'ensembles archéologiques, remarques méthodologiques et terminologiques. In: VIALOU, D.; RENAULT-MISKOSVKY, J.; PATOU-MATHIS, M. eds. – *Comportements des hommes du paléolithique moyen et supérieur en Europe: territoire et milieux.* Actes du Colloque du G.D.R. 1945 du CNRS, 8-10 janvier 2003. Liège: *ERAUL* (111), p. 87-99.

AUBRY, T. (2001) – L'ocupation de la basse vallée du Côa pendant de Paléolithique Supérieur. In ZILHÃO, J.; AUBRY, T.; CARVALHO, A. F. eds. – *Les premiers hommes modernes de la Péninsule Ibérique. Actes du colloque de la commission VIII de l'UISPP. Vila Nova de Foz Côa, 22-24 de Outubro de 1998.* Lisboa: IPA (Trabalhos de Arqueologia 17), p. 253-280.

AUBRY T., ALMEIDA M., DIMUCCIO L., GAMEIRO C., NEVES M.J., KLARIC L. (s.p.) – Caractérisation et discontinuités des registres pédo-sédimentaires de l'Occident péninsulaire, entre 30.000 et 10.000 BP: implication sur l'interprétation archéologique. *Actes du colloque 64 de l'UISPP, Lisbonne 6-9 septembre 2006.*

AUBRY T., MANGADO-LLACH X. (2003)- Interprétation de l'approvisionnement en matières premières siliceuses sur les sites du Paléolithique supérieur de la vallée du Côa (Portugal). In *Actes de la table ronde d'Aurillac. Les matières premières lithiques en Préhistoire*, 20-23/06/2002. *Préhistoire du Sud-Ouest*, Supplément n.º5, p. 27-40.

AUBRY, T., MANGADO LLACH, J. (2003a) – Modalidades de aprovisionamento em matérias-primas líticas nos sítios do Paleolítico superior do Vale do Côa: dos dados à interpretação. In: MATEUS, J.E. e MORENO-GARCIA M. eds. – Paleoecologia Humana e Arqueociências. Um Programa Multidisciplinar para a Arqueologia sob a Tutela da Cultura. Lisboa: IPA (Trabalhos de Arqueologia; 29), p. 340-342.

AUBRY, T., MANGADO LLACH J., (2006) – The Côa Valley (Portugal). From lithic raw materials characterrization to the reconstruction of settlement patterns during the Upper Palaeolithic. In: BRESSY, C., BURKE, A.; CHALARD, P.; MARTIN, H. dir. – *Notions de territoire et de mobilité. Exemples de l'Europe et des premières nations en Amérique du Nord avant le contact européen. Actes de sessions présentées au X° congrès annuel de l'E.A.A. (Lyon, 8-11-09-2004)*. Liège: ERAUL (116), p.41-49.

AUBRY T., MANGADO LLACH X., FULLOLA, J.M., ROSSEL L., SAMPAIO J.D. (2004) – The raw material procurement at the Upper Palaeolithic settlements of the Côa Valley (Portugal). In *New Data Concerning Modes of Resource Exploitation in Iberia. The Use of Living Space in Prehistory*, papers from a session at the E.A.A. 6th Annual Meeting, Lisbon 10-17 September 2000. Oxford: *B.A.R.* (International Series 1224), p. 37-50.

BICHO, N. (2004) – As comunidades humanas de caçadores-recolectores do Algarve Ocidental. In FERRO TAVARES TAVARES, M.; CARDOSO, J.L. eds. – *Evolução geohistórica do litoral português e fenómenos correlativos. Geologia, História, Arqueologia e Climatologia. Actas do Colóquio, Lisboa 3-4 Junho de 2004*. Lisboa: Universidade Aberta, p.359-396.

BICHO, N. (1997) – Magdalenian flint technology at the site of Cabeço de Porto Marinho, Rio Maior, Portugal. In RAMOS-MILAN, A.; BUSTILLO, M. A. eds – *Siliceous Rocks and Culture*. Granada: Universidad de Granada, p.419-425.

BICHO, N. (1997a) – Spacial, Technological, and Economic Organization After the Last Glacial Maximum in Portuguese Prehistory. In SOLER, J.; FULLOLA, N. eds – *El món mediterrani desprès del pleniglacial(18.000-12.000)*. Girona: Museu d'Arqueologia de Catalunya, p.213-223.

BICHO, N. (2000) – *Technological Change in the Final Upper Palaeolithic of Rio Maior*. Tomar: Arkeos (8).

BICHO, N. (1996) – The role of quartz and quartzite in the Magdalenian of Cabeço de Porto Marinho, Rio Maior, Portugal. In N.; RAPOSO MALONEY, L.; SANTONJA, M. eds – *Non-flint Stone Tools and the Palaeolithic Occupation of the Iberian Peninsula*. Oxford: BAR, p. 175-181.

BRACCO, J-P. (1997) – L'utilisation du Quartz au Paléolithique Supérieur: quelques réflexions techno-économiques. *Préhistoire et Anthropologie Méditerranéennes*. 6, p. 285-288.

BRACCO, J-P.; MOREL, P. (1998) – Outillage en quartz et boucherie au Paléolithique supérieur: quelques observations expérimentales. In *Économie Préhistorique: les comportements de subsistance au Paléolithique. XVIIIe Rencontres internationales d'Archéologie et d'Histoire d'Antibes*. Sophia Antipolis: Éditions APDCA, p. 387-395.

CARDOSO, J.L. (2002) – *Pré-história de Portugal*, [S.L.]:Verbo.

FORENBAHER, S. (1999) – *Production and Exchange of bifacial flaked stone artifacts during the Portuguese Chalcolithic*. Oxford: BAR (International Series 756).

GAMEIRO, C. (2003) – *L'industrie lithique de la couche 3 de Lapa dos Coelhos (Torres Novas, Portugal). L'usage des matières premières et la spécificité du débitage lamellaire dans le Magdalénien final de L'Estremadura portugaise*. Paris: Université de Paris 1 – Panthéon-Sorbonne, (Mémoire de DEA).

GAMEIRO, C.; ALMEIDA, F. (2004) – A ocupação da camada 3 da Lapa dos Coelhos (Casais Martanes, Torres Novas). Novos elementos sobre a produção de suportes lamelares durante o Magdalenense Final da Estremadura Portuguesa. *Promontoria*. Faro, 2:2, p.193-238.

MANUPELLA, G. (coord.) (2000) – *Notícia explicativa da folha 27-A (Vila Nova de Ourém)*. Carta Geológica de Portugal na escala 1/50.000. Lisboa: Departamento de Geologia do IGM.

MANUPELLA, G.; ZBYSZEWSKI, G.; FERREIRA, O.V. (coord.) (1978) – *Notícia explicativa da folha 23 – A (Pombal)*. Carta Geológica de Portugal na escala 1/50.000. Lisboa: Serviços Geológicos de Portugal.

MARKS, A.; MISHOE, M. (1997) – The Magdalenian of Portuguese Estremadura. In SOLER, J.; FULLOLA, N. eds – *El món mediterrani desprès del pleniglacial (18.000-12.000)*. Girona: Museu d'Arqueologia de Catalunya, p.213-223.

MARKS, A.; SHOKLER, J.; ZILHÃO, J. (1991) -Raw material usage in the Paleolithic. The effects of local availability on selection and economy. In MONTET-WHITE, A.; HOLEN, S. eds – *Raw materials economies among prehistoric hunter-gatherers*. Lawrence, Kansas: University of Kansas (Publications in Anthropology 19), p.127-139.

MARKS, A.; BICHO, N.; ZILHÃO, J.; FERRING, C.; FIGUEIRAL, I. (1995) – The upper Paleolithic of the Rio Maior Basin (Portugal). Preliminary results of a 1987-1993 Portuguese-American Research. *Trabal-*

hos de Antropologia e Etnologia. Porto. 34, p. 53-68.

MARKS, A.; BRUGAL, J.; CHABAI, V.; MONIGAL, K.; GOLDBERG, P.; HOCKETT, B.; PEMAN, E.; ELORZA, M.; MALLOL, C. (2002) – Le gisement Pleistocéne Moyen de Galeria Pesada (Estremadure, Portugal): premiers résultats. *Paleo.*14, p. 77- 99.

MOURRE, V. (1997) – Industries en Quartz: précisions terminologiques dans les domaines de la pétrographie et de la technologie. *Préhistoire et Anthropologie Méditerranéennes*, T6, pp. 285-288.

SHOKLER, J. (2002) – Approaches to the sourcing of flint in archaeological contexts: results of research from portuguese Estremadura. In HERMAN, J.; HERZ, N.; NEWMAN, R. eds – Interdisciplinary studies on ancient stone. London: Archetye Publications (Asmosia, 5), p. 176-187.

STRAUSS, L. G. (1996) – The use of Quartzite in the Upper Palaeolithic of Cantabrian Spain, In RAPOSO MALONEY, L.; SANTONJA, M. Eds. – Non-flint Stone Tools and the Palaeolithic Occupation of the Iberian Peninsula. Oxford: BAR, p. 37-41.

SUSSMAN, C. (1988) – *A Microscopic Analysis of Use-Wear and Polish Formation on Experimental Quartz Tools*. Oxford: BAR (International Series 395).

UTRILLA, Pilar; MAZO, C. (1996) – Non-flint Raw Materials in La Rioja: a tentative interpretation In RAPOSO MALONEY, L.; SANTONJA, M. Eds. – Non-flint Stone Tools and the Palaeolithic Occupation of the Iberian Peninsula. Oxford: BAR, p. 63-71.

VERÍSSIMO, H. (2005) – Aprovisionamento de matérias-primas líticas na Pré-História do conselho de Vila do Bispo (Algarve) in BICHO, N. ed. – *O Paleolítico. Actas do IV Congresso de Arqueologia Peninsular. Faro, 14 a 19 de Setembro de 2004.* Faro: Universidade do Algarve (Promontoria Monográfica 02), p. 509-523.

VERÍSSIMO, H. (2004) – Jazidas siliciosas da região de Vila do Bispo (Algarve). *Promontoria*. Faro. 2:2, p.35-47.

ZBYSZEWSKI, G. (1962) – L'Abbé H. Breuil et sa contribution à l'étude de la préhistoire portugaise. *Comunicações dos serviços geológicos de Portugal*, Tomo XLVI, p.41-51.

ZILHÃO, J. (1993) – As origens da Arqueologia Paleolítica em Portugal e a obra metodologicamente precursora de J.F. Nery Delgado. *Arqueologia e História*, 10:3, p.111-125.

ZILHÃO, J. (1990) – *Gruta do Almonda. Dois anos de escavações,* Torres Novas:Serviços Culturais da Câmara Municipal de Torres Novas.

ZILHÃO, J. (1997) – *O Paleolítico Superior da Estremadura Portuguesa*. Lisboa: Ed. Colibri.

ZILHÃO, J. (1996) – The Use of Non-Flint Raw Materials in Late Palaeolithic Assemblage from Gruta do Caldeirão (Tomar, Portugal. In N.; RAPOSO MALONEY, L.; SANTONJA, M. eds – *Non-flint Stone Tools and the Palaeolithic Occupation of the Iberian Peninsula.* Oxford: BAR, p. 167-174.

ZILHÃO, J. (1997a) – The Paleolithic settlement of Portuguese Estremadura after the last glacial maximum. In SOLER, J.; FULLOLA, N. eds – *El món mediterrani desprès del pleniglacial(18.000-12.000).* Girona: Museu d'Arqueologia de Catalunya, p. 233-242.

BIG PUZZLES, SHORT STORIES: ADVANTAGES OF REFITTING FOR MICRO-SCALE SPATIAL ANALYSIS OF LITHIC SCATTERS FROM GRAVETTIAN OCCUPATIONS IN PORTUGUESE ESTREMADURA

Francisco ALMEIDA
Centro de Investigação em Paleoecologia Humana e Arqueociências. Instituto Português de Arqueologia, Av. da Índia, 136. 1300-300 Lisboa. falmeida@igespar.pt

***Abstract**: Recent archaeological investigation in Portuguese Estremadura Upper Paleolithic has yielded some contexts representing very ephemeral occupations. The associated lithic samples are usually small both in quantity and typological variability. This fact is compensated by almost pristine post-depositional conditions, which allow for an exquisite high success of refitting procedures. It is generally recognized that lithic refitting is an excellent pattern recognition technique in the scope of technological, stratigraphic/taphonomic and spatial analyses. The combined evaluation of these three lines of investigation, however, is seldom applied in archaeological studies. This presentation compares the results of the application of refitting on two Gravettian contexts from Portuguese Estremadura: Lapa do Anecrial (with an average refitting success of 91%) and Lagar Velho EE15 (with an average refitting success of 98%). The combined use of technological information and micro scale tridimensional spatial data from the reconstructions allowed the creation of short stories about past behaviours on the two sites. Such interpretations would have been impossible without the application of refitting.*
***Keywords**: Gravettian, Refitting, Spatial Analysis, Technology, Lapa do Anecrial, Lagar Velho*

***Resumo**: A investigação arqueológica mais recente na Estremadura portuguesa têm posto a descoberto alguns contextos representando ocupações efémeras do Paleolítico Superior. As colecções de pedra lascada associadas a estes contextos são geralmente pouco numerosas e apresentam pouca variedade tipológica. Em contrapartida, o excelente estado de preservação das ocupações permite a obtenção de um invulgar grau de sucesso na aplicação do método das remontagens. Esta abordagem é reconhecida como um excelente utensílio metodológico para o reconhecimento de padrões tecnológicos, estratigráficos, tafonómicos, e de análise espacial. No entanto, a conjugação de todas estas linhas de investigação é ainda relativamente rara.em estudos arqueológicos. Esta comunicação apresenta os resultados comparativos da análise de dois contextos Gravettenses da Estremadura portuguesa: Lapa do Anecrial (grau de sucesso de remontagens – 91%) e Lagar Velho EE15 (grau de sucesso de remontagens – 98%). A análise conjunta da informação tecnológica e dos dados tridimensionais à micro escala permitem a obtenção de pequenas estórias acerca dos paleocomportamentos levados a efeito em ambos os contextos. Este tipo de interpretação seria quase impossível sem o recurso ao método das remontagens.*
***Palavras-chave**: Gravettense, Remontagens, Análise Espacial, Tecnologia, Lapa do Anecrial, Lagar Velho*

***Résumé**: Les recherches archéologiques récentes concernant le Paléolithique supérieur de l'Estremadura Portugaise ont révélé des contextes d'occupations qui représentent des occupations de courte durée. Les ensembles lithiques associés sont généralement de faibles effectifs et typologiquement peu variés. Ce désavantage est compensé par une conservation quasiment originelle des conditions post-dépositionnelle de répartition spatiale des vestiges qui permet un taux de succès de remontage particulièrement élevé. Il est reconnu que les remontages lithiques constituent un excellent moyen de reconnaissance pour l'analyse technologique, stratigraphique/taphonomique et l'analyse spatiale. L'évaluation de ces trois axes de recherche est pourtant rarement appliquée lors des études archéologiques. Nous comparons les résultats de l'application de la méthode des remontages à deux séries lithiques gravettiennes de l'Estremadura Portugaise: Lapa do Anecrial (qui possède un taux de remontage de 91%) et Lagar Velho EE15 (taux de 98%). L'utilisation conjointe de l'information technologique et de l'analyse tridimensionnelle de faible échelle, permet de proposer des reconstitutions de courts scénarios intégrant les activités qui se sont déroulés sur les deux sites, ce qui serait impossible sans les remontages.*
***Mots-clés**: Gravettien, Remontage, Analyse spatiale, Technologie, Lapa do Anecrial, Lagar Velho*

INTRODUCTION

In a quite provocative paper concerning excavation methods and pattern recognition techniques – "Z" – McPherron, Dibble and Goldberg (2005) state that, although we often record three-dimensional coordinates for the artifacts we find during excavation, seldom the X,Y, and Z data are applied as a means to ascertain past behavioral factors. The elevation data is especially addressed, concerning their potential for providing insights into behaviorally meaningful patterning independent of stratigraphic assignments. The fundamental question whether we really need to record elevations is answered affirmatively by the authors, which present two good examples of how z values can be used for stratigraphic and past behavioral pattern recognition.

This paper attempts to go a step further, and combine the use of three-dimensional data from two Portuguese Gravettian sites with the results obtained through the systematic application of refitting to the recovered lithic assemblages. In both sites, Lapa do Anecrial and Lagar Velho, the refitting procedures have achieved an exquisite degree of success, allowing for complete modeling of the technological variability present in the flint, quartz and quartzite blocks knapped during ephemeral occupations. While the technological data from Anecrial has already been thoroughly published in several instances (Zilhão

1995, 1997; Zilhão & Almeida 1996; Zilhão *et al.* 1999; Almeida 1998, 2000, 2001, 2006, 2007; Almeida *et al* in press), the results from Lagar Velho EE15 Occupation Surface investigation have only been partially addressed on the site's first monograph (Zilhão & Trinkaus 2002) and on a small contribution, in Portuguese, to a volume edited by CIPA (Centro de Investigação em Paleoecologia Humana e Arqueociências, Instituto Português de Arqueologia) – Almeida 2003. The two case studies provide interesting results and clearly reveal the advantages of the combined use of refitting and three-dimensional data: not only for stratigraphic and taphonomic purposes, but also for spatial analysis and reconstruction of past behavior at the site scale.

THE CASE OF LAPA DO ANECRIAL LAYER 2 GRAVETTIAN OCCUPATIONS

Lapa do Anecrial is a small cave site located in central Portuguese Estremadura (Fig. 6.1-A). Three field seasons (1992, 1993 and 1995) provided a stratigraphic sequence spanning the transition from the Gravettian to the Solutrean, with three short-term occupations recognized (one in layer 1, and two in layer 2). In the more extensively excavated layer 2 (a surface which between ~23.500 BP and ~21.500 BP seems to have been stable, with scarce sediment input), two Gravettian occupations were detected. Although in the first publications concerning the site it was stated that the Anecrial sequence contained only two archaeological occupations – the Solutrean from Layer 1, and the Proto-Solutrean/Terminal Gravettian from Layer 2 (e.g. Zilhão 1995, 1997, Zilhão & Almeida 1996, Almeida 2000, 2001) – a revision of the lithic and faunal materials from layer 2 and recently obtained absolute dates have revealed the presence of a third archaeological context, Gravettian, which already stood at the surface of layer 2 when the Terminal Gravettian occupation took place. The combined use of refitting and three-dimensional data was essential for this new interpretation of Anecrial layer 2, as we hope to demonstrate in the following paragraphs.

The first interpretations of Layer 2 had considered the totality of the collected lithic and faunal materials as belonging to a single occupation, dating to the Terminal Gravettian/ Proto-Solutrean, as seen in Figure 6.1-B. Radical differences between the surface preservation of large mammal bones and rabbit ones (with most of the latter showing a much better condition) were firstly interpreted as a result of different behavioral aspects of a single occupation episode (e.g. Zilhão 1995, 1997; Zilhão & Almeida 1996, Almeida 2000): the rabbit bone sample, for the most part associated with a hearth en cuvette (from where two charcoal samples yielded C^{14} results centered at 21.560 BP – Table 6.1), suggested the roasting of a small number of rabbits previously hunted on site vicinity, with the possible use of traps; the bad preservation of larger fauna bones, in turn, was interpreted as a result of the transport of meat snacks or by different cooking procedures, with the use of bones for a grease soup.

In addition, the totality of the lithic artifacts from Layer 2 was also previously considered as a closed sample. While most of the artifacts from Layer 2 presented a pristine condition, with fresh edges, there was, however, a small sample of artifacts that presented weathering, with heavily to slightly rolled surfaces and edges. The fact that part of these artifacts was successfully reconstructed (Fig. 6.2-A) led us to think initially that their respective blocks were also part of the well preserved Terminal Gravettian assemblage, where the general degree of refitting success is about 91% in weight. Their surface weathering remained to be explained, though.

That initial interpretation of layer 2 started to be questioned when the faunal assemblage was studied in detail. The taphonomic observations undertaken by Brugal (Almeida *et al.* in press) on the fauna collected in layer 2 indicated, on one hand, that the larger ibex bones where clearly a result of anthropic action, and, on the other, that they were exposed for a relatively long period of time on the cave surface. Such exposure resulted not only in exposure to climatic-pedological agents, but also involved transport or trampling, as shown by the breaks on the dry bones. These characteristics neatly contrast with those present on the majority of rabbit bones, much better preserved. In parallel, the spatial distribution of *Capra* bones showed clear differences when compared with that from the rabbits, the latter clustering for the most part on the hearth or in its immediate vicinity. Thus, the faunal analyses infirmed the hypothesis that all the bones collected in Layer 2 were the result of a single occupation episode.

In order to test this alternative interpretation of the taphonomy of Layer 2, a new AMS date was obtained on one of the cut-marked *Capra* bones. The result (23.410±170 BP, OxA-11235) confirmed that Layer 2 represents a surface that stood relatively stable, at least topographically, for ~2000 years. On this surface at least two human occupations took place. The patina and rolled edges from the aforementioned flint blocks could, in this way, be more parsimoniously explained: they belonged to the earlier occupation of layer 2. Together with the weathered ibex bones, they represent what was left of a short-term Gravettian occupation of Lapa do Anecrial, the earliest documented human use of the cave, around 23.400 BP.

Since layer 2 featured not one but two archaeological contexts, the separation of which artifacts and ecofacts belonged to the Gravettian occupation, on one hand, and to the Terminal Gravettian occupation, on the other, became necessary. As a way of figuring out if it was possible to discern the elements of the two occupations on the basis of the elevation data, partial vertical scatter plots of the piece-plotted materials along the two main axes of the excavation grid were elaborated. Because of Layer 2's

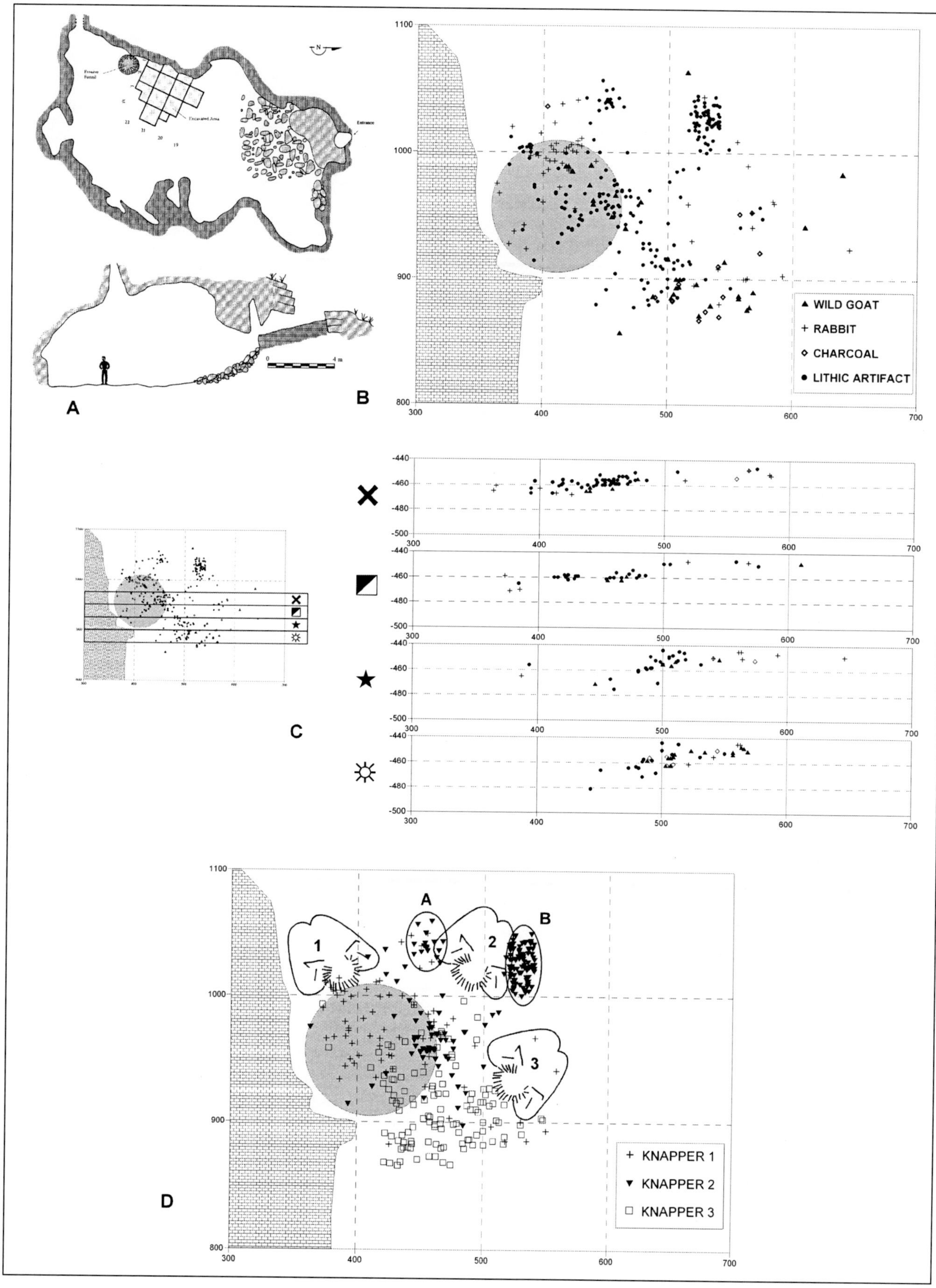

Fig. 6.1 – Lapa do Anecrial. A – Plan and Profile views of the cave. B – Distribution of remains from Layer 2. C – Vertical analysis of artifacts and fauna. D – Spatial Interpretation of Lithic clusters from the Terminal Gravettian Occupation from Layer 2, with location of three knappers, drop zone of knapper 2 (B), and cache of bladelets produced by the three individuals (A)

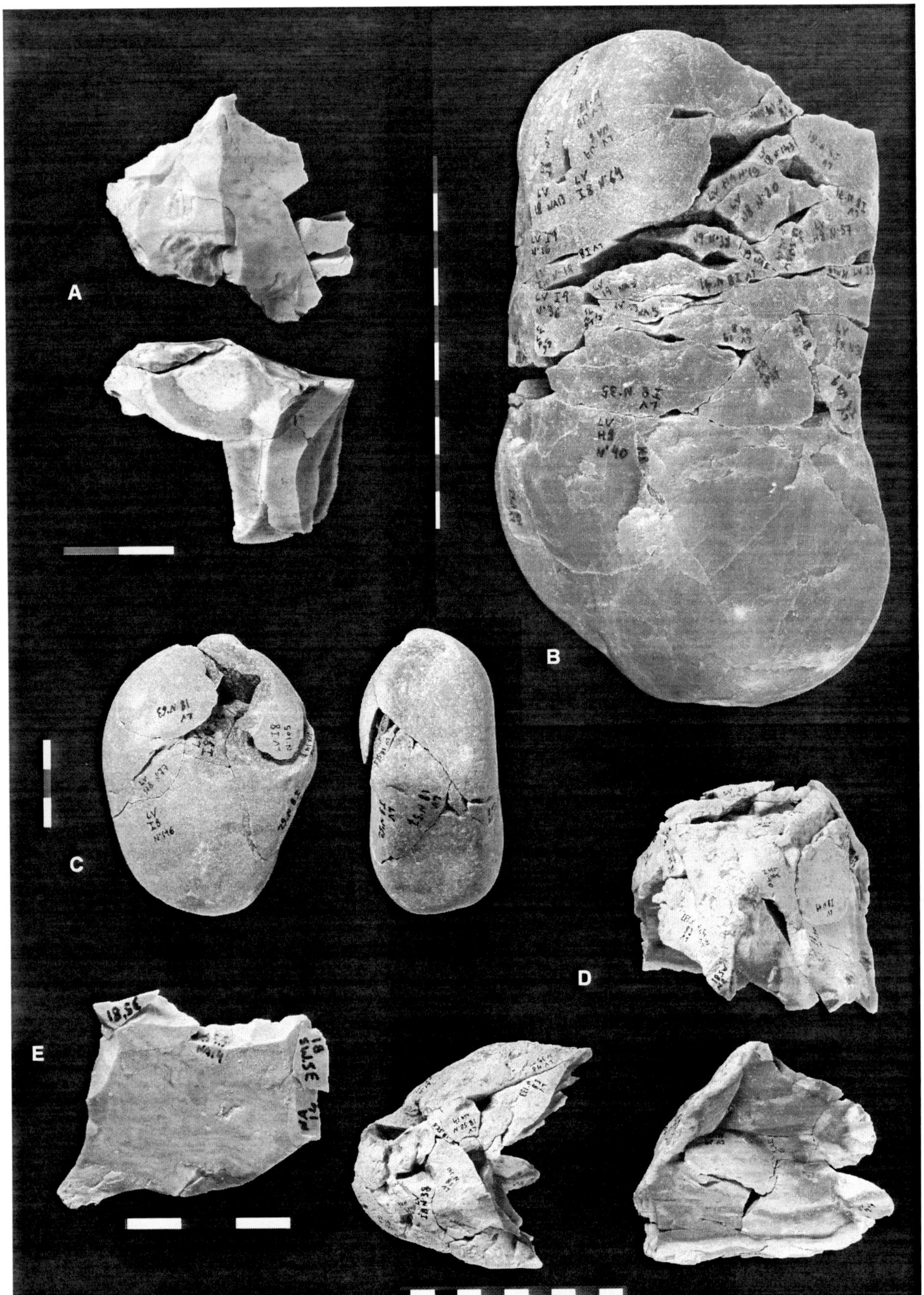

Fig. 6.2 – Lithic reconstructions from Lapa do Anecrial and Lagar Velho. A – Weathered block from older Gravettian occupation of Anecrial layer 2. B to E: Lagar Velho EE15 Occupation surface reconstructions. B – Block QZI-1, C – Block QZI-2, D – Block SVZ, E – Denticulate from Block SVZ

Tab. 6.1 – Lapa do Anecrial Absolute Dating

Layer	Material	Method	Lab. Nº	Result BP	Delta C13
0	*Berberis* Charcoal	AMS 14C	GrA-12014	130±50	
1	Charcoal	AMS 14C	GrA-12019	20.520±100	
1b-2a	Charcoal	14C	ICEN-963	23.450/+1470/-1240	-24.01
2b	Charcoal	14C	ICEN-964	21.560±680	-24.14
2b	*Erica* Charcoal	AMS 14C	OxA-5526	21.560±220	-26.1
2b	*Capra* sp. Bone	AMS 14C	OxA-11235	23.410±170	-19.5
3n	Charcoal	AMS 14C	GrA-12016	24.410±110	
4	Bone	AMS 14C	GrA-10922	15.640±140	

general inclination to the southwest, and as a way of avoiding eventual lumping, each projection was limited to 25 cm wide bands. The following patterns were observed (Fig 6.1-C):

1. The vertical distribution of the ibex bones is in agreement with an attribution to an earlier occupation. They appear, for most of the excavated area, at the base of Layer 2. Their Z values underlie almost all the other collected elements and, especially, the vast majority of lithic items;
2. In the area of the hearth (units J21 and K21, X = 350 to 450, Y = 900 to 1010), however, the rabbit bones show Z values lower or identical to those of ibex. This may indicate that the construction/excavation of the *en cuvette* feature in Terminal Gravettian times cut through the earlier occupation, probably displacing some of the faunal and lithic artifacts therein.
3. Close inspection of the elevation patterns revealed that the artifacts with lowest Z values are precisely those from the two aforementioned weathered flint blocks. The artifacts from one of these blocks were collected west of the Terminal Gravettian hearth – with Z values identical to the nearby ibex bones – and in the southeast area of the excavation. Bearing in mind the location of part of these elements within the area of the hearth, it is possible a reutilization of some of its fragments in Terminal Gravettian times, that is, the excavation of the *cuvette* for the hearth might have revealed the presence of flint items abandoned in the course of the previous occupation which served the general purpose of the knapping activities of the Terminal Gravettian occupants.
4. Another area where artifacts show low Z values is the southeast corner of unit K21 and northeast corner of unit K22 (X = 450 to 500 and Y = 875 to 925). In this case, however, most of the artifacts are in quartz and both their fresh edge conditions and technological characteristics indicate that they belong to the Terminal Gravettian occupation. The absence of both ibex bones and weathered artifacts in this small area suggests a heavier (total) erosion of the earlier Gravettian occupation, probably related to an adjacent erosive funnel feature, immediately to the south.
5. The majority of elements collected in unit L22 (X = 500 to 600 and Y = 800 to 900) seems to relate to the earlier Gravettian occupation: ibex bones dominate the faunal sample, and lithic materials are extremely rare. This comes in agreement with another C^{14} result obtained from a charcoal sample of this area: 23.450/+1450/-1240.

Summing up, the first attested human use of Lapa do Anecrial seems to be a very ephemeral occupation c. 23.400 BP, within the Gravettian technocomplex, and represented by the bones of a single young adult ibex (clearly consumed, as evidenced by the presence of cut marks in at least three bone fragments), and a very small lithic sample (for the moment, only two flint blocks can be securely attributed to this occupation), which undoubtedly was knapped at the site, as proved by the existent reconstructions (with a refitting success, in weight, of 96%).

After this occupation, the sedimentation of the cave seems to have almost stopped, and a certain degree of erosion took place, especially on the central part of the occupied area, where both faunal remains and lithic artifacts are absent. This erosional episode, most likely associated with very humid conditions, weathered the two types of remains. Approximately two thousand years later, another very ephemeral occupation took place in the same area of the cave.

The degree of refitting success in the lithic sample from the layer 2 Terminal Gravettian occupation of Anecrial is among the highest for archaeological assemblages in Portugal (only surface EE15 of Lagar Velho has yielded a higher success as we shall see– Almeida 2003), and among the higher in Upper Paleolithic European studies. As shown in Table 6.2, the degree of refitting success in number of artifacts is of almost 50%, representing 92% in weight. In other words, the majority of non-refitted artifacts were either chips or small bladelets.

Tab. 6.2 – Lapa do Anecrial Layer 2 Terminal Gravettian Occupation. Refitting success by raw material

	ARTIFACT TOTAL			REFITTED ARTIFACTS			
	n	Weight (g)	% of total sample	*n*	%	Weight (g)	%
Yellowish Orange Banded Flint (OBF)	3	8	0.52	2	67	3	38
Yellowish Pink Flint (YPF1,2,3,4)	37	119	6.46	24	65	100	84
Grey Flint (GF,1,2,3)	257	310	44.93	141	55	290	94
Pink Flint (PF)	105	34	18.35	30	29	21	62
Indeterminate flint (F)	20	30	3.49	3	15	11	37
Quartzite (QZI)	10	113	1.74	9	90	113	100
Quartz (QZ,1,2,3,4)	140	524	24.47	76	54	504	96
TOTAL	**572**	**1138**	**100**	**285**	**49.82**	**1042**	**92**

The reconstructions show that at least fourteen different blocks of raw material were imported into the cave. Of these, nine were on flint, four on quartz, and one on quartzite. Through refitting it was possible to understand the states in which the different volumes entered the cave. There is a wide variability, which suggests that Terminal Gravettian traveling kits were extremely versatile, containing unknapped quartz cobbles and flint nodules, preformed cores, and unretouched blanks. The refitting results also show that, at abandonment, several artifact types – bladelets and cores, both in flint and in quartz – were curated. Independent of the state under which the various flint blocks entered the site, the main goal of the knapping procedures was the production of bladelets. This production was carried out through the optimized exploitation of almost all the available blocks, from cores to recycled tools from the earlier occupation (Almeida 2000, 2007, Almeida *et al* in press), and using an interesting combination of prismatic and carinated technology (Almeida 2000, 2001, 2007, Zilhão 1995, 1997, Almeida *et al.* in press).

Where spatial analysis is concerned, the data from the reconstructions provided interesting insights into the past organization of a small hunter-gatherer group at a micro-scale. The combination of the reconstructions data with the clustering patterns of the abandoned artifacts made it possible to attribute the various blocks of raw material to at least three knappers, located in different areas around the *en cuvette* hearth, which served as a common toss zone. Figure 6.1-D shows the overall result of the spatial analysis of the reconstructed blocks. Besides the common toss zone of the hearth, the ongoing detailed study of clusters enabled us to detect a drop zone of individual 2 (B), composed essentially of flint chips and small bladelets. It also permitted the detection of another interesting concentration, located between individuals 1 and 2, very rich in bladelets not only produced by individual 2, but also by individuals 1 and 3. It seems as though the knappers, after choosing which bladelets were good enough to be exported, abandoned the remaining bladelets in a single concentration. Individual 3, on the other hand, as the reconstructions have shown, only knapped quartz.

In sum, and after the sorting of the earlier Gravettian occupation items, the Terminal Gravettian occupation from Anecrial layer 2 can be considered one of the best preserved contexts from the European Upper Paleolithic. It reflects the activities of a small group (at least 3 individuals) within a possible logistical crossing of the Estremaduran limestone massif, during a very ephemeral occupation. Here, besides having roasted and consumed the meat and marrow of at least 15 rabbits (whose hides were transported at abandonment), they undertook knapping activities which had as a main goal the production of lithic barbs, either for the preparation or maintenance of composite hunting tools. The combination of refitting with three-dimensional data allowed not only for the separation of two occupations from a single stratigraphic layer, but also for a detailed micro-scale spatial analysis of the Terminal Gravettian habitat organization, evidencing, in general, individual clustering of knapping activities. That is, each block of raw material seems to have been completely knapped by a single individual, without evidence for sharing during the debitage. This clearly contrasts with what we would later recognize at Lagar Velho, as seen below.

THE CASE OF LAGAR VELHO EE15 FINAL GRAVETTIAN OCCUPATION

Since 2000, the fieldwork at Lagar Velho rockshelter has been focusing on the excavation and study of contexts preserved from the initial destruction of the site (Zilhão & Trinkaus 2002, Zilhão & Almeida 2002). Among several archaeological occupation surfaces already identified, the Occupation Surface EE15 (EE15) stands out at the moment as the better preserved, and where the excavation

Tab. 6.3 – Lagar Velho EE15 Occupation Surface. Refitting success by raw material

Block	**Artifact Total**	**Total Weight (g)**	**Refitted Artifacts**	**Refitted Artifacts weight (g)**	**% of Refitted artifacts**	**% of Refitted artifacts (weight)**
QZI-1	219	2206	74	2167	34	98
QZI-2	22	472	20	471	91	100
QZI-3	7	83	5	83	71	100
QZI-4	10	143	7	141	70	99
SVZ	263	675	73	651	28	96
SR	15	13	5	12	33	96
SL	43	15	10	7	23	47
SBA	14	273	12	272	86	100
TOTAL	593	3880	206	3804	35	98

has reached a scale which allows for a medium scale overview of settlement organization. Between 2000 and 2004, it has been possible to expose and partially excavate c. 20 square meters of EE15. The geoarcheological study of this part of the Lagar Velho sequence (Angelucci 2002) has shown that, soon after the abandonment of this occupation surface by its Late Gravettian inhabitants, the site was rapidly and massively covered by coluvional sediments, as a result of slope processes. This resulted in an excellent state of post-depositional preservation of artifacts, ecofacts, and archaeological features. EE15 is thus an *in situ* context, a situation which has furthermore been confirmed by the exquisite refitting success achieved on its collected lithic sample (Table 6.3).

Figure 6.3-A shows a glimpse of EE15 archaeological richness. The occupation seems to have been organized around two fire features, whose architectures, construction techniques, and associated remains are in apparent contrast, suggesting a clear functional differentiation:

1. On the western part of the excavated area, a large *en cuvette* feature has been partially excavated. With large dimensions (3,5 square meters exposed so far and c. 20cm of depth, as shown in units H3 and H4, where the excavation has reached its base), this installation evidences traces of intense burning, as exemplified by innumerous charcoal fragments and ashes, burnt cobbles and fire cracked rocks, as well as on the calcination of limestone blocks and sediments in direct contact with the feature. Inside this hearth, several dozens of charred bones were collected, representing essentially the distal members of herbivores, *Cervus elaphus* being the most represented species. A small sample of terrestrial snails (some burnt) was also collected on the hearth and on its proximity, as well as rare lithic artifacts in quartzite and flint. A first AMS result has already been obtained for a charcoal sample collected on this feature, dating it to 22.493±107 BP (Wk.9256).
2. Located in units H8 and I8, three meters to the east of the previous feature, another hearth was identified and partially excavated. As seen in Figure 6.3-A, the decapage of this area yielded a large concentration of limestone fragments of roughly oval shape with 1,20 meters of lenght, of which only a small part was burned. The subsequent excavation revealed that, while functional, this hearth was much smaller, with a diameter of c. 70cm, and constructed of medium size limestone slabs. This installation seems, in addition, to have been built without any previous excavation of underlying sediments. In clear contrast to the aforementioned hearth, this one had much fewer cobbles, and burnt bones were nearly absent. In return, over 600 lithic artifacts were collected around it. For this reason it was decided to designate this feature as the "knapping hearth".
3. The space in between the two installations was replete with unburned faunal remains, in which mandibles are the most frequently represented anatomical part. The ongoing study of this bone concentration has already evidenced the presence of a large spectrum of species (*Bos primigenius, Cervus elaphus, Equus* sp., *Sus scrofa, Capra pyrenaica, Canis lupus, Capreolus capreolus, etc.).* The faunal sample shows a very small percentage of bones representing the meaty parts. Such a pattern, together with the predominance of charred distal parts of feet and legs present in the firstly described feature have led us to relate most of the activities from this occupation to hide processing.
4. The northernmost part of the excavated area has yielded a large concentration of cobbles of linear shape which does not relate to any archaeological feature, being instead the result of the shelter main drip line, a factor also affecting the preservation of limestone fragments in this specific area.

The application of refitting to the sample of lithic materials associated to the "knapping hearth" was decided almost immediately during the *decapage* of the feature.

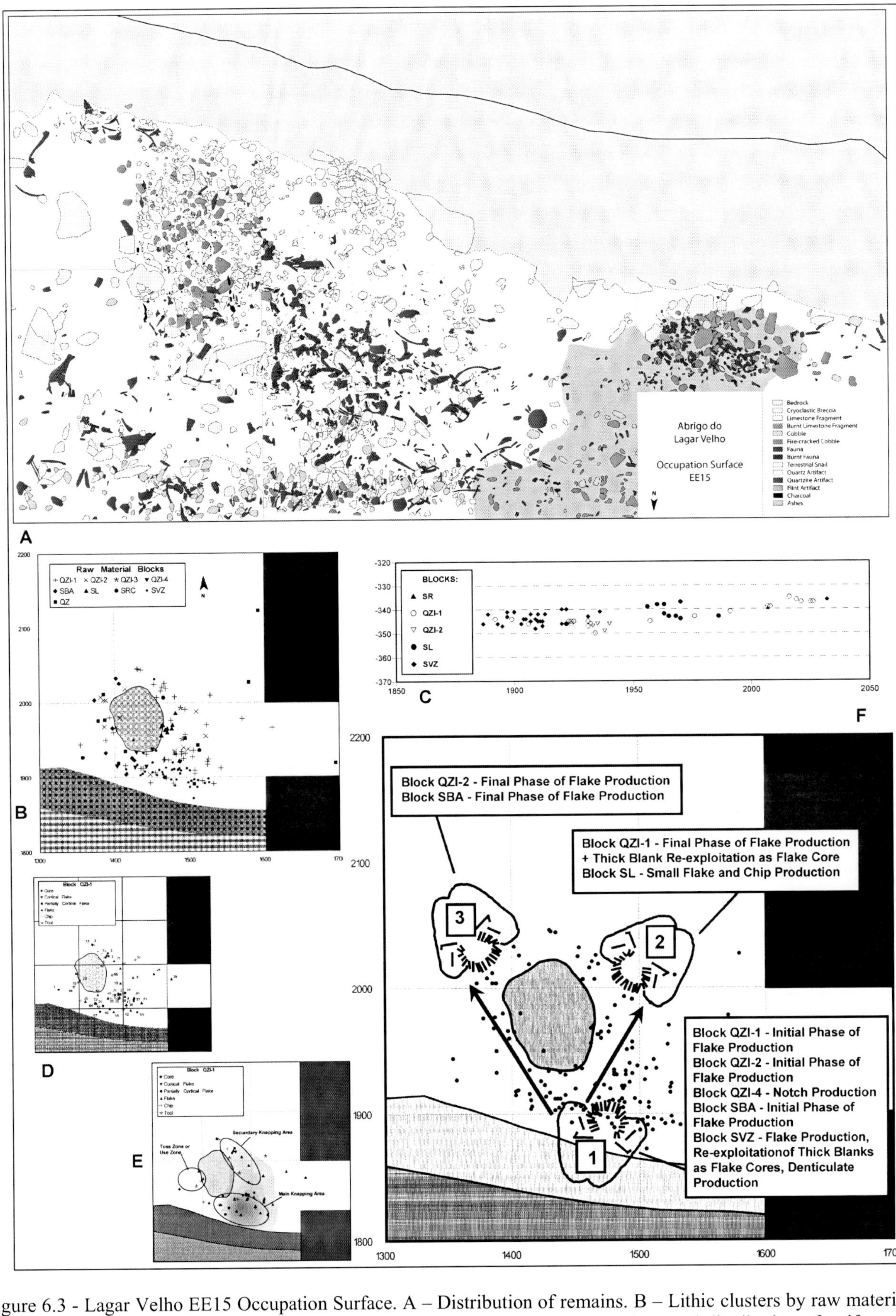

Figure 6.3 - Lagar Velho EE15 Occupation Surface. A – Distribution of remains. B – Lithic clusters by raw material. C – Vertical distribution of lithic artifacts by exploited block. D – Internal Chronology and distribution of artifacts from block QZI-1. E – Interpretation of lithic clusters from block QZI-1. F – General interpretation of lithic clusters associated with the "knapping hearth".

The presence of a reduced number of exploited blocks, together with an apparent spatial clustering by raw material types was a good indicator for a successful application of the method. Three main archaeological concerns were considered:

1. The evaluation of the taphonomic and stratigraphic integrity of EE15;
2. The dynamic characterization of the *Chaines operatoires* applied to the different volumes knapped around the hearth;
3. The micro-scale spatial analysis of each volume distribution, as related to its internal knapping chronology, thus building additional data for the paleoethnographic reconstruction of the activities that took place in EE15 and their spatial organization.

As was the case at Anecrial, three main raw material types are represented on the sample of artifacts from the "knapping hearth": quartzite, flint, and quartz. The refitting procedures have so far been focusing on the first two. As seen in table 6.3, the degree of refitting success is exquisite: on a total sample of 593 artifacts, 35% were refitted, corresponding to 98% in weight. Most of the non refitted artifacts (97%) are thus chips. Such a high refitting success overpasses the one achieved at Anecrial, and constitutes one of the best indicators concerning the good preservation of Lagar Velho EE15.

The refitting procedures allowed for the identification of at least 8 blocks of raw material knapped around the hearth, which present clear variation in the state they entered the site. While the four quartzite volumes were complete cobbles at their initial stage – not surprisingly, since they are immediately available on the site vicinity, the flint blocks are represented by a wide spectrum of morphologies: retouched tools (block SR), unretouched blanks (one blade from a block not exploited at the site and a large cortical flake – block SL), one partially decortified core (block SBA), and one large volume still presenting a large amount of cortex at its surface (block SVZ). The collection of flint implied an expedition of at least 3,5 km, to the nearest known flint source, located on the neighboring valley of Ribeira das Chitas. While such distance is generally considered as within "local scale", it still seems to have affected the exploitation choices at Lagar Velho's EE15: contrary to the quartzite, where the reconstructions revealed the presence of the totality of the reduction sequence of the four exploited blocks, the flint volumes not only entered the site in different phases of exploitation but also, at abandonment, were curated and transported on the tool kit, either as prepared cores or as blanks and tools, as evidenced by the voids on the reconstructions of blocks SVZ (the larger and better quality flint block of the studied sample) and SL. Despite these differences, both flint and quartzite seem to have been exploited, at Lagar Velho, with essentially the same goal: the massive production of flakes. In fact, of a sample of almost 600 artifacts, only 2 can be designated as blades. In addition, a very small percentage of the blanks produced at this occupation surface was afterwards transformed into retouched tools. Typologically, the latter are exclusively composed of notches and denticulates, both on quartzite and on flint.

The reconstructions evidenced some degree of variability on the operational sequences for flake production. The two main quartzite refitted sets are a good example of this: while block QZI-2 started as a small pebble (Figure 6.2-C), and was exploited through a chopping-tool like strategy, block QZI-1 evidences essentially an undireccional approach to a large and elongated cobble, together with the re-exploitation of some of the thicker flakes as cores (Fig. 6.2-B). Such a productive exploitation of thick flakes was also identified on flint, namely on block SVZ (Fig. 6.2-D). This reconstruction, composed of 73 artifacts, provides interesting aspects of the applied reduction strategy. Being the larger block to arrive to the excavated area, Block SVZ seems to have arrived with cortex on most of its surface. Most of the refitted artifacts correspond, actually, to the initial decortification of an extremity of the volume. During this process, a large and thick flake was produced, allowing for subsequent re-exploitation as a flake core. The end-goal of the exploitation of block SVZ seems to have been the production of large non cortical flakes, which, on at least two cases, were retouched into denticulates (one example is shown in fig. 6.2-E).

The micro-scale analysis of the "knapping hearth" lithic clusters implied the combined interpretation of several data types:

1. The distribution of chips and small lithic implements, as good indicators of involuntary drop zones, and thus, knapping areas;
2. The tridimensional distribution of the piece-plotted artifacts from each reconstructed block. These can indicate, besides drop zones, possible toss zones and also special activity areas, where some artifacts might have been used to work other materials.
3. The cross analysis of each artifact spatial distribution with its chronological place within each block internal knapping chronology, as a way to verify if the knapping of each block was spatially clustered or, on the contrary, performed in various spaces around the hearth and, if so, in which phase of knapping.
4. Finally, the vertical patterning of each reconstruction's artifact, as a way to evaluate the existence of an inter block chronology.

While still ongoing, the micro scale spatial analysis of EE15 "knapping hearth" lithic clusters has already yielded interesting results (Fig. 6.3-B, 6.3-D, 6.3-E, 6.3-F). The combined analysis of each block's scattered material, together with its internal knapping chronology and microdebitage clustering, evidences the presence of at least three different knapping areas around the hearth. Furthermore, the presence of a forth area with no microdebitage, but where artifacts produced on the other three were abandoned, suggests a toss zone probably related to the use of flakes in order to work other materials. This hypothesis will soon be evaluated through microwear studies, to be undertaken in 2007 by Marina Igreja.

What makes this context really interesting is the fact that several reconstructions evidence, in their spatial patterning, the existence of sharing between knapping areas (read individuals) during the knapping process of several of the exploited blocks. While, as we have seen, at Anecrial, each block of raw material seems to have been knapped by a single individual, in Lagar Velho at least 3 volumes were knapped in more than a single area: Blocks QZI-1, QZI-2 and SBA. Furthermore, the internal chronology of these three specific volumes evidences that their initial stage of exploitation was always performed by the same individual, which was located to the South of the hearth, while the remainder of the cores and/or secondary flaking of thick blanks was undertaken in the other two knapping areas: Northeast and Northwest of the hearth. In the case of block QZI-1, one can even notice a change in the reduction strategy which parallels the change of knapping location (Figs. 6.3-D, 6.3-E, and 6.3-F). Another interesting aspect is that while this sharing seems to have involved the two quartzite cobbles and the lesser quality flint block SBA, the good quality flint nodules SVZ and SL evidence single clusters, concomitant with solitary knapping procedures.

Given the good preservation of the site, another approach was taken into consideration. Since some of the blocks seemed to have been knapped in common spots, their Z coordinates were analyzed in conjunction with their internal chronology, in order to attempt to create an intra and inter block chronology (Fig. 6.3-C). The overall results of this approach are quite promising:

1. The flint blocks which entered the site already as finished tools were the first to be knapped (re-exploited as flake cores), as evidenced by their lowest Z values.
2. Secondly, the knapping activities focused on the exploitation of immediately available quartzite cobbles for flake production – blocks QZI-1 and QZI-2 – as well as flint block SBA (average knapping quality). As aforementioned, this stage involved sharing between different knappers. Some quartzite notches and denticulates were produced at this stage.
3. Finally, the knapping procedures around the hearth were concluded by the exploitation of the two better quality flint blocks (SL and SVZ), in order to produce flakes and at least 2 denticulates. The internal chronology of block SVZ evidences that those two denticulates were precisely the last items to be produced at EE15. Concomitantly, their respective retouch chips were among the artifacts with higher Z values in the studied area. This represents perhaps the best example of the good spatial and vertical preservation of EE15 occupation surface.

DISCUSSION

As we hope to have demonstrated with the two case studies from Lapa do Anecrial and Lagar Velho, the combined study of three dimensional coordinates and refitting is not only a worthy endeavor, but also an insightful pattern recognition technique for site formation processes and past behavioral reconstruction. While on Anecrial case the approach allowed us to clearly separate two Gravettian ephemeral occupations which roughly occupied the same spot on a cave and, thus, provide a better understanding of each occupation technological behavior and spatial organization, at Lagar Velho the use of refitting combined with Z data allowed for a quite remarkable reconstruction of the chronology of knapping events that took place around a small hearth.

Furthermore, the comparison between the two sites evidenced a variable organization of knapping activities. At Anecrial, the clustering of the refitted blocks clearly suggests individual knapping behavior: each of the three individuals seems to have undertaken the totality of the reduction sequence of each exploited block. Still, a small cluster of bladelets and small flakes detected between two of the knapping areas, and composed of artifacts produced by the three knappers, suggests that some sharing took place, but it only happened after the knapping procedures were finished, during the selection of end products for curation. In contrast to this, at Lagar Velho EE15, sharing seems to have commonly taken place during the knapping process. This is evidenced by at least three reconstructions, their spatial clustering and respective internal chronology. An interesting aspect to take into account is that such sharing seems to have been limited to lesser quality quartzite and flint blocks. The two good quality flint nodules were individually exploited, providing, therefore, a similar pattern to the Anecrial case.

In sum, the methodological combining of refitting and three dimensional data constitutes a rewarding approach for intra site interpretation – from stratigraphic and taphonomic problem solving, to small scale behavioral interpretation of vertical and horizontal clustering of artifacts. While only two Gravettian contexts were considered here, this approach has also already been applied successfully by the CIPA team in other Portuguese prehistoric sites, such as the case of Barca do Xerez, where again refitting and z values allowed for the separation of two occupation surfaces (see Araújo & Almeida, this volume).

References

ALMEIDA, F. (1998) - O método das remontagens líticas: enquadramento teórico e aplicações. *Trabalhos de Arqueologia da EAM* 3, 1-40.

ALMEIDA, F. (2000) - *The Terminal Gravettian of Portu-guese Estremadura*, Ph.D. Dissertation. Southern Methodist University.

ALMEIDA, F. (2001) - Cores, tools, or both? Methodological contribution for the study of carinated lithic elements: the Portuguese case. *In Questioning the Answers: Re-solving Fundamental Problems of the Early Upper Paleolithic* (M.A. Hays & P.T. Thacker eds.), BAR International Series 1005. 91-98.

ALMEIDA, F. (2003) - Paleotecnologia no Abrigo do Lagar Velho (Leiria): contribuição do método das remontagens líticas para o estudo tecnológico e paleoetnográfico de uma ocupação Gravettense. In *Paleoecologia Humana e Arqueociências: Um programa multidisciplinar para a arqueologia sob a tutela da cultura.* (J. Mateus & M. Moreno-García eds) - Trabalhos de Arqueologia 29. Lisbon. Instituto Português de Arqueologia: 317-324.

ALMEIDA, F. (2006) - Looking for names and missing the point. *In Towards a Definition of the Aurignacian. Proceedings of the Symposium held in Lisbon, Portugal, June 25-30, 2002.* (O. Bar-Yosef & J.Zilhão eds.), Trabalhos de Arqueologia 45. Lisbon. Instituto Português de Arqueologia: 71-92.

ALMEIDA, F. (2007) - "Refitting at Lapa do Anecrial: Studying Technology and Micro Scale Spatial Patterning through Lithic Reconstructions", *In Fitting Rocks: Lithic Refitting Examined.* (U. Schurmans & M. De Bie eds.), BAR International Series 1596: 55-74.

ALMEIDA, F.; BRUGAL, J.-Ph.; ZILHÃO, J.; PLISSON, H. (in press) - An Upper Paleolithic Pompeii: Technology, Subsistence and Paleoethnography at Lapa do Anecrial. *In From the Mediterranean basin to the Portuguese Atlantic shore: Papers in Honor of Anthony Marks. Actas do IV Congresso de Arqueologia Peninsular* (N.Bicho & P. Thacker eds.), Faro, Universidade do Algarve.

ANGELUCCI D. (2002) - The Geoarcheological Context. *In Portrait of the artist as a child. The Gravettian Human Skeleton from the Abrigo do Lagar Velho and its Archaeological Context.* (J. Zilhão & E. Trinkaus eds.),Trabalhos de Arqueologia 22. Lisbon. Instituto Português de Arqueologia: 58-91.

MCPHERRON, S.; DIBBLE, H.; GOLDBERG, P. (2005) - Z. *Geoarchaeology: An International Journal.* Vol.20. No.3, 243-262.

ZILHÃO, J. (1995) - *O Paleolítico Superior da Estremadura Portuguesa.* Ph.D. Dissertation, Lisbon: Faculdade de Letras da Universidade de Lisboa.

ZILHÃO, J. (1997) - *O Paleolitico Superior da Estremadura Portuguesa.* Lisbon: Edições Colibri.

ZILHÃO, J.; ALMEIDA, F. (1996) - Interpretação Tecno-lógica e Paletnográfica da Ocupação Proto-Solutrense da Lapa do Anecrial (Porto de Mós), *Ophiussa*, Nº 0, 21-37.

ZILHÃO, J. ALMEIDA, F. (2002) - The Archaeological Framework. *In Portrait of the artist as a child. The Gravettian Human Skeleton from the Abrigo do Lagar Velho and its Archaeological Context.* (J. Zilhão & E. Trinkaus eds.),Trabalhos de Arqueologia 22. Lisbon. Instituto Português de Arqueologia: 29-57.

ZILHÃO, J.; TRINKAUS, E. (eds.) (2002) - *Portrait of the Artist as a Child. The Gravettian Human Skeleton from the Abrigo do Lagar Velho and its Archeological Context.* Trabalhos de Arqueologia 22, Lisbon. Instituto Português de Arqueologia.

ZILHÃO, J.; AUBRY, T.; ALMEIDA, F. (1999) - Un modèle technologique pour le passage du Gravettien au Solutréen dans le sud-ouest de l'Europe. *In XXIV Congrès Préhistorique de France: Les Faciès leptolithiques du Nord-Ouest méditerranéen: milieux naturels et culturels*, pp.165-183.

LE FRACTIONNEMENT DES CHAINES DE DEBITAGE A ÉTIOLLES (ESSONNE, FRANCE): UN MOYEN DE DEFINIR L'ESPACE ET LE TEMPS DE L'OCCUPATION

Monique OLIVE

CNRS, UMR 7041, Archéologies et Sciences de l'Antiquité, Equipe d'Ethnologie préhistorique, 21 allée de l'université, 92023 Nanterre cedex. monique.olive@mae.u-paris10.fr

Nicole PIGEOT

Université de Paris I, UMR 7041, Archéologies et Sciences de l'Antiquité, Equipe d'Ethnologie préhistorique, Institut d'art et d'archéologie, Centre de recherches préhistoriques, 3 rue Michelet, 75006 Paris. Nicole.Pigeot@univ-paris1.fr

Abstract: *Among the activities realized in the Magdalenian site of Étiolles, flint-knapping was very important. The management of flint resources reveals the hierarchy of the needs and the collective rules of a social community. The dominant behavior in core exploitation is the successive treatment of each debitage operation and its resulting fragmentation within the framework of the camp, composed of habitation units and open areas of activity. The coherence of the movements of cores and the logical trend in the course of debitage demonstrate that most archaeological levels at Étiolles, instead of being the consequence of multiple occupations, correspond to one single occupation, probably seasonal.*
Keywords: *Magdalenean, habitat, Paris basin, reduction strategies, duration of occupation*

Résumé: *Parmi les activités réalisées dans l'habitat magdalénien d'Étiolles, la taille du silex a occupé une place importante. À travers celle-ci se dessine une communauté sociale avec ses choix et ses règles. Un comportement domine largement dans l'exploitation des nucléus: le fractionnement des chaînes de débitage qui a pour cadre le campement, avec ses habitations et ses aires activités satellites. La cohérence des mouvements des nucléus et la logique de l'enchaînement des opérations de taille dans la durée de l'occupation apportent la preuve qu'à Etiolles les sols d'habitat sont pour la plupart la conséquence d'un séjour unique, probablement saisonnier, et non le produit accumulé de plusieurs séjours successifs.*
Mots clés: *Magdalenian, habitat, Bassin parisien, chaîne de débitage, temps d'occupation*

Le fractionnement des chaînes d'exploitation des ressources lithiques est un fait avéré depuis les périodes anciennes de la Préhistoire. Le parcours d'un silex entre la collecte de la matière première et son abandon définitif peut se déployer au sein d'un espace plus ou moins vaste. C'est sur ce fractionnement spatio-temporel que s'appuient d'innombrables études pour définir les territoires préhistoriques. Pour l'essentiel, ces études se limitent à joindre deux points – le lieu de découverte et le lieu supposé d'acquisition de la matière première – pour en tirer des conséquences sur la mobilité des groupes humains.

Notre propos est différent. Nous ne traiterons pas de l'origine des silex d'Étiolles mais nous limiterons la réflexion au cadre plus étroit du site d'habitat. En outre, nous nous concentrerons sur un segment de la chaîne d'exploitation du silex, le débitage, incluant la préparation du nucléus et la phase de production des supports. Autrement dit, ce n'est pas la mobilité des Magdaléniens durant leur cycle annuel d'activités qui nous intéresse ici mais la mobilité des tailleurs sur leur lieu d'habitat. Les mouvements subis par les nucléus en cours de débitage révèlent une organisation de l'activité de taille et des habitudes comportementales. Indirectement, ils sont le reflet de règles sociales qui s'imposaient aux tailleurs. La cohérence de leurs déplacements dans l'espace habité et la logique de l'enchaînement des opérations de débitage dans la durée de l'occupation apportent ainsi la démonstration qu'à Étiolles, les sols d'habitat sont pour la plupart la conséquence d'un séjour unique, probablement saisonnier, et non le produit accumulé de plusieurs séjours successifs. Et l'on sait combien cette distinction est essentielle pour l'interprétation palethnologique et fonctionnelle des habitats.

LE FRACTIONNEMENT SPATIAL DES DÉBITAGES: UN FAIT RÉCURRENT

La mobilité des tailleurs est un comportement attesté dans divers habitats de plein air. Les sites à la fois bien conservés et fouillés de manière extensive sont les plus aptes à reconstituer les mouvements des nucléus et leurs reprises successives avant leur abandon définitif. C'est le cas notamment du site magdalénien d'Étiolles (fig. 7.1).

En préalable, rappelons une exigence méthodologique. La reconnaissance du fractionnement des débitages nécessite la mise en œuvre d'une méthode particulière – les remontages de silex – pratiquée de manière suffisamment intensive pour révéler des concentrations spatialement pertinentes. Par ailleurs, toute coupure spatiale dans le déroulement d'un processus de taille induit automatiquement une coupure temporelle. L'une comme l'autre peuvent être d'ampleur variable; même minimes, quel-

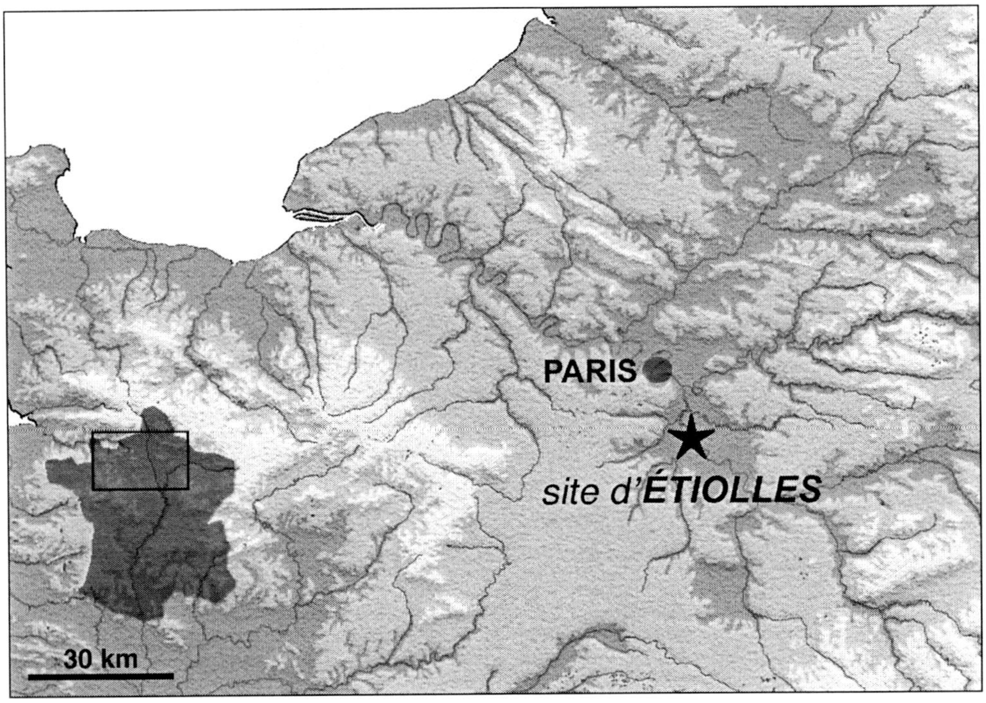

Fig. 7.1 – situation du gisement magdalénien d'Étoilles

ques décimètres ou quelques instants, elles n'en traduisent pas moins une rupture dans la chaîne opératoire. Cette réalité permet de situer à la fois ces opérations de débitage dans l'espace habité et dans le temps de l'occupation.

À Étiolles, la grande dimension des nodules débités, qui engendre un volume important de déchets et permet une exploitation intensive, pourrait expliquer la fréquence des déplacements. On ne saurait pourtant réduire la segmentation des débitages à cette seule incitation dimensionnelle d'autant que d'autres comportements sont possibles (et attestés) comme l'évacuation des déchets. Il convient en outre de rappeler que la mobilité des nucléus a été observée sur des sites où les rognons de silex débités sont de dimension nettement plus modeste comme Pincevent et Champréveyres pour se limiter au seul contexte magdalénien (Bodu 1994, Cattin 2002, p. 242-243). Le caractère récurrent de ce comportement incite donc à rechercher d'autres explications à cette mobilité qui serait davantage liée à l'organisation sociale de la taille, inscrite dans le temps et dans l'espace, ainsi qu'à la durée d'occupation.

Le contexte particulier d'Étiolles, caractérisé par une matière première abondante – et abondamment exploitée – et de dimension exceptionnelle, permet justement d'approfondir l'analyse dans cette direction. La multiplicité des postes de taille d'une part, le fractionnement spatial des débitages d'autre part, révèlent que les mouvements des nucléus répondent en effet à d'autres raisons que la simple commodité ou l'encombrement des aires d'activité. Pour illustrer cette démonstration, nous prendrons pour exemple l'habitation Q31 (Pigeot, 2004a).

L'HABITATION Q31, UNE PARTIE DE CAMPEMENT

Q31 fait partie des occupations récentes d'Étiolles[1]. Cette unité est particulièrement riche et s'étend sur une superficie de 150 m^2 environ; cependant, elle ne représente qu'une fraction d'un habitat encore plus vaste qui a été tronqué à l'Holocène (fig. 7.2). Un niveau plus ancien et préservé sur une plus grande surface (800 m^2) fournit d'ailleurs l'exemple d'un campement dans lequel au moins deux habitations contemporaines (les unités U5 et P15) sont en relation avec plusieurs foyers satellites (Olive *et al.* 2000) (fig. 7.3).

L'unité Q31 se présente comme une nappe de silex, allongée, très dense dans sa partie centrale, et au sein de laquelle sont intégrés trois foyers. Les foyers principaux, Q31 et S27, sont situés aux deux extrémités de cette nappe: le premier est cerné d'une bordure de pierre, et le second appartient à la catégorie des grandes structures pierreuses, déjà connue à Étiolles. Le troisième foyer S29, non aménagé, se trouve en position intermédiaire, dissimulé sous une couche de silex; il n'était donc pas visible dans l'état de découverte de cette unité. Cet ensemble est entouré par quelques concentrations de silex et des vestiges isolés. De très rares ossements (dont un *ilium* de mammouth) et quelques bois de renne sont associés aux témoins lithiques. L'analyse spatiale, que nous ne développerons pas ici, permet d'interpréter Q31 comme le foyer d'habitation et S27 comme un foyer annexe, extérieur. S29 n'a fonctionné qu'aux débuts de

[1] Une date ^{14}C réalisée sur un os de mammouth trouvé sur ce sol d'occupation donne le résultat suivant: 12.315±55 BP (OxA-12019).

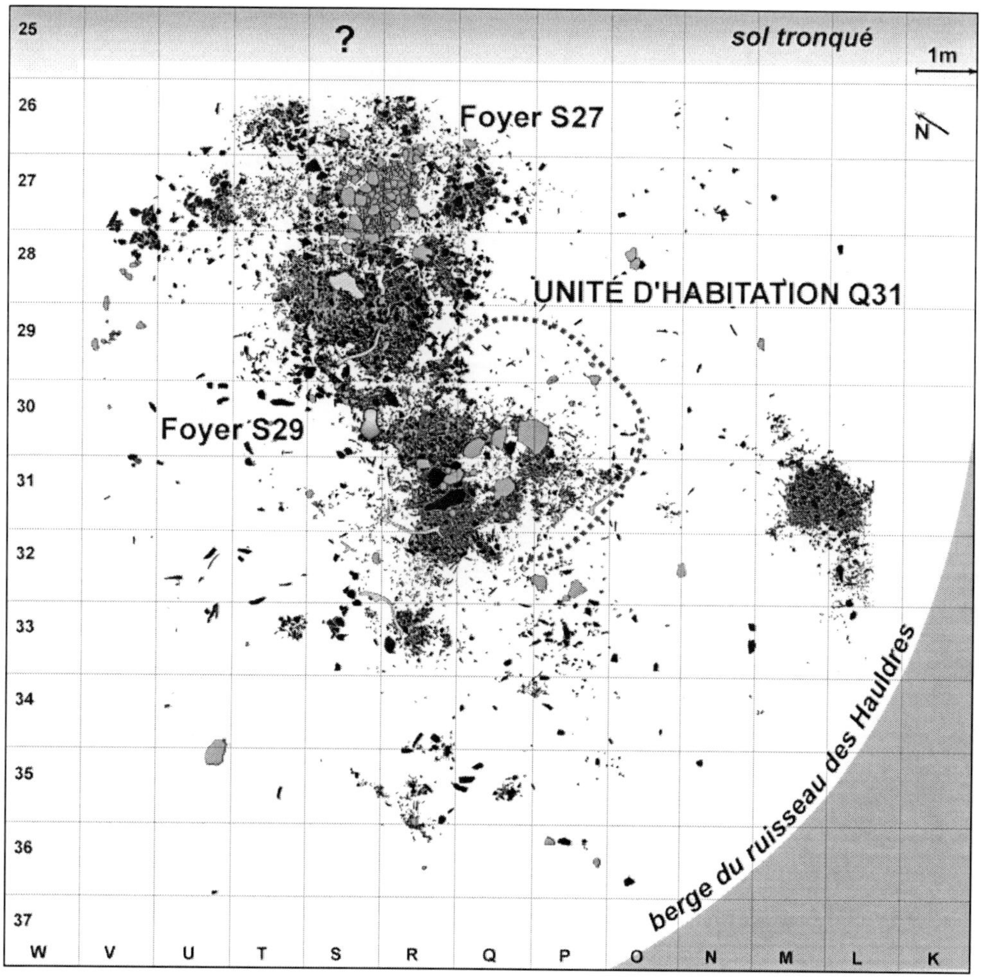

Fig. 7.2 – plan général de l'unité d'habitation Q31

l'occupation puis a rapidement été abandonné et recouvert de déchets de taille (*cf. infra*, et pour les détails de l'analyse, *cf.* Pigeot, 2004a). Comme les habitations plus anciennes mises au jour dans le même secteur de fouilles, Q31 était établie sur la berge de l'ancien chenal d'un petit affluent de la Seine, le ruisseau des Hauldres.

Quelques données chiffrées reflètent l'importance de l'activité de débitage réalisée dans cette unité: 26.268 silex taillés qui représentent 428 kg de matière, 91 matériaux introduits pour y être débités. Les remontages révèlent que ces matériaux ont donné lieu à 155 opérations de débitage, spatialement et temporellement différenciées. Ils font aussi apparaître que les nucléus arrivent en Q31 dans des états très divers: sous la forme de blocs bruts ou simplement testés, de nucléus préformés, de nucléus déjà débités, d'éclats-nucléus. Symétriquement, tous ne sont pas abandonnés en Q31 et certains sont transportés, également à des stades différents de leur exploitation, pour continuer à être probablement débités ailleurs (Philippe, 2004) (fig. 7.4).

Ainsi, la mobilité des tailleurs est un comportement dominant. Sans que cela soit une règle absolue, les nucléus circulent beaucoup et le parcours qu'ils suivent, avant d'être considérés comme des déchets, est plus ou moins long et plus ou moins haché. Leur exploitation pouvait se dérouler intégralement dans l'unité d'habitation ou, plus souvent encore, dans le cadre plus vaste du campement.

QUELQUES RUPTURES CLAIRES QUI SE DÉGAGENT

Avant de détailler les pratiques qui caractérisaient la gestion des nucléus dans l'habitat, un second rappel méthodologique s'impose: retracer les étapes d'un débitage implique de reconnaître le ou les lieux où le nucléus a été taillé, et de les distinguer des aires de rejet. Cette démonstration s'effectue au cas par cas et elle s'appuie pour l'essentiel sur la cohérence du dépôt de taille par rapport à la logique chronologique du processus de détachement des éclats. En cas de cohérence, le dépôt est forcément issu d'une taille effectuée sur place; sinon, le désordre spatial implique un dépôt remanié, soit par rejet de l'ensemble, soit par remaniement local. En outre, l'analyse est complétée par une série d'indices qui ont

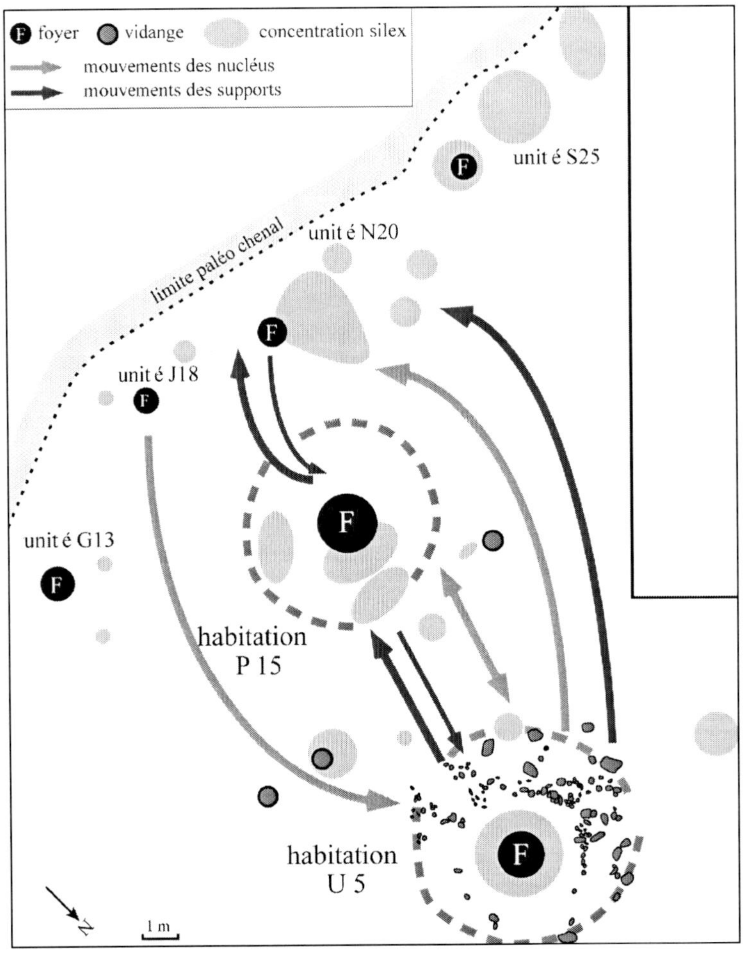

Fig. 7.3 – la circulation des nucléus et des supports entre les habitations contemporaines U5 et P15 et leurs foyers satellites

déjà été développés dans des publications antérieures auxquelles nous renvoyons (pour l'argumentation, *cf.* Pigeot, 1987a, p. 92, Olive, 1993).

En premier lieu, les trajets suivis par les nucléus dans l'unité Q31 présentent d'abord l'intérêt de faire apparaître la synchronie des foyers principaux, Q31 et S27. Ces deux foyers sont étroitement complémentaires et participent donc d'un même ensemble, même si nous l'avons précisé à plusieurs reprises, cet ensemble n'était pas isolé.

Qu'ils s'effectuent dans l'espace de l'unité d'habitation ou au-delà, les mouvements des nucléus interviennent à des moments différents du débitage. Cette variabilité donne à penser que des motivations diverses pouvaient entraîner ce fractionnement spatio-temporel. Néanmoins, dans la variété des situations se dégagent des comportements répétés qui supposent une régulation de l'activité de taille. La première d'entre elles est la fréquence des ruptures spatio-temporelles entre la mise en forme et la phase de production laminaire. Sur les 91 matériaux introduits en Q31, 40 subissent une préparation spatialement autonome dans cette unité, auxquels il faut ajouter les 23 nucléus arrivés déjà préformés, ce qui traduit un comportement largement dominant (63 nucléus sur 91: 69,2%, Philippe, 2004). Cette interruption s'applique de manière plus rigoureuse aux bons matériaux qui offrent le meilleur potentiel productif. Au contraire, les nucléus concernés par une exploitation en continu sont ceux qui font l'objet d'un débitage simplifié (avec une mise en forme réduite), voire malhabile. Cette dissociation reflète clairement une organisation spatiale de l'activité de taille, avec une séparation entre les aires de mise en forme autour du foyer S27 et l'aire de production des meilleurs supports près du foyer Q31[2] (Olive, Morgenstern, 2004).

Une seconde rupture dans la chaîne de débitage est établie de manière évidente: elle a trait à la reprise de nucléus par des tailleurs peu qualifiés. Clairement, ces apprentis ne pouvaient s'exercer là où travaillai(en)t le ou les meilleurs artisans, près du foyer domestique. Cette pratique de récupération intervient tardivement dans l'occupation révélant également une gestion dans le temps des ressources lithiques.

[2] Notons que cette répartition des activités n'implique pas nécessairement une division des tâches puisque le cas de deux nucléus suivant exactement le même parcours entre les foyers S27 et Q31 laisse supposer qu'ils sont passés par les mains du même tailleur.

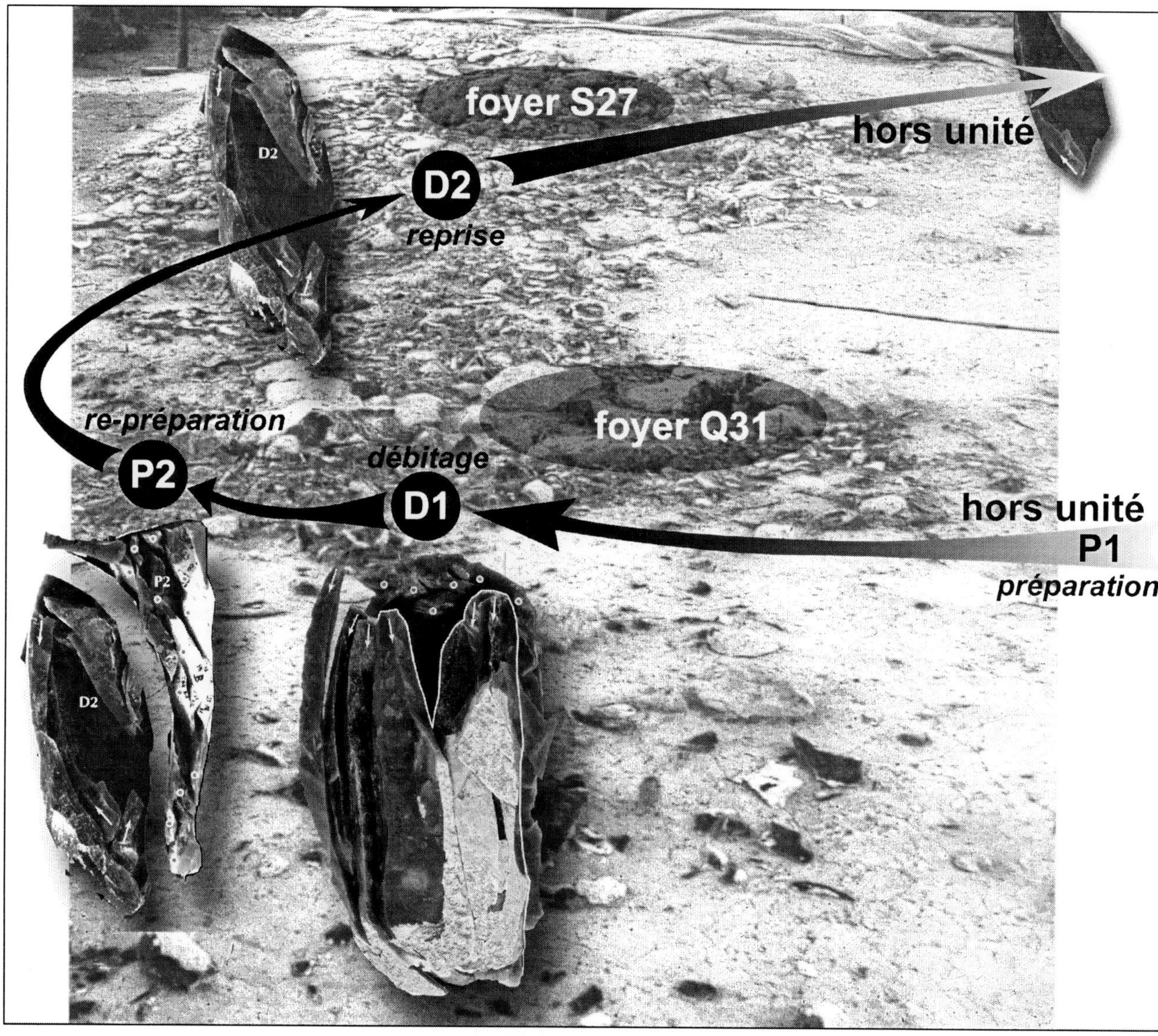

Fig. 7.4 – la mobilité des nucléus dans l'unité d'habitation Q31 : l'exemple du débitage n°328 (P : préparation ; D : débitage des lames)

EN CONCLUSION: DE LA CHRONOLOGIE DES OPÉRATIONS DE TAILLE À LA COHÉRENCE DU SOL D'OCCUPATION

L'étude de la mobilité des objets et, partant, des personnes qui les transportaient sur le sol habité, engendre donc un double avantage: méthodologique et documentaire. Dans l'esprit de cette session où les organisateurs ont choisi de mettre l'accent sur les présupposés taphonomiques de l'interprétation, l'apport méthodologique doit d'abord être souligné dans cette conclusion.

Apport méthodologique

Nous ne reviendrons pas sur l'intérêt des remontages, tellement cette technique d'analyse est connue comme irremplaçable à l'échelle de ces problématiques. On voudrait parfois la cantonner à des sites comme Étiolles, c'est-à-dire préservés par de bonnes conditions d'enfouissement, alors que le remontage rend les meilleurs services au déchiffrement taphonomique des sites perturbés ou de fouilles anciennes. Néanmoins, le site d'Étiolles n'échappe pas moins à une suspicion légitime sur la cohérence de ses sols d'occupation. Les riches unités d'habitation magdaléniennes, malgré le synchronisme apparent des sols décapés à la fouille, pouvaient fort bien masquer des séquences d'occupations disjointes dans le temps. Le cas des 3 sous-unités successives de D71, structurées de la même façon, autour d'un même foyer central, avec la même organisation des activités dans l'espace est éclairant: leur autonomie et leur succession ont pu être perçues grâce à la sédimentation qui s'est intercalée entre les abandons provisoires du campement; sinon, l'ensemble aurait pu être interprété comme résultant d'une seule installation (fig. 7.5). D'ailleurs, l'occupation de U5 (Pigeot, 1987a et b) s'est bien déroulée en 2 étapes, et pourquoi pas 2 moments bien distincts dans le temps (2 saisons?) alors que l'interrup-

Fig. 7.5 – Les trois niveaux d'occupation superposés du foyer D71

tion n'a pas généré de sédimentation nette (au plus 2 ou 3 cm dans certaines zones périphériques du foyer central). Là, ce ne sont pas simplement les remontages qui ont permis de mettre en évidence cette double occupation qui s'est traduite à un certain moment par l'abandon de l'unité P15, jusque là contemporaine de U5 (Pigeot, 1987a, p. 111, Olive, Pigeot, 1992), et par, notamment, une nouvelle façon d'occuper l'abri U5 et d'utiliser les issues et l'espace extérieur. Pour U5-P15 autant que pour Q31, c'est la reconstitution chronologique des opérations de taille (où l'exploitation des remontages a évidemment toute sa place), et *in fine* celle de l'ensemble des activités et comportements qui a permis de reconnaître la cohérence de l'occupation à travers son histoire particulière.

En fait, si la reconstitution de l'histoire du séjour est possible, c'est grâce à une conjonction d'opportunités. Pour commencer, la transposition de la méthode stratigraphique aux amas de taille est rendue possible par un certain nombre de comportements magdaléniens ayant entraîné le regroupement des vestiges, soit débités sur place et laissés en l'état, soit évacués sur des "amas-poubelle" bien circonscrits et donc assez épais. Enfin, et surtout, l'important fractionnement des chaînes techniques a permis de créer un véritable réseau dynamique sur l'ensemble du sol fréquenté. Au lieu que chaque poste de débitage soit autonome et disjoint, on dispose d'un ensemble de liens diachroniques entre les divers endroits de l'espace où les Magdaléniens travaillaient et entre lesquels ils se déplaçaient. Cette mobilité des personnes dans l'unité d'habitation reflète à la fois un sens, d'un lieu à l'autre, et un contenu (des outils, des nucléus préparés ou déjà débités, des déchets à rejeter...), c'est-à-dire une signification en termes de comportement social (préservation de certaines zones domestiques, privilège de certains lieux de production des lames, recyclage de ressources au potentiel évolutif, passage de main en main des nucléus en cours de débitage selon la compétence des tailleurs ou leurs objectifs économiques, distribution et récupération des nucléus déclassés à des fins d'apprentissage par les novices de la taille...).

Apport documentaire

"Double avantage" écrivions-nous, "méthodologique et documentaire", et en effet si cette habitude de fractionner l'exploitation des nucléus a d'abord permis de démontrer la cohérence générale d'une occupation unique en Q31, les données chronologiques dans leur ensemble nous renseignent au delà de ces seules informations taphonomiques, et même bien au delà d'une simple mise en succession des activités pendant le séjour. On a vu que des interruptions récurrentes scandent de nombreuses chaînes opératoires (pas toutes) à des moments clefs. Les règles qui justifiaient ces comportements sont très stables et répondent d'une logique qui révèle bien les valeurs attachées aux ressources siliceuses et aux différents statuts des tailleurs. C'est en quelque sorte une hiérarchie des besoins et des intentions que l'on voit se dessiner tout le long du séjour, corrélée tout autant à la hiérarchie des savoir-faire, donc des personnes, qu'à celle des matériaux lithiques et de leurs potentiels successifs en cours d'exploitation (Ketterer *et al.*, 2004).

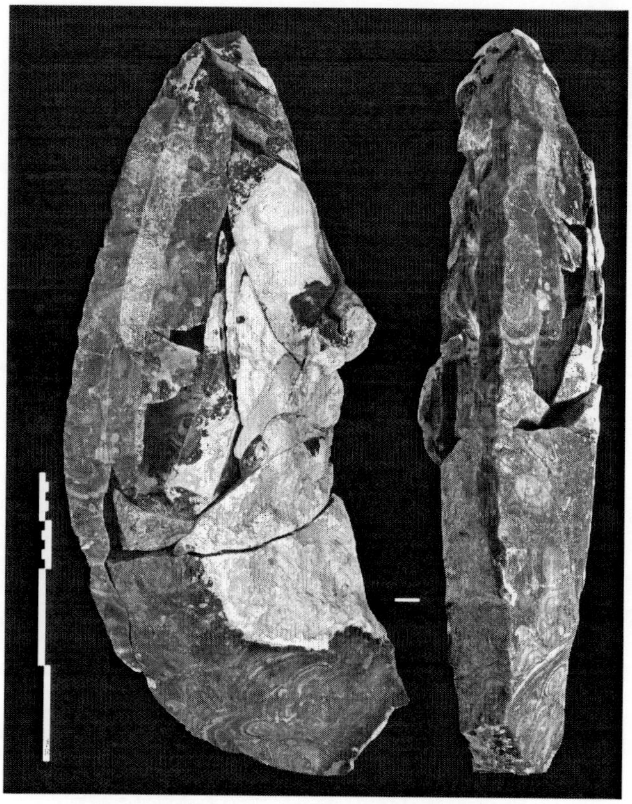

Fig. 7.6 – Un débitage de très grandes lames: le débitage 521 de l'habitation W11

Rappelons que les gîtes à silex locaux d'Étiolles sont caractérisés par des matériaux exceptionnellement grands (parfois jusqu'à 70 cm! – Olive *et al.*, 2005, fig. 7.6), nécessitant une expérience de taille de très haut niveau technique pour les débiter "à la manière" magdalénienne", c'est à dire avec une exigence à la fois qualitative (longueur) et quantitative (assez bonne productivité, entre 20 et 40 lames par opération) (Pigeot, 1987a, p. 58, Pigeot 2004b). Or, près de 600 lames ont été produites en Q31, à partir parfois de grands blocs au fort potentiel économique par une pratique dite "élaborée", parfois de matériaux plus petits mais aussi moins exigeants, par une exploitation dite, dans ce cas, "simplifiée" (Pïgeot, 2004b). L'exploitation des ressources siliceuses par les Magdaléniens d'Étiolles est comme une sorte d'équation dont tous les termes sont en concordance: le choix des blocs, leur potentiel et leur difficulté à la taille, le savoir-faire des acteurs du débitage, leurs intentions économiques, le lieu et le moment choisis pour opérer.

Sans rentrer dans le détail (Ketterer *et al.*, 2004, Olive, Pigeot, 2006), on notera à titre d'exemple que les tailleurs les plus expérimentés débitent les meilleurs matériaux et produisent les plus longues séries laminaires dans les débuts de l'installation (phase "ancienne", fig. 7.7). Ces opérations élaborées se poursuivront pendant tout le séjour, mais assez vite se pratique parallèlement l'exploitation simplifiée et moins difficile des nucléus devenus plus petits ou des blocs naturellement moins longs, en général inférieurs à 20 cm[3]. Ce sont d'abord les meilleurs des simplifiés qui sont débités, avant d'être relayés par des opérations moins productives. Ce n'est que dans la troisième et dernière étape de la stratigraphie des activités de taille (phase "récente", fig. 7.8) que les jeunes peuvent récupérer pour jouer et s'entraîner les nucléus déjà exploités et/ou les blocs moins favorables pour le groupe (blocs trop petits ou grands éclats, par exemple).

Enfin, notons que l'espace, comme le temps de l'occupation, était lui aussi géré en bonne intelligence selon quelques principes de coexistence sociale et de spécialisation des activités (jeunes/adultes, très productifs/moins productifs, élaborés/simplifiés, laminaire/lamellaire, domestique/extérieur, atelier permanent/aires d'évacuation, prés du foyer/loin du foyer, etc.). L'espace a été progressivement investi au cours du séjour selon un certain nombre de priorités techniques dont rend bien compte le déchiffrement de la chronologie des opérations jusqu'à la phase ultime où les Magdaléniens cessèrent de débiter, ce qui, du reste, ne représente peut-être pas la fin de l'occupation (fig. 7.8).

Le temps, la 4ème dimension de l'espace habité, est donc une variable qui se mesure selon plusieurs échelles. Celui du siècle ou du millénaire se traduit à Étiolles par la simple reconnaissance de la tradition magdalénienne, complétée par des datations absolues. Il y aurait déjà beaucoup à dire sur cet aspect, mais nous avons choisi de nous situer sur une échelle de temps beaucoup plus restreinte, celle qui va de l'année ou de la saison au moment presque instantané qui voit un tailleur se déplacer et confier, par exemple, son nucléus bien entamé à un autre tailleur qui en tirera une série laminaire de moindre qualité. Ce déchiffrement temporel de toutes les activités liées à l'obtention des supports en silex a donc permis d'abord de reconstruire l'histoire du séjour; car il s'agit bien en effet d'un seul séjour, étant donné la cohérence globale de cette histoire, où l'on observe une véritable logique dans la planification des tâches, depuis les premières préoccupations des arrivants (premières productions élaborées de lames, révision des armes apportées...), jusqu'à l'achèvement des nécessités techniques prévues pendant l'occupation (entraînement des jeunes, ultimes débitages des lames à emporter...). Cette approche, en définissant le temps et l'espace de l'occupation, a permis, par la même occasion, de cerner un certain nombre de comportements récurrents qui éclairent une certaine sociologie de la taille. Il paraît en effet justifié de lire dans l'organisation sociale qui transparaît une structure des valeurs assez rigoureuse, et ce paramètre constitue une façon de modéliser sous un nouvel angle l'identité des sociétés que nous étudions comme, par exemple, le groupe de Magdaléniens qui a vécu en Q31 par rapport à celui qui occupait le niveau ancien d'Étiolles, celui de U5-P15 (Pigeot, 2004c, Pigeot *et al.*, 1991).

[3] Le seuil de 20 cm de long – un empan – représente à Étiolles une mesure très stricte pour discriminer la valeur des matériaux à tailler.

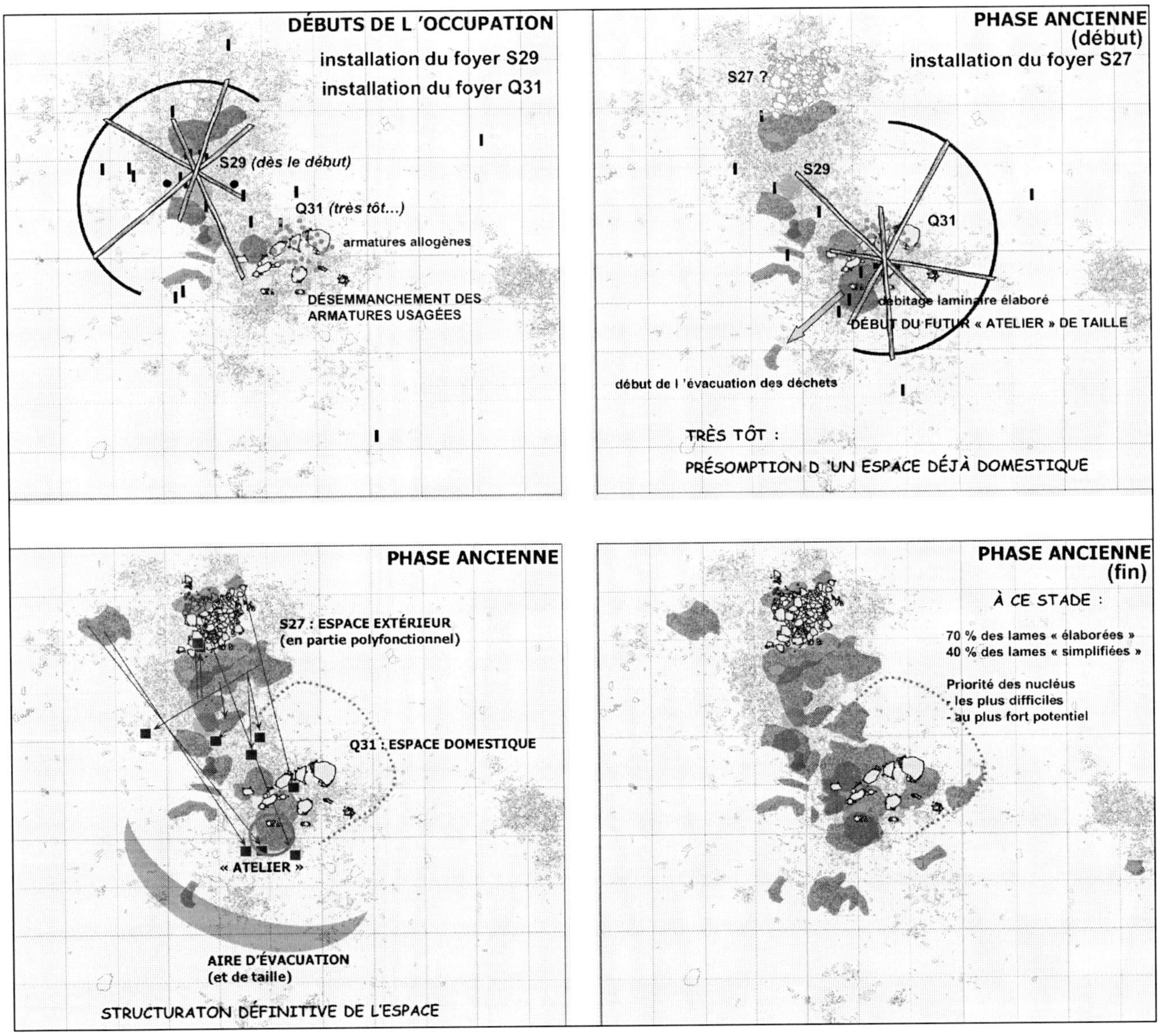

Fig. 7.7 – L'histoire de l'unité d'habitation Q31: les phases anciennes de l'occupation

Bibliographie

BODU, P. (1994) – *Analyse typo-technologique du matériel lithique de quelques unités du site magdalénien de Pincevent (Seine-et-Marne). Applications spatiales, économiques et sociales.* Thèse de l'Université de Paris I, 3 vol., 1293 p.

CATTIN, M.I. (2002) – *Hauterive-Champréveyres,13. Un campement magdalénien au bord du lac de Neuchâtel. Exploitation du silex (secteur 1).* Neuchâtel, Service et musée cantonal d'archéologie (Archéologie neuchâteloise, 26, 2 vol.).

KETTERER, I.; PIGEOT, N.; SERRA, S. (2004) – Le temps de l'occupation: une histoire de l'activité et des comportements. *In* PIGEOT, N. (dir.). *Les derniers Magdaléniens d'Étiolles. Perspectives culturelles et paléohistoriques (l'unité d'habitation Q31).* XXXVII[è] supplément à Gallia Préhistoire, Paris: éd. du CNRS, p. 235-254.

OLIVE, M. (1993) – En marge des unités d'habitation d'Étiolles, *Gallia Préhistoire*, T 34, éd. du CNRS, p. 85-140.

OLIVE, M.; AUDOUZE, F.; JULIEN, M. (2000) – Nouvelles données concernant les campements magdaléniens du Bassin parisien. *In* VALENTIN, B.; BODU, P.; CHRISTENSEN, M. (éds) *L'Europe centrale et septentrionale au Tardiglaciaire.* Actes de la table-ronde de Nemours 14-16 mai 1997, p. 289-304.

OLIVE, M.; MORGENSTERN, M. (2004) – L'organisation de l'espace habité. *In* PIGEOT, N. (dir.). *Les derniers Magdaléniens d'Étiolles. Perspectives culturelles et paléohistoriques (l'unité d'habitation Q31).* XXXVII[è] supplément à Gallia Préhistoire, Paris: éd. du CNRS, p. 181-220.

OLIVE, M.; PIGEOT, N. (1992) – Les tailleurs de silex magdaléniens d'Étiolles: vers l'identification d'une organisation sociale complexe. *In* MENU, M.;

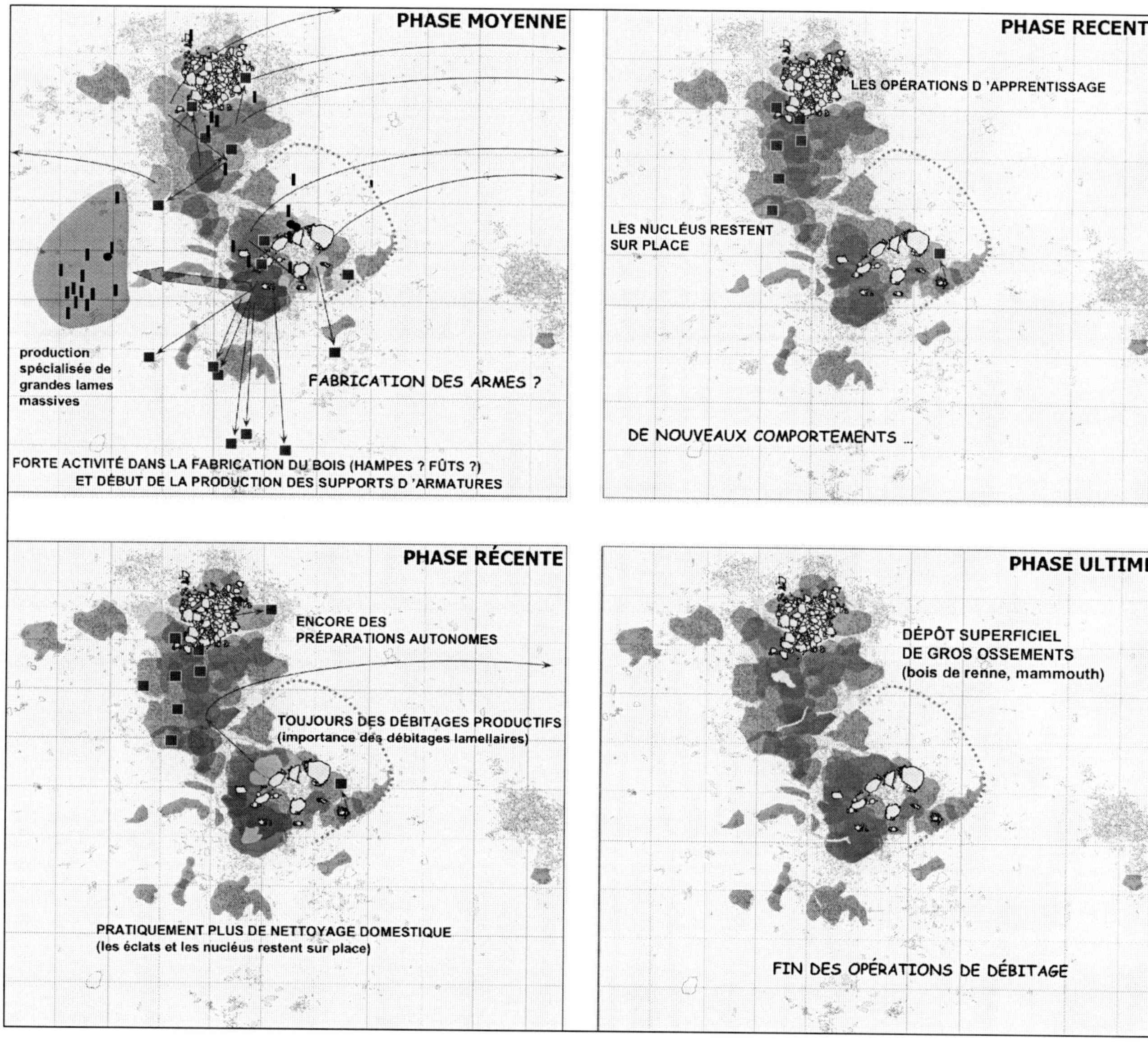

Fig. 7.8 – L'histoire de l'unité d'habitation Q31: les phases moyennes et récentes de l'occupation

WALTER, Ph (éds.). *La pierre préhistorique.* Séminaire du Laboratoire de recherche des musées de France, 13-14 déc. 1990, p. 173-185.

OLIVE, M.; PIGEOT, N. (2006) – Réflexions sur le temps d'un séjour à Étiolles (Essonne). *Bull. de la Société préhistorique française*, t. 103, n°4, p. 673-682.

OLIVE, M.; PIGEOT, N.; TABORIN, Y.; YVON, J.M. (2005) – Toujours plus longue: une lame à crête exceptionnelle à Étiolles (Essonne). *Revue archéologique de Picardie*, n° spécial 22, p. 23-26.

PHILIPPE, M. (2004) – Le silex taillé: choix des ressources et modes de préparation. In PIGEOT, N. (dir.), *Les derniers Magdaléniens d'Étiolles. Perspectives culturelles et paléohistoriques (l'unité d'habitation Q31).* XXXVII[è] supplément à Gallia Préhistoire, Paris: éd. du CNRS, p. 41-64.

PIGEOT, N. (1987a) – *Magdaléniens d'Étiolles: économie de débitage et organisation sociale*, XXV[è] supplément à Gallia Préhistoire, Paris: éd. du CNRS, 168 p.

PIGEOT, N. (1987b) – Éléments d'un modèle d'habitation magdalénienne (Étiolles), *Bulletin de la Société Préhistorique Française.* Études et travaux, t. 84, n° 10-12. Hommage de la SPF à A. Leroi-Gourhan, p. 358-363.

PIGEOT, N.; PHILIPPE, M.; LE LICON-FENIOU, G.; MORGENSTERN, M. (1991) – Systèmes techniques et essai de technologie culturelle. *In 25 ans d'études technologiques: bilan et perspectives.* Actes des XI[è] rencontres d'archéologie et d'histoire d'Antibes, Valbonne, oct. 1990, Juan-les-Pins, éd. APDCA, p. 169-185.

PIGEOT, N. (dir.) (2004a) – *Les derniers Magdaléniens d'Étiolles. Perspectives culturelles et paléohistoriques (l'unité d'habitation Q31).* XXXVII[è] supplément à Gallia Préhistoire, Paris: éd. du CNRS, 351 p.

PIGEOT, N. (2004b) – Le débitage laminaire et lamellaire. *In* PIGEOT, N. (dir.). *Les derniers Magdaléniens d'Étiolles. Perspectives culturelles et paléohistoriques (l'unité d'habitation Q31).* XXXVII[è] supplément à Gallia Préhistoire, Paris, éd. du CNRS, p. 65-106.

PIGEOT, N. (2004c) – L'apport de l'unité Q31 dans l'élaboration de modèles culturels. *In* PIGEOT, N. (dir.). *Les derniers Magdaléniens d'Étiolles. Perspectives culturelles et paléohistoriques (l'unité d'habitation Q31).* XXXVII[è] supplément à Gallia Préhistoire, Paris: éd. du CNRS, p. 255-266.

L'APPORT DE LA METHODE DES REMONTAGES DANS L'EVALUATION DES PROCESSUS DE FORMATION ET D'ALTERATION DES DEPOTS ARCHEOLOGIQUES: LE CAS DE BARCA DO XEREZ DE BAIXO (PORTUGAL)

Ana Cristina ARAÚJO
Instituto Português de Arqueologia; acaraujo@igespar.pt

Francisco ALMEIDA
Instituto Português de Arqueologia; falmeida@igespar.pt

***Abstract**: The application of refitting on lithic artefacts and fire-cracked rocks from the Mesolithic site of Barca do Xerez de Baixo has been an essential pattern recognition technique for the clear definition of stratigraphic and spatial units, and yielded an important dynamic perspective for grounding our paleoethnographic interpretations of the site.*
***Keywords**: refitting, spatial analysis, taphonomy*

***Résumé**: L'application de la méthode des remontages sur des objets lithiques et de roches thermoaltérés issues du gisement mésolithique de Barca do Xerez de Baixo a permis de mieux préciser les unités spatiales et stratigraphiques et de conforter les interprétations paléoethnographiques.*
***Mots clés**: méthode des remontages, analyse spatial, taphonomie*

PROBLÉMATIQUE ET CONTEXTE

Pour ce colloque nous avons choisi le cas du gisement mésolithique de Barca do Xerez de Baixo afin de montrer comment l'application exhaustive de la méthode des remontages a permis de résoudre, et de contrôler, certains problèmes concernant les processus de formation et d'altération des dépôts, ainsi que l'élaboration d'hypothèses interprétatives des activités déroulées sur ce site. La méthode a permis également la restitution du spectre de solutions techniques adoptées par ces populations humaines.

Le gisement, localisé sur le bord du Guadiana (Fig. 8.1), fait parti d'un ensemble de contextes archéologiques datés du début du Mésolithique et qui sont caractérisés par la présence quasiment exclusive d'une composante lithique à caractéristiques macrolithiques. Fouillé dans le cadre d'un projet d'Archéologie de sauvetage, le site se trouve à présent sous l'eau, suite à la construction du barrage de l'Alqueva. Cinq secteurs ont été fouillés, livrant plusieurs niveaux d'occupation humaine (Fig. 8.2). Lors de sa découverte, en 1998, le gisement avait en moyenne 4 à 5 mètres de remplissage. Il faut dire tout d'abord que:

1. Toute la séquence est constituée par des sables et des silts accumulés par le Guadiana pendant l'Holocène. Les variations sont surtout latérales et liées à la présence, majeure ou mineure, de vestiges de nature anthropique. Le fleuve semble avoir joué un double rôle: à la fois il est à l'origine de la sédimentation du site et, au même temps, il est l'agent responsable de sa destruction et altération.
2. La production lithique suit les mêmes paramètres technologiques et typologiques tout au long des cinq séquences fouillées. De même, la faune ne présente pas de variations ni dans les espèces ni dans les portions anatomiques représentés: le squelette appendiculaire et des éléments crâniens d'aurochs, de cerf et de *lagomorphe* dominent le spectre faunique (Valente, sous presse);
3. Les cinq secteurs présentent des vestiges associés à l'action du feu: des structures en fosse, en cuvette et des pavements brulés ont été documentées.
4. Si ont exclut le contexte à céramiques découvert dans le Secteur 2, compris dans le premier niveau d'occupation, tous les autres vestiges ont été produits par des communautés de chasseurs-cueilleurs du Mésolithique initial.
5. Du point de vue fonctionnel, le gisement peut être défini comme un lieu spécialisé dans l'abattage et traitement de carcasses de grands herbivores.

Dans le cadre de cet article, nous n'avons sélectionné que deux des cinq secteurs fouillés, le Secteur 1 et le Secteur 4, pour présenter les résultats obtenus. Nous avons cherché à préciser deux questions à travers l'application de la méthode des remontages:

1. la mise au point de la stratigraphie; *i.e.*, évaluer l'intégrité des niveaux archéologiques;
2. l'organisation de l'habitat à partir de la répartition spatiale des vestiges remontés.

La méthode a été appliqué à deux catégories différentes de vestiges: des objets taillés et des roches thermo-altérées.

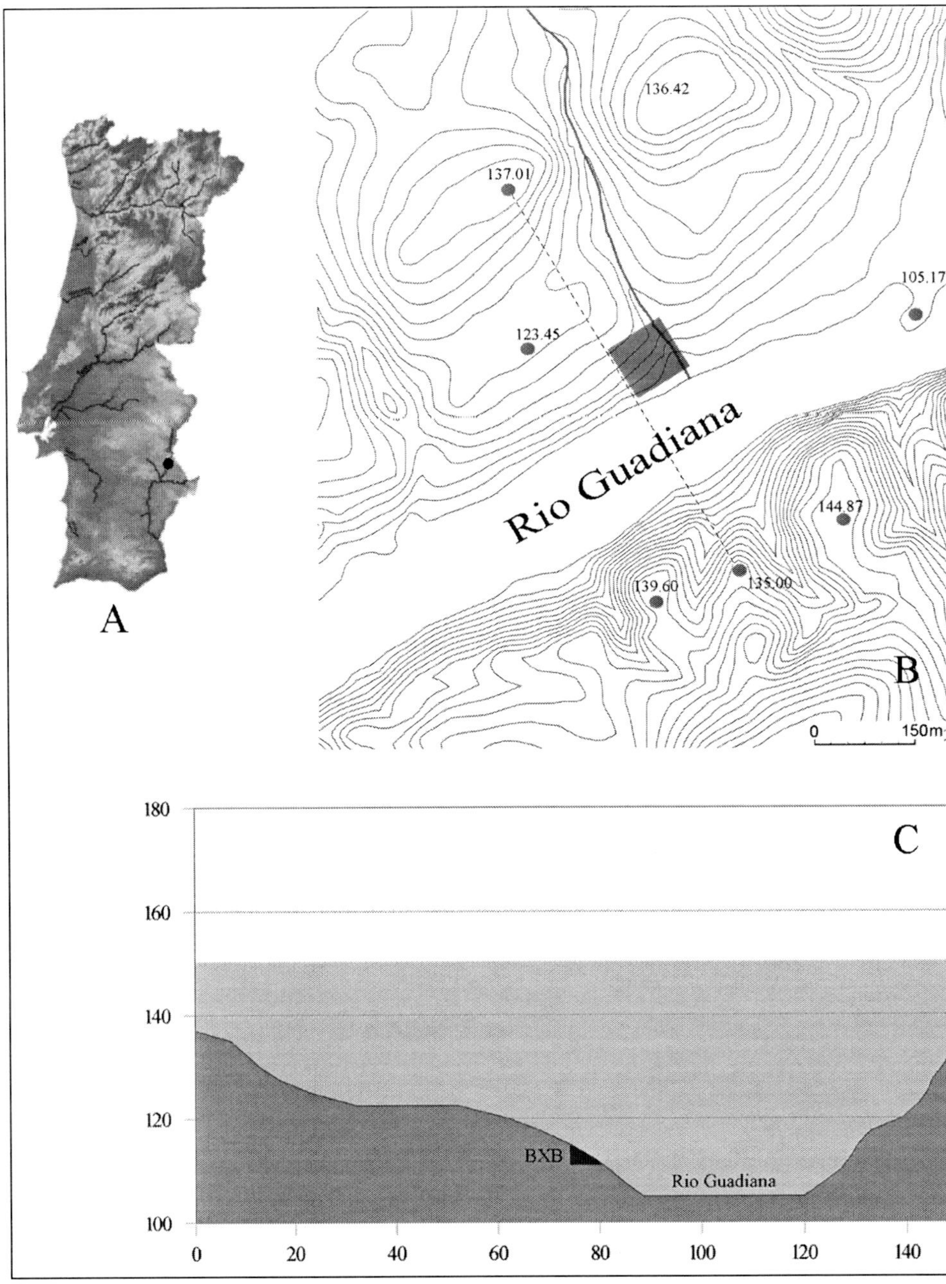

Fig. 8.1 – Localisation de Barca do Xerez de Baixo. À présent, le gisement se trouve sous l'eau, suite à la construction du barrage de l'Alqueva

LES REMONTAGES ET LA MISE AU POINT DU PROBLEME STRATIGRAPHIQUE

Le Secteur 1

Les fouilles du Secteur 1 ont mis au jour trois niveaux d'occupation (Fig. 8.3A).

La faible résolution stratigraphique existante entre ces trois unités posait des problèmes sur l'attribution, ou l'association, de certains objets dans chaque une des occupations documentées. Pour bien isoler les moments de cette diachronie et pour répondre à la question *quels sont les matériaux qui découlent de chaque occupation*, nous avons élaboré, dans une première phase *hors fouille*, des diagrammes illustrant la dispersion verticale de tous les vestiges coordonnés (nominale et par densité). Ce premier essai (Araújo et Almeida, 2007) a permis de bien définir la séparation entre l'occupation supérieure (SOS) et l'occupation moyenne (SOM) du Secteur 1. L'occupation la plus ancienne du point de vue strictement stratigraphique (SOI), représenté par un pavement brulé à morphologie rectangulaire, se trouvait pratiquement isolée, c'est-à-dire, sans d'autres matériaux associées.

Malgré l'évidence de la différentiation de ces trois unités stratigraphiques, qui se trouvaient séparées par de fins dépôts sédimentaires, un bruit de fond était néanmoins

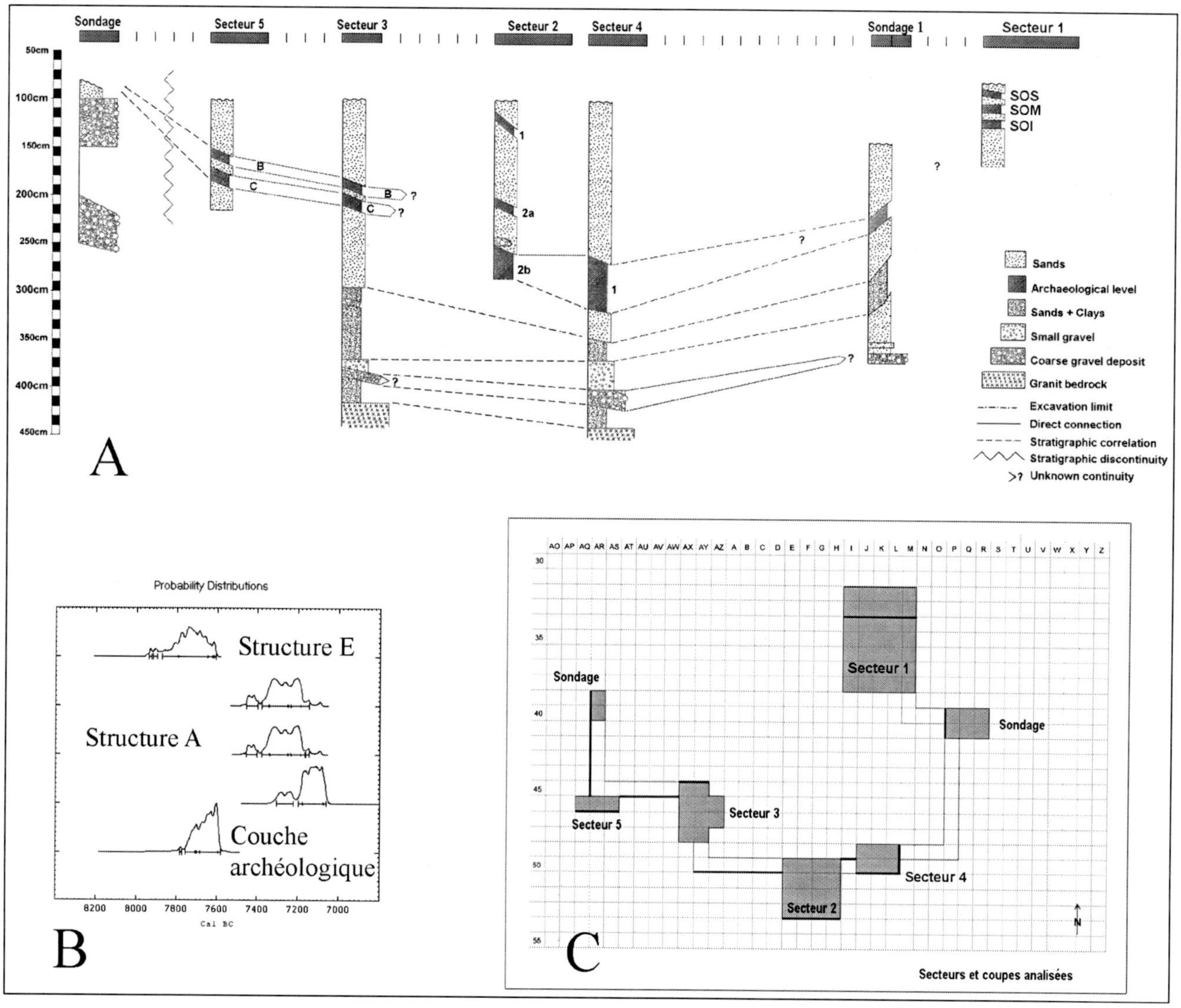

Fig. 8.2 – A. Essaie de corrélation stratigraphique entre Secteurs. B. Datations de radiocarbone sur des charbons de bois: Structure de combustion E: Secteur 5, 1ème couche archéologique (B); Structure de combustion A: Secteur 2, 2ème couche archéologique (2a); Couche archéologique: Sondage 1. C. Plan des secteurs fouillés

présent. Ainsi, dans une deuxième phase, nous avons pris en compte les remontages effectués dans le Secteur 1 pour analyser le comportement vertical des blocs remontés. L'approche a démontré, également, l'existence d'une nette séparation entre les dépôts archéologiques accumulés au cours de la SOS et de la SOM. En effet, sur 252 ensembles remontés dans le Secteur 1 (voir Tableau 8.1), il n'y a que 11 qui ne peuvent pas être rattachés avec certitude à l'une ou l'autre des occupations. La figure 8.3B montre la répartition verticale et spatiale des éléments compris dans le remontage QZI-001, une des multiples démarches effectuées dans ce processus de restitution de la cohérence stratigraphique du Secteur 1.

Le Secteur 4

Les travaux de fouille dans ce secteur ont mis en évidence un dépôt archéologique relativement épais, compris dans un paquet sédimentaire sableux avec des vestiges nets d'altération. Localisé plus proche du Guadiana, le Secteur 4 à plus souffert les effets de son régime hydrique. Malgré l'absence de structures de combustion bien définies, plusieurs roches thermo altérées ont été documentées, ainsi que des fragments de faune brulée. Les vestiges anthropiques étaient disséminés de façon apparemment aléatoire à l'intérieur du dépôt archéologique, à l'exception d'un petit ensemble d'objets taillés en quartz-hyalin qui se trouvaient vertical et spatialement circonscrits. L'utilisation de la méthode des remontages – parmi d'autres approches méthodologiques utilisées – sur l'ensemble de l'industrie lithique a permis de contredire cette idée, démontrant finalement l'existence d'un certain ordre à l'intérieur de ce dépôt archéologique (voire Fig. 8.4). Nous avons pu déterminer, avec une certaine certitude, l'existence de deux moments distincts d'accumulation de vestiges dans ce secteur, qui se trouvaient clairement superposés du point de vue stratigraphique.

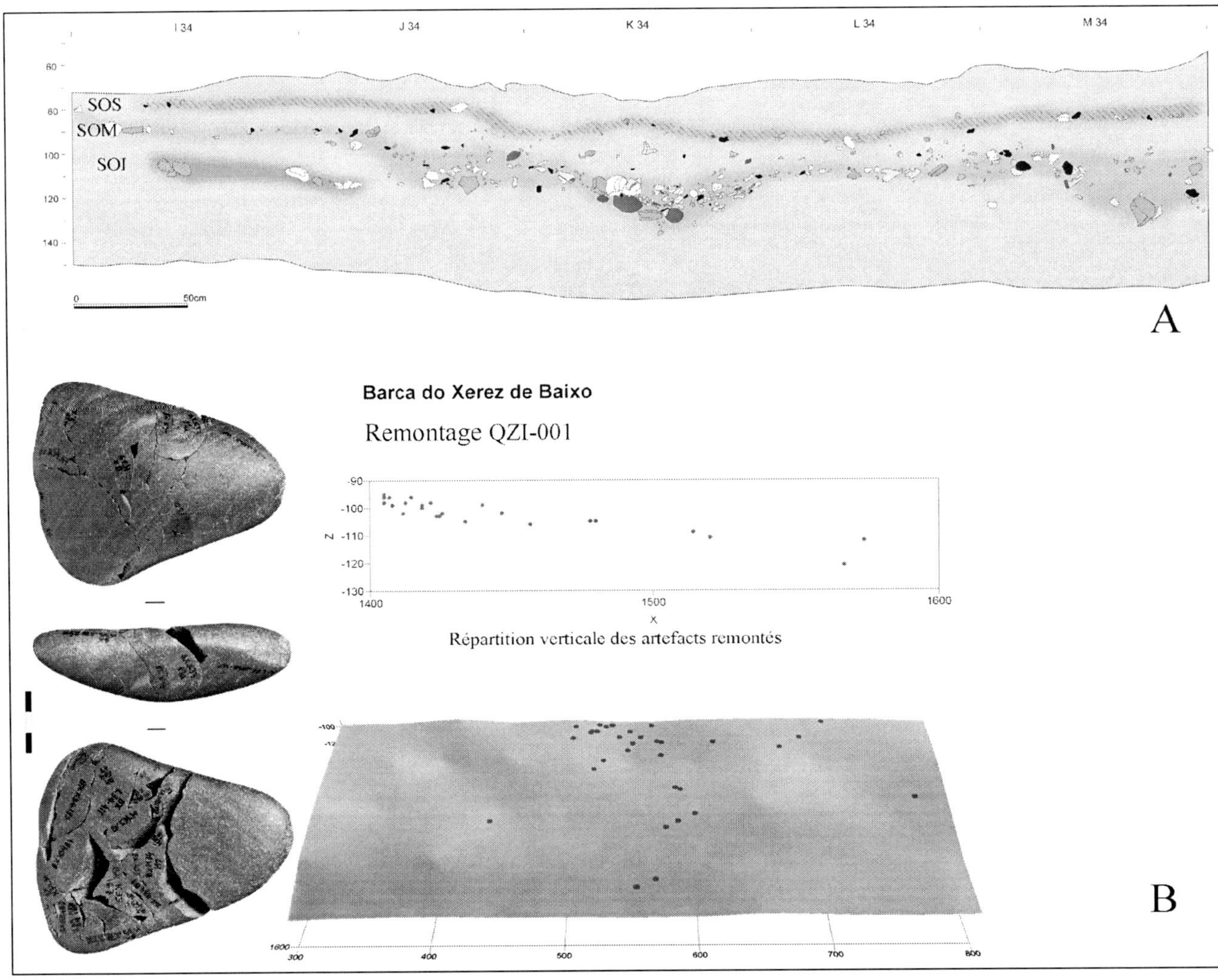

Fig. 8.3 – A. Profil Nord du Secteur 1. B. Remontage QZI-001 (SOS): répartition vertical et spatial des éléments remontés

Tab. 8.1 – Remontages vs Surface d'Occupation

Remontages *vs* Surface d'Occupation	**N**	**%**
Remontages dont la totalité des éléments ont été récupérés dans la SOS	97	38,5
Remontages dont la totalité des éléments ont été récupérés dans la SOM	117	46,4
Remontages dont la plupart des éléments ont été récupérés dans la SOS	6	2,4
Remontages dont la plupart des éléments ont été récupérés dans la SOM	21	8,3
Remontages dont les éléments ont été récupérés soit dans la SOS, soit dans la SOM	11	4,4
TOTAL	**252**	**100**

Cette étape de l'analyse taphonomique a permis de préciser les ensembles archéologiques les plus intègres pour reconstituer les comportements humains qui ont eu lieu dans ces deux Secteurs de Barca do Xerez de Baixo.

LES REMONTAGES ET LA RECONSTITUTION DE LA DYNAMIQUE DE L'ORGANISATION SPATIALE

Étant définis les paramètres de confiance, la deuxième étape de l'analyse a cherché à comprendre le comportement spatial des vestiges documentés dans chaque une des surfaces d'occupation identifiées dans les secteurs 1 et 4. Cette approche est devenue fondamentale dans le processus de connaissance de l'histoire du site, en tant qu'espace de production d'activités humaines.

Le Secteur 1: la SOS

L'aspect de la SOS lors des fouilles ne permettait pas d'en déduire un modèle d'organisation des vestiges. Ceux-ci se

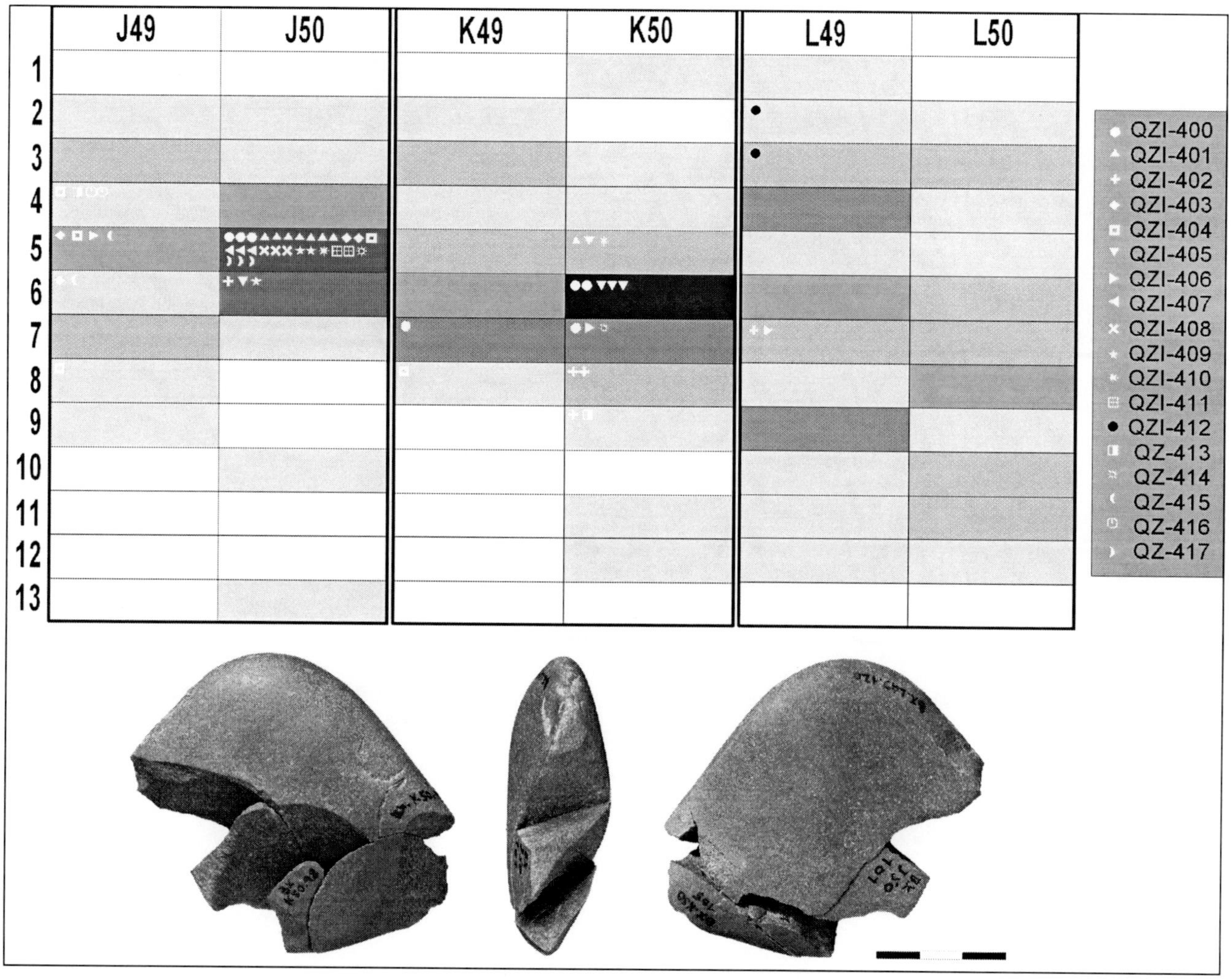

Fig. 8.4 – Secteur 4: répartition des blocs remontés par carré et niveau artificiel.
Ce plan contemple aussi la densité de représentation d'esquilles, dans une échelle de degrés de gris

trouvaient bien dispersés dans l'espace, présupposant que cette occupation avait souffert des altérations importantes postérieures à son abandon (Fig. 8.5A).

Une des premières questions posées par l'étude de ce contexte portait sur la caractérisation et la définition d'éventuelles structures domestiques, autour desquelles des aires d'activité spécifiques auraient pu être organisées. De nombreux fragments de thermoclastes et d'os brulés laissaient présupposer, en effet, la présence d'activités de combustion importantes pendant la période d'accumulation de la SOS. Malgré cela, aucune structure clairement définie n'a pas été documentée à l'intérieur de ce premier contexte d'occupation. Les remontages effectués sur de divers fragments thermo-altérées ont confirmé, d'ailleurs, une forte dispersion des éléments remontés, avec des liaisons qui dépassent les 2 mètres de distance (voire Fig. 8.5B). La faune, de son côté, n'échappe pas non plus à ce modèle comportemental.

L'espace occupée par la SOS semble avoir subi, ainsi, des altérations importantes dans les conditions originelles de dépôt des vestiges.

Néanmoins, lorsqu' on prend en considération la composante lithique taillée, le scénario change et ces dernières impressions s'estompent (Fig. 8.6A).

L'application de la méthode des remontages à permis d'individualiser un ensemble minimum de 111 blocs, exploités pour la production d'éclats et d'outils nucleiformes. L'analyse de la répartition spatiale des produits remontés montre, en flagrant contraste avec le modèle documenté pour les thermoclastes et les restes fauniques, l'existence d'aires de taille spécifiques et spatialement bien délimités. Comment interpréter cette dualité de comportements dans le registre archéologique? Evidement, l'explication doit tenir compte de l'ensemble des faits archéologiques documentés dans la SOS (voir Point 4).

Le Secteur 1: la SOM

La SOM semble être organisée au tour de plusieurs foyers; les vestiges, toutes les catégories comprises, se concentrent autour ou à l'intérieur de ces structures (Fig. 8.7).

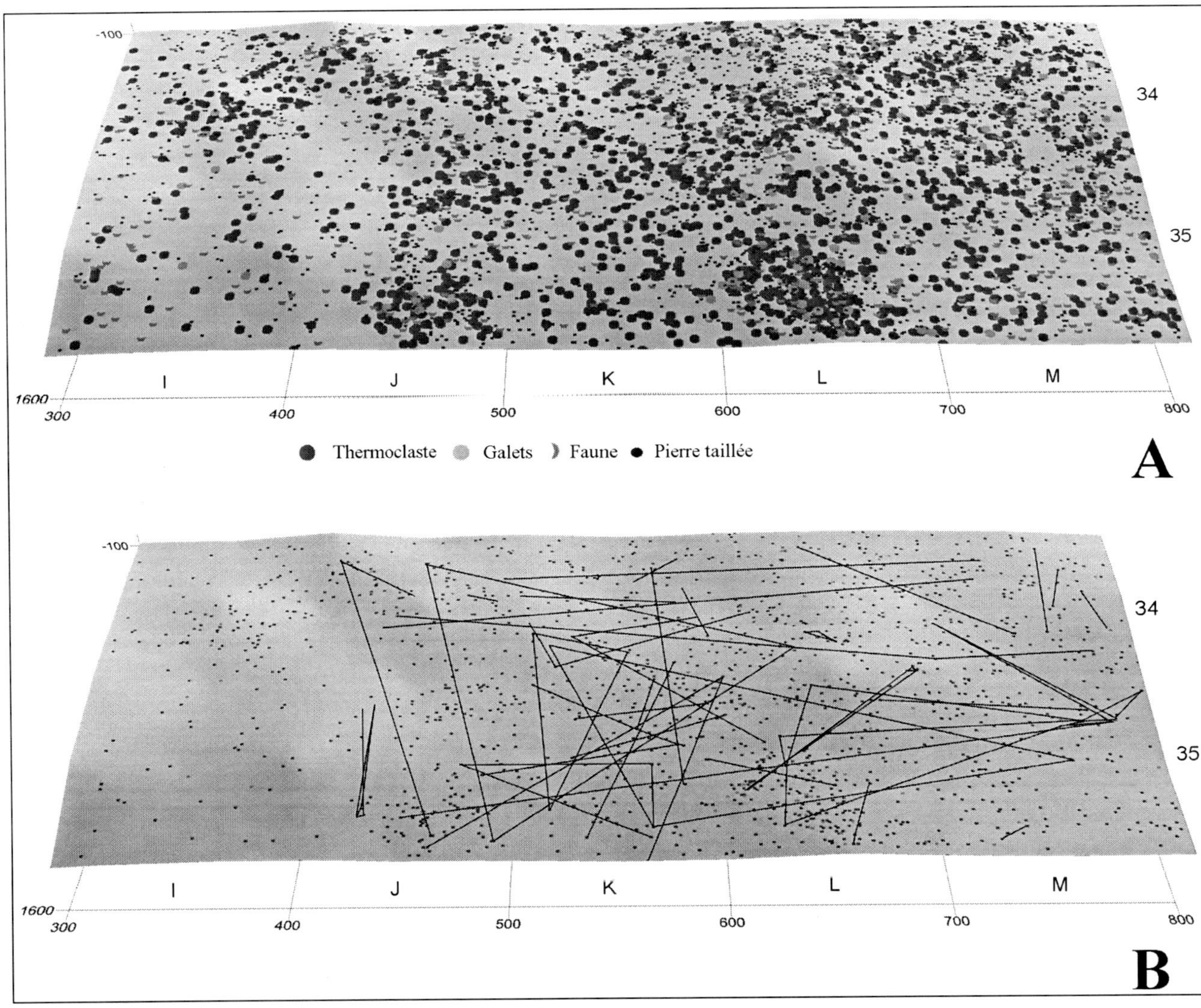

Fig. 8.5 – Secteur 1, SOS: A. répartition des vestiges;
B. répartition des thermoclastes et liaisons entre éléments remontés

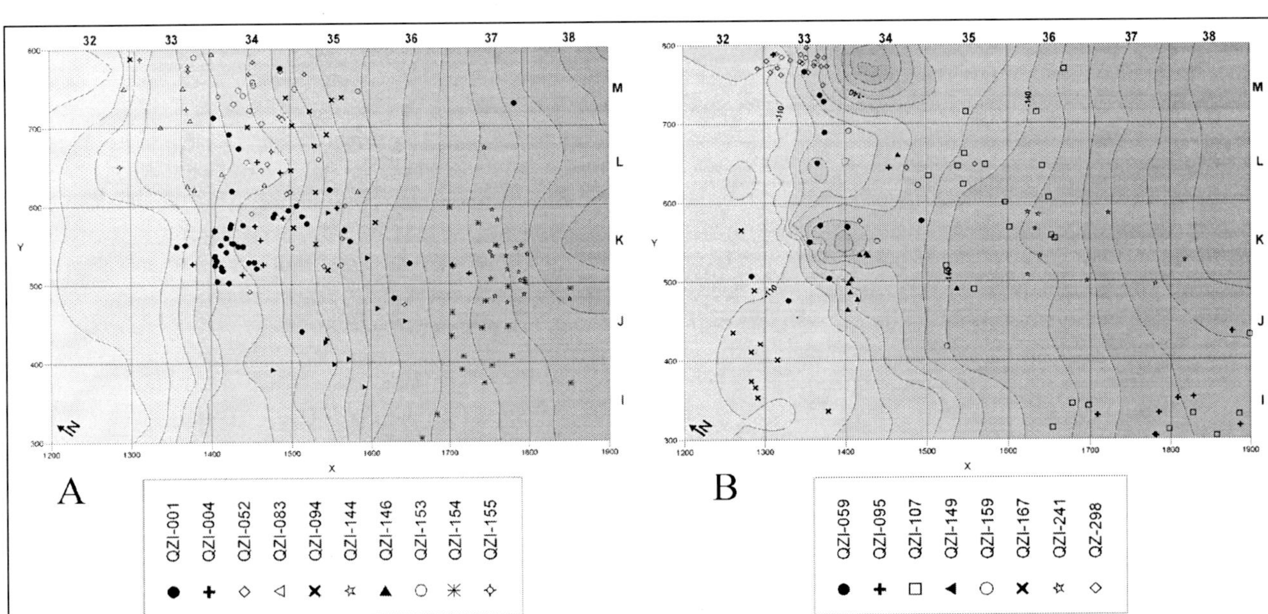

Fig. 8.6 – A. Secteur 1 (SOS): répartition de quelques des blocs remontés.
B. Secteur 1 (SOM): répartition de quelques blocs remontés

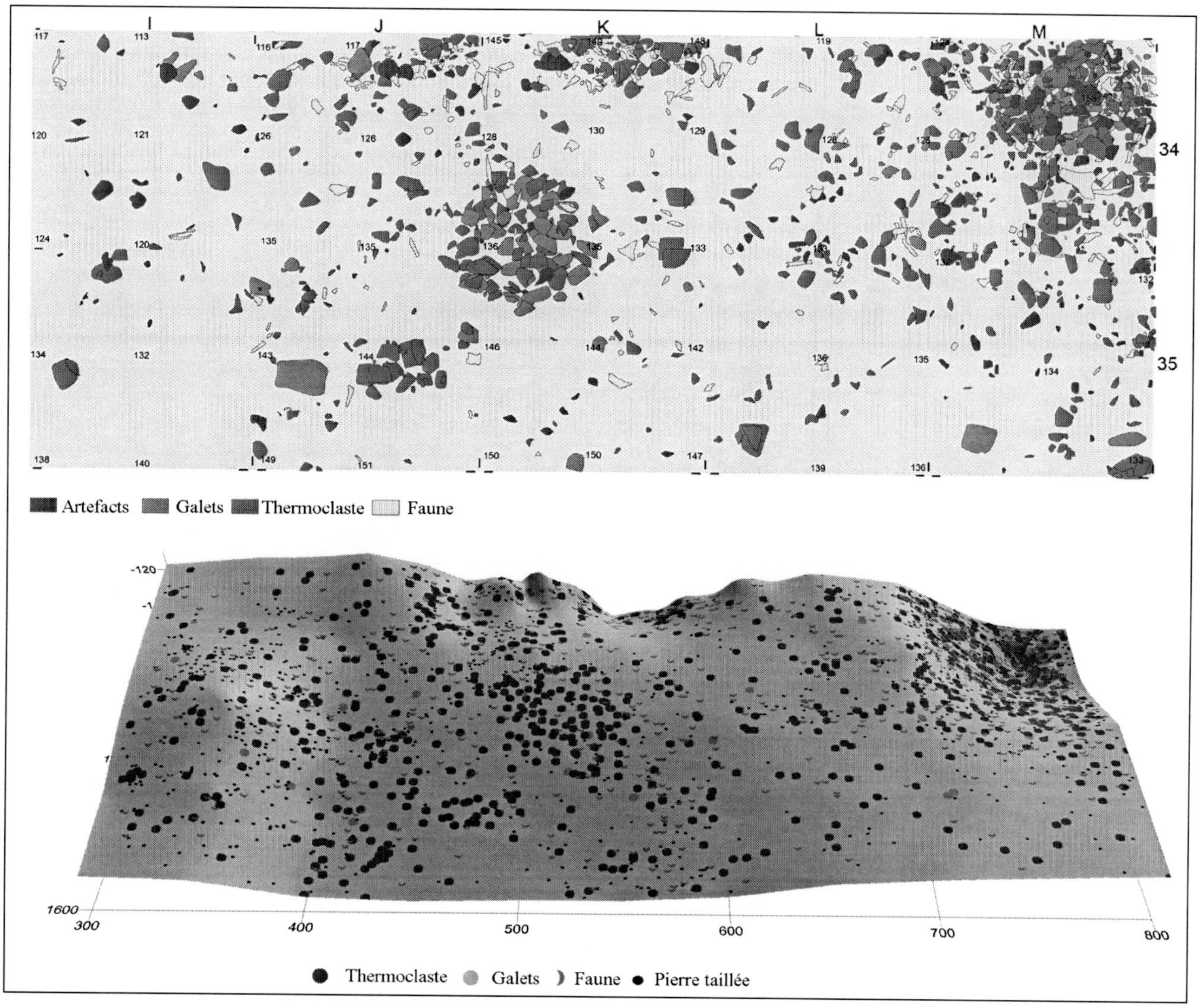

Fig. 8.7 – Secteur 1 (SOM): A. représentation, en plan, de la couche archéologique des carrés I-M/34-35 d'après les enlèvements de fouille. B. répartition des restes coordonnés sur base topographique

Malgré la perception immédiate de l'état de conservation exceptionnelle de ce contexte d'occupation lors des fouilles, l'application de la méthode des remontages a permis d'aller plus loin dans l'essai de caractérisation paléocomportementale de l'occupation (Fig. 8.6B).

L'approche était aussi indispensable pour la définition des échelles de conservation post-dépositionnelle des vestiges archéologiques – qui sont variables entre les différentes couches archéologiques, même si le contexte géomorphologique est semblable. Le Secteur 1 présente ainsi, en ne considérant pour l'instant que les deux derniers moments d'accumulation de vestiges (la SOS et la SOM), les trois situations suivantes:

1. la conservation d'activités liées à la production artisanale d'objets en pierre dans les deux surfaces d'occupation (SOS et SOM): présence d'aires de taille bien délimités dans l'espace;
2. la conservation dans la SOM d'autres activités humaines liées à l'organisation de l'habitat;
3. Perte apparente de la cohésion interne de certains comportements qui ont eu lieu au sein de la SOS.

Vis-à-vis de ce scénario, comment décrypter l'information afin de restituer l'ordre? À quoi ou à qui attribuer l'origine de cette organisation différentielle du registre archéologique? Est-ce cela du à des facteurs d'ordre naturel – telles que la présence d'une érosion différenciée, par exemple – ou bien, d'ordre anthropique suite à des activités déroulées dans le site?

Dans tous les cas, la réponse (voir Point 4) doit se fonder sur des données précises du registre archéologique, notamment celles qui offrent une fiabilité et un degré de confiance les plus élevés.

Le Secteur 4

Ce secteur révèle de traits particuliers que d'une certaine façon sont inédits: c'est le seul où des objets à caractéristiques microlithiques ont été découverts. Il s'agit d'un ensemble de petites lamelles fabriquées par percussion directe avec un percuteur dur, sur des nodules en quartz hyalin disponibles dans les formations granitiques locales. L'ensemble ce trouvait circonscrit aux niveaux 2 et 3, sur 8 cm d'épaisseur maximum. Des esquilles et des petits éclats résultants de cette stratégie de production lithique présentaient le même modèle de dispersion spatial et verticale. Les thermoclastes el les restes fauniques, très fragmentés d'ailleurs, ne montrent pas de modèle d'organisation. Immédiatement au-dessous, et sans qu'il y ait une discontinuité stratigraphique, un deuxième contexte d'accumulation anthropique a été documenté, avec une pente très prononcée vers l'este. L'analyse de la répartition spatiale des produits remontés montre l'existence des aires de taille préservée, alors que d'autres catégories de vestiges semblent avoir perdu leurs positions originelles. Le Secteur 4 présente ainsi, tel que le Secteur 1, la coexistence de comportements distincts en ce qui concerne l'organisation des vestiges.

LES REMONTAGES ET LA CONSTRUCTION DE MODÈLES ANTROPOLOGIQUES

Le contrôle des conditions d'enfouissement du registre archéologique constitue le premier pas dans le processus de restitution des activités humaines déroulées sur un site. L'application de la méthode de remontages – parmi d'autres méthodes d'analyse taphonomique utilisées dans l'étude de Barca do Xerez de Baixo – a été fondamentalle pour une meilleure définition des entités stratigraphiques et spatiales.

Vis-à-vis des questions précédemment posées, des pistes de réflexion et de travail sont possibles. C'est naturellement dans la variété des vestiges exhumés au sein des couches archéologiques que l'interprétation paléoethnographique doit se fonder.

L'interprétation de la SOS du Secteur 1

Compte tenue de l'ensemble des vestiges exhumés dans le dernier épisode d'occupation du Secteur 1 et de leur organisation relative à l'intérieur de l'habitat, il est possible que la SOS corresponde à une *aire d'activité spécialisée* (Binford, 1983). Les caractéristiques de la production lithique – en considérant les deux versants, technologie et typologie – suggèrent que la fabrication de supports se limitait, probablement, à un spectre restreint de fonctions. L'analyse tracéologique effectuée sur des artefacts recueillis dans cette couche supporte cette interprétation (Igreja, à paraître). Les restes fauniques, dominés par des nombreuses esquilles, se trouvent disséminées dans l'espace sans aucune cohérence apparente dans leur organisation relative, tel que les éléments thermoaltérés. L'explication pour ce type de comportement peut résider dans un autre événement registré par Binford: en prévoyant la réoccupation de l'endroit, les gents procèdent au nettoyage de l'habitat. À Barca do Xerez de Baixo les grands feux ont été nettoyés, les roches brulées dispersées, comme tout ce qui était à l'intérieur des structures de combustion. Ce fait expliquerait le contraste évident entre la préservation spatiale des aires de taille, d'un côté, et la dispersion apparente des thermoclastes et des restes fauniques, de l'autre. Les implications paléoanthropologiques d'un scénario de ce type sont nécessairement complexes. L'existence d'une *aire d'activité spécialisée* réclame un système complexe d'exploitation et d'organisation du territoire; Barca do Xerez de Baixo ne représente qu'une parcelle infime de ce système. Les comportements registrés à l'endroit démontrent un haut degré d'organisation du travail, dont la prévision des activités futures constitue une partie essentielle. Ironiquement, si le nettoyage de l'espace de l'habitat constitue, en effet, la dernière tâche déroulée au Secteur 1, le comportement le plus difficile à caractériser est finalement celui qui garde la plus grande signification du point de vue paléoanthropologique: les habitants de Barca do Xerez de Baixo prévoyaient leur retour au site...

L'interprétation de la SOM du Secteur 1

L'interprétation paléoethnographique de la SOM, surface d'occupation intermédiaire du Secteur 1, se centre dans les structures de combustion y documentées. La comparaison avec la SOS devient nécessairement pertinente et inévitable: la variété de vestiges est semblable entre les deux occupations et la culture matérielle ne présente pas de variations, ni dans les stratégies de production lithique et types représentés, ni dans les espèces fauniques chassées. La différence, donc, reste dans l'excellent état de préservation des structures de combustion de la SOM et de leur impacte dans l'organisation relative des vestiges. Il semble ainsi, que les deux occupations ont eu les mêmes buts fonctionnels et ont produit les mêmes types de restes.

L'analyse de la répartition spatiale des vestiges accumulés au cours de l'occupation de la SOM montre que la faune et les roches thermoaltérés ce concentrent, pour la plupart, à l'intérieur ou immédiatement autour des structures (les éléments immuables de l'espace de l'habitat), et les aires de taille dans leur environ. Ce type de comportement préfigure l'existence d'une forte complémentarité fonctionnelle entre les différentes catégories de vestiges, produites très vraisemblablement dans le cadre de la préparation et du traitement des carcasses des animaux chassés.

Compte tenue de l'ensemble des caractéristiques documentées à l'intérieur de la SOM, leur caractérisation fonctionnelle n'écarte pas l'interprétation suggérée pour la SOS, mais sans qu'il y ait eu l'impacte de l'épisode de nettoyage des feux et de leurs contenus.

L'interprétation du Secteur 4

Ce Secteur présente des affinités avec le Secteur 1 (SOS) lorsqu'on considère le type de vestiges qui y sont documentés et, d'une certaine façon, le même comportement dualiste de répartition des restes: les activités de taille ont gardé à peu près leur cohérence d'organisation (rappelez vous de l'épisode de fabrication d'un kit d'outils en quartz hyalin à caractère microlithique), tandis que les faunes et les roches thermoaltérés se présentaient répandues sans aucune ordre apparente. D'autre part, ces deux dernières catégories de vestiges détiennent certaines particularités: un état de conservation plus médiocre et un degré de fragmentation plus élevée. L'indice de succès de l'application de la méthode de remontages sur des éléments thermoaltérés est, de son côté, très bas. La quantité et la variété de vestiges documentés dans ce secteur lui confèrent une certaine autonomie et individualité de représentation; loin de constituer un simple appendice du Secteur 1 pour la réalisation des tâches très particulières et subsidiaires, le Secteur 4 montre, du moins pour le deuxième moment d'occupation, des activités de taille, de boucherie et de manipulation de feu (même si elles d'écoulent du même but fonctionnel).

L'interprétation paléoethnographique est, cependant, plus difficile à construire compte tenue de l'aire fouillé et de l'état de conservation des restes. Ce sont peut-être ces mêmes caractéristiques qui peuvent être explorées dans ce processus de production de connaissances. Jusqu'à quel point dérivent-elles d'activités humaines? La pratique d'échauffement de liquides pour l'extraction de la moelle des os peut occasionner un type de conservation et de distribution des restes archéologiques comme celui-ci documenté dans le Secteur 4. Les études fauniques ne sont pas conclusives sur ce point.

On ne peut pas évidement exclure la possibilité, réelle, de l'intervention d'autres facteurs, d'ordre naturel, dans l'état de conservation et d'organisation des restes, par opposition aux comportements d'origine anthropique. Leur interférence a été confirmée et évaluée pour tous les secteurs. Le Guadiana à inondé le site à plusieurs reprises, les stigmates y sont présents, et les eaux pluviales ont certainement joué un rôle important dans la formation des canaux d'érosion. Malgré cela, les facteurs naturels ne peuvent pas être les responsables de l'altération sélective du positionnement des restes à l'intérieur de chaque un des secteurs fouillés. Entre une origine naturelle et culturelle, nous retenons la deuxième, et cela grâce à la méthode des remontages.

Nous remercions à Marina de Araújo Igreja les corrections de la langue française apportées au texte.

Bibliographie

ARAÚJO, A.C.; ALMEIDA, F. (2007) – Inland Insights into the Macrolithic Puzzle: the case of Barca do Xerez de Baixo. *In* Bicho, N. and Thacker, P. eds. – *From the Mediterranean basin to the Portuguese Atlantic shore: Papers in Honour of Anthony Marks. Actas do IV Congresso de Arqueologia Peninsular.* Universidade do Algarve: Faro.

ARAÚJO, A.C. (à paraître) – Hunter-gatherers adaptations during the Pleistocene/Holocene transition in Portugal: data and explanatory models. *In Proceedings of the 7th International Conference on the Mesolithic in Europe.* Oxford: Oxbow Books.

ARAÚJO, A.C.; ALMEIDA, F. (à paraître) – Macrolithic industries of the Portuguese Mesolithic: a human adaptive response; *In Proceedings of the 7th International Conference on the Mesolithic in Europe.* Oxford: Oxbow Books.

BINFORD, L. (1983) – *In Pursuit of the Past. Decoding the Archaeological Record.* London: Thames and Hudson.

IGREJA, M.A. (à paraître) – Estudo traceológico: Vestígios de Uso resultantes da Função e do Modo de Funcionamento de artefactos líticos da Barca do Xerez de Baixo. *In* Araújo, A. C. e Almeida, F. eds. – *Barca do Xerez de Baixo, um invulgar testemunho das últimas comunidades de caçadores-recolectores do Alentejo Interior.* EDIA.

VALENTE, M.J. (à paraître) – Arqueozoologia da Barca do Xerez de Baixo. *In* Araújo, A. C. e Almeida, F. eds. – *Barca do Xerez de Baixo, um invulgar testemunho das últimas comunidades de caçadores-recolectores do Alentejo Interior.* EDIA.

LES STRUCTURES DE COMBUSTION DE L'ESSART (POITIERS, VIENNE, FRANCE): DES EPANDAGES DE PIERRES AU FONCTIONNEMENT D'UN HABITAT MESOLITHIQUE

Grégor MARCHAND
Université de Rennes 1, Laboratoire d'Anthropologie, Bât.24-25, Cs 74205. 35042 Rennes Cedex France.
gregor.marchand@univ-rennes1.fr

Sylvène MICHEL
Laurent QUESNEL
Farid SELLAMI
Institut National Agronomique. INA-PG, Labo des Sciences du Sol, 78850 Grignon. France

***Abstract**: The excavations between 2003 and 2005 at L'Essart (Poitiers) Final Mesolithic level yielded 39 hearths. A first mechanical decapage of 2000 m*^{2} *allowed for the definition of site's limits, all resulting from erosive factors. Bioturbation, hearth rebuilding, as well as a later Neolithic use of the site limits the palaeoethnographical interpretation of the Final Mesolithic occupations. Nevertheless, this excavation was important for the understanding of the economical networks and for the definition of some stylistical parameters of the lithic assemblages. Combined archaeological and geomorphological analyses allow us to identify problems and the data hierarchy of the context.*
***Keywords**: France, Final Mesolithic, Hearth*

***Résumé**: Fouillé de 2003 à 2005, le site de L'Essart à Poitiers a livré 39 structures de combustion dans un niveau daté du Mésolithique final par la typologie de l'outillage. Un décapage mécanique réalisé sur 2000 m*^{2} *a permis de mettre en évidence les limites du site, toutes d'origine érosive. La désagrégation des vestiges organiques, les reconstructions fréquentes des foyers puis enfin la réoccupation des lieux au Néolithique récent restreignent la compréhension des occupations préhistoriques. Cette opération apporte cependant des informations déterminantes pour qualifier les réseaux économiques ou certains caractères stylistiques inscrits dans les industries lithiques. La progression conjointe des réflexions archéologiques et géomorphologiques permet une plus stricte définition de ce que l'on est en droit d'attendre de tels contextes.*
***Mots-clés**: France, Mésolithique final, Structure de combustion*

De 2003 à 2005, les fouilles sur le site de l'Essart à Poitiers (Vienne, France) ont permis d'identifier de multiples structures de combustion dans un niveau attribué au Mésolithique final. Le site, menacé par une gravière, était préservé sur environ 2500 m^2 dans un niveau limoneux surmontant la grave (cailloutis alluviaux), sous un demi-mètre de limons récents. Nous avons pu en fouiller une bonne part, en ayant soin notamment d'en chercher toutes les limites, ce qui permet de discuter ici de l'extension de l'habitat préhistorique. Pour la première fois dans l'ouest de la France, il est possible d'aborder sur une vaste superficie un habitat de fond de vallée de cette période et de s'interroger sur sa place dans les réseaux économiques mésolithiques. Dans le cadre du thème de ce colloque, nous voudrions revenir sur la construction des connaissances sur ce site, tout au long de la phase de terrain puis de la laborieuse analyse spatiale en laboratoire. L'image que nous allons en restituer est étroitement dépendante de la prise en compte des phénomènes érosifs qui viennent à la fois préserver le site, le détruire en partie et transformer certaines informations. Quelques préhistoriens radicaux considèrent encore qu'il faut se débarrasser des sites à occupations multiples, nécessairement complexes, dès lors que l'on a décrété qu'ils étaient "mélangés". Certes la construction des référentiels chrono-stratigraphiques impose la seule prise en compte d'industries homogènes déposées en un temps "relativement" court. Mais comme en toutes choses, l'application à l'extrême de la notion de pureté est préjudiciable à l'entendement. En l'occurrence, une large gamme d'informations sur la société mésolithique est accessible dans ce contexte alluvial, des informations que l'on ne trouverait pas en abri-sous-roche. En associant la taphonomie aux études spatiales, il est possible de délimiter le champ des interprétations envisageables et de hiérarchiser les modèles de fonctionnement du site, du plus probable au plus hypothétique.

LES PARAMETRES TOPOGRAPHIQUES ET GEOMORPHOLOGIQUES INTERVENANT DANS LA PRESERVATION DE L'HABITAT PREHISTORIQUE

Le site de l'Essart est installé sur la plus basse terrasse de la rive gauche du Clain, au nord de Poitiers (Fig. 9.1: A et B). Son emplacement correspond à l'élargissement de la vallée après un parcours encaissé, notamment dans la ville de Poitiers; ce sont par essence des zones de traversée facilitée, car la rivière y est moins profonde. Les commodités de mouvement vers l'aval, l'accès aux matières premières sur les flancs de la vallée ou le potentiel

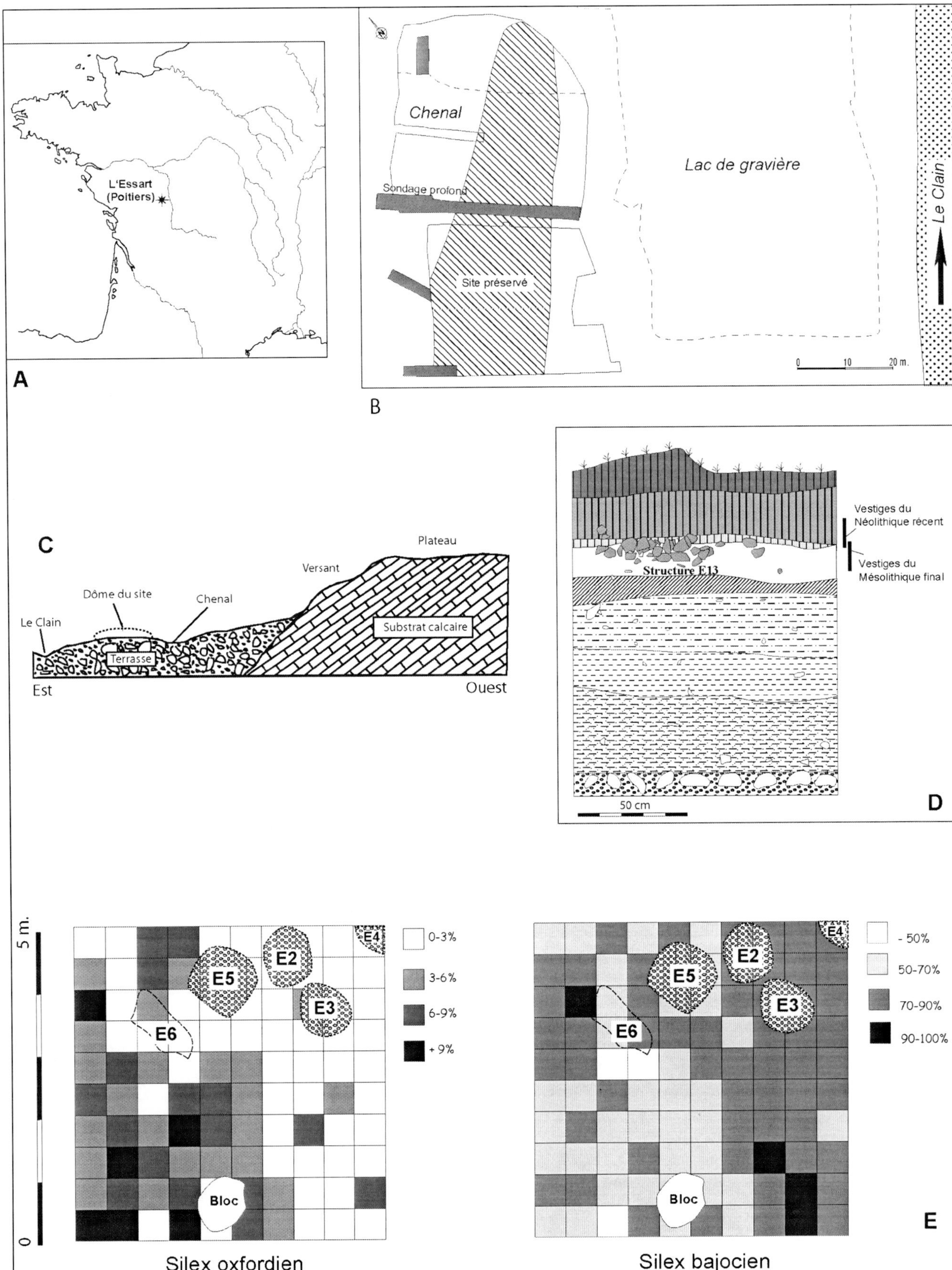

Fig. 9.1 – Cadre géographique, géomorphologique et stratigraphique de L'Essart (Poitiers, France). A: situation de L'Essart sur le territoire français; B: plan du site, avec indications du décapage et des tranchées profondes de sondage; C: coupe schématique de la vallée du Clain à hauteur de L'Essart; D: coupe à hauteur de la structure de combustion E13; E: plan de répartition des silex oxfordiens et bajociens dans le secteur J41 (Dessins: G. Marchand, S. Michel, L. Quesnel et F. Sellami)

halieutique sont d'autres paramètres à prendre en compte dans ce choix d'installation. Notons que la position de ce site en bord de cours d'eau entraîne une visibilité de type linéale à distance réduite, probablement entravée par un couvert végétal que l'on sait particulièrement marqué par les arbres à cette période.

La formation du substrat du site et son évolution ultérieure dépendent de plusieurs facteurs dynamiques au cours du Pléistocène et de l'Holocène. Ils sont engendrés par la vallée du Clain, son versant occidental et un vallon sec qui draine ce versant à hauteur du site (actuellement presque totalement dissimulé par les constructions). Le site actuel affecte une forme de butte allongée entouré à l'est par le Clain, à l'ouest par un chenal inondé lors des crues (Fig. 9.1: C). Cette topographie en dôme reste très peu marquée dans le paysage, puisque dans un axe longitudinal le dénivelé y est de 20 cm seulement, tandis que dans un axe transversal, la différence entre les bords et le sommet du dôme est comprise entre 20 et 40 cm. Nous parlons néanmoins, avec un sens certain de l'emphase, de dôme car cette géométrie du substrat est très structurante et qu'elle est directement responsable de l'évolution morpho-sédimentaire du site; mais pour un occupant préhistorique, il est probable que la perception de cette réalité devait être ténue. A l'issue de cette phase de dépôt des limons et des blocs, ce thalweg a alimenté un chenal dans la vallée du Clain, qui a canalisé les apports hydriques du versant et l'en a protégé. Ce chenal est également emprunté par le Clain en période d'inondation, transformant alors le dôme en île. Il est donc directement responsable de la préservation du site, la surface étant naturellement drainée. Il a aussi généré la formation d'une pente régulière en érodant localement les limons sur le site.

Les formations sédimentaires observées à L'Essart comprennent en partie basale une succession de nappes de graviers, surmontée de couches limoneuses et sableuses (Fig. 9.1: D). Epaisses d'environ 1 m, ces formations anciennes comportent par endroit des amas de blocs peu roulés issus de la désagrégation des calcaires bajociens du versant. Les plus massifs de ces blocs dépassent d'une vingtaine de centimètre la surface d'occupation mésolithique, ce qui a probablement conditionné l'installation des hommes, ne serait-ce que parce qu'ils peuvent servir de sièges naturels. Cependant la fouille n'a pas permis de valider ces intuitions et les structures de combustion ne semblent pas entretenir de liens avec ces blocs, si l'on excepte un foyer posé sur un bloc à peine affleurant le sol mésolithique et un autre accolé à un bloc dépassant d'une vingtaine de centimètre le sommet de ce niveau. Par ailleurs, le vallon sec du versant ouest de la vallée a favorisé des arrivées massives de blocs calcaires, suivant un axe orthogonal au dôme (Fig. 9.2, au milieu du site). On note également dans ces formations anciennes quelques passées de petits galets roulés de silex, plus rarement de roches plutoniques, ou encore des lits sableux, qui évoquent cette fois des apports alluviaux.

Les hommes du Mésolithique se sont installés sur une surface légèrement bombée, parsemée de quelques blocs calcaires, naturellement drainée et préservée des inondations Ces occupations sont principalement attribuables au stade final (6ème millénaire avant J.-C.), mais la présence de nombreux triangles scalènes étroits dans la moitié sud du site permet d'évoquer une éventuelle occupation antérieure, durant le stade moyen (8ème ou 7ème millénaire?). S'agit-il d'une superposition d'habitats ou d'un réel effet de transition? Eternelle question à laquelle le contexte sédimentaire ne permettra pas encore une fois de répondre! Une occupation du Néolithique récent, probablement du 4ème millénaire avant J.-C., est enregistrée immédiatement au dessus de celles du Mésolithique, dans une matrice de limon brun. Dans la mesure où l'analyse géomorphologique ne montre pas de troncature sédimentaire, il faut bien conclure que les dépôts de sédiments ont été extrêmement ténus pendant ces deux mille ans d'abandon du site. Cette superposition pose évidemment de multiples problèmes d'intrusions d'objets néolithiques, et réciproquement d'ailleurs au gré des creusements. Il y a quelques fosses et un possible angle d'habitation perçu en négatif par des alignements de pierres; mais il est difficile de comprendre la nature réelle de cet habitat néolithique. Par la suite, la forme biconvexe du dôme a favorisé la migration latérale de la matrice fine des divers dépôts sédimentaires. Il en résulte une accumulation préférentielle des limons sur les bas des pentes permettant ainsi le redressement de sa convexité. Les pentes en direction du chenal montrent bien cette érosion progressive, qui entraîne évidemment une limite de nos connaissances concernant les habitats préhistoriques de L'Essart. Les tranchées établies en bordure du chenal (à l'ouest) et les coupes disponibles de l'autre côté du dôme (au sud-est) montrent bien les phénomènes érosifs qui ont affecté les flancs. Le niveau archéologique est sur ces limites plus épais qu'au sommet du dôme et contient de nombreux vestiges lithiques et céramiques, toutes périodes confondues. En revanche, les pierres brûlées sont très rares au sein de cet ensemble colluvié, si l'on excepte les petits fragments, et elles semblent ne pas avoir été déplacées après l'abandon du site. Ces multiples informations stratigraphiques permettent de dessiner en plan une limite de préservation de l'habitat, étant entendu que même les zones "en place" ont subi une perte de limon et probablement une migration de certains éléments mobiliers fins. On peut estimer que l'habitat mésolithique était préservé sur environ 1100 m^2 (55 mètres de long sur 20 mètres de large) et qu'il se prolonge encore au sud de notre décapage, où sont installés d'actuels jardins ouvriers, emplacement qui n'est pour l'instant pas menacé par les aménagements. Les fouilles fines ont concerné 404 m^2, pour un décapage mécanique de 2013 m^2. L'ensemble de cette stratigraphie a été recouvert par des limons bruns déposés lors des crues, sur environ un demi-mètre d'épaisseur au sommet du dôme. A ce stade, la configuration initiale des lieux était presque gommée, le dépôt de limons ayant logiquement comblé les zones basses.

AMENAGEMENT PUIS ALTERATION DES STRUCTURES MESOLITHIQUES

Aménagement des structures de combustion

Sur la zone fouillée (sommet et flanc du dôme), le niveau mésolithique est épais de 0,08 à 0,12 m. Il intègre totalement les pierres des foyers, de la base au sommet, ce qui induit une évidente diachronie des occupations. Pour mémoire, nous rappelons que les vestiges néolithiques se trouvaient au sommet de ces foyers et surtout dans les 20 cm supérieurs. On observe 39 structures de combustion qui nous semblent être en place et 14 épandages de pierres brûlées qualifiés de vidanges (le reste comprend des empierrements et des agencements de pierres probablement naturels) (Fig. 9.2: A). Les premières sont des structures à blocs calcaires jointifs, dites parfois foyers à radier chauffant. Elles mesurent toutes environ un mètre de diamètre, avec une seule épaisseur de blocs, très rarement deux. Il n'y a pas de foyer à plat, ni de foyer à entourage de pierres, ni de foyer en fosse (dit four polynésien). Le sous-type "sole circulaire limitée" regroupe les foyers les plus spectaculaires, au nombre de trois. Les galets sont soigneusement assemblés et les limites de l'empierrement sont nettes. Cela évoque un assemblage de pierre contenu dans une fosse et non un foyer à plat. Mais lorsque ces structures ont été découvertes dans une berme, aucun creusement n'était perceptible dans les limons sus-jacents au niveau mésolithique. Doit-on conclure de cette absence qu'il s'agit aussi de structures à plat particulièrement bien conservées? Ou alors, un simple bourrelet de terre contenait-il ces soles de pierres? Le mystère reste entier.

Les blocs utilisés pour la réalisation des structures empierrées sont des calcaires bajociens mesurant 5 à 10 cm de long, et plus rarement des nodules de silex bajociens. Ils sont parfois fragmentés sur place, mais la récupération des plus volumineux pour la construction de nouveaux foyers est fort possible: c'est même l'explication la plus simple pour rendre compte de la dispersion aléatoire des fragments sur le reste du niveau. Ils ont tous été affectés par le feu et affichent une couleur grise uniforme, plus rarement rougeâtre. Les études micromorphologiques réalisées autour de l'empierrement E21 montrent un anneau de cendre immédiatement autour de la sole de pierre. Ces observations et nos expérimentations sur le site nous laissent penser que les matériaux brûlés étaient posés sur une sole de pierre et qu'à l'issue de la combustion, les cendres étaient balayées. La question est de savoir quel intervalle de temps sépare la combustion et le balayage; en d'autres termes, est-ce que la sole de pierre a servi de grill ou bien est-ce qu'elle servait simplement à séparer le combustible du sol tout en créant un volant d'inertie thermique? Il nous reste à chercher des traces de résidus organiques au sommet des pierres.

Altération des structures et du sol d'habitat mésolithique

L'érosion après l'abandon du site a eu pour effet sur tous les foyers une forte usure des arêtes de la partie supérieure des blocs, tandis que celles enfouies restent vives. Les traces de rubéfaction du sédiment sont absentes, empêchant la détection d'éventuels foyers à plat sans aménagements. Le sédiment brunâtre qui constitue la couche mésolithique et qui englobe les structures est très anthropisé, rempli de boulettes d'argiles cuites (mais sans réelle sole de foyer), de micro-charbons et – seulement visibles en lames minces – de cendres. La désagrégation de tous les vestiges organiques sur le site de L'Essart est à noter, puisque seulement quelques os à la surface vermiculée sous les effets de l'acidité du sol, des dents et des fragments de mandibule de bovins ont été découverts dans le niveau mésolithique. Un encroûtement carbonaté recouvre partiellement les vestiges lithiques; il est lié aux mouvements d'eau dans ces sols. L'analyse du fonctionnement des structures de combustion est donc largement entravée par ces modifications post-dépositionnelles.

Une autre caractéristique du site de L'Essart est la formidable dispersion des vestiges brûlés: en effet, la quasi totalité des pierres calcaires hors structures est très affectée par le feu (Fig 9.2: B). Notons par ailleurs que les cassons thermiques (pièces brûlées qui ne révèlent plus aucune des éventuelles traces de débitage qu'elles pouvaient présenter) représentent 61,8% des 154.524 pièces décomptées en décembre 2006. Autour d'un foyer (secteur H35) ou dans un secteur à nombreux foyers (secteur J41), ce taux est respectivement de 73% et 69,7%. Si on écarte ces fragments illisibles, l'industrie lithique brûlée est surabondante, en regard de ce que l'on connaît sur la plupart des habitats du Mésolithique, puisqu'elle atteint 58,6%. Cette observation est valable à divers endroits du site, dans des proportions peu variables. Deux interprétations sont possibles: soit un ou plusieurs incendies se sont déroulés après les occupations mésolithiques, soit cet impact du feu sur toute la surface est l'effet d'importants remaniements lors des occupations préhistoriques successives (mésolithiques et néolithique) qui auraient alors homogénéisé les traces. L'hypothèse de l'incendie ne peut être totalement écartée, mais nous ne connaissons pas d'étude de ses conséquences sur la fraction minérale d'un sol: à quelle profondeur les pierres sont-elles affectées? Et dans quelles proportions? Reste-t-il des pierres non brûlées après un incendie naturel? Il nous reste à réaliser de telles observations après un incendie en des contextes géologiques similaires. Quoi qu'il en soit, l'effet des remaniements des foyers par les hommes est également perceptible, même s'il faut rester prudent sur leur ampleur. De nombreuses structures de combustion ne sont plus circulaires mais en "pinces de crabes", ou sont réduites à de petits ensembles de pierres brûlées jointives qui évoquent des restes d'aménagements plus amples. Par ailleurs, de nombreux blocs constituant les foyers ont subi des chocs thermiques avant d'être abandonnés dans la dernière structure: ils ne remontaient pas avec leurs voisins et la réutili sation de ces pierres d'un foyer à l'autre paraît évidente. Il nous semble donc dès à présent qu'une chaîne logique de construction / dégradation unit les soles circu-

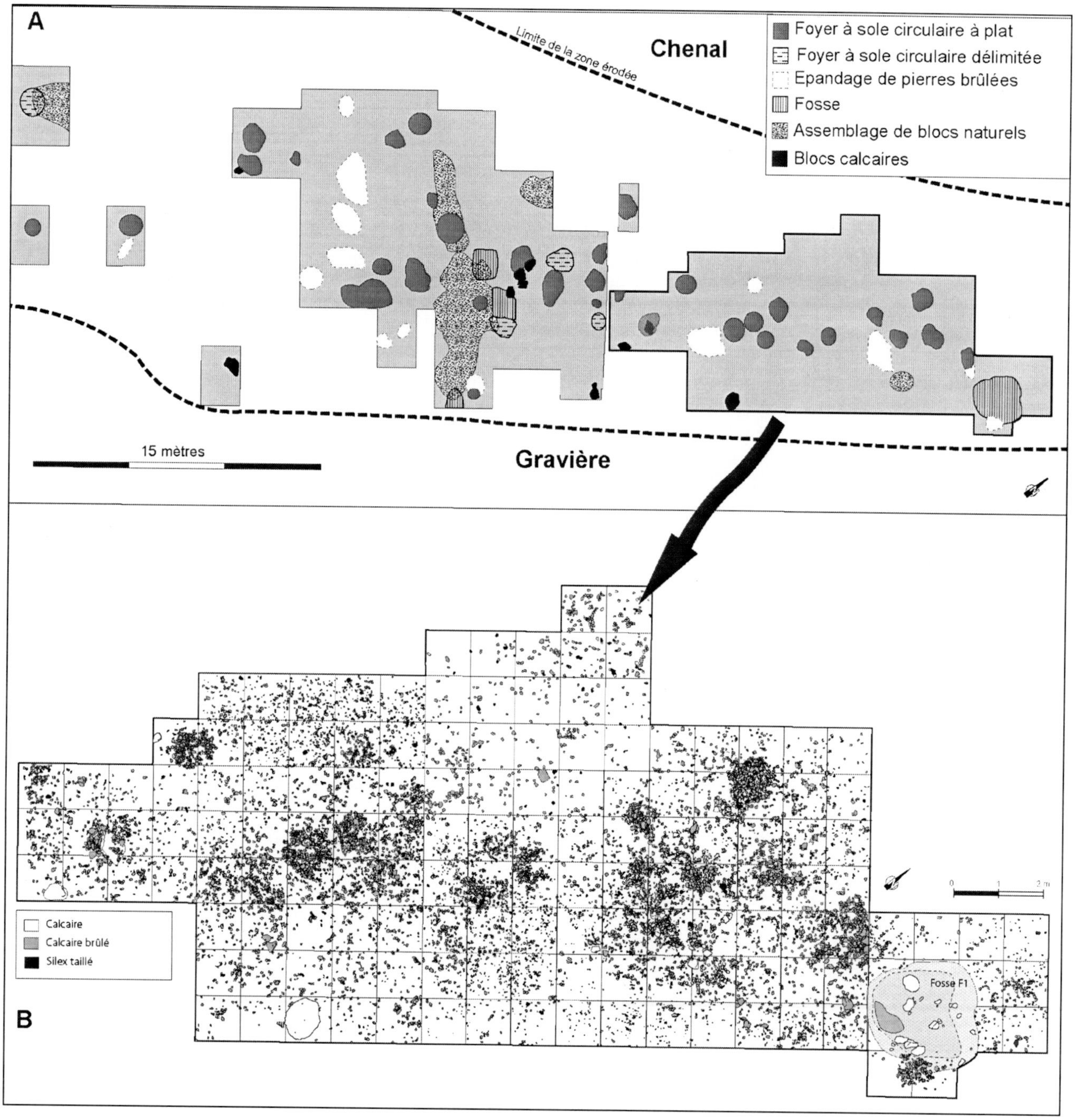

Fig. 9.2 – L'Essart (Poitiers, Vienne). A (en haut): Plan général des zones de fouille et des structures (DAO: G. Marchand). B: Plan des pierres brûlées et non-brûlées du niveau mésolithique (décapages 2 et 3). de la moitié nord du site (DAO: G. Marchand et L. Quesnel)

laires à plat, puis les épandages de pierres brûlées encore jointives et enfin les innombrables pierres brûlées isolées.

Après une éclipse apparente de deux mille ans, le site a été de nouveau occupé et le faible apport sédimentaire n'a pas pu protéger hermétiquement les vestiges mésolithiques. En dehors des creusements d'âge néolithique ou protohistorique, souvent repérables par leur remplissage argileux plus sombre, certains alignements de pierres brûlées évoquent une réorganisation des pierres au sein même du niveau mésolithique, que l'on ne doit pas nécessairement attribuée aux occupants du Mésolithique. En particulier, au sommet du dôme, là où les dépôts sédimentaires sont les plus minces entre les occupations mésolithiques et néolithiques à cause de l'érosion des particules fines, un angle d'habitation semble apparaître, à proximité de trous de poteaux. Un compactage des sédiments y a également été repéré, évoquant une zone de piétinement. Ceci nous amène à réfléchir sur ce niveau mésolithique par zones homogènes et non à le considérer comme un tout.

FONCTION ET FONCTIONNEMENT DES HABITATS DU MESOLITHIQUE DE L'ESSART

Dispersion des vestiges lithiques

Les analyses lithiques concernent désormais de nombreux secteurs (228 m^2 étudiés en décembre 2006). Les 154.524 pièces triées sont composées presque aux deux tiers de cassons thermiques. Le travail sur les chronologies relatives au sein d'un niveau épais de moins de 10 cm donne quelques résultats sur le secteur J41, avec la superposition partielle de trois foyers (Fig. 9.1: E; superposition E2, E5 et E 6). Ailleurs, ce travail est presque illusoire et bien évidemment l'impression de synchronie de toutes ces occupations ne peut être vérifiée. Cependant, les analyses précises menées sur les 18.583 pièces lithiques recueillies sur les 25 m^2 du secteur J41 ont été beaucoup plus fructueuses que nous ne l'imaginions lors de la fouille (Michel, 2005) (Fig. 9.1: E). Ce secteur, installé sur le flanc sud-est du dôme, était particulièrement riche en structures de combustion, regroupées dans sa partie nord (Fig. 9.1: E). A l'issue des études de répartition spatiale réalisées par quart de mètre carré et par décapage d'environ 5 cm, il est clair que les pièces ne sont pas éparpillées sur le secteur, mais nettement concentrées dans la zone des foyers. Ces éléments sont pour un tiers composés d'esquilles thermiques issues du fonctionnement de ces structures: le fait que ces pièces légères aient peu bougé donne bon espoir quant à la "fixation" des autres petits éléments, comme les armatures ou les lamelles, à l'endroit où ils ont été abandonnés. Il n'y a pas eu de grands balayages du site par les flots furieux du Clain, comme les lames-minces des sols l'avaient d'ailleurs montré. Les microburins, témoignant de la fabrication des armatures, jouxtent également de manière préférentielle les foyers. Les outils en revanche sont disséminés sur toute la surface, avec deux pôles de regroupement, les foyers et une aire sans structure empierrée au sud-est. Les nucleus se situent, à l'exception de deux petits agrégats, à proximité de concentrations de produits bruts. Alors que les silex bajociens se retrouvent surtout dans la moitié nord du secteur, les silex oxfordiens et turoniens ont une bonne représentation dans un quart sud-est (Fig. 9.1: E). Deux hypothèses peuvent être émises pour expliquer ces différences de dispersion de matières premières. L'hypothèse synchrone serait une éventuelle utilisation contemporaine des silex par des tailleurs différents, avec des zones dépotoirs distinctes. L'hypothèse diachronique insisterait sur des retours successifs des hommes, sans superposition stricte des zones d'activités: une aire de débitage du silex oxfordien précéderait/succéderait à une autre zone d'activité d'intensité différente mettant en œuvre d'autres matières premières.

Dans les secteurs déjà étudiés, la densité des pièces lithiques semble s'accroître immédiatement autour des foyers, qui apparaissent alors comme autant de zones nucléaires de l'habitat mésolithique. Cette observation est amplifiée de manière fallacieuse par la présence au sein même des foyers de blocs de silex bajocien qui ont éclatés au feu et dont les éléments viennent s'agglomérer à l'industrie lithique.

Fonction du site

L'analyse des chaînes opératoires d'acquisition et de production vient éclairer certains aspects techniques dans une région où le Mésolithique final était peu connu. Dans le secteur J41, qui paraît représentatif du reste du site, la densité de silex par mètre carré est très forte dans les 10 cm du niveau mésolithique: 740 pièces en moyenne avec de très fortes variations dues principalement à la proximité ou non de foyers, ou, en excluant les cassons thermiques, 246 pièces lithiques au mètre carré. Un premier examen du mobilier pourrait faire conclure à une présence de toutes les étapes du débitage, du bloc brut présent naturellement dans le substrat du dôme jusqu'aux fractions lamellaires, mais ce serait oublier la diachronie des occupations, débattue dans les paragraphes précédents. Ce type de site ne peut raisonnablement pas conduire à des réflexions sur les produits emportés ailleurs après débitage ou sur la réalisation de séquences de mise en forme en dehors de l'habitat.

En revanche, la proportion des outils est parfois un guide pour évaluer la nature de l'occupation, en partant du principe que les hommes du Mésolithique ont réalisé à chaque fois la même gamme d'activités et que la moyenne du nombre d'outils abandonnés est révélatrice de ces activités répétées. A partir de ce postulat, l'un d'entre nous a pu montrer que les amas coquilliers du littoral de la Bretagne avaient une proportion significativement plus faible d'armatures et de produits lamellaires que les stations de sommet de falaise (Marchand, 2000). Les premiers sites résulteraient d'occupations davantage pérennes si l'on en juge par les périodes de chasse et pêche (Dupont et Gruet, 2005; Tresset, 2005) ou encore par l'importance des aménagements massifs de sépultures. Les stations de sommet de falaise seraient à l'inverse des stations logistiques, où la réfection des armes prendrait une plus grande importance. Les remaniements du niveau mésolithique de L'Essart rendent la quantification assez délicate, d'autant que le tamisage partiel des sédiments minore la proportion d'armatures. Les armatures de L'Essart représentent 30,5% des outils aménagés (en excluant donc les outils *a posteriori*), ce qui est bien inférieur aux 50% des niveaux coquilliers de Bretagne et aux 75% de la station de La Gilardière à Pornic. Mais il conviendrait plutôt de comparer ces chiffres à ceux obtenus sur des sites proches occupés par des hommes possédant un bagage technique semblable, puisqu'il nous semble que la proportion des outils impliqués dans une même activité (chasser, pêcher, traiter des peaux) est différente suivant les traditions des communautés. Rappelons d'ailleurs que J.-G. Rozoy a utilisé ce paramètre comme caractère discriminant entre les entités stylistiques qu'il a créé (par exemple entre l'Ardennien et le Tardenoisien), sans s'orienter vers des interprétations fonctionnelles, mais plutôt en en faisant une "manie" (Rozoy,

1978; 1990). Il n'est pas possible ici de trancher dans un débat sur la signification fonctionnelle ou culturelle d'un taux d'armatures; ce type de réflexion devrait faire intervenir d'autres signaux (étude fonctionnelle des outils, nature de la faune chassée). Par ailleurs, nous sommes bien en peine d'effectuer des comparaisons à proximité de L'Essart. Seul l'Abri-des-Rocs à Bellefonds (Vienne) a livré une occupation de la fin du Mésolithique (Patte, 1971), à vingt kilomètres à l'est, mais les travaux récents de R. Joussaume ont bien montré que les mélanges sont importants avec un Néolithique moyen et rendent difficile toute quantification de l'outillage (Genaco, 1998).

Si l'on décide de franchir une étape supplémentaire dans l'interprétation de la fonction de ce site, en passant outre les considérations multiples détaillées plus haut, il faut peut-être voir dans L'Essart un site à fonction spécifique, encore non documenté dans le Mésolithique de l'ouest de la France. Certes les hommes du Mésolithique ont réalisé à L'Essart leurs activités "habituelles", telle que l'on peut en juger par les outils répandus et qui sont "classiques" dans tous les sites du Mésolithique. Mais la présence d'autant de foyers et de pierres brûlées, comme la part relativement minime des armatures, nous orienterait vers une prépondérance d'autres activités liées au feu: fumage du poisson ou du gibier, pourquoi pas crémation funéraire ou cérémonies religieuses, vastes réunions annuelles, etc... Cette notion zone d'activités orientées, plutôt que de zone d'activité spécifique, avait déjà été proposée lors de l'étude du site azilien des Chaloignes (Mozé-sur-Louet; Maine-et-Loire) (Marchand *et al.*, 2004). Les vestiges lithiques se regroupaient en une dizaine de locus, sans aucun aménagement massif du lieu de vie (pas de foyers en durs), témoignant de séjours courts et répétés, mais rarement superposés. Il n'en va pas de même à L'Essart, puisque le dôme a visiblement attiré longtemps des gens qui ont souvent manipulé des blocs calcaires et ont laissé des volumes d'outils taillés assez conséquents. Mais l'image reste la même, celle d'une organisation économique peu segmentée dans l'espace, où les groupes réalisent au quotidien un même panel d'activités, avec des orientations suivant la saison et les ressources disponibles.

L'intégration de ce site dans un plus vaste réseau reste uniquement conjecturale... en l'absence d'autres sites hormis l'Abri-des-Rocs à Bellefonds. La recherche de l'origine des matières premières taillées donne cependant une échelle aux déplacements humains. Ces travaux permettent en outre de s'affranchir des problèmes taphonomiques: seuls sont pris en compte dans les proportions de matière les pièces de style mésolithique, lames, nucleus et armatures. Les tailleurs de L'Essart ont fait d'abord appel à un silex bajocien, qui représente 62% des éléments décomptés (dans le secteur J41). Les blocs se trouvent directement dans les colluvions anciennes qui constituent pour partie le substrat de leur habitat, mais aussi sur les versants de la vallée. Nettement moins représentées, les matières de meilleure qualité semblent également s'insérer dans un réseau d'acquisition d'ampleur locale à régionale, ne dépassant pas un territoire d'une soixantaine de kilomètres de rayon.

PRESERVATION *VERSUS* EROSION: LE GAGNANT EST...

Si l'on revient au thème de ce colloque, et aux éléments qui peuvent nourrir la discussion, il faut retenir plusieurs points de cette présentation:

- Les limites perçues aujourd'hui sur le site de L'Essart sont de nature érosive.
- L'aspect uniforme des épandages de pierres et l'homogénéité apparente des structures de combustion, qui frappait tous les visiteurs de ce site, dissimulent des intrusions néolithiques et protohistoriques.
- L'organisation spatiale des vestiges mésolithiques est partiellement préservée. Elle n'autorise pas à saisir les rythmes d'occupation, mais une périodisation grossière reste peut-être possible.

Au fil de ce texte, nous avons dégagé quatre axes de recherches à explorer ou en cours d'exploration, qui devraient éclairer davantage ces niveaux mésolithiques trop "minéraux":

- analyse d'une possible fraction organique piégée lors de la dilatation des pierres de foyer, afin d'appréhender la fonction des structures de combustion et par extension la fonction de ce site,
- observation des sols à l'issue d'incendies actuels, pour comprendre leurs impacts sur la fraction minérale,
- étude totale de la dispersion des industries lithiques, en lien notamment avec les structures de combustion,
- étude tracéologique des outils, dans le but de saisir la nature des activités réalisées sur ce site.

Mais d'ores et déjà, on peut définir les grandes gammes d'informations, sans jamais prétendre aller au-delà de ce que nos multiples observations nous permettent de faire (tableau 9.1).

Il existait jadis une époque où l'archéologue s'accrochait de manière névrotique à la pureté de son site: toute remise en cause de l'homogénéité d'un niveau équivalait à une critique personnelle de l'auteur des découvertes, qui n'avait pas su choisir son terrain d'étude, ni le fouiller correctement. En ces temps éloignés auxquels nous faisons référence, le site archéologique était un élément majeur pour s'insérer dans toute discussion scientifique et par là même gagner considération et statut social. Le changement de perspective nous semble lié au développement de l'archéologie préventive qui a permis une accumulation de données et donc une minoration du rôle d'un seul site dans les modèles, au décloisonnement des archéologues et au développement de la géomorphologie appliquée à l'archéologie. Si l'on s'en tient à l'Ouest de la France, notre zone d'étude aujourd'hui, l'absence de prise en compte des paramètres érosifs et du mauvais enregistrement sédimentaire a conduit dans les années 1970 et 1980 à créer des groupes culturels sur des bases

Tab. 9.1 – Possibilités d'analyse offertes par le site de L'Essart à Poitiers

Observation	Thème de recherche alimenté
Un grand site de bord de rivière dévolu à des activités de combustion intense	- Définition d'un nouveau type d'habitat
	- Fonctionnement du réseau économique mésolithique en Centre-Ouest de la France
La chaîne opératoire d'acquisition	- Territoire quotidien parcouru par les hommes
	- Liens avec des espaces plus éloignés
La chaîne opératoire de production	- Fonction du site dans un large réseau
	- Fonctionnement du site (organisation spatiale de l'habitat, diachronie *versus* synchronie)
	- Définition de caractères et de logiques techniques susceptibles d'éclairer les identités préhistoriques
La chaîne opératoire de consommation	- Fonctionnement du site
	- Logique technique (et retour sur les objectifs de la production)
La typologie des outillages	Définition de caractères typologiques susceptibles d'éclairer les identités préhistoriques

franchement vacillantes (Roucadourien, divers Néolithique ancien de Basse-Loire, Cardial Atlantique, ...). Dans la mesure où les preuves stratigraphiques n'étaient jamais fournies, les débats se sont principalement centrés sur le volet interprétatif, avec l'idée qu'il ne fallait pas rejeter l'originalité des groupes de l'Ouest. Les études actuelles tendent plutôt à une interrogation sur les sources des modèles et sur une évaluation précise des données sédimentaires. L'association des méthodes de l'archéologue et du géomorphologue autorise une vision plus contrastée des données. Il n'est pas sûr que cette approche visant à la modération et la critique des sources permette de faire chatoyer davantage les résultats aux yeux du grand public; bien au contraire, les questions se multiplient, de même que les limites interprétatives, conduisant à une certaine sécheresse à l'issue d'un long travail d'analyse spatiale. Il est à craindre que ce labeur ne reste la "boîte noire" de l'archéologue, celle qu'il ne pourra jamais ouvrir sans provoquer les bâillements d'ennuis de ses auditeurs. Nous voulons croire pourtant qu'elle est la poutre maîtresse de notre travail.

Bibliographie

DUPONT, C., GRUET, Y. (2005) – Malacofaune et crustacés marins des amas coquilliers mésolithiques de Beg-an-Dorchenn (Plomeur, Finistère) et de Beg-er-Vil (Quiberon, Morbihan). In: MARCHAND, G., TRESSET, A., (ed.). – *Unité et diversité des processus de néolithisation sur la façade atlantique de l'Europe (6e-4e millénaires avant J.-C.* p. 139-161). (Mémoire de la Société Préhistorique Française, 36).

GENACO (1998) – Le Néolithique ancien dans le Centre-Ouest de la France. In: GUTHERZ X., JOUSSAUME R. (dir.) – *Le Néolithique du Centre-Ouest de la France*. Poitiers, p. 67-95. Actes du XXI ème colloque inter-régional sur le Néolithique.

MARCHAND, G. (2000) – Facteurs de variabilité des systèmes techniques lithiques au Mésolithique récent et final dans l'ouest de la France. In: CROTTI P. (dir.) – *Meso'97. Table-ronde sur l'Epipaléolithique et le Mésolithique. Lausanne, novembre 1997.* p. 37-48.

MARCHAND, G., BLANCHET, S., CHEVALIER, G., GALLAIS, J.-Y., LE GOFFIC, M., NAUDINOT, N. et YVEN, E. (2004) – La fin du Tardiglaciaire sur le Massif armoricain: territoires et cultures matérielles, *Paléo.* n°16, p. 137-170.

MICHEL S. (2005) – *Le Mésolithique final de L'Essart (Poitiers): apport de l'étude du matériel lithique d'un secteur (J41).* Mémoire de Master 1, Université de Rennes II, 172 p.

PATTE, E. (1971) – Quelques sépultures du Poitou, du Mésolithique au Bronze moyen, *Gallia-Préhistoire.* Tome XIV, n°1, p. 139-244.

ROZOY, J.-G. (1978) – Les derniers chasseurs. L'Epipaléolithique en France et en Belgique. *Bulletin de la Société Archéologique Champenoise*, n° spécial juin 1978, 3 tomes.

ROZOY, J.-G. (1990) – La Roche-à-Fépin et la limite entre l'Ardennien et le Tardenoisien. In VERMEERSCH P.-M., VAN PEER P. (éd.): *Contributions to the mesolithic in Europe, the Mesolithic in Europe, International symposium 5*. Leuven: Université Press, vol 5, p. 413-422

TRESSET, A. (2005) – L'avifaune des sites mésolithiques et néolithiques de Bretagne (5500-2500 av. J.-C.): implications ethnologiques et biogéographiques. *Revue de Paléobiologie*. Genève. 10, p. 83-94. (Hommages à Louis Chaix).

LE "BAGAGE" DES MAGDALÉNIENS: INDICES D'ARRIVÉES ET DE DÉPARTS A PARTIR DU MATERIEL EN SILEX DES CAMPEMENTS DE MONRUZ ET CHAMPREVEYRES (SUISSE)

Marie-Isabelle CATTIN

Office et Musée d'Archéologie de Neuchâtel, Laténium, Espace Paul Vouga, CH-2068 Hauterive, Suisse, marieisabelle.cattin@ne.ch

***Abstract**: Located at the shore of the Lake Neuchâtel (Switzerland), the Neuchâtel-Monruz and Hauterive-Champréveyres camps are particularly known by the introduction and employment of diverse non local raw materials and by the exploitation of a bad quality local chert. This raw material diversity presents clear advantages for the sites' study, since economic behaviours and lithic sourcing strategies can be deducted by the distance to the known raw material sources. With the parallel study of refitting data, it becomes possible to evaluate in which form did the different raw materials arrive to the sites.*

At a smaller scale, the location of each element inside the camps provides arguments for the establishment of an internal chronology. The superposition of activities, together with the degree of perturbation of some of the debitage clusters give insights into possible durations of each occupation.

If the relations between each event remain difficult to establish, the correlation of spatial, technological and economical data can still provide a dynamic image of both sites.

***Keywords**: Magdalenian, Switzerland, Span of Occupation, Circulation, Raw Material Economy and Sourcing, Mobility*

***Résumé**: Localisés au pied de la chaîne du Jura central au bord du lac de Neuchâtel (Suisse), les campements de Neuchâtel-Monruz et Hauterive-Champréveyres se distinguent, entre autres, par l'introduction et l'emploi d'une grande variété de matières d'origines lointaines et l'exploitation d'un silex local de médiocre qualité. Cette diversité des matériaux constitue un avantage indéniable pour l'étude, car des comportements et des stratégies d'approvisionnement peuvent être déduits en fonction des origines et de la distance. Ainsi, l'étude techno-économique de même que les remontages permettent d'observer sous quelles formes arrivent les matières et les nucléus.*

A une échelle plus réduite, la localisation de ces éléments dans le campement fournissent des arguments pour établir une chronologie interne. Des idées de la durée d'occupation sont suggérées notamment par la superposition des activités et le degré de perturbation des amas de débitage. L'introduction d'une matière ou d'un outil, l'emport d'un nucléus prêt à être débité signalent des moments de la vie du campement tels l'arrivée ou le départ du groupe. Mais s'il reste difficile d'organiser ces événements entre eux, la corrélation des données spatiales, technologiques et économiques apportent une image dynamique de ces sites, où l'espace s'anime.

***Mots-clés**: Magdalénien, Suisse, durée du séjour, approvisionnement, circulation, économie des matières premières, mobilité*

***Resumo**: Localizados no sopé da cadeia do Jura Central, nas margens do lago Neuchâtel (Suiça), os acampamentos de Neuchâtel-Monruz e de Hauterive-Champréveyres distinguem-se, entre outros, pela introdução do emprego de uma grande variedade de matérias primas de origem alóctone e pela exploração de um sílex local de qualidade medíocre. Esta diversidade de materiais constitui certamente uma vantagem para o estudo, já que os comportamentos e as estratégias de aprovisionamento podem ser aferidas em função das origens e da distância. Assim, o estudo técno-económico e as remontagens permitem observar as modalidades de chegada das matérias-primas e dos núcleos. A uma escala mais reduzida, a localização destes elementos no acampamento fornece argumentos para o estabelecimento de uma cronologia interna. Hipóteses sobre a duração da ocupação são aqui sugeridas, nomeadamente, a partir da sobreposição de actividades e pelo grau de perturbação dos restos de debitagem. A introdução de uma matéria-prima ou de um utensílio, ou a saída de um núcleo prestes a ser debitado, assinalam momentos da vida do acampamento tais como a chegada ou a partida de um grupo. Mas se a organização interna destes acontecimentos é uma tarefa difícil, a correlação dos dados espaciais, tecnológicos e económicos dão uma imagem dinâmica destes sítios, onde o espaço se anima.*

***Palavras-chave**: Magdalenense, Suiça, duração da estadia, aprovisionamento, circulação, economia das matérias-primas, mobilidade*

Localisés au pied de la chaîne du Jura central, au bord du lac de Neuchâtel (Suisse), les campements de Neuchâtel-Monruz et d'Hauterive-Champréveyres se distinguent, entre autres, par l'introduction et l'emploi d'une grande variété de matières premières siliceuses d'origines lointaines parallèlement à l'exploitation d'un silex local de médiocre qualité (Cattin 2002; Bullinger, *et al.* 2006). Cette diversité des matériaux constitue un avantage indéniable pour l'étude, car des comportements et des stratégies d'approvisionnement peuvent être déduits en fonction des origines et de leur éloignement par rapport aux sites. Ainsi, la pétrographie indique que les Magdaléniens se sont approvisionnés le long de la chaîne du Jura (Affolter 2002; 2006); l'étude techno-économique et les remontages permettent en outre de préciser sous quelle forme sont arrivés les matériaux et les nucléus.

A une échelle plus réduite, la localisation de ces éléments dans le campement fournit des arguments pour en établir une chronologie interne et pour placer les activités au sein de l'histoire de la formation du site archéologique, depuis l'installation jusqu'à l'abandon (De Bie et Caspar 2000, p.

24-25). La superposition des activités et le degré de perturbation des amas de débitage donnent notamment un certain nombre d'indices quant à la durée d'occupation. L'introduction d'une matière ou d'un outil, l'emport d'un nucléus prêt à être débité signalent des moments de la vie du campement, tels l'arrivée ou le départ du groupe. S'il reste difficile d'organiser ces événements entre eux, la corrélation des données spatiales, technologiques et économiques apporte une image dynamique des sites, où l'espace s'anime.

Dans les divers sites du Bassin parisien, les assemblages en matières allochtones sont interprétés comme l'équipement d'arrivée des chasseurs sur les campements. A Etiolles, par exemple, on constate qu'ils ont été abandonnés très tôt dans l'occupation au profit des supports issus des nouvelles productions locales (Ketterer, *et al.* 2004, p. 246). Sur ce site, la microstratigraphie des amas de débitage a permis d'ordonner chronologiquement les différentes opérations (Olive et Pigeot 2006). Dans le cas des campements neuchâtelois, les restes de taille ont des dimensions trop réduites pour former des amas révélant une microstratigraphie. Toutes les opérations de débitage se retrouvent sur le même niveau. Il faut dès lors se tourner vers d'autres moyens pour décrypter la succession des opérations. En partant de l'hypothèse que le campement était installé sur le lieu d'abattage des animaux (Müller, *et al.* 2006), la première opération réalisée est le dépeçage et le prélèvement de tout ce qui peut être utile sur les carcasses (os, tendons, etc.). Les couteaux nécessaires à cette tâche pouvaient appartenir à l'équipement de base, mais ont aussi pu être produits à ce moment. Venaient ensuite les travaux liés au traitement des peaux, ainsi que le réarmement des sagaies. A nouveau, des outils sur lames étaient utilisés ou produits le cas échéant. Au cours de l'occupation, diverses autres tâches étaient réalisées et nécessitaient des outils. Enfin les dernières opérations accomplies avant le départ étaient vraisemblablement la vérification des armes de chasse, mais aussi la production de supports laminaires ou la mise en forme de nucléus qui seront emportés prêts à produire des séries de lames, de façon à exploiter tout de suite les animaux abattus sur un nouveau site.

D'après les données des foyers et de la faune, une vingtaine de séjours semblent se superposer à Monruz, alors que six séjours environ se succèdent à Champréveyres (Müller, *et al.* 2006). Il reste cependant difficile de relier une des activités lithiques avec l'une de ces occupations, notamment par le fait que les mêmes foyers ont été utilisés à diverses reprises et que la microstratigraphie ne permet pas de relier un fonctionnement de foyer à l'une ou à plusieurs des activités qui se sont déroulées dans sa périphérie. Ce sont donc des instants isolés d'activités qui coexistent avec des fonctionnements de foyers. L'origine des matières premières et les remontages peuvent toutefois donner quelques indices pour ordonner chronologiquement les activités. En effet, on peut partir de l'hypothèse que des objets provenant d'une direction ne sont pas utilisés simultanément avec des objets provenant d'une direction opposée. On peut également postuler qu'une matière introduite uniquement sous la forme d'outils fait partie des éléments arrivés puis abandonnés au cours des premières activités; il reste toutefois difficile relier ces dernières aux activités suivantes.

Quelques exemples retracent ces instants de vie du campement. A Monruz, le silex du Mont Pèlerin (gîte situé à 100 km au sud de Monruz) n'est représenté que par trois lamelles à dos issues du même nucléus, puisqu'elles remontent les unes sur les autres (Fig. 10.1: Exemple 1). Elles sont vraisemblablement usagées, ainsi que le suggèrent les esquillements qu'elles portent sur leur bord tranchant. Elles constituaient donc probablement les éléments de barbelures d'une sagaie qui a été démanchée sur le campement après avoir été utilisées. En d'autres termes, ces armatures témoignent de l'arrivée d'une sagaie montée sur un campement précédent. Divers indices révèlent que les armatures étaient réalisées au moment du réarmement des sagaies et qu'elles ne circulaient pas – ou rarement – sous la forme de produit fini. En partant de l'hypothèse que le campement était installé autour des animaux abattus, il est tentant de rattacher cette sagaie à ce premier événement. Un débitage de lamelles ayant pour but la réalisation de nouvelles lamelles à dos devrait être associé au démanchement de la sagaie. Une telle activité a effectivement été individualisée près du foyer où ont été rejetées les lamelles à dos usagées.

Le silex de Kleinkems (gîte à 150 km au nord de Monruz) a été introduit sur le campement de Monruz sous la forme d'un nodule testé. Là, le nodule, après avoir été préparé, a produit une série de lames transformées en divers outils. Le nucléus résiduel est absent, ce qui suggère qu'il a été emporté (Fig. 10.1: Exemple 2). Pour ce nodule, l'enlèvement du cortex est la première opération réalisée sur le site; on ne peut cependant pas placer cet épisode à un moment précis du déroulement de la vie du campement. Toutefois, lorsque la mise en forme concerne un nodule de silex allochtone, on peut envisager qu'elle est intervenue soit lors de l'installation (en supposant que les chasseurs soient arrivés avec le bloc concerné et qu'ils aient débité en premier lieu les matières apportées avant d'exploiter les ressources locales), soit au moment de l'acquisition de cette matière. Si l'on retient la première hypothèse, le nodule a été débité dès que l'on a eu besoin d'une nouvelle série de supports, à savoir après la chasse, lors du traitement des carcasses, des peaux, des tendons, des os, etc. L'exploitation de ce nodule sur le campement de Monruz pourrait dès lors se placer après la première chasse, et serait donc liée à la confection de supports transformés en outils afin de traiter les carcasses des animaux abattus. En outre, l'emport du nucléus pourrait suggérer un séjour de courte durée, où le départ aurait rapidement suivi le traitement des animaux chassés.

Quelques autres exemples se rapportent à la durée du séjour. S'il est impossible de connaître cette dernière avec

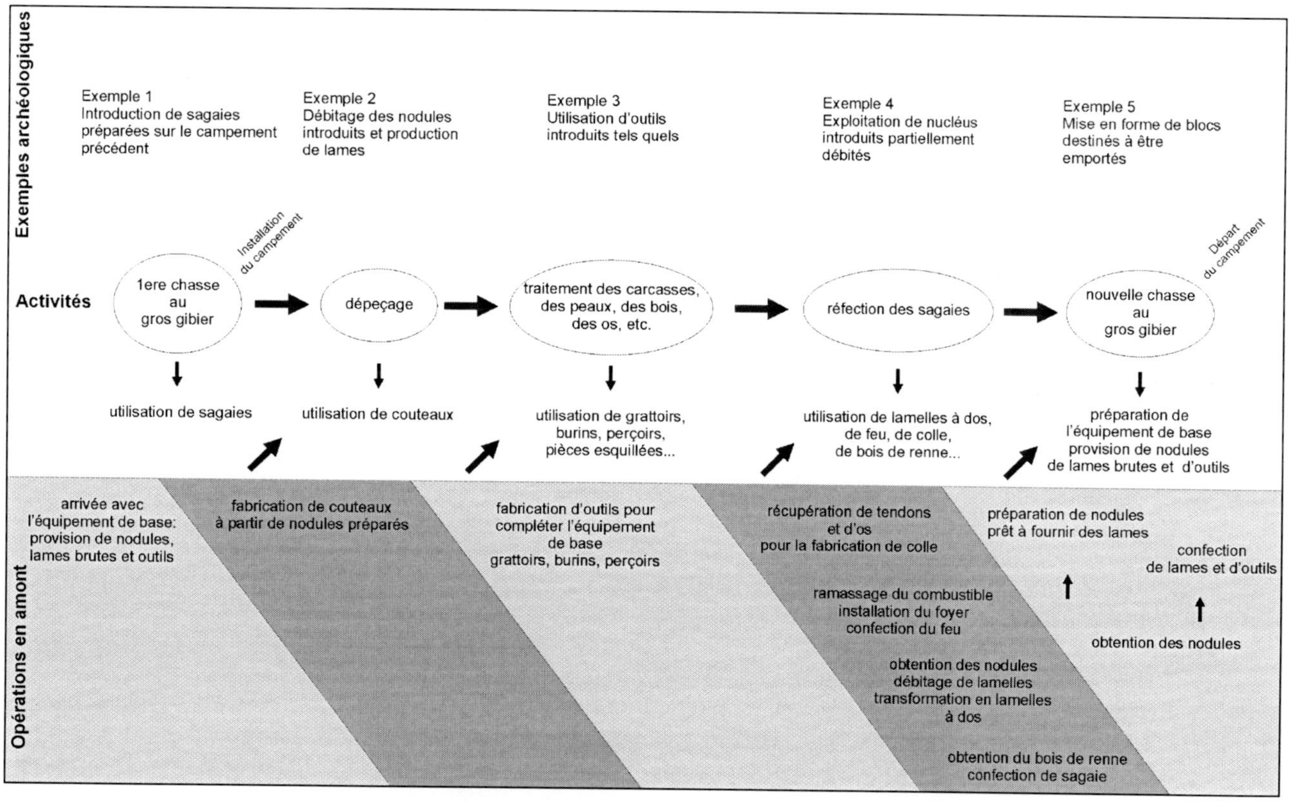

Fig. 10.1 – Mise en parallèle des exemples archéologiques avec les activités et les opérations que ces dernières requièrent

exactitude, on peut toutefois préciser si elle a été plutôt brève ou plutôt longue. Monruz et Champréveyres comptent plusieurs exemples de séjours estimés courts. Des outils tels les burins recèlent ce type d'informations. En effet, quelques-uns de ces outils réalisés dans des matières allochtones n'ont manifestement fait que transiter sur le campement. Ils y ont été réaffûtés mais n'y ont pas été produits (aucune preuve de leur débitage n'y est attestée); à cela s'ajoute le fait que ces burins sont absents du site, et ont donc probablement été emportés (Fig. 10.1: Exemple 3). Affûtage et utilisation semblent donc être les seules opérations réalisées. Comme d'autres burins ont été fabriqués, mais également utilisés à divers endroits du campement avant d'y être abandonnés, on peut en conclure que les premiers se rapportent à une occupation de courte durée, alors que les seconds appartiennent à un long séjour.

Des phases de débitage peuvent aussi témoigner d'activités ponctuelles réalisées sur le campement, ce qui est le cas de quelques matières allochtones aussi bien à Monruz qu'à Champréveyres (Fig. 10.1: Exemple 4). En effet, on constate l'introduction de nucléus préparés, voire partiellement débités car les phases de mise en forme ne sont pas représentées. Ces nucléus ont été exploités en vue d'une production spécifique de supports – lames ou lamelles -; puis, susceptibles de fournir d'autres supports, ils ont probablement été emportés, puisqu'ils sont absents des campements. L'exploitation ciblée de ces nucléus, de même que leur emport, suggèrent que le temps du séjour a été plutôt bref. Parallèlement, des nucléus d'autres matières allochtones ont été introduits testés ou partiellement mis en forme, puis exploités et abandonnés sur le campement, ce qui prouve vraisemblablement un séjour long.

Les préparatifs des activités qui suivent les déplacements – la chasse et l'exploitation des animaux abattus – peuvent être considérés comme des indices de départ. Ces opérations nécessitent notamment de produire une provision de couteaux. A Champréveyres, le remontage d'un bloc de silex local se rapporte uniquement aux phases de mises en forme, alors que plein débitage et nucléus sont absents du campement. C'est donc un bloc prêt à fournir des séries de lames qui serviront de couteaux qui a été emporté (Fig. 10.1: Exemple 5). Le fait que ce nucléus soit en silex local constitue un indice supplémentaire pour placer son exploitation en fin de séjour. Le travail de cette matière devait en effet remplacer peu à peu les matières allochtones apportées et épuisées.

Les éléments qui relatent un instant de vie constituent autant de fragments de plusieurs chaînes opératoires relatives à la vie quotidienne des préhistoriques, palimpsestes d'une réalité sans doute assez complexe. Les situations évoquées se rapportent essentiellement à des séjours de courte durée du fait de leur caractère ponctuel. Elles côtoient cependant d'autres activités évoquant des installations plus longues qui peuvent être reliées à l'exploitation du matériau local comme sur les campements du Bassin parisien. Il conviendrait à présent de savoir comment ces activités s'organisent les unes par rapport aux autres. Si les campements neuchâtelois ont l'avantage de réunir des assortiments comptant de nombreuses matières premières, il reste difficile d'établir quelles matières ont été introduites simultanément de façon à préciser le contenu du bagage apporté. En outre, ces matières peuvent refléter un réseau d'échange dont la complexité même incite à nuancer la relation directe entre activités et durée du séjour.

Bibliographie

AFFOLTER J. (2002) – Provenance des matières premières siliceuses. In: CATTIN M.-I., *Hauterive-Champréveyres, 13: Un campement magdalénien au bord du lac de Neuchâtel: exploitation du silex (secteur 1).* Neuchâtel, Service et Musée cantonal d'archéologie (Archéologie Neuchâteloise, 26), pp. 32-53.

AFFOLTER J. (2006) – Origine des matières premières. In: BULLINGER J., *et al.*, *Le site magdalénien de Monruz, 1. Premiers éléments pour l'analyse d'un habitat de plein air.* Neuchâtel, Service et musée cantonal d'archéologie (Archéologie neuchâteloise, 33), pp. 75-76.

BULLINGER J., LEESCH D. et PLUMETTAZ N. (2006) – *Le site magdalénien de Monruz, 1. Premiers éléments pour l'analyse d'un habitat de plein air.* Neuchâtel, Service et musée cantonal d'archéologie (Archéologie neuchâteloise, 33), 227 p.

CATTIN M.-I. (2002) – *Hauterive-Champréveyres, 13: Un campement magdalénien au bord du lac de Neuchâtel: exploitation du silex (secteur 1).* Neuchâtel, Service et Musée cantonal d'archéologie (Archéologie neuchâteloise, 26), 418 p.

DE BIE M. et CASPAR J.-P. (2000) – *Rekem. A Federmesser camp on the Meuse River Bank.* 2 vol. 123 fig., 115 pl. et 154 cartes hors-texte. Leuven, University Press (Archeologie in Vlaanderen, 3), 325 p.

KETTERER I., PIGEOT N. et SERRA S. (2004) – Le temps de l'occupation. Une histoire des activités et des comportements. In: PIGEOT N., *Les derniers Magdaléniens d'Etiolles, perspectives culturelles et paléohistoriques.* Paris, CNRS Editions (XXXVIIe supplément à Gallia Préhistoire), pp. 235-254.

MÜLLER W., LEESCH D., BULLINGER J., CATTIN M.-I. et PLUMETTAZ N. (2006) – Chasse, habitats et rythmes de déplacements: réflexions à partir des campements magdaléniens de Champréveyres et Monruz (Neuchâtel, Suisse). *Bulletin de la Société Préhistorique Française*, 103/4, pp. 741-752.

OLIVE M. et PIGEOT N. (2006) – Réflexions sur le temps d'un séjour à Etiolles (Essonne). *Bulletin de la Société Préhistorique Française*, 103/4, pp. 673-682.

TYPOLOGY VS TECHNOLOGY

TYPOLOGIE ET TECHNOLOGIE: ALLIEES OU OPPOSEES?

Michel LENOIR
PACEA. UMR 5199 CNRS. UNIVERSITE BORDEAUX I. Bâtiment de Géologie.
Avenue des Facultés 334O5 Talence Cedex (France). m.lenoir@iquat.u-bordeaux.fr

***Abstract**: Since the years 1950, under the impulse of François Bordes and his wife, Denise de Sonneville-Bordes, in parallel with Georges Laplace analytical approach, typological analysis has unquestionably contributed to the knowledge of lithic industries. These approaches, mainly based on morphotechnical criteria, were not dissociated from a technical study, F. Bordes being a very famous flintknapper. Since almost forty years, the technological analysis, based on the "chaine opératoire" concept and lithotechnology, can be considered a remarkable improvement on the study of lithic and bone tool assemblages, allowing a more dynamic vision of Palaeolithic industries. The technological approach does not consider solely the analysis of blank production, but also concerns toolmaking and tool use. Therefore, instead of opposing typology and technology, the actual multidisciplanry and complementary research orientations appear to be more and more efficient for the interpretation of the technical behaviour of prehistoric people.*
***Keywords**: Tools, Type and Type list, Morphology, Technique, Cultural tradition, Functional adaptation*

***Résumé**: A partir des années 1950, l'analyse typologique fondée sur l'utilisation des listes types a sous l'impulsion de François Bordes, puis de D. de Sonneville-Bordes, incontestablement beaucoup contribué à la connaissance des industries lithiques, parallèlement à la mise en pratique des méthodes de la typologie analytique par G. Laplace. Ces approches surtout basées sur des critères morphotechniques ne furent pas dissociées d'une étude technique, F. Bordes étant passé maître dans la taille expérimentale des roches dures. Depuis près de quarante ans, les études technologiques fondées sur les notions de chaîne opératoire et de lithotechnologie ont fourni un énorme apport à l'étude des ensembles lithiques ou osseux et ont permis ainsi une vision plus dynamique des industries. Depuis quelques années l'approche technologique ne privilégie plus l'analyse de la production des pièces-supports, mais elle s'intéresse aussi à la fabrication et à l'utilisation des outils. Ainsi, plutôt que d'opposer typologie et technologie, les orientations de recherche actuelles qui font agir en synergie divers domaines, se révèlent de plus en plus pertinentes pour une approche des comportements techniques des hommes préhistoriques. Quelques cas de figures relatifs à des ensembles lithiques seront évoqués pour illustrer ce sujet.*
***Mots clés**: outil, type et liste type, technique, morphologie, tradition culturelle, adaptation fonctionnelle*

***Resumo**: A partir dos anos 1950, a análise tipológica baseada na utilização de listas tipo, realizada sob o impulso de François Bordes e, depois, de Sonneville Bordes, contribuiu incontestavelmente para o conhecimento das indústrias líticas, ao mesmo tempo que eram postos em pratica os métodos da tipologia analítica de G. Laplace. Estas abordagens, baseadas sobretudo em critérios morfotécnicos, não estavam contudo dissociadas de estudos técnicos: F. Bordes, foi ele próprio mestre no talhe experimental de rochas duras. Cerca de quarenta anos mais tarde, os estudos tecnológicos baseados nas noções de cadeia operatória e de litotecnologia proporcionaram um enorme contributo aos estudos dos conjuntos líticos e ósseos, permitindo uma visão mais dinâmica das indústrias. Alguns anos mais tarde, a abordagem tecnológica deixa de privilegiar a análise da produção de peças suporte para se interessar pelo fabrico e utilização dos utensílios. Assim, mais do que opor tipologia a tecnologia, as orientações de investigação actuais fazem agir em conjunto diversos domínios, revelando-se cada vez mais pertinentes para uma abordagem dos comportamentos técnicos dos homens pré-históricos. Alguns casos de figuras relativas a conjuntos líticos serão aqui evocados para ilustrar este tema.*
***Palavras-chave**: utensílio, tipo e lista-tipo, técnica, morfologia, tradição cultural, adaptação funcional*

"Les types sont des choix constants faits dans un univers de possibilités."
(Ph. Smith,1966, p.29).

Les industries lithiques et osseuses constituent de longue date pour le préhistorien, le matériel privilégié pour une approche des sociétés préhistoriques. Elles peuvent être étudiées selon des problématiques variées et sous divers éclairages. Traditionnellement, les études concernant ces industries ont servi de support à une approche historico-culturelle fortement ancrée dans les idées évolutionnistes et marqué par le darwinisme, les interprétations culturelles et phylétiques. Ce qui importait, avant tout, était de mettre en évidence des changements diachroniques sur des bases chronostratigraphiques. Depuis plusieurs années cependant, sous l'influence notamment d'A. Leroi-Gourhan en France et de courants de pensée venus d'Outre-Manche et d'Outre–Atlantique mais plus rarement d'Europe-centrale, les industries préhistoriques et les ensembles qui les matérialisent, font l'objet d'études dynamiques et comportementalistes. L'approche technologique, sous l'influence des ethnologues, s'est peu à peu substituée, dans le champ des recherches en archéologie préhistorique, à l'analyse typologique purement et strictement morphotechnique. Des variables nouvelles ont été prises en compte pour l'étude des productions techniques. Ce sont notamment des variables concernant la lithologie, la gîtologie, l'origine des matières premières lithiques, l'étude de leur gestion et de leur économie, l'étude de la mobilité des groupes humains et de leurs productions matérielles, l'occupation du territoire et la gestion de l'espace, la répartition spatiale, l'économie du débitage, les processus de réduction et de ravivage des outils, les études fonctionnelles et celles des modes d'emmanchement. Introduit par Marcel Mauss, développé par André Leroi-Gourhan et, par l'équipe "Techniques et Cultures" sous l'impulsion de R. Creswell (Balfet, 1991), le concept de chaîne opératoire a acquis un rôle déterminant dans l'interprétation des ensembles de vestiges archéologiques. Fondée sur les raccords, les remontages, l'analyse spatiale, l'étude des chaînes opératoires constitue une grille de lecture qui a incontestablement donné un élan nouveau aux études de séries archéologiques, sous l'impulsion des écoles technologiques des Universités de Nanterre et de Paris – Panthéon-Sorbonne. J. Tixier qui a établi une liste typologique pour l'Epipaléolithique du Maghreb (Tixier, 1963) apparaît comme un des promoteurs des études technologiques. Expérimentateur hors pair, il a été marqué dans ces domaines par l'influence de F. Bordes qui, dès 1950, a mis au point une méthode d'étude typologique des industries du Paléolithique ancien et moyen. François Bordes est également mondialement connu comme un des grands maîtres dans le domaine de l'expérimentation de taille du silex. Naturaliste de formation, il a appliqué à l'étude des ensembles lithiques les méthodes de calcul simples utilisées en sédimentologie et il a établi une liste typologique pour décrire et analyser les outillages du Paléolithique ancien et moyen sur la base de variables morphotechniques parfois hiérarchisées. Ses décomptes typologiques ont été accompagnés de calculs de pourcentages et d'indices typologiques et techniques matérialisés sous forme d'histogrammes, de diagrammes triangulaires et de diagrammes cumulatifs. Ces méthodes ont ensuite été appliquées aux industries du Paléolithique supérieur par D. de Sonneville-Bordes et J. Perrot. (Sonneville-Bordes et Perrot, 1953). Parallèlement G. Laplace (Laplace, 1957, 1966) a élaboré et a mis en pratique une méthode de typologie analytique qui a fait école dans le monde méditerranéen (Italie et Espagne). Cette méthode rationnelle se fonde sur une grille de description systématique qui fait intervenir des caractères hiérarchisés et des variables discrètes ou continues. A. Leroi-Gourhan a proposé parallèlement une méthode de morphologie analytique descriptive qui scinde les objets en segments élémentaires et comporte aussi des mesures converties en variables discrètes ou modules (Leroi-Gourhan *et al.*1966).

Des analyses multivariées dont l'apport s'est révélé, selon les cas, plus ou moins fructueux (Sonneville-Bordes, 1974-1975, Doran et Hodson, 1966) ont été conduites par divers auteurs anglo-saxons sur des effectifs, des pourcentages d'outils ou des indices calculés à partir des listes-types. C'est en se fondant sur la typologie de F. Bordes pour les industries du Paléolithique moyen et ancien que L. et S. Binford (1966) ont avancé une interprétation fonctionnelle des faciès moustériens qui a suscité la réponse argumentée de F. et D. Bordes. Au cours des années 1970 s'est crée un effet de mode marqué par l'utilisation des méthodes statistiques élaborées pour le traitement des ensembles archéologiques et l'on a vu se multiplier les listes d'attributs et des bases de données qui visaient à être les plus exhaustives possibles (Borillo, M., 1978; Gardin J.-C., 1970). Ce phénomène s'est peu à peu atténué, mais les méthodes d'analyse des données amplement développées sous l'impulsion de J.-P. Benzecri et de son école ont été systématiquement appliquées par F. Djindjian, (1991) à l'étude d'ensembles lithiques ou de groupes typologiques, débouchant ainsi sur trois domaines d'investigation: la structuration, l'affectation et la construction explicative. Dans la même période à la suite d'A. Spaulding (1953), J. Sackett (1966) ainsi que H.L. Movius et ses élèves (Movius *et al*, 1966), ont développé les méthodes d'analyse d'attributs et ils les ont appliquées à des groupes d'outils lithiques du Paléolithique supérieur.

En tout premier lieu et dans l'optique d'une étude de changements évolutifs et diachroniques, la méthode d'étude typologique s'est imposée comme un outil maniable et efficace pour comparer des séries archéologiques (industries lithiques) sur la base de la présence , de l'absence ou de la fréquence de types d'outils définis selon des critères morphologiques et techniques, certains outils faisant figure de "fossiles directeurs", tandis que d'autres plus ubiquistes, étaient significatifs par leur présence, leur abondance et leur association avec les autres outils. Les observations d'ordre technique n'étaient pas négligées et elles transparaissent clairement, notamment dans la "méthode Bordes", notamment dans l'appréciation quantitative du caractère levallois ou laminaire d'une industrie ou dans le calcul des indices de facettage. Souvent même, la nature des pièces – supports est directement prise en compte dans la définition de certains types d'outils (grattoirs sur éclat, grattoirs sur lame) et la plupart des variables intervenant dans la définition de ces outils sont d'ordre technique (enlèvement de burin, retouche latérale ou transversale, troncature retouchée, encoche, denticulation), avec des données plus précise concernant le mode et l'inclinaison de la retouche, sa délinéation apparaissant relever davantage du domaine de la morphologie. Certains types d'outils retenus par F. Bordes dans sa liste type du Paléolithique ancien et moyen, sont même de purs produits techniques (éclats, lames et pointes levallois, pointes pseudo-levallois). Il apparaît cependant (Chauchat, 1992) qu'au Paléolithique moyen, "*l'outil est d'abord un support qui sera utilisé et retouché de diverses manières et avec une intensité différente selon, la nature, la durée et la fréquence des activités*" *Il traduit* "*un investissement culturel faible*" *tandis qu'au Paléolithique supérieur* (Chauchat, op.cit.) *l'outil est une projection dans l'avenir d'une ou plusieurs fonctions, et une forme particulière lui est donnée en adéquation avec cette fonction projetée*" C'est "*la forme d'ensemble de l'outil qui est l'objet des modifications opérées par la retouche. Cette forme a tendance à se standardiser et elle est donc investie par la culture*". La morphologie des racloirs et à un moindre degré celles des

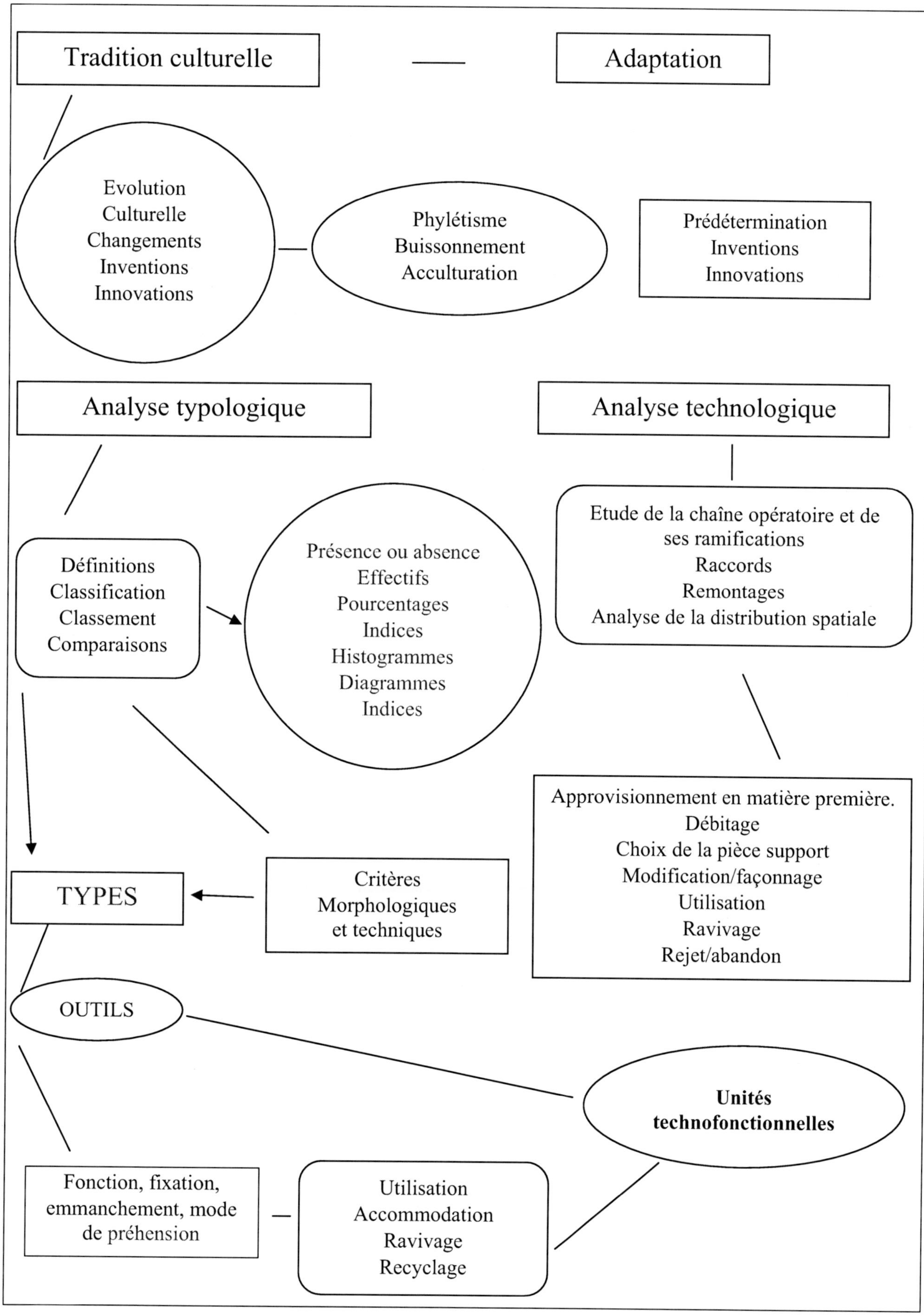

Tradition culturelle
Adaptation
Evolution
Culturelle
Changements
Inventions
Innovations
Phylétisme
Buissonnement
Acculturation
Prédétermination
Inventions
Innovations
Analyse typologique
Analyse technologique
Définitions
Classification
Classement
Comparaisons
Présence ou absence
Effectifs
Pourcentages
Indices
Histogrammes
Diagrammes
Indices
Etude de la chaîne opératoire et de ses ramifications
Raccords
Remontages
Analyse de la distribution spatiale
Approvisionnement en matière première.
Débitage
Choix de la pièce support
Modification/façonnage
Utilisation
Ravivage
Rejet/abandon
TYPES
Critères
Morphologiques
et techniques
OUTILS
Unités
technofonctionnelles
Fonction, fixation,
emmanchement, mode
de préhension
Utilisation
Accommodation
Ravivage
Recyclage

Fig. 1.1

Tab. 1.1

La **typologie paléolithique** est la science qui permet de reconnaître, de définir et de classer les différentes variétés d'outils se rencontrant dans les gisements de cette longue période de l'évolution de l'humanité.
(F. Bordes, 1961)

L'existence de types découle à la fois d'un examen a posteriori des outillages et d'un raisonnement a priori.
(F. Bordes ,1961)

Technique:
Moyen ou ensemble de moyens adaptés à une fin. Procédé particulier que l'on utilise pour mener à bonne fin une opération concrète, pour fabriquer un objet matériel ou l'adapter à sa fonction.
Ensemble des moyens, des procédés mis en œuvre dans la pratique d'un métier, d'un art, d'une activité quelconque.

Technologie
Etude des techniques industrielles (outillage, méthode de fabrication etc.), considérées dans leur ensemble ou dans un domaine particulier.

Typologie
Science qui vise à élaborer des types à partir d'ensembles constitués par regroupement de données ayant en commun certains traits caractéristiques.
Classification par types.

Type
Ensemble ces caractères distinctifs propres à une catégorie spécifique d'objets, d'individus, etc...
Individu, unité taxonomique, taxon. Spécimen servant à la description d'une telle unité.

(Dictionnaire Universel de la langue française, Hachette 1980)

denticulés, pourraient résulter de réavivages successifs d'un même objet (Dibble, 1987, 1995). Considérés comme le marqueur le plus explicite d'un des faciès moustériens, les bifaces du Moustérien de tradition acheuléenne, constituent un cas particulier dont la morphologie initiale peut être prédéterminée mais dont la forme à l'état d'abandon semble en grande partie résulter de l'utilisation et de réavivages (Mac Pherron, 1999, 2000, Soressi, 2004, Soressi et Hays 2004). A cette hypothèse de réavivage, peut se superposer l'existence de stades plus ou moins avancés dans la fabrication d'une même type d'objet, notamment dans le cas des pièces bifaciales solutréennes (Aubry *et al,* 2003) ou des pointes de Paijan (Cl. Chauchat, 1992). Les ébauches ont généralement une morphologie bien éloignée de celle des pièces achevées et la retouche peut être obtenue par des techniques différentes selon le degré d'achèvement de la pièce. Ces dernières années s'est vue renforcée une vision dynamique des changements morphologiques d'un objet lithique susceptible de modifications, de réavivages multiples, voire même d'une transformation ou d'un recyclage au fur et à mesure de son utilisation et avant de parvenir à son stade d'abandon. Un autre facteur susceptible d'intervenir sur la morphologie de l'outil est lié à son mode d'emmanchement et à son mode de fixation. La partie active ne représente qu'un de ses constituants et dans le cas d'armatures notamment, la partie emmanchée peut constituer une part non négligeable de son volume global. Il peut également se produire des bris ou des fractures lors de l'utilisation et dans ce cas l'outil peut-être abandonné telquel, sans être modifié ou réparé, ou être repris pour acquérir une morphologie directement inspirée de sa morphologie d'origine et être ainsi plus ou moins transformé.

Un des problèmes majeurs qui peut apparaître pour l'étude des industries lithiques est celui de la distinction entre les outils, dont la morphologie résulte *a priori* d'une volonté délibérée de l'artisan préhistorique et les nucléus qui ont servi de matrices pour la production de pièces supports plus ou moins standardisées. La littérature de ces dernières années concerne plusieurs exemples d'objets qui à l'origine considérés comme des outils, initialement inclus dans les listes types apparaissent désormais devoir être comptés parmi les nucléus. C'est le cas notamment des grattoirs carénés, des grattoirs à épaulement ou à museau, des burins busqués et des burins carénés (Chiotti, 2000, Lenoir, Marmier, Trécolle, 1991; G. Lucas, 1997, 1999, 2000, 2002), J.-Ph. Rigaud, 1982,1993, Le Brun-Ricalens) des enlèvements de type Kostienki ou tronqués facettés, des burins du Raysse et probablement et des pièces d'Orville (Perlès, 1977, 1982, Pelegrin, 1982) et peut-être également des pièces de la Bertonne.

Certains outils (grandes pièces foliacées bifaces) n'ont apparemment pas servi, peut-être parce-que ils étaient trop peu fonctionnels ou trop fragiles, et demandaient un trop grand investissement dans leur fabrication ou peut être parce qu'ils avaient surtout une vocation et une signification symbolique dépassant l'usage quotidien. D'autres outils témoignent d'une durée d'utilisation très longue et de ravivages répétés (*curated tools*) et ils ont été abandonnés au stade d'exhaustion tandis que des outils facilement et rapidement réalisables ont peu été utilisées et ont pu être abandonnés après un bref usage.

L'outil montre donc une grande variabilité dans ses particularismes morphologiques, techniques, fonctionnels, symboliques. Il doit sans cesse être replacé dans son contexte chronologique, géographique, ethnologique et culturel. Il ne peut être dissocié de son fabricant et de son utilisateur, l'homme, préhistorique ou l'artisan actuel.

La Typologie et la technologie ne doivent désormais plus s'imposer comme rivales ou concurrentes. Bien au contraire elles doivent s'épauler et se compléter. Les études à venir devront notamment privilégier l'expérimentation et la mise au point de référentiels expérimentaux, tant en ce qui concerne les chaînes opératoires de production des pièces-supports et de fabrication des outils que l'utilisation de ces derniers, leurs modes d'emmanchements et les modes de fixation des armatures. Ces approches auront rigoureusement à prendre en compte les données lithologiques et les caractéristiques morphologiques et physiques des matières premières. Les données ethnographiques et l'apport des études ethnoarchéologiques seront également pris en considérationt. Cette synergie ne devrait pas manquer de faire progresser la connaissance des outils et des industries préhistorique et ainsi indirectement celle des hommes qui en sont les auteurs.

Bibliographie

AUBRY, T.; ALMEIDA, M.; NEVES, M.-J.; WALTER, B. (2003) – Solutrean Laurel Leaf Point Production and Raw Material Procurement During the Last Glacial, Maximum in Southern Europe: Two Examples from Central France and Portugal. In: Multiple Approaches to the Study of Bifacial Technology. M. Soressi and H.L. Dibble ed. University of Pennsylvania of Archaeology and Anthropology, p. 164-182, 9 fig.

AUDOUZE, F.; SCHLANGER, N. (Dir.) (2004) – *Autour de l'Homme. Contexte et actualité d'André Leroi-Gourhan.* Editions ADPCA, Antibes, 442 p., ill.

BALFET, H. (1991) – *Observer l'action technique: des chaînes opératoires, pour quoi faire*? Paris: C.N.R.S., 191 p. Textes réunis par H. Balfet.

BINFORD, L. et S. (1966) – A preliminary analysis of functional variability in the Mousterian of Levallois facies. *American Anthropologist.* 68:2, p. 238-295.

BINFORD, L. (1972) – *An archaeological perspective.* New York: Seminar Press.

BISSON, M.S. (2000) – Nineteenth Century Tools for Twenty-First Century Archeology. Why the Middle Paleolithic Typology of François Bordes Must Be Replaced. *Journal of Archeological Method and Theory.*.7:1, 48 p.

BISSON M.S. (2001) – Interview with a Neanderthal: an Experimental Approach for Reconstructing Scraper Production Rules, and their Implications for Imposed Form in Middle Palaeolithic Tools. *Cambridge Archaeological Journal.* 11:2, p. 165-184.

BOËDA, E. (1994) – *Le concept Levallois: variabilité des méthodes.* Paris: CNRS. (Monographie du CRA, 9).

BOËDA, E.; GENESTE, J.-M.; MEIGNEN, L. (1990) – Identification de chaînes opératoires lithiques du Paléolithique ancien et moyen. *Paléo.* 2, p. 43-80.

BOËDA, E. (1991) – Approche de la variabilité des systèmes de production lithique des industries du Paléolithique inférieur et moyen: chronique d'une variabilité attendue. *Techniques et culture.* 17-18, p. 37-79.

BOEDES, F. (1950) – Principes d'une méthode d'étude des techniques et de la typologie du Paléolithique ancien et moyen. *L'Anthropologie.* 54, p. 19-34.

BORDES, F. (1950) – L'évolution buissonnante des industries en Europe occidentale. Considérations théoriques sur le Paléolithique ancien et moyen. *L'Anthropologie.* 54, p. 393-420, 2.

BORDES, F. (1961) – *Typologie du Paléolithique ancien et moyen. Publications de l'Institut de Préhistoire de l'Université de Bordeaux.* Mémoire 1. 2 tomes. 85 p.

BORDES, F. (1965) – A propos de typologie. *L'Anthropologie.* 69, p.369-377.

Bordes F. (1967) – Considérations sur la typologie et les techniques dans le Paléolithique. *Quartär.* 18, p. 25-55.

BORDES, F. (1967) – Considérations sur la typologie et les techniques dans le Paléolithique. *Quartär.* 18, p.28-55.

BORDES, F. (1969) – Reflections on typology and techniques in the Paleolithic. *Arctic Anthropology.* vol. VI:1, p. 1-29.

BORDES, F. (1970) – Réflexions sur l'outil au Paléolithique. *Bulletin de la Société Préhistorique française.* 67, C.R.S.M., n°7, p. 199-202.

BORDES, F. (1975) – Types et listes types. *Seminar on typology.* Les Eyzies, 14 p.

BORDES, F.(1981) – La Préhistoire "nouvelle" et quell-ques-uns de ses problèmes. *Scripta Ethnologica.*l.VI, Bs, As, p. 61-66.

BORDES, F.; BOURGON M. (1951) – Le complexe moustérien: Moustérien, Levalloisien et Tayacien. *L'Anthropologie.* 55, p. 1-23, 7 fig.

BORDES, F.; SONNEVILLE-BORDES, D. (1970) – The significance of variability in Paleolithic assemblages. *World Archeaology.* 2:1, p. 61-73.

BORDES, J.-G.; LENOBLE, A. – La "lamelle Caminade": un nouvel outil lithique aurignacien. *Bulletin de la Société Préhistorique Française.* 99: 04, p. 735-749.

BORILLO, M. (1978) – *Archéologie et calculs: textes recueillis.* Paris: Union gnérale d'édition, 1978. Coll. 10/18.

BRÉZILLON, M. (1968) – La dénomination des objets de pierre taillée. Matériaux pour un vocabulaire des préhistoriens de langue française. *Gallia-Préhistoire.* IVème supplément, C.N.R.S

CARBONELL, E.; RODRIGUEZ, X.P; SALA, R.; VAQUERO, M. (1992) – New elements of the logical analytic system. *First international Meeting on Technical Systems to configure lithic objets of scarce elaboration*. Universita Fovina i Virgili, Cahier noir , avril 1992, p. 5-15.

CHAUCHAT, C. (1992) – Préhistoire de la côte nord du Pérou. Le Paijanien de Cupisnique. *Cahiers du Quaternaire*. 18, CNRS Editions. 391 p., 150 fig., 56 tabl., 9 carte dép.

CHIOTTI, L. (2000) – lamelles Dufour et grattoirs aurignaciens (carénés et à museau) de la couche 8 de l'abri Pataud, les Eyzies-de-Y tayac, Dordogne. *L'Anthropologie*. 104:2, p. 239-263.

CRESWELL, R. (1983) – Transfert de techniques et chaînes opératoires. Techniques et culture, nouvelle série, 2, p. 143-163.

DEBÉNATH, A.; DIBBLE, H.L. (1994) – *Handbook of Paleolithic Typology. Vol 1. Lower and Middle Paleolithic of Europe*. Philadelphia: University Museum. University pf Pennsylvania, 202 p.

DEMARS, P.-Y; LAURENT, P. (1989) – Types d'outils lithiques du Paléolithique supéieur en Europe. *Cahiers du Quaternaire* .14. Ed. du C.N.R.S., 178 p.

DIBBLE, H.L. (1987) – Comparaisons des séquences de réduction des outils moustériens de la France et du Proche-Orient. *L'Anthropologie*. 91:1, p. 189-196.

DIBBLE, H.L. (1987) – The interpretation of Middle Palaeolithic scraper morphology. *American Antiquity*, 52 (1), p. 109-117, p.109-117.

DIBBLE, H.L. (1987) – Reduction Sequences in the Manufacture of Mousterian Implements of France. In: Soffer, O. ed. – *The Pleistocene Old World: Regional Perspectives*. New-York: Plenum. p. 33-45.

DIBBLE, H.L. (1995) – Middle Paleolithic Scarper Reduction: Background, Clarification, and Review of the Evidence to Date. *Journal of Archaeological Method and Theory*. 2:4, p. 299-268.

DJINDJIAN, F. – *Méthodes pour l'Archéologie*. Paris: Armand Colin.

DORAN, J.; HODSON, F. (1966) – *Mathematics and computeurs in Archeology*. Edimbourg.

GARDIN, J.-C. (1970) – *Archéologie et calculateurs: problèmes sémiologiques et mathé*matiques. Paris. Editions du C.N.R.S. (Colloques internationaux du C.N.R.S. Sciences humaines).

GENESTE, J.-M. (1985) – *Analyse lithique d'industries moustériennes en Périgord: une approche technologique du comportement des groupes humains au Paléolithique moyen*. Thèse de Doctorat de l'Université de Bordeaux I, 2 t, 572 p.,115 pl., 84 tabl.

GENESTE, J.-M. (1991) – L'approvisionnement en matières premières dans les systèmes de production lithique: la dimension spatiale de la technologie. In Mora, R., Terradas, X., Parpal, A. et Plana, C. ed Reunion internacional, 15-18 enero de 1991. *Treballs d'Arqueologie, 1. Tecnología y cadenas operativas liticas*., p. 1-36.

GENESTE, J.-M. (1991) – Systèmes techniques de production lithique: variations techno-économiques dans les processus de réalisation des outillages paléolithqiues. *Techniques et culture* 17-18, p. 1-35.

HAYS, M.A.; LUCAS, G. (2000) – A technological and Functional Analysis of Carinates from le Flageolet I, Dordogne, France. *Journal of Field Archaeology*. 27, p. 455-465.

HOLDAWAY, S.; STERN, N. (2004) – A Record in Stone. *The Study of Australia's Flaked Stone Artefacts*. Museum Victoria (Aboriginal Studies Press, 376 p., ill.).

KARLIN, C.; BODU, P.; PELEGRIN, J. (1991) – Processus, techniques et chaînes opératoires. Comment les préhistoriens s'approprient un concept élaboré par les ethnologues. In Balfet. H. ed. – *Observer l'action technique. Des chînes opératoires , pour quoi faire?* p. 101-117. Paris: Editions du CNRS.

KLARIC, L.; AUBRY, T.; WALTER, B. (2002) – Un nouveau type d'armature en contexte gravettien et son mode de production sur les burins du Raysse (la Picardie, commune de Preuilly-sur-Claise, Indre-et-Loire). *Bulletin de la Société Préhistorique française*. 99:4, p. 751-764.

LAPLACE-JAURETCHE, G. (1957) – Typologie analyticque. Application d'une nouvelle méthode des formes et des structures aux industries à lames et à lamelles. *Quaternaria*. 4, p. 133-164, ill.

LAPLACE, G. (1966) – Recherches sur l'origine et l'évolution des complexes leptolithiques. *Mélanges d'Archéologie et d'Histoire* (Ecole française de Rome), Paris.

LE BRUN-RICALENS, F. (2005) – Chronique d'une reconnaissance attendue. Outils "carénés", outils "nucléiformes: nucléus à lamelles. Bilan après un siècle de recherches typologiques, technologiques et tracéologiques. In: *Productions lamellaires attribuées à l'Aurignacien: Chaînes opératoires et perspectives technoculturelles*. XIVème congrès de l'UISPP, Liège 2-8 septembre 2001. Archéologiques 1, Luxembourg, 2005, p.23-72, 16 fig.

LE BRUN-RICALENS F.; BROU, L. (2003) – Burins carénés-nucléus à lamelles; identification d'un chaîne opératoire particulière à Thèmes (Yonne) et implicateons. *Bulletin de la Société Préhistorique Française*. 100:1, p. 1-17.

LEMONNIER, P. (1976) – La description des chaînes opératoires: contribution à l'étude des systèmes techniques. *Techniques et culture*.1, p. 100-151.

LEMONNIER, P. (1983) – L'étude des systèmes techniques: une urgence en technologie culturelle. *Techniques et Culture* 1, p. 11-34.

LEMONNIER, P. (1991) – De la culture matérielle à la culture? Ethnologie des techniques et Préhistoire? In *XIème rencontres internationales d'Archéologie et d'Histoire d'Antibes: bilan et perspectives.* Actes des rencontres, 18-19-20 octobre 1990. Juan-les-Pins. APDCA, p. 15-20.

LENOIR, M., (1989) – La typologie du Paléolithique supérieur. In: *Le temps de la Préhistoire.*1, p. 163-164.

LENOIR, M. (2004) – Les industries des niveaux du Paléolithique moyen. Les racloirs des niveaux moustériens. Quelques observations. In: Le site paléolithique de Chez-Pinaud à Jonzac, charente-Maritime. *Préhistoire du Sud-Ouest.* 8, p.61-78.

LENOIR, M.; MARMIER, F.; TRÉCOLLE, G. (1991) – Données nouvelles sur les industries de Saint-Germain-la-Rivière (Gironde). In: *25 ans d'Etudes technologiques en Préhistoire. Actes des Rencontres 18-20 octobre 1990.* XI ème rencontres Internationales d'Archéologie et d'Histoire d'Antibes. Editions ADPCA, Juan-les Pins, p. 245-254, 4 fig.

LEPOT, M. (1992-1993) – *Approche techno-fonctionnelle de l'outillage lithique moustérien: Essai de classification des parties actives en termes d'efficacité technique. Application à la couche M2e sagittale du Grand Abri de la Ferrassie (Fouilles Henri Delporte).* Mémoire de Maîtrise. Université de Paris X-Nanterre. Département d'Ethnologie, de Sociologie comparative et de Préhistoire.170 p., 88 pl.

LEROI-GOURHAN, A. (1964/1965) – *Le geste et la parole. I: Techniques et langage.* II. Paris. Albin-Michel. (La mémoire et les rythmes).

LEROI-GOURHAN A.; BAILLOUD, G.; CHAVAILLON J.; LAMING-EMPERAIRE, A. (1966) – *La Préhistoire.* Paris, PUF (Nouvelle Clio, 1966).

LE TENSORER, J.-M. (1981) – Le Paléolithique de l'Agenais. *Cahiers du Quaternaire.* 3, Editions du C.N.R.S. 526 p., 212 fig., LV tabl.

LUCAS, G. (1997) – Les lamelles Dufour du Flageolet I (Bézenac, Dordogne) dans le contexte aurignacien. *Paléo.* 9, p. 191-219, 19 fig., 21 tabl.

LUCAS, G. (1999) – Production expérimentale de lamelles torses; approche préliminaire. *Bulletin de la Société Préhistorique Française.* 96-2, p. 145-151, 6 fig., 4 tabl.

LUCAS, G. (2000) – *Les industries lithique du Flageolet (Dordogne): approche économique, technologique, fonctionnelle et analyse spatiale.* Thèse de Doctorat, Université de Bordeaux I,305 p., 49 pl.

LUCAS, G. (2002) – A propos des burins du Raysse du Flageolet 1 (Dordogne, France), *Paléo.* 14, p.63-76, 9 fig., 6 tabl.

LUCAS, G; HAYS M.A. (2004) – Les pièces esquillées du site paléolithique du Flageolet I (Dordogne): outils ou nucléus? *XXVe Congrès Préhistorique de France*-Nanterre 24-26 novembre 2000- Approches fonctionnelles en Préhisitoire, Société Préhistorique Française, p. 107-120, 7 fig., 8 tabl., 7 photos.

MAUSS, M. (1947) – *Manuel d'Ethnographie.* Paris: Payot (réédition 1967).

MAC PHERRON, S. (1999) – Ovate and pointed handaxes assemblages: two points make a line. *Préhistoire européenne.* 14, p. 9-32, 8 fig., 6 tabl.

MAC PHERRON, S. (2000) – Handaxes as a measure of the Mental capabilities of early hominids. *Journal of Archaeological Sciences.* 27, p. 655-663, 4 tab.

MOVIUS, H.L.; DAVID, N.C.; BRICKER H.M.; CLAY, R.B. (1968) – The analysis of certain major classes of Upper Paleolithic tools. Cambridge, Massachusetts: Harvard Univ rsity, 58 p., (American School of Prehistoric Research, bull. n°26).

PELEGRIN J. (1982) – Approche expérimentale de la technique de production lamellaire d'Orville. *Studia Praehistorica Belgica.* 2, p. 149-158, 2 fig.

PELEGRIN, J. (1982) – Approche expérimentale de la technique de prodution lamellaire d'Orville. In: *Tailler ! pour quoi faire. Préhistoire et Technologie lithique* 2. (Studia Praehistorica Belgica 2p. 149-158, 2 fig).

PELEGRIN, J. (1995) – Technologie lithique: le Châtelperronien de Roc-de-Combe (Lot) et de la Côte (Dordogne). *Cahiers du Quaternaire.* 20. CNRS éditions. 294 p., 116 fig.

PELEGRIN, J.; KARLIN, C.; BODU, P. (1988) – Chaînes opératoires: un outil pour le préhistorien. In: *Technologie préhistorique.* Paris: C.N.R.S., p. 55-62.

PERLES, C. (1977) – Note préliminaire sur un type particulier du site d'Orville (Indre). *Bulletin de la Société Préhistorique Française.* 74:5, p. 141-144, 2 fig.

PERLES, C. (1982) – Les "outils d'Orville": des nucléus à lamelles. In: *Tailler! pour quoi faire. Préhistoire et Technologie lithique.* 2. (Studia Praehistorica Belgica 2, p. 129-148, 10 fig.).

PIEL-DESRUISSEAUX, J.-L. (2002) – *Outils Préhistoriques. Du galet taillé au bistouri d'obsidienne.* Dunod ed, 4 ème.ed., 311 p., 285 fig.

RIGAUD, J.-Ph. (1982) – *Le Paléolithique en Périgord: les données du sud-ouest sarladais et leurs implications.* Thèse de Doctorat d'Etat, Université Bordeaux I. 2t, 494 p., 242 fig., 17 tab.

RIGAUD, J.-Ph. (1993) – L'Aurignacien dans le sud-ouest de la France: Bilan et peerspectives. In: *Aurignacien en Europe et au Proche-Orient. Actes du XIIème Congrès Inernational des sceinces Préhistoriques et Protohistoriques.* Bratislava, 1-7 septembre 1991, p. 191-186.

ROZOY, J.-G. (1967) – Essai d'adaptation des méthodes statistiques à l'Epipaléolithiue (Mésolithique). Liste-type provisoire et premiers résultats. *Bulletin de la Société Préhistorique Française.* 64, p 209-226, 2 fig.

SACKETT, J. (1966) – Quantitative analysis of Upper Paleolithic stone tools. *American Anthropologist*. 68, p. 356-394.

SCHILD R. (1980) – Introduction to Dynamic Technological Analysis of Chipes Stone Assemblages. In *Unconventionnal archaeology. New Approaches and Goals in Polish Archaeology*. Ossolineum, p. 57-85, 13 fig.

SELLET, F. (1993) – Chaîne opératoire: the concept and its applications. *Lithic Technology*. 18:1 et 2, p. 106-112.

SEMENOV, S.-A. (1964) – *Prehistoric Technology*. Admas and Dart, Bath.

SMITH, P. (1966) – *Le Solutréen en France*. Publications de l'Institut de Préhistoire de l'Université de Bordeaux. Mémoire n°5, Bordeaux, Delmas 1966, 449 p. , 83 fig., XXV tabl.

SONNEVILLE-BORDES, D.de. (1954) – Esquisse d'une évolution typologique du Paléolithique supérieur en Périgord, défense et illustration de la méthode statistique. *L'Anthropologie*, 58, 3-4, p. 197-230.

SONNEVILLE BORDES, D.de. (1960) – *Le Paléolithique supérieur en Périgord*. Delmas imp. Bordeaux, 558 p., 295 fig., 64 tabl.

SONNEVILLE-BORDES, D. de (1974-1975) – Les listes types observations de méthode. *Quaternaria*. XVIII, p.9-43, 11 fig.

SONNEVILLE-BORDES, D.de.; PERROT J. (1953) – Essai d'adaptation des méthodes statistiques au Paléolithique supérieur. Premiers résultats. *Bulletin de la Société Préhistorique Française*. 50, p. 323-333, 2 fig.

SONNEVILLE-BORDES, D.de.; PERROT J. (1954, 1955, 1956) – Lexique typologique du Paléolithique supérieur. *Bulletin de la Société Préhistorique Française*. 51,1954 p. 327-335, 2fig; vol. 52, 1955, p. 76-79, 2 fig; vol. 53, 1956, p. 408-412, 2fig; bibl. p. 547-559, 5 fig.

SORESSI, M.; HAYS, M.A. (2003) – Manufacture, Transport, and Use of Mousterian Bifaces. A caser Study from the Perigord (France). In Soressi M.and Dibble H.L. *Multiple Approaches to the Study of Bifacial Technology*. University of Pennsylvania of Archaeology and Anthropology. p. 125-147, 7 fig.

SORESSI, M. (2004) – Les industries des niveaux du Paléolithique moyen. L'industrie lithiques des niveaux moustériens (fouilles 1998-1999). Aspects taphonomiques, économiques et technologiques. In *Le site paléolithique de Chez-Pinaud à Jonzac, charente-Maritime*. (Préhistoire du Sud-Ouest 2004, supplément 8), p.49-59, 4 fig., 4 tabl.

SPAULDING, A. (1953) – Statistical techniques for the discovery of artifact types. *American Anriquity*. 18, p. 305-313.

TIXIER, J. (1963) – *Typologie de l'Epipaléolithique du Maghreb*. Alger: CRAPE, 212 p., 61 fig., un dépliant. (Mémoires du Centre de recherches anthropologiques, préhistoriques et ethnographiques, n°2).

TIXIER, J. (1967) – Procédés d'analyse et questions de terminologie concernant l'étude des ensembles industriels du Paléolithique récent et de l'Epipaléolithique dans l'Afrique du Nor-Ouest. In: Bishop WW. and Desmond Clark J. ed. – *Backgroung to Evolutionen Africa. Proceedings of a symposium heldat Burg-Wartenstein*, Austria, July-August 1965, Wenner Gren Foundation. Chicago University Prss, p. 771-820.

TIXIER, J. (1978) – *Méthode pour l'étude des outillages lithiques*. Notice sur les travaux scientifiques de Jacques Tixier présentée en vue du grade de docteur ès lettres. Université de Paris X.

TIXIER, J. (1991) – Cogitations non conclusives. In: *25 ans d'études technologique en Préhistoire. XIème Rencontres Internationales d'Archéologie et d'Histoire d'Antibes*. Ed. ADPCA, Juan les pins, p.391-394.

TIXIER, J.; INIZAN, M.-L.; ROCHE H. (1980) – *Préhistoire de la pierre taillée 1: Terminologie et technologie*. Paris: éd. Cercle de Recherches et d'Etudes Préhistoriques, 120 p., ill.

***Collectifs*.**

Productions lamellaires attribuées à l'Aurignacien. Chaînes opératoires et perspectives technoculturelles. Union Internationale des Sciences Préhistoriques et Protohistoriques. *Actes du XIVème congrès de l'UISPP*, Université de Liège, 2-8 septembre 2001.

25 ans d'études technologiques en Préhistoire. Bilan et perspectives. Actes des rencontres 18-19-20 octobre 1990. Centre de Recherches Archéologiques du CNRS, ERA 28 du CRA, ville d'Antibes. *XIème Rencontres internationales d'Archéologie et d'Histoire d'Antibes*. Ed. ADPCA, Juan-les-Pins 1991, 397 p.

La Préhistoire dans le Monde. Nouvelle édition de la Préhistoire d'André Leroi-Gourhan. Nouvelle Clio. L'Histoire et ses problèmes. P.U.F, 1992, 837 p., 146 fig. Ouvrage collectif dirigée par José Garanger. Chapitre 2: La technologie et la typologie du fossile directeur à la chaîne opératoire. Evolution de l'interprétation des ensembles lithiques et osseux en France, p. 163.

TECHNOLOGY VS. TYPOLOGY: THE CASE FOR AND AGAINST A TRANSITION FROM THE MSA TO THE LSA AT MUMBA CAVE, TANZANIA

Anthony E. MARKS
Southern Methodist University. amarks@mail.smu.edu

Nicholas CONARD
University of Tübingen. nicholas.conard@uni-tuebingen.de

***Abstract**: The relationships between technology and typology within a single, local Paleolithic developmental sequence are not predictable. While it is true that major shifts in technology (i.e., from flake to blade production) will have major effects on the overall shape of the tools produced, less drastic technological changes do not necessarily lead to typological changes, while such typological changes may take place without significant technological change. Owing to its long and mainly continuous Paleolithic sequence, Mumba Cave in East Africa provides a good case study. Preliminary results indicate that during the long period of the MSA there is little change, either technologically or typologically. At the MSA/LSA interface, however, there is a major shift in typology but without a parallel shift in technology. Thus, at Mumba, it appears that typology may well shift while technology remains essentially constant.*
***Keywords**: Technology, Typology, East Africa, Middle Stone Age, Late Stone Age*

***Résumé**: Les rapports entre la technologie et la typologie d'une séquence régionale de développement d'industries lithiques paléolithiques ne sont pas prévisibles. Bien qu'il soit vrai que les changements majeurs de technologie (c.-à-d., de l'éclat à la production de lame) auront évidemment des effets sur la forme globale des outils produits, des changements technologiques moins drastiques ne mènent pas nécessairement à des changements typologiques, alors que ceux-ci peuvent intervenir sans transformation technologique. En raison de sa séquence d'occupation longue et continue d'occupation pendant le Paléolithique, la grotte de Mumba localisée en Afrique de l'Est fournit un excellent cas d'étude. Les résultats préliminaires indiquent que pendant la longue période du MSA il y a peu changements, technologique ou typologiques. À l'interface du Middle Stone Age et du Late Stone Age, on constate cependant un décalage important de la typologie mais sans variation parallèle de la technologie. Ainsi, dans la séquence de Mumba, il s'avère que des changements typologiques peuvent survenir dans un contexte technologique constant.*
***Mots-clés**: Technologie, typologie, Afrique de l'Est, Middle Stone Age, Late Stone Age*

***Resumo**: Não é possível prever nem generalizar as relações entre Tecnologia e Tipologia numa sequência paleolítica local. Se é certo que mudanças radicais nos padrões tecnológicos (ex. passagem de uma produção de lascas para uma produção de lâminas) terão necessariamente efeitos directos na morfologia da utensilagem resultante, outras mudanças tecnológicas, de menor grau, não implicam necessariamente mudanças tipológicas. Estas, por seu lado, podem sofrer alterações sem estarem necessariamente associadas a evoluções tecnológicas.*

Pela sua longa e, no essencial, contínua sequência paleolítica, a estação de Mumba Cave, na África Oriental, oferece-nos um bom exemplo para a abordagem destas problemáticas. Resultados preliminares do estudo em curso mostram que, durante o longo período da Middle Stone Age, existem raras mudanças, quer tecnológicas, quer tipológicas. Na interface entre a Middle Stone Age e a Late Stone Age, no entanto, assistimos a uma mudança radical nos padrões tipológicos que não se reflecte na evolução tecnológica. A sequência de Mumba parece assim ser um dos casos onde assistimos a mudanças tipológicas sem que as mesmas impliquem outras mudanças de carácter tecnológico.
***Palavras-chave**: Tecnologia, Tipologia, Africa oriental, Middle Stone Age, Late Stone Age*

INTRODUCTION

A direct relationship between basic technological and typical patterns is often assumed in Paleolithic studies. Most striking is the apparent association between blade technologies and Upper Paleolithic tool types, such as endscrapers, burins, backed pieces, and even geometrics. Partly, this is a function of the retouch limitations and potentials of different bank morphologies and, partly, it is a reflection of imposed morphological typologies. Yet, in most situations, the assumption appears valid. In addition to basic reduction technology, there are often secondary technological patterns associated with different basic technologies, such as backing with blade technology and invasive or scalar retouch with flake technologies. Yet, these general associations do not always hold. In Crimea, for instance, a developed hard hammer blade technology in the Western Crimean Mousterian, at ca. 40.000 BP, did not result in the production of Upper Paleolithic tool types, merely typical Middle Paleolithic types on elongated blanks (Chabai 1998). On the other hand, an even simpler blade technology in the Amudian of the Levant, at 200.000 BP, does appear to be co-associated with numerous Upper Paleolithic tool forms, such as backed knives, burins, and endscrapers (Gopher *et. al.* 2005).

In Northeast Africa, in particular, such expected associations are tenuous, at best. For instance, in the early Sebilian (Marks 1968a) blanks are flake and were produced by the Levallois method, while typologically, the dominant tool forms are various backed elements. In the Khormusan (Marks 1968b) the technology was classic Levallois (Sellet 1995) but typologically there are numerous burins made on Levallois flakes. Because of these exceptions to what might be considered a rule, it is necessary to examine technological and typological patterning separately, in order to establish their relationships in time and space. This is particularly important in Africa, since blade technology and backing have been posited as indicators of "modern" behavior there, if not in the rest of the world (McBrearty and Brooks 2000), and one distinguishing feature between the MSA and the LSA is a supposed shift from flake to blade/bladelet technology (Ambrose 2002).

The relationships between technological and typological patterns are particularly important when long term diachronic trends are being postulated. A good example is found in East Africa, where diachronic patterns of technological and typological change in the MSA and early LSA often have been modeled on data mainly derived from numerous, temporally short stratigraphic sequences that are usually poorly dated (e.g., Merrick 1975). Even when sequences are better dated (Ambrose 2002), present models are essentially similar to those based on short, unconnected sequences; little more than typological and/or technological generalities, where developmental connections remain obscure or undocumented.

While there are different ways to deal with regional, long term diachronic change, long stratigraphic sequences with little evidence for hiatuses can provide optimal data sets to monitor diachronic change and, at the same time, hold other factors constant that may affect technology, such as raw material types and availability.

In East Africa, a single site, Mumba Cave, has the depth of stratigraphy, an apparent absence of multiple temporally significant hiatuses in the Pleistocene sediments, and rich archaeological deposits throughout, that comes close to fulfilling potential optimal conditions to monitor long term diachronic change.

MUMBA CAVE

Mumba Cave, situated in Tanzania, some 4 km. east of Lake Eyasi, was excavated by Margaret Kohl-Larsen in the 1930s (Kohl-Larsen 1943) and, again, was tested in 1988 by M. Mehlman (1989). While the 1930s were hardly a time of modern excavation techniques, the site was excavated in more or less 20 cm. horizontal spits, sediments were screened, and, seemingly, all but the smallest artifacts were retained and shipped back to Germany. In spite of, or maybe because of, the recovery of a huge artifact sample, published studies have been few and far between. A single dissertation on the whole artifact sample (Roller 1954) provided a good inventory, but lacked the detail needed to document technological and/or typological change. Thirty-five years later, only 13 of the 39 spit assemblages were restudied, as part of a dissertation on East African prehistory (Mehlman 1989). The conclusions drawn from Mehlman's studies were published (Mehlman 1991) and are cited widely in the literature (e.g., McBrearty and Brooks 2000, Ambrose 2002, Deacon 2002). Initial reports of the faunal material from a zoological perspective were published long ago (Dietrich 1941, Lehmann 1957), but no studies of the fauna from an archaeo-zoological perspective have ever been carried out.

During the excavations six major stratigraphic Beds, I-VI, were recognized, based on differences in sediments. Excavations within each bed were carried out in 20 cm. spits, so that for Bed III, for example, the top 20 cm. spit was labeled IIIa (0-20cm), the second IIIb (20 to 40 cm.), the third IIIc (40 to 60 cm.), etc. The uppermost sediments, Bed, I, was little more than a thin, 20 cm. layer with modern Hadza artifacts. Bed II, not quite 40 cm. thick, contained pottery bearing LSA and was dated on charcoal by Mehlman (1989) to ca. 1800 BP. Bed III, some 1.8 m. thick, had rich archaeological materials in loose sandy deposits, the top half with ceramics and the lower half without. Bed IV, up to 1.05 m. thick, is an archaeologically sterile sand and shingle beach deposit with a few washed artifacts mixed in. This bed clearly represents an hiatus in human occupation but for how long is uncertain. Bed V, some 1.8 m. thick, is, again, loose sandy deposits but with some local cementation. It is rich in archaeological deposits. Bed VI, over 6.5 m. thick is, again, sandy but now yellowish. About 70 cm. into this bed is another coarse beach deposit. Archaeological materials occur throughout these deposits but it is clear that the sediments below the coarse beach level were washed extensively by high lake levels (Mehlman 1989), resulting not only in the polishing of artifacts but also the natural loss of the smaller lithic fraction.

Based upon his study of the lithics and the then current understanding of the expected East African archaeological sequence, Roller (1954) divided the Mumba lithic deposits into six cultural units, from top to bottom: a LSA with pottery (all materials from Beds I, II, and III (spits a through f); an LSA without pottery (Bed III, spits g and h); a Magosian from Bed V, spits a through c; a Stillbay from Bed V, spits d through g; a Proto-Stillbay from Bed V, spit f, and Bed VI, spits a through M; and, finally, at the base, an upper Levalloisian from Bed VI, spits n through x).

By 1989, the overall view of East African archaeology had changed and a number of the cultures recognized by Roller were no longer recognized. In their place, was a tendency to lump all assemblages with basic MSA traits (Levallois method, sidescrapers, large points, etc.) into a general MSA and all assemblages with so-called LSA traits (bipolar reduction, small endscrapers, *outils écaillés*, backed microlithic bladelet tools, etc.) into a generalized

LSA. The problem was that these "diagnostic" traits were not always exclusively found together. For instance, Howiensons Poort of South Africa, with its backed segments, occasionally microlithic was stratigraphically MSA and dated to, at least, 60.000 BP (Clark 1982). Mehlman (1989), partly reflecting the paradigm of the time, proposed that the lithic assemblage sequence at Mumba for Beds III through VI, be divided into three cultural units, following the three artifact bearing Beds (III, V, and VI). Bed III was seen as LSA with two phases, the later one with pottery, and the earlier one without pottery. All the spit assemblages from Bed V were called transitional, since typologically they seemed to contain a mixture of LSA and MSA elements – backed tools, Levallois flakes, points, small endscrapers, etc. It appeared that this transitional material was sufficiently different to warrant a new industry name – the Mumba Industry (Mehlman 1989). The materials from Bed VI, on the other hand, were all lumped into a generalized MSA.

While absolute dating was not possible during the Kohl-Larsen excavations, subsequent dating by a variety of techniques suggests that the lowest sediments of Bed VI may date to at least ca. 130.000 BP (Mehlman 1989), the top-most sediments (Bed I) are modern, while Bed II is no more than 2000 BP. The dating of Bed III is more of a problem. Recent AMS dates on ostrich egg shell from Bed III provide dates between 29.000 and 33.000 BP (Conard 2005), while Mehlman (1989) got dates on apatite from the same lower Bed III and from the underlying Bed IV of between 25.000 and 27.000 BP. Mehlman (1989) obtained a number of dates from upper Bed V. Two absolute C^{14} dates clustered around 30.000 BP, while one infinite date was greater than 37.000 BP. Recent AMS dates on ostrich egg shell from the same upper part of Bed V have consistently clustered around 30.000 BP. In addition, four T/U dates from mid-Bed V provided readings from 24.000 BP to 66.000 BP, but not in stratigraphic order (Mehlman 1991). Two T/U dates for lower Bed V ranged from ca. 35.000 BP to ca. 40.000 BP. Prudence suggests that Bed V accumulated between ca. 30.000 BP and 40.000 BP.

Drawings and later photographs of the profiles indicate that the upper 2.50 m. of archaeologically rich sediments (Beds I through III) had a natural slope, as did the ca. 1 m. of sterile sands and beach deposits directly below them (Bed IV). The sediments from Bed V and VI may have some slope but the profiles and discussions of the stratigraphy (Mehlman 1989) do not mention it. Given the original recognition and excavation of the sloping Bed IV, it is highly unlikely that any sediment of Beds III and V were unintentionally mixed. Stilll, while the bedding of the Beds V and VI sediments may have corresponded with the horizontal excavation spits, some artifact mixture must have taken place during excavations of the Bed III deposits. Since the upper sediments, for the most part, were extremely soft and unconsolidated, as well as having sub-modern burial pits going down about 1 m. into the sediments (Mehlman 1989), it must be expected that the upper spit assemblages would have been slightly mixed regardless of excavation techniques. Yet, given the depth of these deposits, some 1.8m., and the 20 cm. depth of the spits, mixing was probably limited to stratigraphically adjacent spits, only slightly blurring stratigraphically associated technological and typological patterning, beyond that which would have occurred naturally in the soft sediments.

Excavation notes from the 1938 season indicate that artifact and bone distributions were not uniform across the large excavation block; some areas had virtual middens of bones and artifacts, while in other areas bone and artifact densities were low. It is also clear from the notes that some of the richest "midden" accumulations were thicker than the 20 cm. spits. Thus, while the excavation spits segregated artifacts by depth below datum within the recognized six Beds, these spit assemblages likely do not correspond to either "living floors" or even necessarily to isolated clusters of temporally close, repeated occupations. Thus, *individual* spit assemblages may not be suitable for defining industries but, when adjacent spits are combined, they are likely to represent definable industries or industrial phases. Also, when considered as a long stratigraphic sequence, these spit assemblages are fully appropriate for monitoring temporal changes.

Such a situation is made for seriation, with its expectations of some mixing of temporally different materials (Cowgill 1972) and, while some detail may be lost, the broad patterns of technological and typological change can be documented. The data are presented here both as seriation and as comparisons of selected artifact classes, rather than as full spit assemblages, since studies are still underway. Therefore, conclusions are preliminary, although data are sufficiently robust that major changes in interpretations are unlikely.

Given the extremely recent materials in Beds I and II and the unfinished current analyses from the lowermost spits of Bed VI (Vii though VIx), the data presented here will include only the materials from Beds III, V (excluding the tools from spit Vd), and the uppermost 8 spits from Bed VI (excluding spits VIe and VIf that are not yet studied); that is, a stratigraphic sequence some 6.25 m. deep. According to both Roller (1954) and Mehlman (1989), this section of the stratigraphy incorporates both MSA and LSA and what may be a transition between them.

TECHNOLOGICAL PATTERNING

Basic reduction strategies in the MSA and LSA in East Africa have been described as including three important methods: Levallois (often misidentified as discoidal), bipolar, and platform blade/bladelet (Merrick 1975, Clark 1980, 2004). At Mumba, these reduction strategies dominate all spit assemblages, with true discoid or inclined (Conard 2005) and globular reductions only rarely present. Reduction strategies are mainly inferred from cores, which give a reasonable picture of shifts in proportional reduction patterns. Because of abundant immediately available quartz and metamorphic raw materials of various flaking qualities, there was relatively low reduction intensity, so that cores in all stages of production and reduction are present. This is particularly true for the Levallois method where an abundance of unpredictable quartz led to the abandonment of many cores in various stages of formation. All but the very initial stages are included here under Levallois, while the initial stages, owing to their inferred status, have been excluded.

The seriation of cores classes shows virtually no massive, abrupt changes (fig. 2.1a). The Levallois method dominates all spit assemblages, except for spits IIIc and IIId, where it still accounts for, at least, one third of all reduction. From IIIg downward, the Levallois method is highly dominant, slowly decreasing from bottom to top, although not monotonically. The sight variations in the proportions of Levallois reduction are caused by small differences in bipolar and platform core usages, with bipolar reduction showing a moderate jump in importance between spits Vg and Vh and accounting for most of the proportional reduction in Levallois method. Again, bipolar reduction shows a marked increase between spits IIIe and IIIf, when there is an almost 12% increase in bipolar reduction that continues to grow rapidly in the following two spits, IIId and IIIc.

Platform cores, typically described as characteristic of the LSA, are present throughout the sequence, but only show a marked proportional increase between spits IIIg and IIIf. Even then, however, platform reduction never accounts for even 17% of any spit sample.

When these three reduction sequences are seen as they affect each other (fig. 2.2a), stratigraphically the lower spites, from Ve through VIh, tightly cluster, indicating no significant proportional differences. It is notable that spit Va also falls at the edge of this cluster, while the other upper spits of Bed V, with IIIh, begin to indicate a vectored change toward proportionally increasing use of bipolar reduction that continues unabated to spit IIIc. Once platform cores reach a proportional occurrence of ca. 14-16%, there is no proportional change. Thus, meaningful change in reduction strategies for the upper spits of Bed V and all of Bed III lies in a shift from the Levallois method to bipolar reduction, without a true abandonment of the former.

Given these patterns, how might be stratigraphic sequence be understood? First, the three basic reduction strategies – Levallois, platform, and bipolar – are present throughout the sequence: that is, although there are minor shifts in their proportional popularity through time, there is good evidence for continuity. Second, there is no significant difference in the proportional usage of the different reduction strategies for the lower spits, from VIh through Vf. The upper spits of Bed V show a slight instability, with some (Va and Vd) clustering with the lower spits and others (Ve, Vc, and Vb), showing some increased proportional popularity of bipolar reduction. These latter are clearly comparable to IIIh. From there up, there is a continuous increase in the proportional popularity of bipolar reduction at the expense of the Levallois method.

Thus, for basic reduction strategies, this part of the Mumba sequence indicates technological identity and stability from Vf through VIh, a period of some minor flux in the upper spits of Bed V, and then a clear trend toward increasing bipolar reduction in Bed III but without clustering suggestive of any developmental breaks. While the occurrence of platform cores, often associated with blade/bladelet production, does increase through the stratigraphy, it never become dominant, even in the uppermost LSA spits.

TYPOLOGICAL PATTERNING

Describing typological patterning in East Africa is complex because there is no standardized typology, much less one that incorporates both the MSA and the LSA. In fact, a major tool class such as denticulates is not even recognized by some workers (e.g., Mehlman 1989), while some doubtful "types," only vaguely defined, such as becs, are recognized (Mehlman 1989). There is also the problem of the markedly subjective difference between "formal" and "informal" tools, as well as an apparent lack of operational agreement on the difference between scraper retouch and marginal and/or partial retouch. There are, however, some assumed type-fossils that, at the very least, are believed to help differentiate between the MSA and the LSA. Characteristic MSA tools include Levallois flakes, Levallois points, large unifacially or bifacially retouched points, a range of large scrapers made on flakes, and occasional backed elements (Clark 1982). On the other hand, characteristic LSA tools include *outils écaillés*, small round endscrapers (often thumbnail), backed microliths, and some small flattish bifacial points (Merrick 1975, Mehlman 1989). Unfortunately, these distinguishing typological characteristics are not always found in segregated clusters, or may be associated with technological patterns believed characteristic of a different period, leading to the recognition of "transitionnal" MSA/LSA assemblages, as at Mumba (Mehlman 1989).

In this paper, the diachronic shifts in typological patterning at Mumba will be examined through major tool classes, rather than through types, although intra-class variability eventually may provide additional information. The one exception will be in the scraper class, where different types (sidescraper vs. thumbnail) are believed to have clear temporal significance. Some of classes occur either in only small numbers in each spit or only sporadically: some of these have been grouped together in the seriation. Also, notches and retouched pieces (both seemingly informal tools, at best) have been combined (fig. 2.1b).

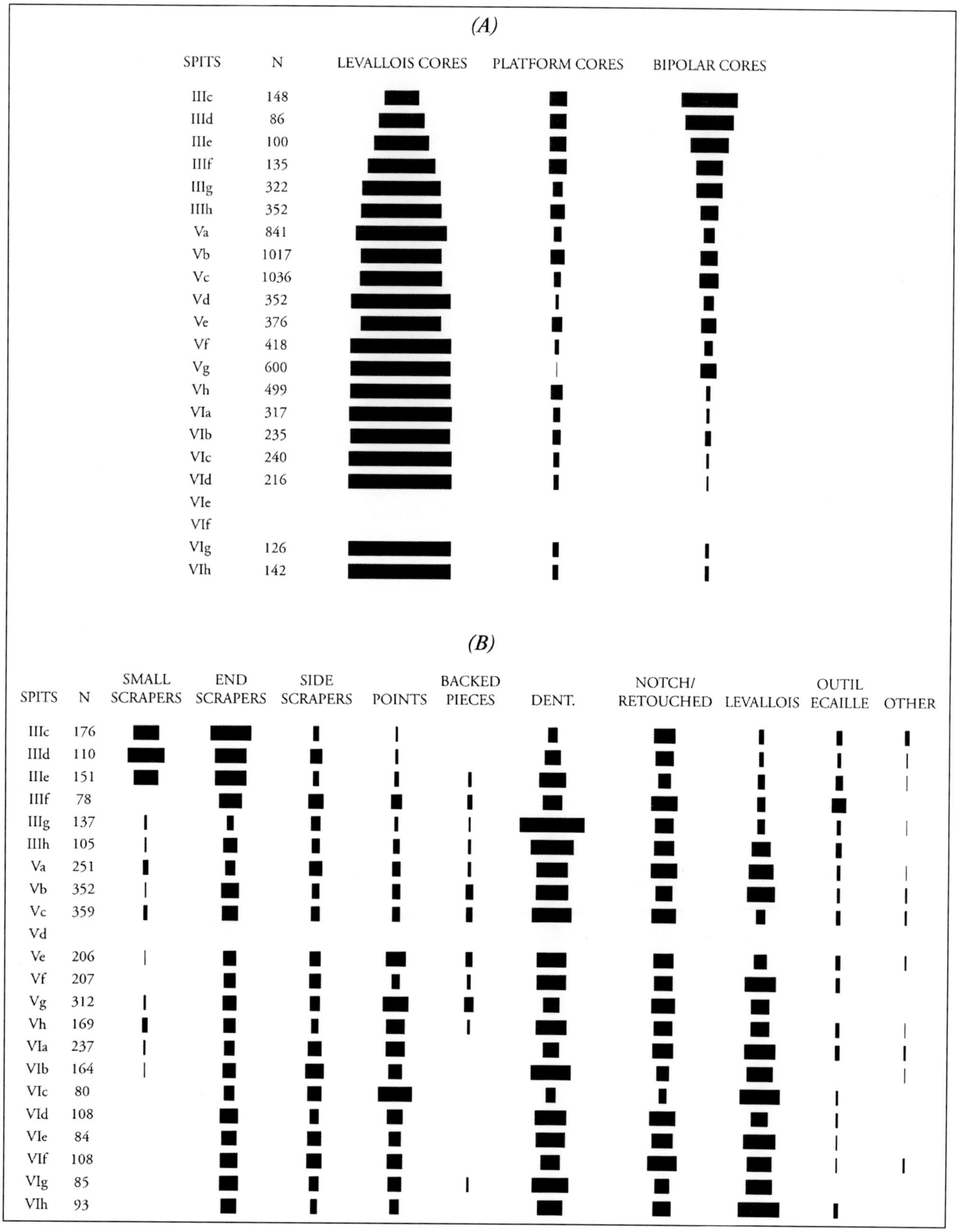

Fig. 2.1a: Seriation of Cores; b: Seriation of Tools

Overall, the lack of proportional shifts in tool classes through the stratigraphic section is striking. The single exception is at the top of the column where spits IIIc, IIId, IIIe and IIIf are markedly different from the spits below. The appearance of significant numbers of small scrapers (thumbnail, small circular, and small double) in IIIe,

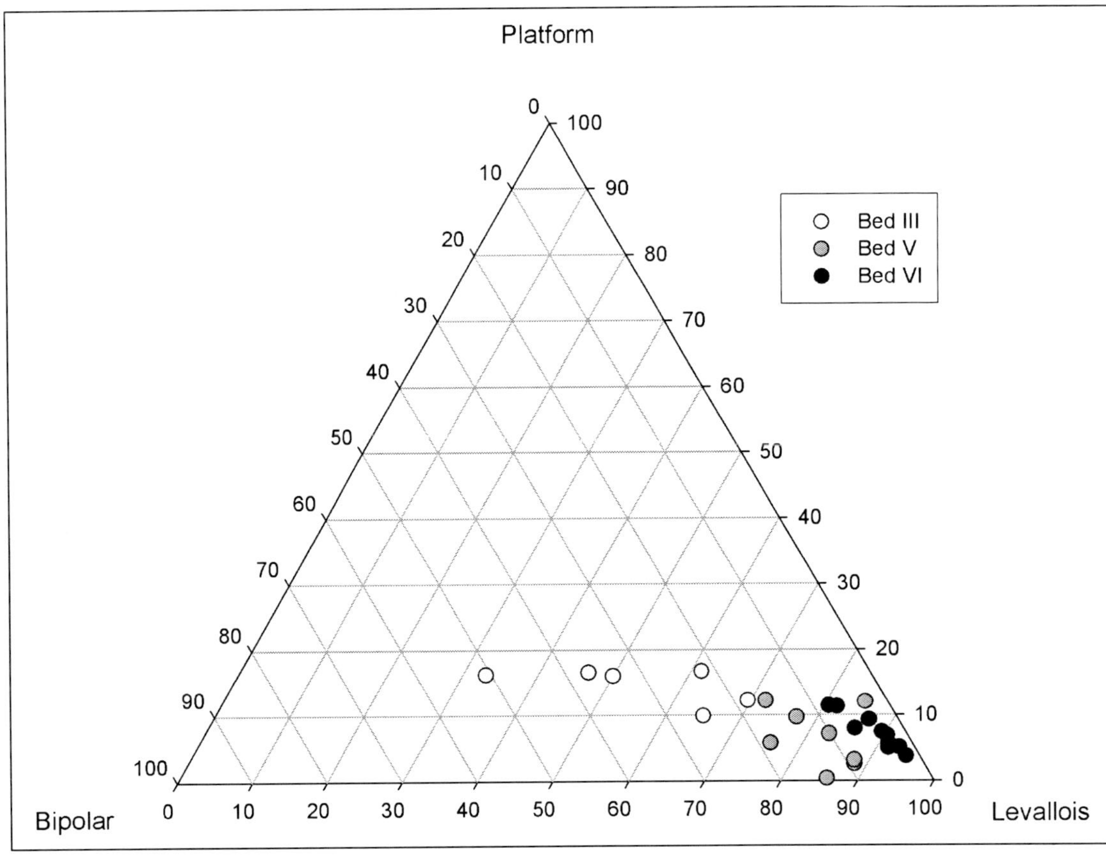

Fig. 2.2a: Tripole graph of Major core classes

combined with a marked increase of other endscrapers beginning in IIIf, clearly indicates a sharp break with what occurs below. Associated with this change is a paucity of points and of backed microliths (if the latter is not a recovery problem), as well as noticeable decreases in Levallois flakes. Given the undoubted loss of many of the smallest tools during original artifact recovery (particularly the smallest of the thumbnail scrapers), the clear patterning in the available samples indicates that the IIIf/IIIg interface was even more abrupt than the present samples indicate.

Below spit IIIf, however, there is little, if any, demonstrable vectored change. There are some subtle shifts, such as a minor proportional increase in points toward the top of Bed VI and the lower part of Bed V and then a slow decrease toward the upper spits. There is nothing, however, that would suggest either rapid developmental change or any developmental disjunction.

A single tool class (backed elements) does not occur throughout the whole stratigraphic sequence, appearing first in Vh and disappearing in IIId. The single example from VIg (fig. 2.1b) is a roughly backed blade fragment, quite distinct morphologically from those in stratigraphically higher spits. These tools, which range from classic segments to large backed pieces, are never common (contra Ambrose 2002: 10), and exhibit little standardizetion, although well made examples are common.

TECHNOLOGICAL VS. TYPOLOGICAL CHANGE

The patterns of technological and typological change are to a large extent parallel. The one place where sharp typological change is seen, between IIIg and IIIf, is also the stratigraphic position where the greatest changes are seen in technological patterning, although they are not nearly as abrupt. Both the technology (fig. 2.2a) and the typology (fig. 2.2b) clearly demonstrate no significant differences in the spits from VIh through IIIh, with IIIg suggesting the beginning of vectored change technologically but still typologically clustering with the lower spits. The difference between the typological and technological patterning is seen clearly from IIIg through IIIc. Technologically, there appears to be a monotonic vectored change brought about by a proportional increase in the use of bipolar reduction at the expense of the Levallois method. Typologically, however, there is a sharp break in assemblage patterning at the IIIg/IIIf interface, brought about by a extreme increase in the proportional representations of endscrapers, particularly thumbnail scrapers, relative to points and denticulates (fig. 2.2b). Other tool classes show almost no temporal patterning across the IIIg/IIIf boundary, except for Levallois flakes, which proportionally and absolutely decrease in number toward the top of the sequence. In this case, however, there is a clear, direct, parallel relationship between the number of Levallois cores and the number of Levallois flakes, making this more of a technological than a typological observation.

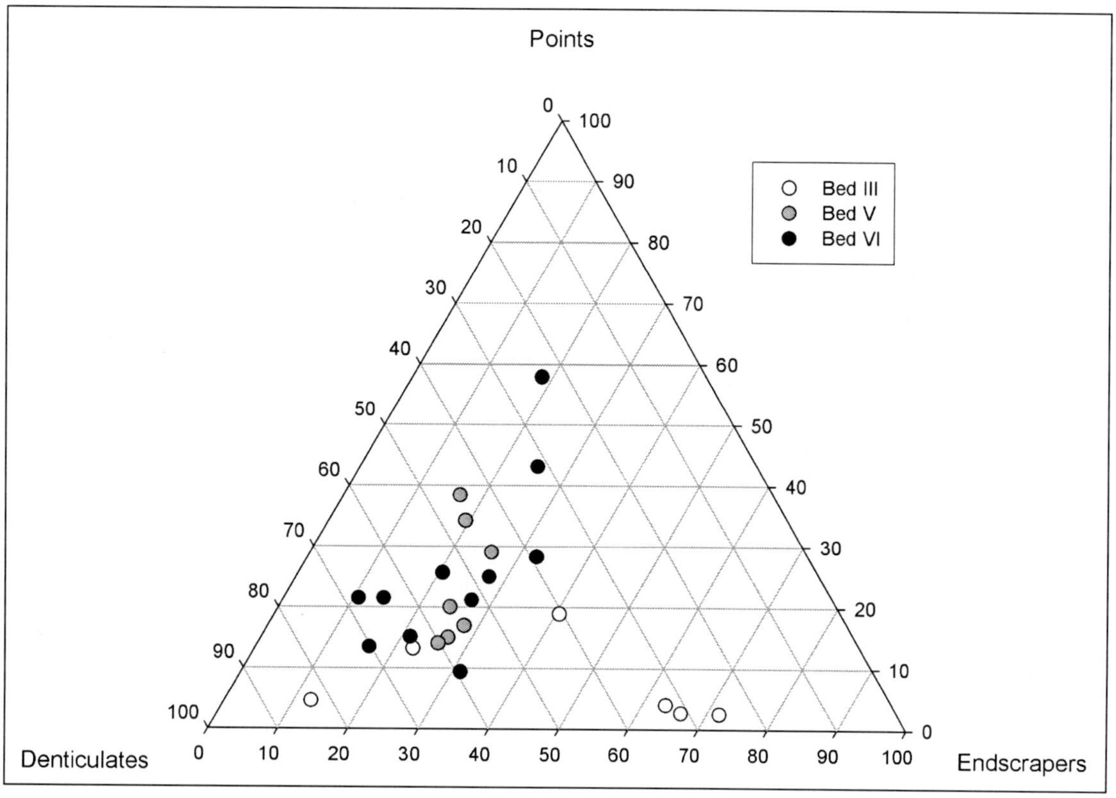

Fig. 2.2b: Tripole graph of Points, Denticulates, and Endscrapers

While the marked proportional increase in bipolar reduction above spit IIIg (figs. 2.1a, 2.2a), might suggest a comparable proportional increase in *outils écaillés*, this is not the case (fig. 2.1b, 2.2b). The major increased use of bipolar reduction resulted in only a very modest increase in *outils écaillés.* Thus, unlike Levallois flakes, at Mumba there is no direct relationship between increasing bipolar reduction and a comparable increase in *outils écaillés,*

In sum, the temporal technological patterning indicates a long period of little if any change (VIh through IIIh) but then a vectored change from IIIg through IIIc. The typology, while paralleling the technology for spits VIh through IIIh, in showing no significant changes, shows a marked break at the IIIg/IIIf interface. Therefore, there is no consistent parallel development between technology and typology at Mumba. For most of the sequence, typology and technology do reflect the same patterns of little change but, at the top of the sequence, typological patterning changes radically and abruptly within a context of a monotonic, vectored technological shift.

Should technology or typology take precedence in interpreting the meaning of the Mumba sequence? With the typology, are there really type-fossils that can be counted upon to relegate an assemblage into one major period or another for all of sub-Saharan Africa? Of course, there are no clear answers to these questions. As archaeologists, we construct order in the assemblages and impose our views onto the material. While subjective, our understanding of any sequence is largely based on the cumulative understandings from previously published works and the paradigms of the moment. We can, however, use new data sets to evaluate previous conclusions.

In the case of Mumba, there is no question that the lithic assemblages from Bed III, spits IIIc through IIIf, are LSA chronologically and culturally, with their thumbnail scrapers, pottery, and ostrich eggshell beads (Mehlman 1989). Yet, they do not fit the model of LSA in all ways. The significant presence of the Levallois method, as well as the paucity of platform blade/bladelet cores are good examples, as is the relative paucity of *outils écaillés*, among others. Thus, the late LSA at Mumba is so almost by virtue of its absolute dates, and its non-lithic components, rather than because of its typological structure and its technology.

Based on the available data, Mehlman's non-pottery LSA (spits IIIg and IIIh) is neither significantly different typologically nor technology from the underlying assemblages of Bed V. Since they are fully part and parcel of the materials from Bed V and the upper spits of Bed VI, they are MSA, not LSA.

How should the MSA sequence of assemblages from IIIg through VIh be interpreted? Mehlman saw an MSA (all of Bed VI), a "transitional" industry in all of Bed V, and an LSA in spits IIIg and IIIh. Granted, the spit assemblages of Bed V are stratigraphically and, thus, temporally transitional between those of Beds VI and III, but that does not make them "transitional" in a technological or typological sense.

Technologically, the upper Bed V spits do show a minor but noticeable shift toward increasing bipolar reduction, but the only typological aspect different from the Bed VI spit assemblages is a low percentage of backed elements. Should these be considered "transitional" because they occur along with "characteristic" MSA elements, such as the Levallois method, sidescrapers, points, etc.? While backed tools, usually microlithic, are often numerous in LSA assemblages (Ambrose 2002), they may be equally numerous in some MSA Howiensons Poort assemblages, although not usually microlithic (Clark 1982). The presence in Bed V of other "LSA" elements, such as small convex scrapers and *outils écaillés* must be seen in the context of the site. Small scrapers occur in extremely limited numbers below the LSA of IIIe, so limited that they might well be intrusive. The presence of small numbers of *outils écaillés* in Bed V must be seen in the context of their presence in virtually all spits at the site and in the documented presence of bipolar reduction throughout the MSA deposits. While large numbers of them might be more characteristic of the LSA than the MSA, their mere presence has no temporal or cultural significance.

On balance, there appears to be more typological and technological continuity than change within both the pottery LSA of IIIc through IIIf and the spit assemblages below it. The changes that can be documented below the LSA deposits are mainly technological but are slow, long term incremental trends. At this stage of study, it seems most likely that all the spit assemblages below IIIf should be considered true, if late, MSA, where only hints of technological change toward an LSA can be seen, and where the typological patterns are still strongly MSA. While the technological trends suggest continuity across the Mumba MSA/pottery LSA interface, this must be illusionary. There must be a significant temporal hiatus between IIIg and IIIf. Perhaps, it is within this hiatus that a true MSA/LSA transition will be found.

References

AMBROSE, S. (2002) – Small Things Remembered: Origins of Early Microlithic Industries in Sub-Saharan Africa. In, ELSTON, R.; KUHN, S. eds. lits. – *Thinking small: Global Perspectives on Micolithization.* Archaeological Papers of the American Anthropological Association. 12. p. 9-29.

CHABAI, V. (1998) – Kabazi II: The Western Crimean Mousterian Assemblages of Unit II, Levels II/7-II/8C. In MARKS, A.; CHABAI, V. eds. lits. – *The Middle Paleolithic of Western Crimea, Vol. 1.* The Paleolithic of Crimea, I. Liège: Université de Liège. ERAUL 84. p. 201-252.

CLARK, J.D. (1982) – The cultures of the Middle Paleolithic/Middle Stone Age. In CLARK, J. D. ed. lits. *The Cambridge History of Africa, vol. I: from the Earliest Times to c. 500 BC.* London: Cambridge University Press. p. 248-341.

CONARD, N. (2005) – An overview of the patterns of behavioral change in Africa and Eurasia during the Middle and Late Pleistocene. In d'Errico, F.; Blackwell, L. eds. lits. – *From tools to Symbols: From Early Hominids to modern Humans.* Johannesburg: Witwatersrand University Press. p. 214-33.

COWGILL, C. (1972) – Models, methods and techniques for seriation. In CLARK, L., ed. – *Models in Archaeology* London: Methuen and Co. Ltd. p. 381-424.

DEACON, H. (2002) – The Out-of- Africa hypothesis and African archaeology. *Praehistoria* 3: p. 147-160.

DIETRICH, W. O. (1941) – Die säugetierpaläontologischen Ergebnisse der Kohl – Larsen'schen Expedition 1937 – 1939 im nörd-lichen Deutsch-Ostafrika. *Zentralblatt für Mineralogie, Geologie und Paläontologie* Abt. B: p. 217-223.

GOPHER, A.; BARAKAI, R.; SHIMELMITZ, R.; KHALAILY, M.; LEMORINI, C.; HESHKOVITZ, I.; STEINER, M. (2005) – Qesem Cave: An Amudian Site in Central Israel. *Journal of the Israel Prehistoric Society* 35: p. 69-92.

KOHL-LARSEN, L. (1943) – *Auf den Spuren des Vormenschen.* 2 vols. Stuttgart Strecker und Schröder Verlag.

LEHMANN, U. (1957) – Eine jungpleistozäne Wirbeltierfauna aus Ostafrika. *Mitteilungen aus dem Geologischen Staatinstitut in Hamburg* 26: p. 100-143.

McBREARTY, S.; BROOKS, A. (2000) – The Revolution That Wasn't: A New Interpretation of the Origins of Modern Human Behavior. *Journal of Human Evolution* 39: p. 453-563.

MARKS, A. (1968a) – The Sebilian Industry of the Second Cataract. In, WENDORF, F. ed. – *The Prehistory of Nubia.* Volume I. Dallas: Fort Burgwin research Center and Southern Methodist University Press. p. 461-531.

MARKS, A. (1968b) – The Khormusan: An Upper Pleistocene Industry in Sudanese Nubia. In, WENDORF, F. ed. – *The Prehistory of Nubia.* Volume I. Dallas: Fort Burgwin research Center and Southern Methodist University Press. p. 315 – 391.

MEHLMAN, M. (1989) – *Later quaternary archaeological sequences in northern Tanzania.* Ph. D. Dissertation. Department of Anthropology. University of Illinois at Urbana – Champaign.

MEHLMAN, M. (1991) – Context for the emergence of modern Man in eastern Africa: some new Tanzanian evidence. In CLARK, J. D. ed. lit. *Cultural Beginnings.* Bonn: Dr. Rudolf Habelt GmbH. p. 177-196.

MERRICK, H. (1975) – Change in Later Pleistocene Lithic Industries in Eastern Africa. Ph. D. Dissertation. Department of Anthropology. University of California at Berkeley.

ROLLER, O. (1954) – *Die Steingeräte der Mumba-Höle: Ein Beitrag zur Kenntnie der Vergeschichte Ostafrikas*. Ph. D. Dissertation. Universität Tübingen.

SELLET, F. (1995) – Levallois or Not Levallois: Does it Really Matter? Learning from an African Case. In, DIBBLE, H.; BAR-YOSEF, O., eds. lits. – *The Definition and Interpretation of Levallois Technology.* Monographs in World Archaeology No. 23. Madison: Prehistory Press. p. 25-40.

TECHNOLOGY *VS* TYPOLOGY? THE CANTABRIAN ARCHAIC AURIGNACIAN/PROTOAURIGNACIAN EXAMPLE

Álvaro ARRIZABALAGA VALBUENA
Grupo de Investigación Consolidado y de Alto Rendimiento de Prehistoria de la Universidad del País Vasco (9/UPV 155.130-14570/2002). fgparvaa@vc.ehu.es

José Manuel MAÍLLO-FERNÁNDEZ
Dpto. de Prehistoria y Arqueología. UNED. jlmaillo@geo.uned.es

***Abstract**: The employment of Typology and, later, of Lithic Technology has represented a great progress to know the material culture of prehistoric groups. Nevertheless, an excessive importance has been granted to these tools. In absence of other archaeological sources, the Typology of empirical base became a key piece for the stratigraphical and cronocultural reconstruction of sites, moving away from its primitive aim. As for technology, many researchers adopted it as the natural substitute of the typology and they have committed the same mistakes previously ascribed to Typology. If we take both methodological tools as such, and we forget the generated scleroses in both by their incorrect use, it will be possible to obtain some satisfactory results. With these premises we have carried out the study of the Archaic Aurignacian of the Cantabrian region (Cueva Morín and Labeko Koba) obtaining a global result from the available lithic pieces.*
***Keywords**: Technology, Typology, Archaic Aurignacian; Protoaurignacian, Cantabrian Iberia, Labeko Koba, Cueva Morín*

***Résumé**: L'emploi de la typologie et plus récemment de la technologie lithique a été un grand progrès pour la connaissance de la culture matérielle des groupes préhistoriques. Cependant, une importance excessive fut accordée aux outils. En l'absence d'autres informations archéologiques, la typologie à base empirique est devenue une clé pour la reconstruction stratigraphique et chrono-culturelle des sites, dérivant ainsi de ses objectifs premiers. En ce qui concerne la technologie, beaucoup de chercheurs ont adoptée comme un remplacement naturel à la typologie, en commettant les mêmes erreurs qui lui avait précédemment été attribuées. Si nous prenons les deux approches conjointes, en oubliant les scléroses générées par leurs emplois incorrects, des résultats plus satisfaisants pourront être obtenus. Nous avons menés à bien selon ces prémices l'étude de l'Aurignacien archaïque de la région cantabrique (cueva Morín et Labeko Koba) et obtenu des résultats globaux à partir des ensembles lithiques disponibles.*
***Mots-clés**: Technologie, typologie, Aurignacien, Protoaurignacien, Cantabre, Labeko Koba, Cueva Morín*

***Resumo**: A aplicação da tipologia e, mais tarde, da tecnologia lítica fomentou um enorme progresso no conhecimento da cultura material dos grupos pré-históricos. No entanto, talvez se tenha atribuído demasiada importância a este tipo de estudos. Na ausência de outros tipos de evidência, as tipologias de base empírica tornaram-se o utensílio base para a reconstituição estratigráfica e cronológica de sítios arqueológicos, distanciando-se assim dos seus objectivos originais. No que toca à tecnologia, muitos investigadores acabaram por adoptá-la como substituto da tipologia, acabando por cometer o mesmo tipo de erros. Se considerarmos a utilização de ambas as ferramentas metodológicas de acordo com as suas premissas originais, e tentarmos esquecer os erros comuns originados pelo seu uso incorrecto, torna-se evidente a sua utilidade e possível a obtenção de resultados satisfatórios. Foi o que procurámos fazer no estudo do Aurignacense Arcaico da região cantábrica (Cueva Morin e Labeko Koba), obtendo assim uma caracterização geral da indústria lítica do período.*
***Palavras-chave**: Tecnologia, Tipologia, Aurignacense Arcaico; Protoaurignacense, Cantábria, Labeko Koba, Cueva Morín*

INTRODUCTION

During the last thirty years, we have been witnesses of a debate concerning the usefulness and suitability of the typological analysis developed in prehistoric studies, versus a few candidates as traceology or technology. In our opinion, this debate is absolutely unfruitful.

The typological studies of Palaeolithic took place as a very important methodological system after the Second World War. Professors as G. Laplace (1966) explained the theory from an analytic perspective, and F. Bordes y D. Sonneville-Bordes from an empirical perspective, being this last model the most used by the European colleagues (Bordes, 1961; Sonneville-Bordes and Perrot, 1954, 1955a, b and c).

The diffusion of the use of the empirical typology occurred, firstly, because of the simplicity of its implicit use, and secondly, due to the easy method to infer deductions. We are talking about the named Bordesian Paradigm (Vega Toscano, 2001). This method added two essential elements to the discipline: i) an analytical system based on percentages, easy to use and interpret, and ii) a common language for all the colleagues, so the interregional comparison could be feasible.

However, the use of the different typological approximations, even though it solved a deep organizational problem, collapsed very soon, running out of interpretative interest at the end of the eighties from last century. From a practical point of view, the empiric typological studies produced an "a priori" cultural division, for instance, between the Middle-Upper Palaeolithic. By using two different lists and two distinguished analytical models, the differences were more visible than the possible convergences.

Another problem associated to these studies was the appearance of prehistoric tools which were not published in the original type-list (originally created for the French Palaeolithic). This appearance meant, either the spoiling of the industries, or the modification of the type-list, with all the consequent analytic problems associated. Besides, the use of these typologies by a few of these "ultratypologistical" authors leaded to an analytic simplification of the method, and all the non-retouched lithic rests were rejected, though they are the most common in the sites.

As a result of the depleted typological analytic processes, some sort of technological studies not very developed and extended until that moment, took new importance. With the introduction of the New Archaeology and its systemic conception of the culture and the functionalist influence, the lithic systems are able to be interpreted as a part of a process that makes possible the inference of some techno-cultural aspects (Terradas, 2001: 30). This new kind of study was introduced in the European science by A. Leroi-Gourhan, with the incorporation of the "chaine operatoire" concept, and by J. Tixier with his methodological postulates (Tixier, 1978).

The studies about lithic technology have contributed with a new vision of the Palaeolithic. Thanks to concepts like chaîne opératoire, we are able to develop a serial of techno-psychological and techno-economical interpretations, which permit an approach to the Palaeolithic groups from many different perspectives, all of them being complementary, related in the bibliography (Karlin, 1992; Karlin *et alii*, 1986, 1992; Pelegrin *et alii*, 1988). But during the years of development of this new methodology, several problems have appeared, as a few authors have explained (Otte, 1991; Tixier, 1995):

1) The absence of a common and clear vocabulary for all the experts provokes an obvious misunderstanding with the translation made by the different authors of actual synonym words.

2) The over-exploitation of the lithic systems, searching for knowledge interpretations, when these are impossible.

3) The concept of "*chaine operatoire*" is just the basic tool to infer techno-economic-cognitive interpretations. However, many authors base their studies on this tool, instead of going further, that is, what we call "Technography". As a result, they return to the criticized historical problem of the typological analysis.

At last, a few colleagues think that technology must substitute typology. We consider that this is a terrible mistake, as these are independent tools which respond to different issues (Boeda, 1997). These approaches must be combined, in order to reach a more accurate knowledge of Palaeolithic groups.

THE ARCHAIC AURIGNACIAN IN CANTABRIAN IBERIA

This technocomplex appeared in Cantabrian Iberia 36000 BP ago, according to the dates of Cueva Morin 8 (Maíllo-Fernández *et alii.,* 2001).Unfortunately, the number of sites in this region is very scarce. Apart from the two named sites, we have Protoaurignacian levels as Castillo 16, Covalejos B, Gatzarria or Isturitz. In this paper, we want to present the typological and technological data of the Archaic Aurignacian or Protoaurignacian of the Cantabrian Iberia, taking in account the data retrieved from the most important sites Labeko Koba y Cueva Morin.

Labeko Koba

The site of Labeko Koba (Arrasate, Basque Country), the first appearance of which dates back to 1972 (Altuna *et al.,* 1995) was practically discovered and excavated between 1987 and 1989, under the direction of A. Arrizabalaga (Arrizabalaga & Altuna, eds. 2000; Arrizabalaga *et al.,* 2003). With the site's monograph being so close in time, the logical procedure is to go back over the same and give a brief reminder of the stratigraphy of the site. Labeko Koba includes a virtually uninterrupted deposit of archaeological materials and sediments from the Chatelperronian (level IX lower), to the advanced Early Aurignacian (level IV). This stratigraphical series includes a sequence of more than four meters in thickness that has been deposited over about five thousand years.

We have evidence of first visits to the cave by species which rivalled each other for occupation of it (carnivores and humans) from the base of the sequence (level IX lower). The human presence, which is very occasional, can be interpreted in relation to the provision of biotic resources (meat, leather, antler, bone, etc.) present in the pothole from the activity of the carnivores, the main actors in the taphocoenosis of the base of the deposit. The first stages of silting of Labeko Koba, which suppose practically half of the total archaeological potency of the site, constitute the level IX (in some squares it approximates to two metres thick). The sub-level Lower IX has been attributed to the Chatelperronian, fundamentally because of the weight which the presence of three Chatelperronian points has on a limited batch of lithic industry. There is also a very deteriorated fragment of a spear point. The upper section of level IX occupies the greater part of the unit and is almost totally lacking in remains of industry (barely five flakes of flint and the same number of possible strikers in megaceros antler). The valuation of these antler fragments like that of the strikers makes up for the absence in the same level of other megaceros bones (in spite of having more than 2350 identified remains), and the lack of similar remains in antler of other deer and the extreme likeness in module and vicinity of these five objects in the cave. From the cultural point of view it is complicated to label this sub-level, which is located between the Chatelperronian (IX lower) and the Protoaurignacian (VII), separating them more clearly than the irregular level VIII.

As far as level VII is concerned, this marks a clear inflexion compared to the underlying levels. For the first time in the sequence of Labeko Koba, the human being takes centre stage. In particular because of the composition of its lithic industry, this level is clearly Protoaurignacian in form, specifically because of the variety, with abundant semi-abrupt retouch bladelets (Dufour type). On level VII various remains have been recovered (a stone with engraved lines, a small ball of amber and various examples of decoration on bone medium) which provide evidence that, at least from the Protoaurignacian, these groups had a symbolic universe similar to that which will be observed throughout the Upper Palaeolithic.

Levels VII and V are separated by a level VI, which is very poor, and which appears to lean culturally more towards level V than level VII. Although the lithic industry is not significant, on this level there is a split-base point, evidence which marks the occupation as the first presence of peoples from the Early Aurignacian. The chronological adscription of level V is also sure, in view of the existence of an almost complete split-base point. The lithic assemblage points in the same direction, with the modal and group levels being within the parameters observed for the Early Aurignacian at other levels of the Cantabrian Iberia (Cueva Morín or Polvorín Cave, amongst others).

Level IV of Labeko Koba is more problematic to date. Our main evidence for the adscription of level IV consists of its strong similarity to level V, in all effects (environmental, sedimentary, industrial, behavioural). If we observe the lithic register (in this level, the bone industry does not provide determining information for the purposes of cultural chronology), we see that both levels (IV and V) tend to be associated. The most diagnostic lithic structure for cultural purposes (the modal structure) shows great similarity between both models, despite the fact that the semi-abrupt retouch (that of the Dufour bladelets), still strongly present in level V, almost disappears on level IV. Except for that circumstance, the similarities between the two levels in the composition of the lithic tools elaborated with the modes of Simple, Abrupt, Burin or Écaille retouch are clear.

It is also easy to refer this common model of Early Aurignacian to other possible parallels (like different units in Gatzarria or Cueva Morín). Consequently, we shall consider this level IV to be a more advanced phase of the same Early Aurignacian. We should make it clear at this point that we are not referring to an Evolved (or *évolué*, to give it its French term) Aurignacian, which has very different characteristics.

Cueva Morín

Cueva Morín is in Villanueva de Villaescusa (Cantabria), some nine kilometres from the city of Santander. It was discovered by H. Obermaier and P. Wernert in 1910 and excavated by J. Carballo and the Count of la Vega del Sella between 1917 and 1919 (Vega del Sella, 1921; Carballo, 1923). The most recent archaeological intervene-tion on the site was carried out by a Spanish-US team led by J. González-Echegaray and L. G. Freeman (González Echegaray & Freeman, 1971, 1973 and 1978). Later studies on the lithic industry recovered in these campaigns have been carried out by A. Arrizabalaga (1995) for the start of the Upper Palaeolithic and J. M. Maíllo (2003) for the Transition between the Middle and the Upper Palaeolithic. Cueva Morín represents one of the key stratigraphies for knowledge of the Middle and Upper Palaeolithic in the region of Cantabria. Represented in it are 22 levels, which span from the Mousterian to the Azilian.

As far as the Transition between the Middle and the Upper Palaeolithic, and the first stages of the Aurignacian are concerned, we have materials relating to seven archaeological levels: two corresponding to the Final Mousterian (12 and 11), one Chatelperronian (10); two belonging to the Protoaurignacian or Archaic Aurignacian (9 and 8) and two corresponding to the Early Aurignacian (7 and 6). Against the opinion of some scholars (Muñoz & Montes, 2003), we think that the site formation processes are not very complicated from a taphonomical perspective. There is a well known and topographically very located stratigraphical perturbation in the entrance area, caused from our point of view by a deformation by charge (Maíllo, 2005a), and not by solifluction as other authors have proposed (Sanguino and Montes, 2005).

The site has two series of dates. In the first of these, dates were obtained whose results appear to be mutually incoherent, being, in general, more recent dates than those normally admitted for these prehistorical periods (Stuckenrath, 1978). Recently, two new dates have been obtained for levels 11 and 8 which have notably aged the levels dated previously (Maíllo *et al.,* 2001). The differ-rence among both date series has several explanations. First, dates obtained in the 1966-69 excavations are expressed in B.C. and not in B.P. (Stuckenrath, 1978). In the second, samples to be dated in the level 8 were taken in the central area of the cave, where the dwelling structures appeared. These structures could not be related with the western profile that serves as a stratigraphical reference for the whole sequence, the intermediate area was already dismantled in the excavations at the begin-ning of the XX century (González Echegaray & Freeman, 1971). On the other hand, old dates like those of level 10 can be discarded because of their wide margin of error and the difference between the different results obtained from the same sample. Finally, we are carrying out a new series of dates from the 7, 6 and 5 levels, with the aim of contrasting them with those available up to now (Stuckenrath, 1978).

The Final Mousterian (levels 11 and 12) are characterised, from a technological standpoint, by the schemes of a discoid conception under two methods: unifacial and bifacial. The raw materials are varied, but notable amongst them are flint and fine grain quartz and the blanks are designed for the creation of denticulates and side-scrapers. There is a bladelet production scheme orientated at obtaining bladelets from unipolar prismatic cores. Although there is very little evidence, some of these bladelets are retouched with semi-abrupt or abrupt retouch. These bladelets production patterns present a similar global model to that of the Archaic Aurignacian, but with particular elements that differentiate it (Maíllo, 2001; Maíllo *et al.*, 2004). As far as type goes, the whole is dominated by denticulates and, in a lesser number, by side-scrapers. They would correspond to a Mousterian of denticulates *sensu* Bordes. Level 11 has recently been dated, with a result of 39.770 ± 730 B.P. (GifA- 96264 – Maíllo *et al.*, 2001).

The Chatelperronian of Cueva Morín (Level 10) is also dominated by discoid type core schemes similar to those of the Mousterian, although the laminar component is, qualitatively, more relevant. There are two schemes for the production of blades. The most abundant is the production scheme carried out from unipolar prismatic nuclei. The other production scheme is the one which uses bipolar prismatic nuclei. The blanks obtained in this last method are designed for the creation of Chatelperronian points. There is no specific bladelet production. The Chatelperronian in Cueva Morín is characterised by a small number of Chatelperronian points (4.2 %), a greater number of end-scrapers than burins and a large percentage of substrate tools.

The Archaic Aurignacian is present in levels 9 and 8. Technologically, they are characterised by a strong development of the production schemes for bladelet production from unipolar prismatic cores, with a *continuum* between the production of blades and bladelets and, to a lesser degree, through carinated end-scrapers type cores (Maíllo 2005b, 2006). The production of blanks through discoid type schemes is also considerable. Typologically, it is defined by a high percentage of Dufour bladelets (17.9 % in level 8). Also worthy of note are the pieces with side retouching and common background, with end-scrapers being more abundant than burins. This level has a recent date of 36.590 ± 770 B.P (GifA- 96263), (Maíllo *et al.* 2001).

In the Early Aurignacian, from a technological point of view, there is a dissociation between the production of blades and bladelets and thus there is a big difference with the underlying Archaic Aurignacian bladelet production scheme. Blades are produced from unipolar prismatic cores and for bladelets production schemes of a carinated end-scraper type are used. The production of blanks is more limited and oriented, to a large degree, to obtaining flakes for blanks from carinated cores. Typologically, end-scrapers are more notable than burins, especially thick scrapers. The bone industry is scarce and fragmentary. On level 7 we have two fragments of spear point with quadrangular section and two others with circular section, as well as a perforated deer incisor. On level 6 we have a basal fragment of spear point, six spear points (four with circular section, one sub-quadrangular and another sub-triangular) and a *baguette*.

TOWARDS A DEFINITION OF CANTABRIAN ARCHAIC AURIGNACIAN

Typological definition

The progression of flint as the reference raw material, the process of "*Leptolithisation*" (laminarization and micro-lithization in a parallel manner), the progressive introduction of blade and bladelet debitage techniques, or the replacement of the substrate typological groups (side-scrapers and denticulates) by others which are linked to the Upper Palaeolithic (burins, end-scrapers, backed bladelets or perforating elements, etc.) are clearly visible at the end of the 15.000 year period indicated before. However, they must always be assessed in quantitative terms, given that few of them mark an absolutely discriminating line which allows us to attribute a collection, without any doubts, to any of the techno-complexes described. As the typologies in use have employed a different list according to the *a priori* presumption of the Mousterian or Aurignacian character of the assemblage, this methodological anomaly has generated a very serious distortion in the perception of the transition. The application of a single methodological criterion to the whole of the series, the Analytical Typology, allows us to estimate in quantitative terms the diachronic evolution of these variables. But, as for bone's working, on qualitative point of view, the process of "*Leptolithisation*" could be in part also seen as the signature of researching lithic projectiles on blade (Chatelperronien) or bladelet (Proto-aurignacian and Aurignacian). And, it introduces an importance difference between both industries (Chatelperronian and Aurignacian) and the Mousterian, with clear technological signatures.

Restricting ourselves to the techno-typological assessment of the series, we should point out that today it is more appropriate to refer to the end of the Mousterian, rather than the Late or Final Mousterian. No industrial characteristic has been described in the lithic register (the most abundant) which allows us to break the hierarchical nature from the chronological perspective, of the Mousterian: we cannot distinguish, merely through its lithic industry, a Final Mousterian. Within the Mousterian in the region described we found a very significant abundance (on occasions greater than 80% of the series) of substrate elements, with side-scrapers always standing out. These assemblages have been enriched by smaller, though variable, percentages of supposedly "leptolithic" components such as burins, *écaillés*, end-scrapers, *becs* or backed blades and bladelets, together with others on massive and supposedly archaic blanks. It will be the progressive increase of the leptolithic components in the industry which will determine, in final terms, how the Mousterian appearance of a certain assemblage makes way for the Aurignacian appearance. Does it mean that Aurignacian technologies are an evolution from this Mousterian assemblage? They could belong to a same global process, but inside different traditions: a larger geographical view is necessary to answer the question.

In this relatively slow and continuous process in the typological register, the Chatelperronian or other forms described as transitional (like the Transitional Aurignacian) in the Cantabrian area (Conde's Cave, El Castillo Cave, Lezetxiki) may have an appearance more or less close to the Mousterian world, in which are inserted leptolithic components such as Chatelperronian points, burins or variable percentages of laminar blanks, with simple lateral or bilateral retouching.

The indisputably leptolithic series begins with the Protoaurignacian/ Archaic Aurignacian, a complex characterrised by the massive presence of semi-abrupt retouched bladelets (some of them, with Dufour characteristics) and a consequent turn in the modes of Abrupt retouching – first – and Burin – later-. This development is well-known and as a result, when the Evolved Aurignacian comes to an end and gives way to the Gravettian, the presence of lithic substrate elements is quite marginal.

Technological definition

The sites which allow a technological identification are: Cueva Morín (levels 8 and 9); El Castillo (level 16), Covalejos (level A), Labeko Koba (level VII), Gatzarria (Cjn1; Cjn2) and Isturitz (level C4d) from which we can identify the following aspects regarding lithic production (Arrizabalaga, 1995, 2000; Maíllo, 2002/2003, 2003 and 2006; Cabrera *et al.,* 2002; Sanguino & Montes, 2005; Laplace, 1966; Sáenz de Buruaga, 1991; Normand & Turq, 2005; Normand, 2002):

a) There was a *continuum* between the production of blades and bladelets.
b) The most common operating method was that carried out from unipolar prismatic cores.
c) The *mise en forme* was simple, and there was prior morphometric adaptation of the volume. The start of the debitage began thanks to *entame* or crests which opened the surface of *débitage* or table. The striking platforms were prepared and resharpened during the debitage process by means of the extraction of core tablets, with these being smooth and slightly oblique compared to the percussion plane. The operation was carried out with direct percussion with a soft hammer.
d) Two types of blanks were obtained: blades and bladelets with a straight line profile which were very regular and would be obtained from the centre of the table; the blades and bladelets with a more curved profile, particularly those in the distal part with lateral cortex (which may be substituted by neo-crests), would be obtained at the intersection between the table and the flank. The aim of these extractions was to control the *cintrage* of the table and allowed the obtaining of the volumetric conditions of the core to generate the first type of blanks.
f) The bladelets were used to make *Dufour* bladelets, sub-type *Dufour* (Demars & Laurent, 1989).
g) Other production schemes such as the extraction of bladelets from carinated cores and carinated burins are present, although their importance in bladelet production is relative.
h) On some sites (Gatzarria and Cueva Morín), particularly noteworthy is the debitage of blanks under hierarchized discoid conception schemes, reflected amongst the retouched material, where pieces from a common fund are very abundant.

DISCUSSION

According to the preceding data, the Aurignacian is defined by the following elements:

From a typological point of view, it's characterzed for the predominating semi-abrubt retouch, due to the high percentage of Dufour bladelets. In the background, the blades/bladelets with lateral retouch stand out, and more slightly, the endscrapers and burins.

From a technological point of view, débitage is orientated to the untwisted rectilinear bladelet production, based on unipolar prismatic type scheme. The bladelets are orientated to produce Dufour bladelets. Other laminar schemes as burins and carinated endscrapers are less represented in the samples. In some sites there exists a discoid production quite relevant, for example Cueva Morín.

After our experiences, we consider feasible and very positive the collaboration between technologists and typologists for the systematic studies of the lithic collections. Far from being contradictory visions, both points of view enrich each other and permit a global knowledge of the Palaeolithic human groups.

References

ALTUNA, J.; ARMENDARIZ, A.; BARRIO, L.; ECHEVARRÍA, F.; MARIEZKURRENA, K.; PEÑALVER, X. & ZUMALABE, F. P. (1995) – Carta Arqueológica de Gipuzkoa II. Cuevas. San Sebastián. *Munibe*. Suplemeto 10.

ARRIZABALAGA, A. (1995) – *La industria lítica del Paleolítico Superior Inicial en el Oriente Cantábrico*. Phil. Diss. Univ. País Vasco, Vitoria.

ARRIZABALAGA, A. (2000) – Los tecnocomplejos líticos del yacimiento arqueológico de Labeko Koba (Arrasate, País Vasco). In *Labeko Koba (País Vasco). Hienas y humanos en el Paleolítico Superior*. San Sebastián. *Munibe*, 52, p. 193- 343.

ARRIZABALAGA, A. & ALTUNA, J. (2000) – Labeko Koba (País Vasco). *Hienas y Humanos en los albores del Paleolítico superior*. San Sebastián. *Munibe* 52, p. 395.

ARRIZABALAGA, A. ALTUNA, J., ARESO, P., FALGUERES, C.; IRIARTE, Mª. J.; MARIEZKURRENA, K.; PEMÁN, E.; RUIZ-ALONSO, M.; TARRIÑO, A.; URIZ, A.; VIERA, L. & STRAUS, L. G. (2003) – The initial Upper Palaeolithic in Nothern Iberia: new evidence from Labeko Koba. *Current Anthropology*, Chicago. 44(3), p. 413-421.

BORDES, F. (1961) – *Typologie du Paléolithique Ancien et Moyen*. Edición 1988 CNRS.

CABRERA, V.; BERNALDO DE QUIRÓS, F.; MAÍLLO FERNÁNDEZ, J. M., VALLADAS, H.; LLORET, M. (2002) – El Auriñaciense arcaico de El Castillo (Cantabria): descripción tecnológica y objetivos de la producción. En F. Bon; J. M. Maíllo & D. Ortega (eds), *Autour des concepts de Protoaurignacien, d'Aurignacien initial et ancien: unité et variabilité des comportements techniques des premiers groupes d'hommes modernes dans le Sud de la France et le Nord de l'Espagne*, Actes de la Table-ronde de Toulouse, 2003. Madrid. *Espacio, Tiempo y Forma* 15, p. 67-86.

CARBALLO, J. (1923) – *Excavaciones en la cueva del Rey, en Villanueva (Santander)*. Junta Superior de Excavaciones y Antigüedades. Madrid. 9, 40 p, IX lám.

DEMARS, P-Y. & LAURENT, P. (1989) – *Types d'outils lithiques du Paléolithique supérieur en Europe*. CNRS, p.177.

GONZÁLEZ ECHEGARAY, J. & FREEMAN, L.G. (1971) – *Cueva Morin*. Santander. Publicaciones del Patronato de las cuevas prehistóricas de la provincia de Santander, VI, 452 p.

GONZÁLEZ ECHEGARAY, J. & FREEMAN, L.G. (1973a) – *Cueva Morin*. Santander. Publicaciones del Patronato de las cuevas prehistóricas de la provincia de Santander, X, 304 p.

GONZÁLEZ ECHEGARAY, J. & FREEMAN, L.G. (1978) – *Vida y muerte en cueva Morin*. Santander. Institución Cultural de Cantabria. 357 p.

KARLIN, C. (1992) – Connaissances et savoir-faire: comment analyser un Processus Technique en Préhistoire. Introduction. En Mora, Terradas, Parpal & Plana (eds.): *Tecnología y cadenas operativas líticas*. Barcelona. *Treballs d'Arqueologia*, 1, 99-124.

KARLIN, C.; PELEGRIN, J. & BODU, P. (1986) – Processus techniques et chaînes opératoires: un outil pour le préhistorien. Paris. *B.S.P.F.*, 83, p. 66-67.

KARLIN, C.; BODU, P. & PELEGRIN, J. (1992) – Processus techniques et chaînes opératoires; comment les préhistoriens s'approprient un concept élaboré par les ethnologues. En Balfet (ed.): *Observer l'action technique: des chaînes opératoires, pour quoi faire?*. Paris, p. 101-117.

LAPLACE, G. (1966) – *Recherches sur l'origine et l'evolution des complexes leptolithiques*. Rome. Melanges d'Archaeologie et d'Histoire. 586 p.

MAÍLLO-FERNÁNDEZ, J. M. (2001) – El Fenómeno laminar del Paleolítico Medio: el ejemplo de cueva Morin. Madrid. *Espacio, Tiempo y Forma*, 14, p. 79-105.

MAÍLLO-FERNÁNDEZ, J. M. (2002/2003) – El papel de las hojitas en el auriñaciense arcaico: esquemas, objetivos y modalidades en la producción laminar del nivel 8 de Cueva Morín. León. *Lancia*, 5, p. 9-31.

MAÍLLO-FERNÁNDEZ, J. M. (2003) – *La Transición Paleolítico Medio-Superior en Cantabria. Análisis tecnológico de la industria lítica de Cueva Morín*. Madrid. Tesis Doctoral. UNED, 547 p.

MAÍLLO-FERNÁNDEZ, J. M. (2005a) – *Neandertales y Humanos modernos en Cantabria. El aporte de la tecnología lítica en Cueva Morín*. Sevilla. Grupo Nacional de editores, 358 p.

MAÍLLO-FERNÁNDEZ, J. M. (2005b) – La production lamellaire de l'Aurignacien de la grotte Morín (Cantabrie, Espagne). In Brun Ricalens, Bordes & Bon (eds): *Productions lamellaires attribuées à l'Aurignacien*. ArcheoLogiques, 1, Louxemburg, p. 339-357.

MAÍLLO-FERNÁNDEZ, J. M. (2006) – Archaic Aurignacian lithic technology in Cueva Morín (Cantabria, Spain). In Bar-Yosef, O. & Zilhão, J. (eds): *Towards a definition of Aurignacian. Lisbon. Trabalhos de Arqueologia*, 45, p. 109-128.

MAÍLLO-FERNÁNDEZ, J. M.; VALLADAS, H.; CABRERA VALDÉS, V. & BERNALDO DE QUIRÓS, F. (2001) – Nuevas dataciones para el Paleolítico superior de Cueva Morin (Villanueva de Villaescusa, Cantabria). Madrid. *Espacio, Tiempo y Forma*, 14, p. 145-150.

MAÍLLO-FERNÁNDEZ, J. M.; CABRERA VALDÉS, V. & BERNALDO DE QUIRÓS, F. (2004) – Le débitage lamellaire dans le Moustérien final de Cantabrie (Espagne): le cas de El Castillo et Cueva Morin. *L'Anthropologie*, 108, p. 367-393.

MUÑOZ, E. & MONTES, R. (2003) – El Paleolítico en el arco de la bahía de Santander. En Fernández, C. & Ruiz, J. (eds). *La Arqueología en la Bahía de Santander*, p. 177-224.

NORMAND, CH. (2002) – L'Aurignacien de la salle de Saint-Martin (grotte d'Isturitz; commune de Saint-

Martin-d´Arberoue; Pyrénées-Atlantiques): données préliminarires sur l´industrie recueillie lors des campagnes 2000-2002. En F. Bon; J. M. Maíllo & D. Ortega (eds), *Autour des concepts de Protoaurignacien, d'Aurignacien initial et ancien: unité et variabilité des comportements techniques des premiers groupes d'hommes modernes dans le Sud de la France et le Nord de l'Espagne*, Actes de la Table-ronde de Toulouse, 2003. Madrid. *Espacio, Tiempo y Forma,* 15, p. 145-174.

NORMAND, CH. & TURQ, A. (2005) – L´Aurignacien de la grotte d´Isturitz (France9: la production lamellaire dans la séquence de la salle de Saint-Martin. In Brun Ricalens, Bordes & Bon (eds): *Productions lamellaires attribuées à l´Aurignacien.* ArcheoLogiques, 1, Louxemburg, p. 375-392.

ORTEGA, D, SOLER, N. & MAROTO, J. (2005) – La production des lamelles pendant l´Aurignacien archaïque dans la grotte de L´Arbreda: organisation de la production, variabilité des méthodes et des objectifs. In Brun Ricalens, Bordes & Bon (eds): *Productions lamellaires attribuées à l´Aurignacien.* ArcheoLogiques, 1, Louxemburg, p. 359-373.

OTTE, M. (1991) – La practique experimentale et ses limites. En *Archeologie Experimentale, tome 2: La terre.* Archeologie Aujourd´hui. Actes du Colloque International « Experimentation en Archeologie: Bilan et prespectives, p. 90-91.

PELEGRIN, J.; KARLIN, C. & BODU, P. (1988) – "Chaines opératoires": un outil pour le préhistorien. En Tixier (dir.): *Journées d´études technologuiques en Préhistoire*, p. 55-62.

SÁENZ DE BURUAGA, A. (1991) – *El Paleolítico Superior de la Cueva de Gatzarria, Zuberoa, País Vasco.* Vitoria. *Anejos de Veleia*, 6, 426 p.

SANGUINO, J. & MONTES, R. (2005) – Nuevos datos para el conociemiento del Paleolítico Medio en el centro de la Región Cantábrica: la cueva de Covalejos (Piélagos, Cantabria). En Montes & Lasheras (eds) *Neandertales cantábricos, estado de la cuestión,* Santander. p.489-504.

SONNEVILLE-BORDES, D. & PERROT, J. (1954) – Lexique typologique du Paléolithique supérieur. Paris. *BSPF*, 51. P. 327-335.

SONNEVILLE-BORDES, D. & PERROT, J. (1955a) – Lexique typologique du Paléolithique supérieur. Paris. *BSPF*, 52: 76-79.

SONNEVILLE-BORDES, D. & PERROT, J. (1955b) – Lexique typologique du Paléolithique supérieur.Paris. *BSPF*, 52: 408-412.

SONNEVILLE-BORDES, D. & PERROT, J. (1955c) – Lexique typologique du Paléolithique sipérieur. Paris. *BSPF*, 52: 517-557.

STUCKENRATH, R. (1978) – Dataciones de Carbono 14. En González Echegaray & Freeman: *Vida y muerte en Cueva Morin*, Santander. p. 215.

TERRADAS, X. (2001) – *La gestión de los recursos minerales en las sociedades cazadoras-recolectoras.* Treballs d´Etnoarqueologia, 4. 177 p

TIXIER, J. (1978) – *Notice sur les travux scientifiques.* Thèse de Doctorat d´État, Univ. Paris X, 117 p.

TIXIER, J. (1996) – Technologie et Typologie: dérives et sclerose. Rome. *Quaternaria Nova*, VI, p. 15-21.

GRAVETTIAN AND SOLUTREAN STONE TOOLS FROM VALE BOI (ALGARVE, PORTUGAL): TECHNO-TYPOLOGY VS. FUNCTION

Juan Francisco GIBAJA
FCHS. Universidade do Algarve. Campus de Gambelas. 8000 Faro. Portugal
jfgibaja@teleline.es

Nuno BICHO
FCHS. Universidade do Algarve. Campus de Gambelas. 8000 Faro. Portugal
nbicho@ualg.pt

***Abstract**: The main objective of this paper is to present the relation between morphological and technological aspects and the function of stone tools from the Upper Paleolithic of Vale Boi. Morpho-technological criteria that may have guided the blank selection in the use of different materials were investigated. Since data cover both Gravettian and Solutrean phases at the site, the present study focuses on both the diachronic and synchronic technological and functional aspects of stone tools dynamics in Southwestern Iberia.*
***Keywords**: Southwestern Iberia, Upper Paleolithic, morpho-technological analysis, use-wear analysis*

***Résumé**: Le but principal de ce travail est de présenter la relation qui existe entre la morfo-technologie et la fonction des instruments dans le site du Paléolithique supérieur de Vale Boi. On analyse les critères morfo-technologiques qui ont guidé la sélection des instruments usés. L'analyse se concentre sur les matériels des phases du Gravettien et du Solutréen.*
***Mots-Cles**: sud de la Péninsule Ibérique, Paléolithique supérieur, analyse morfo-technologique, traceologie*

INTRODUCTION

From very early on, pre-historians have made considerable efforts to characterize the archaeological artifacts found during excavations. Even though artifact cataloging and taxonomy was a form of organization so all archaeologists could recognize the same archaeological reality, the typological classifications had (and still have) a single goal – that of creating a form of sorting out all artifacts into cultures and pre-defined chronologies.

Lithic typologies that are used today were developed based on technological, formal, and especially on functional criteria. In fact, if one considers the functional aspects of classification and typology, it is clear that lithic archaeological types are perceived by everybody the same manner and immediately recognized as such: it is the case of scrapers, burins, or perforators. The attribution of a certain function to a set of morphological characteristics is based on modern and contemporary, and ethnographical implements – in one word, analogy. Thus, it is possible to define such definitions as *a priori* concepts since, in reality, the functionality of such lithic tools is not proven.

The birth of use-wear analysis took place during the early 30's, but its development happened only fifty years later, in the last two decades of the 20th century. This event came to show the erroneous perspectives of the attribution of function of tools based on their morphology and on analogy with activities resulting from similar utensils.

The purpose of the present paper is, based on the materials from the site of Vale Boi, Portugal, to reveal how Upper Paleolithic people knapped and selected certain blanks for specific functions.

THE SITE OF VALE BOI IN THE PORTUGUESE UPPER PALEOLITHIC CONTEXT

The Portuguese Upper Paleolithic is known mostly from the results obtained in the archaeological sites in the region of Estremadura (Bicho, 1993, 2000; Zilhão, 1997). Recently, the scenario is changing due to the development of a series of research projects and systematic surveys carried out in other regions. One example is the Algarve, region located in the southern tip of Portugal, focus of a series of projects from the archaeological team of the University of Algarve: *The Paleolithic Human occupation of Algarve*; *The importance of aquatic resources in the Paleolithic of Algarve (Portugal),* and *The neolitization process of Algarve (Portugal).* Some 65 sites were discovered during these projects, with chronologies from Middle Paleolithic up to Chalcolithic. Among the new sites is Vale Boi, one of the most important Upper Paleolithic sites in Portugal, with a very long sequence and very good faunal preservation (Bicho *et al.*, 2003; Carvalho *et al.*, 2005).

The site of Vale Boi is situated in the western area of Algarve, near the town of Vila do Bispo. The Paleolithic settlement is located in a limestone valley where there are various rockshelters. Ecologically speaking, it is a very rich valley, with various aquatic niches (river and ponds) as well as the Atlantic coast within 2 kms.

The stratigraphy is composed of four major geologic layers (Bicho *et al.*, 2003):

1. Yellowish clay silty loam with rare artifacts and fauna, where limestone clasts of various sizes are present – probably of Mousterian age;

2. Redish clay silty loam with abundant artifacts and fauna and with some limestone clasts – there are no absolute dates, but the artifacts suggest a Gravettian age;
3. Redish silty loam with abundant artifacts and fauna and small limestone clasts of Solutrean age;
4. At the top a sandy silt layer with early Neolithic features, lithic and ceramic artifacts and fauna.

The zooarchaeological analysis carried out by Stiner (2003) revealed that red deer (*Cervus elaphus*) and equids (*Equus caballus* and *Equus Hydruntinus*) were the main prey species at the site, but other species such as Ibex (*Capra* sp.), aurochs (*Bos primigenius*), and wild boar (*Sus scrofa*) were also hunted. A few bones from fox (*Vulpes vulpes*), bear (*Ursus* sp.), and linx (*Felis pardina*) are also present, as well as a few birds.

During the Gravettian, rabbit (*Oryctolagus cuniculus*) is very common together with various species of mollusks, both for human consumption (*Patella* sp., *Mytilus* sp., *Cerastoderma edule*, and *Ruditapes decussatus*) and for body decoration (*Littorina obtusata, Littorina mariae, Trivia monacha,* and *Dentalium* sp.).

With the Solutrean and the arrival of colder conditions during the Last Glacial Maximum, the coast line retreated some 20 kms and the use of mollusks diminished radically. Also, rabbit frequency decreased probably due to changes in the vegetation cover that became sparser. Equids became more common, using the open prairies around the site, turning into the main prey species during the Solutrean.

THE LITHIC ASSEMBLAGE FROM VALE BOI DURING THE GRAVETTIAN AND SOLUTREAN TIMES

Since the 2000 field season, over 10000 lithic artifacts were collected from the site of Vale Boi. These artifacts made possible a preliminary perspective of the technological and typological characteristics of the site. This also showed the high and diverse potential for lithic analysis.

Most lithic raw materials (95%) found at Vale Boi have local origin, probably collected within a 15 to 20 kms radius: quartz and flint, and in less quantities, greywacke, quartzite, schist, and limestone (Veríssimo, 2005). Only a few flakes and blades made on very fine green and reddish flint seem to be exogenous, possibly coming either from Portuguese Estremadura or the Gibraltar region.

The rough knapping blanks are frequently small cobbles (less than 20 cms), or thin tablets with no more than 3 cm in thickness. It seems that the reduction sequences may have influenced the choice of raw material morphology. The production of flakes and bladelets use a diverse, non-systematic reduction strategy – the flake cores are frequently centripetal and prismatic where core platforms are cortical surfaces, internal fractures or removal scars from previous flakes. In certain cases, there seems to have been used a bipolar technique with hard hammer.

Some of the blade and bladelet cores present a light preparation of the platform as well as of the bottom of the core. The preparation on both areas of the core produces a general shaping of the core volume and of the platforms that is especially adequate for blade and bladelet production. In other cases, such as in the tablet blanks, the original morphology does not need any special or extended core shaping or preparation (Fig. 4.1). When the cores are nearly exhausted, the standard reduction sequence is forgotten, and only small flakes are produced with hard hammers.

The other raw materials are mostly used to produce flakes with hard hammers. With quartz or quartzite there are innumerous knapping accidents during the reduction sequences due to internal fractures and imperfections, the heterogeneous and large grain type, and to a deficient conchoidal fracture. As a result of such accidents there are many amorphous fragments, frequently of small size.

The relatively few blank negatives present on cores may suggest that these were not always exhausted. The reason is likely the ubiquity of flint in the region, the small dimension of artifacts or even the frequent existence of natural fractures and impurities in the blocs.

The retouched tools are marked mostly by the presence of endscrapers, notches, scaled pieces and burins (the latter more frequent in the Gravettian). In the Solutrean there is also a wide variety of bifacial points, such as Laurel leafs, à face plan, and Parpalló (Bicho *et al.*, 2003).

The use wear analysis carried out so far includes only the flint artifacts recovered in the 2004 field season: 341 pieces of which 131 are Gravettian and 210 are Solutrean. Some of these artifacts have suffered surface alterations, such as sediment gloss, heat sheen and, more rarely, patina. These types of alterations caused some problems in the analysis, and in certain cases even made it impossible. Still, preliminary results showed a relation between certain lithic morphologies and specific functions. In the future, the analysis of artifacts from the other field seasons will make possible a more complete perspective on the relation between form and function at Vale Boi. In any case, it is possible to say that the present patterns are similar in the Gravettian and Solutrean assemblages, with the exception of bifacial Solutrean armatures.

Woodworking

While both unretouched and retouched pieces (scrapers and denticulates) were used to scrape wood, it seems also that some splitting took place, and it was carried out by

Fig. 4.1 – Flake cores (1 Gravettian, 2-4 Solutrean) and blade cores (5-7 Gravettian, 8-9 Solutrean) on small local flint nodules

scaled pieces. The tools for scraping have dimensions between 20 and 35 mm of length with diverse edge morphology (more often straight, but also convex and sinuous) with angles wider than 30° (some reaching 70° to 90°). If this type of angle gives high resistance and duration to the tool, the fact that the tool working area tends to be small seems to suggest that these tools were used for final work or reparation work of sharp wood implements or wood handles (Fig 4.2.1).

The scaled pieces are usually tools used in the work of medium to high hardness materials such as wood or bone. One of the scaled pieces was found wedged in a large red deer phalanx, already split in half, which confirms the general idea of the use of such tools. In this particular case, the scaled piece was used to section the bone in half, likely to obtain marrow as well as the fatty tissue from the spongy area of the bone with heat in liquid technique (Stiner, 2003). The majority of the scaled pieces measure 20 to 40 mm and have edge angles between 30° to 50°. This type of activity using scaled pieces is also known from other Paleolithic and Mesolithic sites: Cassegros in France, Champréveyres in Switzerland, and Roc del Migdia in Spain (Vaugham, 1985; Rodriguez, 1993; Plisson and Vaugham, 2003).

Bone work

Aside scaled pieces, among the Gravettian lithic assemblage there is a small 18 mm long flake that was used to scrape bone with a 60° edge, perfect for this activity. The small working area (16 mm) seems to suggest that this tool was used for sharpening something small such as the tip of a bone tool.

Cutting of soft materials

This type of action, both in animal and vegetable materials (meat, fresh skin and non fiber plants) took place using non retouched flakes and blades. All these implements have a length of between 20 and 30 mm, with acute edges with angles between 20° and 40°. Their morphology tends to be straight or convex.

Skin work

Scrapers and non retouched tools were used for scraping skin. The flakes are characterized by wide angles of more than 30°, sometimes reaching 70° to 80° (Fig 4.2.2). The blank size is variable from fairly small (18-25 mm) up to large examples (35-55 mm). The shape of the edge can be

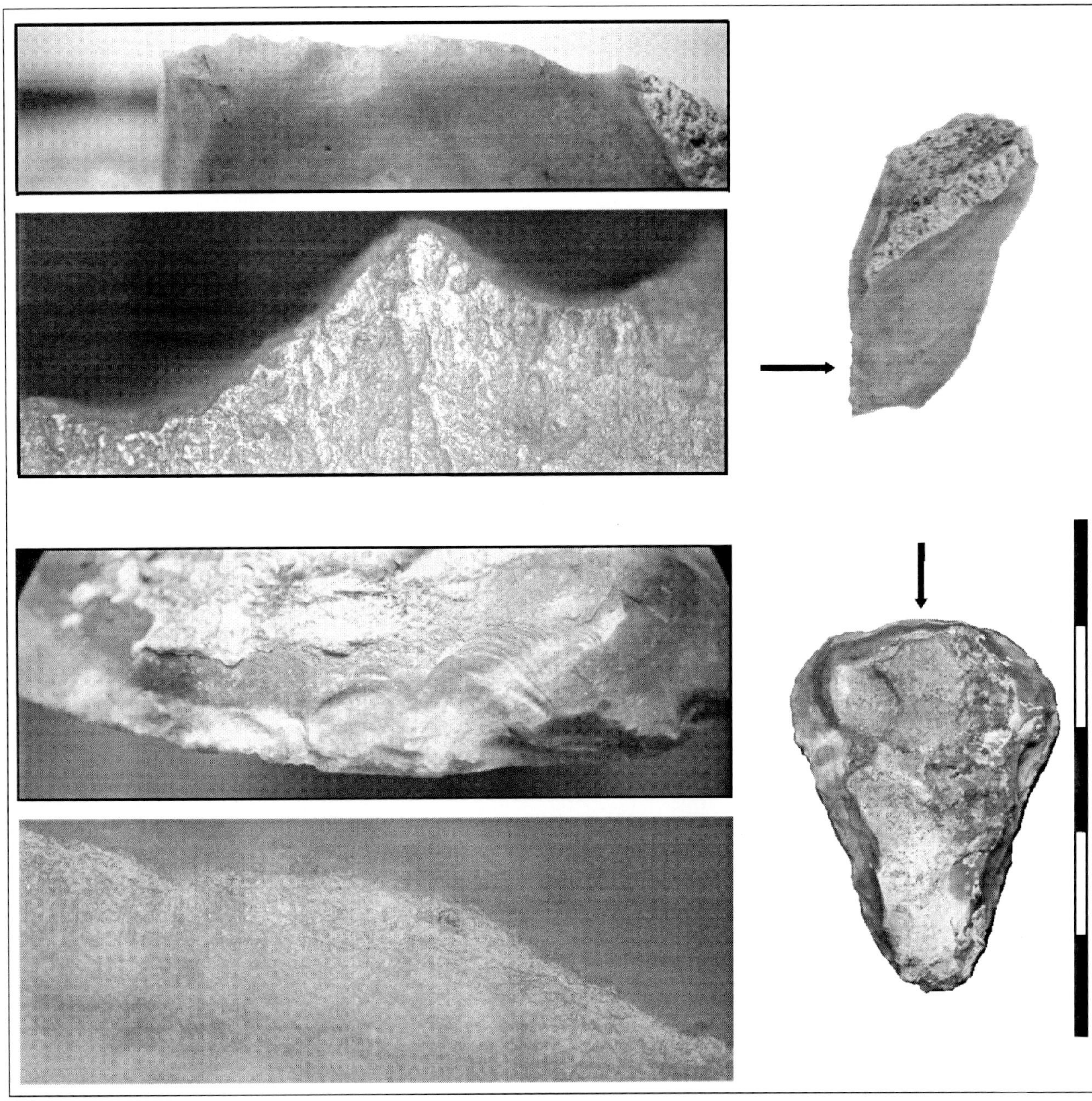

Fig. 4.2 – Gravettian flint flake unretouched and Solutrean endscraper used respectively for scraping wood and dry hide

either straight or convex. The use of scrapers to work skin is well known in Upper Paleolithic and Mesolithic contexts.

Small unretouched flakes (25 mm) were also used to cut skin, marked by acute edge angles (30º). The shape and profile of the working edge are usually straight or convex. One of the flakes was utilized for working skin, sometimes with the help of an abrasive matter. It, thus, suggests that minerals were employed probably in the early stages of fresh skin preparation, where they were used for absorbing humid substances from the skin to avoid putrefaction, and to improve the process of thinning of the skin in order to make it softer.

Hunting

Hunting is known by the presence of a single pointed flake from the Solutrean levels, slighted retouched in one side and with an impact fracture in the distal end. It is possible that other Solutrean points were used as projectiles, but so far they were not analyzed yet. These will be analyzed in the future and they will produce new data on hunting strategies.

Finally, it should be said that in the Gravettian and Solutrean phases, both quartz and flint artifacts show use wear on a single edge. This fact, together with the absence of resharpening processes and the presence of very simple and basic use wear marks, likely indicates that there was no complete exploitation of the working materials and of all the potential working edges in the lithic tools. This scenario seems to be consistent with the high biomass and amount of resources around the site.

CONCLUSION

In this paper we have shown the relation between form and function in the lithic tools in the Gravettian and Solutrean assemblages from the site of Vale Boi. The use wear analysis included all flint artifacts from the 2004 field season and not only the retouched tools. This choice allowed for a more complete perspective of the reality in what concerns the choice of blanks and the criteria that were used to choose those blanks. While certain types such as scrapers and armatures had very specific functions (hide scraping and projectile implements), other artifacts like simple flakes or blades were used in a variety of tasks. The reason for choosing these artifacts seems to have been the relation between the hardness of the working material and the working angle of the artifact. In any case, these are preliminary results, and in the near future there should be more results coming from the use wear analysis on the artifacts from the other field seasons.

References

BICHO, N.F. (1993) – The end of the Palaeolithic and the Mesolithic in Portugal. *Current Anthropology*. California. 35/5, p. 664-674

BICHO, N.F. (2000) – *Technological Change in the Final Upper Paleolithic of Rio Maior*. Tomar. Arkeos. Perspectivas em diálogo. 454 p.

BICHO, N.F.[*et. al.*] (2000) – O processo de neolitização na costa sudoeste. *3º Congresso de Arqueologia Peninsular (Vila Real 1999)*. Porto. III, p. 11-22.

BICHO, N.F.; [*et. al.*] (2003) – Preliminary results from the Upper Paleolithic site of Vale Boi, Southwestern Portugal. *Journal of Iberian Archaeology*. Porto. 5, p. 51-65.

CARVALHO, A.F.; [*et. al.*] (2005) – O projecto "O processo de neolitização no Algarve" (Portugal): âmbito e primeiros resultados. In P. ARIAS, R. ONTAÑON Y C. GARCÍA, eds.- *III Congreso del Neolítico en la Península Ibérica (Santander 2003)*. Santander. Universidad de Cantabria, p. 965-973.

PLISSON, H.; VAUGHAN, P. (2003) – Tracéologie. In CATTIN, M., ed.: – *Un campement magdalénien au bord du lac de Neuchâtel: exploitation du silex (secteur 1)*. Archéologie Neuchateloise. Neuchâtel. 26, p. 90-105.

RODRIGUEZ, A. (1993) – L'analyse fonctionnelle de l'industrie lithique du gisement épipaléolithique/mésolithique d'El Roc del Migdia (Catalogne, Espagne). Résultats préliminaires. *Préhistoire européenne*. 4, p. 63-84.

STINER M. (2003) – Zooachaeological evidence for resource intensification in Algarve, southern Portugal. *Promontoria*. Faro. 1, p. 27-61

VAUGHAN, P. (1985) – *Use-wear analysis of flaked stone tools*. Tucson. 204 p.

VERÍSSIMO, H. (2005) – Aprovisionamento de matérias-primas líticas na Pré-História do concelho de Vila do Bispo (Algarve). In BICHO, N.F., ed. – *O Paleolítico. Actas do IV Congresso de Arqueologia Peninsular*. Promontoria Monográfica. Faro. 02, p. 509-523.

ZILHÃO, J. (1997) – *O paleolítico superior da Estremadura portuguesa*. Edições Colibri. Lisboa. 850 p.

INTERPRETATION TECHNO-ECONOMIQUE DES PRESENCES ET ABSENCES DANS LES REGISTRES ARCHEOLOGIQUES SOLUTREENS DU CENTRE DE LA FRANCE

Thierry AUBRY
Extensão de Pombal do Instituto Português de Arqueologia – Apartado 194, P-3100-449 Pombal (Portugal).
thaubry@sapo.pt

Miguel ALMEIDA
FCT – Fundação para a Ciência e Tecnologia / Ministério da Ciência e do Ensino Superior (POCI 2010). Dryas Arqueologia (Unidade de Investigação) –Av. Fernão de Magalhães, 157, 4º, sala 11, 3000-176 Coimbra (Portugal).
miguel.almeida@dryas-arqueologia.pt

Javier Mangado LLACH
Universitat Barcelona, Dept. De Prehistoria, c/Baldiri Reixac, 08028 Barcelona (Espagne).
javiermangado@hotmail.com

Maria João NEVES
Dryas Arqueologia (Unidade de Investigação) – Av. Fernão de Magalhães, 157, 4º, sala 11, 3000-176 Coimbra (Portugal). mjoao.neves@dryas-arqueologia.pt

Jean-Baptiste PEYROUSE
Lycée militaire d'Autun – 27 bis, avenue Charles de Gaulle, 71400 Autun. jbpeyrouse@wanadoo.fr

Bertrand WALTER
Musée de la Poterne – Les Chirons, 37290 Preuilly-sur-Claise. bertrand.walter@wanadoo.fr

***Abstract**: While technological and typological studies should concur, on the scope of the chaine operatoire concept, for a complementary definition of lithic transformation and use systems, often we see the two approaches in clear opposition, due to the cultural value generally attributed to the technical options. In this paper, after an evaluation of the limits of this techno-typo-economical approach, we try to apply it to the study of two Solutrean sites located near two different raw material sources. The analysis evidences the introduction to both sites of flint from other regions. There are, furthermore, noticeable differences on the procedures applied on projectile production, as well as on the absence of some stages of the transformation and use of different flint types. The comparison between the two sites and other contemporaneous assemblages lead us to evaluate the problems of coherence of archaeological samples and their chronological meaning. A set of hypotheses is advanced for the explanation of some the presences and absences, as well as some research avenues for their testing.*
***Keywords**: Solutrean, Lithic Projectile Points, Techno-economy*

***Résumé**: Les analyses typologiques et technologiques qui devraient participer à une même démarche d'étude selon le concept de chaîne opératoire de transformation et d'utilisation des industries en pierre taillée, s'opposent encore trop souvent du fait de la valeur culturelle qui est accordée aux options techniques qu'elles mettent en évidence. Après avoir rappelé les limites de cette approche techno-typo-économique, nous l'appliquons à des séries issues de deux sites solutréens, localisés à proximité immédiate de sources de silex distincts. Leur analyse indique l'apport de silex provenant d'autres régions, dont certaines sont communes. Néanmoins, elles présentent des différences au niveau des procédés de fabrication des pointes lithiques et de la nature des manques au sein des chaînes opératoires de transformation et d'utilisation des différents silex. Leur comparaison avec d'autres séries solutréennes permet d'aborder le problème de cohérence d'ensembles archéologiques et de leur mise en relation chronologique. Nous proposons des hypothèses susceptibles d'expliquer les présences et absences et des pistes de recherche pour les tester.*
***Mots-clés**: Solutréen, Pointes lithiques, Techno-économie*

***Resumo**: As análises tipológicas e tecnológicas, que deveriam participar numa abordagem comum de estudo dos esquemas operativos de transformação e utilização das indústrias de pedra lascada, aparecem frequentemente em oposição, devido ao valor de marcador cultural atribuído às opções técnicas evidenciadas por cada uma. Depois de enumerar algumas das limitações evidentes na aplicação da abordagem tecno-tipo-económica, este artigo apresenta os dados obtidos a partir do estudo de dois conjuntos líticos provenientes de sítios localizados na proximidade de duas fontes de sílex. A análise indica, para ambos os sítios, a deslocação de sílices provenientes de outras regiões, havendo inclusivamente algumas fontes comuns. Todavia, o estudo revela diferenças não só ao nível dos tipos e dos processos de fabrico das pontas foliáceas, mas também na representação das cadeias operatórias de produção de cada variedade de matéria-prima. A comparação com outros conjuntos solutrenses permite uma análise crítica da coerência das sequências de referência e da fragilidade dos argumentos que baseiam as relações entre sítios. São apresentadas hipóteses explicativas para as ausências e presenças de certas etapas das cadeias operatórias no registo arqueológico solutrense, bem como algumas vias de investigação para as testar.*
***Palavras-chave**: Solutrense, Pontas líticas, Tecno-economia*

TYPOLOGIE *VS* TECHNOLOGIE?

En adaptant le concept de "chaîne technique" créé par les ethnologues dans le but de reconstituer des séquences gestuelles et les connaissances techniques de l'artisan (Pelegrin *et al.*, 1988; Julien, 1992) les préhistoriens ont progressivement délaissé l'objectif chrono-culturaliste au profit d'une approche de caractère paléo-ethnologique (Almeida *et al.*, sp).

Définissant la technique comme "geste et outil organisés en chaîne par une véritable syntaxe", Leroi-Gourhan applique pour la première fois ce concept à l'étude du site de Pincevent (Leroi-Gourhan et Brézillon, 1966). La reconstruction des chaînes opératoires et de l'histoire des outils, ainsi que l'organisation des faits dans l'espace et le temps pendant les occupations, sont des données jugées comme porteuses d'une forte signification culturelle et deviennent l'axe prioritaire de l'approche paléo-ethnologique.

Quelles que soient les méthodes d'analyse utilisées pour l'étude de séries lithiques, elles cherchent à reconstituer, mentalement ou par des remontages, les volumes sous lesquels des roches ont été utilisées, à reconnaître des techniques, à reconstituer les méthodes de leur fractionnement, à déterminer quelles activités ont été réalisées sur et en dehors d'un espace fouillé et à définir les caracté-ristiques morphologiques et la fonction des outils, retouchés ou non. Les approches dites typologiques, technologiques et tracéologiques participent et se placent à différents niveaux d'une même quête. Malgré la mise en place d'une sorte d'accord tacite sur leur rôle complémen-taire, les difficultés de dialogue entre les différentes écoles découlent principalement de la valeur comme marqueur culturel que l'on peut attribuer à des options techniques et du biais des séries résultant des méthodes de fouilles. Ceux-ci sont plus au moins subjectivement accor-dés par chacun à la morphologie des pièces ou aux choix effectués au long de la chaîne opératoire qui mène de la collecte des matières premières à l'abandon de l'objet. Un exemple en est le processus qui a conduit à l'interprétation technologique de types de grattoirs et de burins comme des nucléus à lamelles (Le Brun-Ricalens, 2005).

Sans rentrer de ce débat sans fin, nous nous attacherons ici à évaluer les moyens dont nous disposons, ainsi que leurs limites, pour organiser chronologiquement et spatialement des séquences techniques.

Les facteurs limitatifs résident dans:

- Les caractéristiques géologiques intrinsèques des roches siliceuses employées qui limitent nos possibilités d'en déterminer l'origine géologique et la localisation exacte de leur source (Seronie-Vivien M. et M.-R., 1987; Mangado Llach, 2005),
- L'impossibilité de reconstituer le trajet effectif entre le point de collecte et le lieu d'abandon (Aubry, 2005) et par conséquent de la signification d'un trajet minimum,
- Le recouvrement et la reconnaissance des stigmates des différentes techniques de détachement, des méthodes de fractionnement, facteur particulièrement limitatif pour les séries de faibles effectifs (Tixier, 1982; Pelegrin, 1995, 2000),
- L'évaluation des processus et du temps de constitution d'un ensemble et la représentativité du prélèvement archéologique (Texier, 2000; Bordes, 2002),
- la reconnaissance d'activités liées à des objets apportés sur le site mais qui n'y auraient pas été abandonnés.

Pendant ces vingt dernières années, le concept de chaîne opératoire a été appliqué aux vestiges lithiques dans le but de caractériser la variabilité des comportements humains et de définir des marqueurs culturels autres que la seule morphologie des outils retouchés. Cette approche s'est révélée efficace pour de nombreuses occupations de plein air, mais s'est heurtée à un problème de récolte sélective lors des fouilles anciennes et à une représentation très incomplète des chaînes opératoires de production lithique sur de nombreux sites du domaine karstique.

Paradoxalement, en raison de la meilleure conservation des matières organiques et la possibilité d'application de la méthode de datation du C^{14}, ceux-ci constituent la base du "modèle aquitain" du Paléolithique supérieur du Sud-ouest de l'Europe (Sonneville-Bordes, 1980).

Pour tenter de palier ce problème nous avons orienté notre recherche, en parallèle à une meilleure compréhension des facteurs de conservation des sites, vers la détection et l'étude de séries lithiques abandonnées à proximité des sources de silex.

LE SITE DES MAÎTREAUX: UN AUTRE ÉCLAIRAGE SUR LA PRODUCTION LITHIQUE SOLUTRÉENNE

Le site

Le site des Maîtreaux est localisé sur une source de silex, disponible en abondance dans des argiles de décalcification des biopelmicrites du Turonien supérieur, sous forme de gros nodules et de grandes dalles. Il a fait l'objet de fouilles entre 1994 et 2004, sur une aire totale de fouille de 150 m^2 (Walter, 1991; Aubry *et al.*, 1998; Aubry *et al.*, sp2). Les activités de taille y sont représentées par plus de 60.000 vestiges cotés, concentrés sous diverses formes d'amas (Aubry *et al.*, 2004; Aubry *et al.*, sp2).

L'analyse de la stratification du site, menée par Morgane Liard, dans le cadre de l'étude géomorphologique de la vallée de la Claise (Liard, 2005) a permis d'identifier 5 ensembles pédosédimentaires superposés et d'établir, pour l'ensemble 2 qui contient les vestiges solutréens, un processus de formation dominé par l'apport éolien probablement associé à une reprise par ruissellement

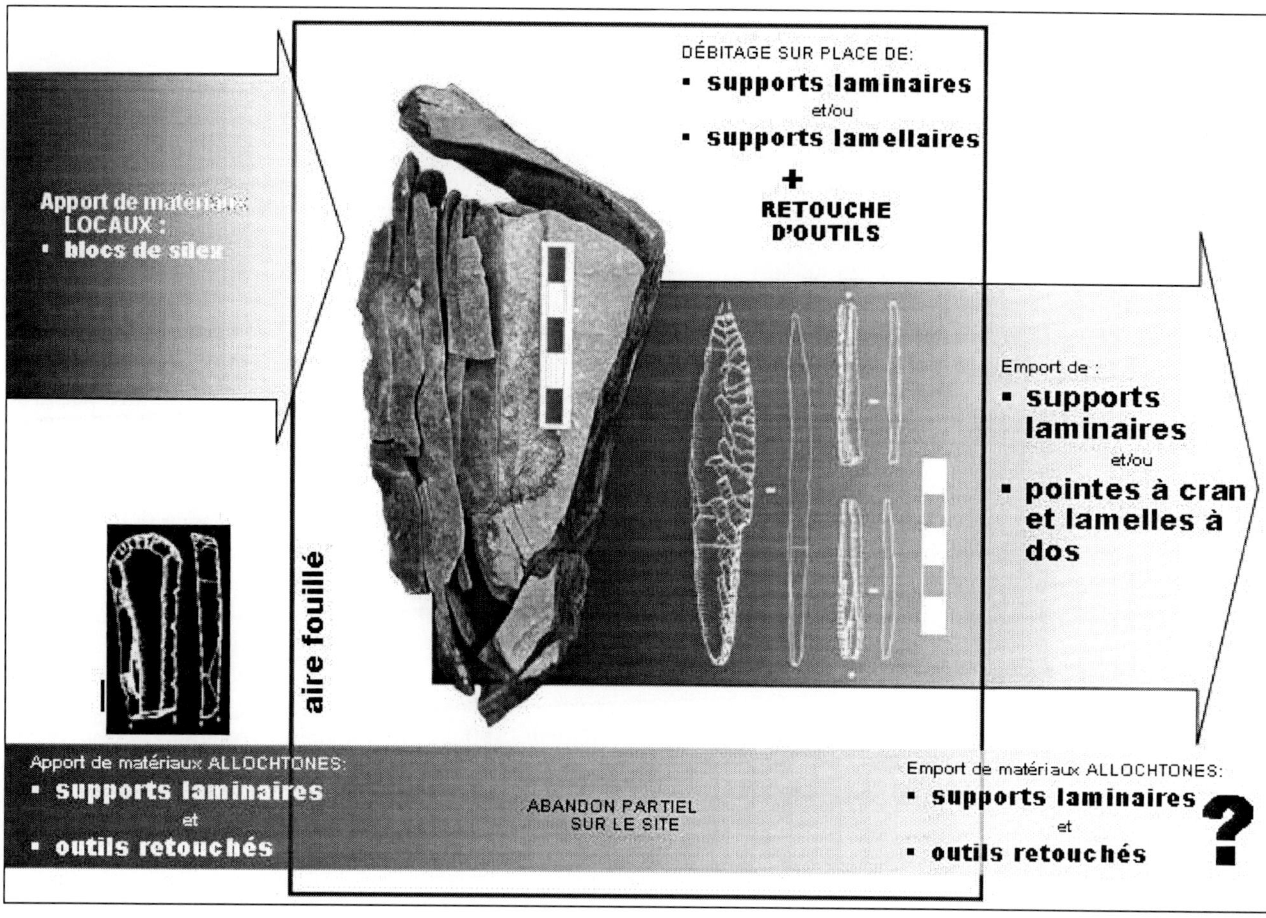

Fig. 5.1 – Interprétation techno-économique des présences et des absences au sein des deux chaînes opératoires de production laminaire isolées dans les séries lithiques du site des Maîtreaux

diffus (Aubry *et al.*, 2004; Liard, 2005). En outre, les résultats du programme de remontage systématique des vestiges lithiques ont mis en évidence des indices d'une excellente conservation post-dépositionnelle de l'organisation spatiale des vestiges lithiques, corroborant ainsi l'hypothèse d'un processus de dépôt n'ayant modifié que localement l'organisation originale des vestiges (Almeida et Neves, 2000; Almeida, 2005).

L'interprétation techno-économique

L'analyse de la série et des remontages (Almeida, 2005) a permis de préciser les schémas opératoires que nous avions définis dans leurs grandes lignes (Aubry *et al.*, 1998). Elle permet d'en distinguer trois; le façonnage de feuille de laurier de modules compris entre 10 et 45 cm, la production de supports laminaires et lamellaires de pointes à cran et de lamelles à dos et un débitage de grands supports laminaires (Almeida 2005; Aubry *et al.*, sp2).

L'approvisionnement en silex montre une grande variété d'aspect macroscopique des silex utilisés parmi le silex local qui proviennent de la proximité immédiate de leur lieu d'abandon, mais aussi de plusieurs gîtes repérés dans un rayon de près d'un kilomètre (Aubry et Walter, 2003). Des silex d'autres origines géologiques sont présents, comme les silex tertiaires, calcédonieux, disponibles à moins d'un kilomètre, ou les silex à grain très fin du Turonien moyen disponibles à quelques kilomètres en amont de la Claise ou plus proche dans les terrasses de cette rivière. Cependant, ces autres matières premières ne sont représentées que par quelques centaines de pièces chacune et correspondent toutes à des productions de supports de pointes à cran et de lamelles à dos.

Les remontages permettent de reconstituer les modes de gestion des blocs et des dalles, mais aussi de reconnaître des choix récurrents que nous interprétons comme une appartenance à une même tradition culturelle, aussi bien dans la production des supports laminaires et lamellaires que celle des pièces foliacées bifaciales (Almeida, 2005; Aubry *et al.*, sp2). Les manques récurrents dans les ensembles remontés de ces chaînes opératoires et les cassures qui correspondent à ce qui est obtenu lors de la retouche par pression démontrent une production pour un usage différé des pointes à cran et lamelles à dos (Fig. 5.1). Les remontages relatifs au façonnage montrent un plus grand fractionnement spatial sur le site et à l'extérieur de l'aire fouillée, probablement en relation avec le lieu de collecte des dalles (Fig. 5.2). La phase finale du façonnage des feuilles de laurier des différents modules n'est pas effectuée sur le site. Parmi les rares exceptions à cet état de fait, une grande feuille qui n'a pas été retrouvée, confectionnée dans un silex du même étage mais provenant probablement des gîtes de la vallée de la Creuse ou de la Vienne, n'est attestée que par des éclats de finition.

Les silex allochtones provenant de différentes sources distantes de plusieurs dizaines de kilomètres ont été apportés sous forme de lames à crête ou sous crête, parfois retouchées en grattoir, ou de supports laminaires (Aubry et Walter, 2003; Aubry *et al.*, sp2). Ils ont probablement été déplacés sous cette forme et correspondent à des produits obtenus dans une phase initiale ou lors du maintien de flancs de nucléus correspondant à une production de support de pointes à cran et lamelles à dos, semblable à celle réalisée sur le silex local des Maîtreaux.

UN ASSEMBLAGE LITHIQUE D'UNE FOUILLE DU DÉBUT DU XXÈME SIÈCLE À PROXIMITÉ D'UNE SOURCE DE SILEX: L'ABRI DE MONTHAUD

Le site

Le site de Monthaud correspond à un abri rocheux exposé plein sud, de 13 mètres de largeur, 7 de profondeur et 3,40 de hauteur au début des fouilles. Il est creusé dans les calcaires bajociens qui bordent l'Anglin, un des affluents de la rive gauche du tronçon final de la Creuse. Il a fait l'objet de fouilles pendant 6 journées des mois d'octobre et de décembre 1904, l'année de sa découverte, en présence de l'abbé Breuil (Breuil et Clément, 1906). Deux couches solutréennes sont dissociées. Des pièces seront récoltées lors de passages et de reprises de coupe par Bourlon et Septier et L. et J. Pradel qui reprennent de fouilles dans l'objectif de trouver des blocs gravés. Elles confirment les deux niveaux stratigraphiques définis par H. Breuil. Un niveau plus profond, est détecté dans la continuation de ces fouilles, en avant du surplomb de l'abri (Pradel L. et J.-H., 1967).

Nous avons eu accès à la collection Breuil, conservée au Musée du Berry à Bourges, à la collection Clément donnée au Musée Bertrand de Châteauroux, actuellement en dépôt au Musée d'Argentomagus et à la collection mise à disposition par J. H. Pradel.

Dans l'environnement immédiat du site (quelques centaines de mètres) les calcaires du Bajocien supérieur sont localement silicifiés. Les silex se trouvent en position secondaire dans les argiles de décalcification, affectées par une épigénie secondaire, probablement au cours de l'Eocène. Ces silicifications sont d'aspect et de qualité très variable en fonction de l'ampleur de l'épigénie secondaire, plus marquée en périphérie de blocs qui peuvent parfois dépasser la tonne.

Une "couche très pure"?

La série lithique comprend des feuilles de laurier qui "se retrouvent au sein d'une couche archéologique très pure" (Allain, 1976), considérée comme un possible représentant de la phase moyenne du Solutréen. Pour Smith, à un moment où aucun exemplaire incontestable de pointe à cran n'était encore connu dans la région centre, son occupation pourrait être contemporaine du Solutréen supérieur du Sud-ouest de la France (Smith, 1966).

Le réexamen de ces séries révèle en fait qu'une partie des pièces, et en particulier les pointes à cran du niveau attribué au Solutréen supérieur de la fouille Pradel (*v.g.* Pradel L. et J.-H., 1967: Fig. 8, n°2, 3, 6 et 7), possède des caractères typologiques qui évoquent une composante de la fin du Tardiglaciaire, comme l'avait justement noté Sonneville-Bordes (1988). On doit noter aussi une unique pointe à face plane, en silex local, dans le niveau inférieur, "à grandes feuilles de laurier", de la fouille Pradel. Une soie, en silex du Turonien supérieur, ramassée en surface en devant de l'abri (Breuil et Clément, 1906: Fig. 13, p.32; Trotignon, 1986: Fig. 10 n°4, p19) et Charbonnier, inventaire inédit) et un fragment de pointe à cran en silex du Turonien inférieur de la couche supérieure de la collection Pradel (Pradel L et J.H., 1967: Fig. 8, n°1) sont les seules pointes à cran qui, typologiquement, sont solutréennes. Cependant, le module et la retouche de la soie de la pièce découverte en surface n'entrent pas dans les variations observées parmi les pointes à cran des Maîtreaux, de l'abri Fritsch et de Fressignes. Elle est plutôt comparable aux exemplaires confectionnés dans une variété à pellets de teinte rouge du Turonien supérieur de la Grotte de la Tannerie, du type A, de la typologie proposée par Plisson et Geneste (1984), à partir de séries solutréennes de Charente et de Dordogne.

L'autre fragment est une pointe à cran en silex du Turonien inférieur qui a probablement été reprise après une fracture d'utilisation, ce qui nous empêche de connaître sa morphologie initiale.

Hormis deux fragments mésiaux de feuille de laurier, l'un en silex du Turonien inférieur et l'autre en silex tertiaire, toutes les autres feuilles, si elles étaient complètes, ne dépasseraient pas les 20 cm (Trotignon, 1986). Ces deux pièces se distinguent aussi nettement du reste de la série d'un point de vue technique. Celle en silex du Turonien inférieur, retouchée par percussion, de 5,7 mm d'épaisseur maximale pour 62,4 mm de largeur, rentre dans les proportions largueur/épaisseur exceptionnelles des feuilles de laurier du site de la "cache" de Volgu.

Les autres feuilles de laurier (95) sont des pièces de module inférieur à ceux des plus petites pièces du site des Maîtreaux, en majorité du type A. Sur les 41 pièces étudiées par F. Trotignon (1986), elle distingue 2 pointes de type B et 5 pointes de Badegoule à retouche uniface. Leur présence, associée aux rares fragments de pointes à

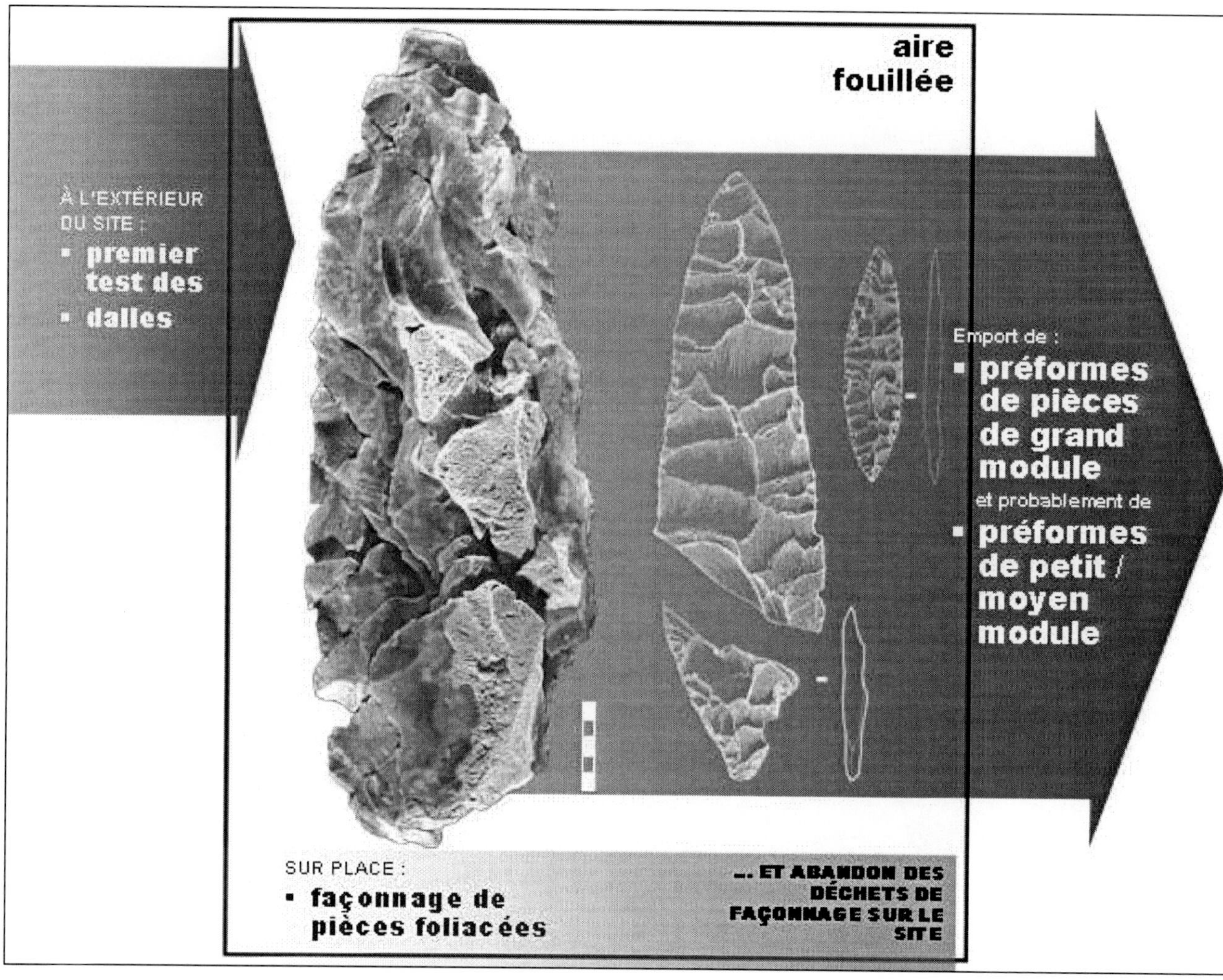

Fig. 5.2 – Interprétation techno-économique des chaînes opératoires de façonnage représentées sur le site des Maîtreaux

cran a servi pour argumenter que la série "semble devoir être attribuée à un *Solutréen, indiscutablement, mais discrètement, supérieur*" (Trotignon, 1986, p. 7)

Les feuilles de laurier sont très majoritairement confectionnées en silex local. Les autres proviennent du Turonien supérieur de la basse vallée de la Claise ou de la Creuse (4) ou du Turonien inférieur (4). Excepté une préforme en silex du Turonien supérieur, il s'agit de fragments portant des négatifs d'une retouche par pression et des fractures en languette qui indiquent qu'il s'agit plutôt de pièces cassées et abandonnées après cassure lors de l'utilisation.

Le schéma opératoire de fabrication part d'éclat-support ou de lames, dont les nucléus ne sont pas connus (Fig. 5.3). La variété des silex utilisés, sélectionnés parmi les variétés de grain le plus fin, évoque un prélèvement de supports débités au percuteur dur, probablement sur les gîtes. Ils sont ensuite légèrement modifiés, par quelques enlèvements effectués par percussion au percuteur organique. Leur représentation et les méthodes de fouille ne permettent pas de savoir si cette opération a été intégralement réalisée sur le site ou si des préformes y ont été apportées. Elles sont ensuite intégralement retouchées par pression à partir d'un bord légèrement rabattu par retouche abrupte. Si plusieurs pièces cassées lors de cette opération indiquent que cette retouche a, au moins en partie, été réalisée sur place, les méthodes de fouille n'ont pas permis la collecte des petits éclats qui en résultent.

Relations avec d'autres espaces géographiques

Les silex allochtones de la collection Breuil (270 pièces pour un total de 1.880) sont représentés par des supports laminaires de plusieurs variétés de silex du Turonien supérieur de la vallée de la Creuse et de la basse vallée de la Claise et en silex sénonien de provenance aquitaine. Les modules et les options technologiques tels que la présence d'éperons, indiquent qu'une partie de ces supports s'intègrent plutôt dans la composante tardiglaciaire de la série.

Par contre, trois éclats de façonnage correspondent au module des petites feuilles de laurier faites en silex local et des supports laminaires en silex de la variété à

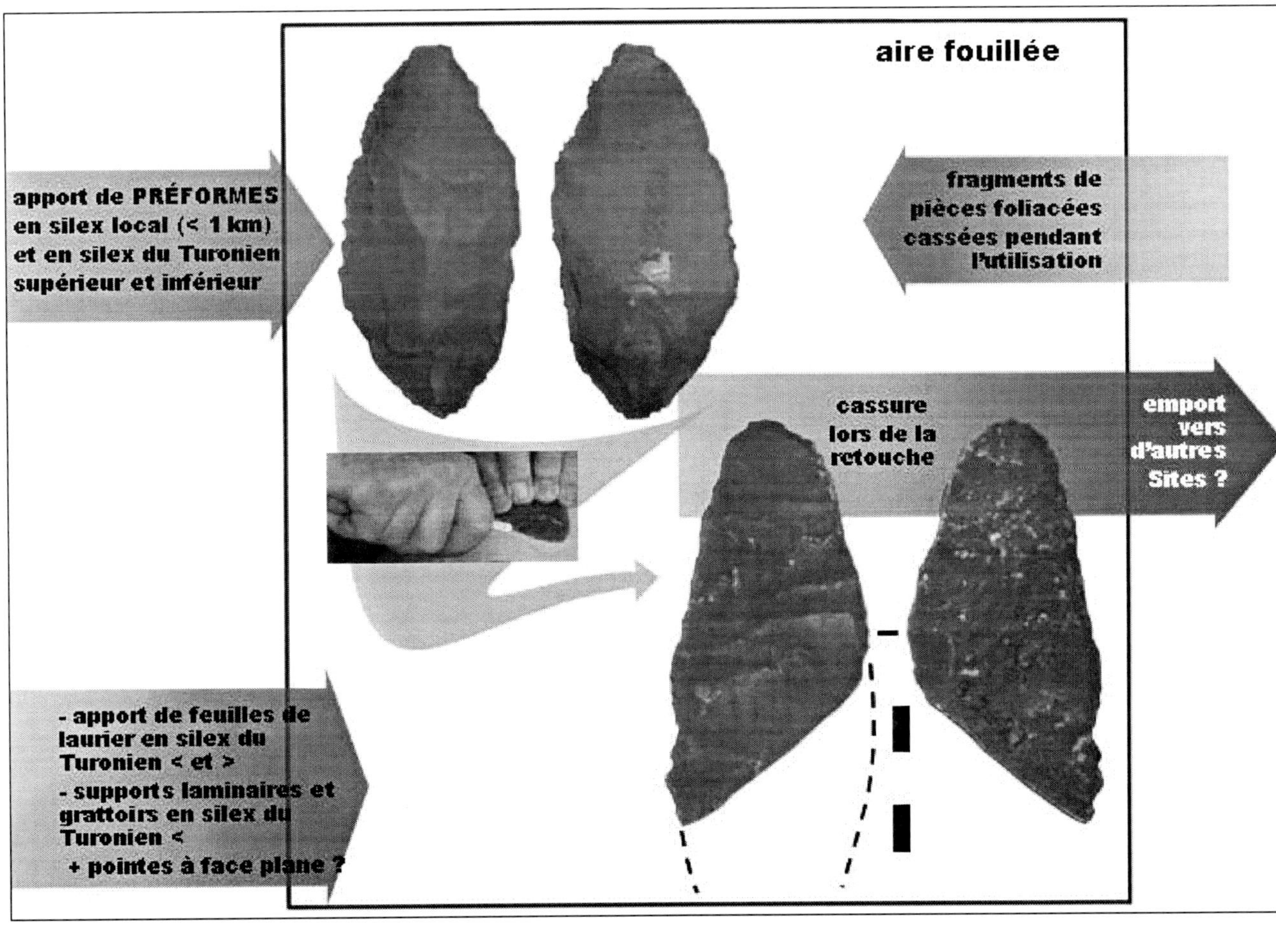

Fig. 5.3 – Interprétation techno-économique de la principale composante solutréenne des différentes séries lithiques issues de l'abri de Monthaud

inclusions noires du Turonien inférieur de la vallée du Cher peuvent être intégrées dans la majorité de la série.

Ces lames sont de morphologie et de module distinct de ceux en silex du Turonien supérieur et sénonien aquitains (entre 18 mm et 36,9 mm de largeur pour une moyenne de 23,9 sur 19 pièces), elles ont été en partie retouchées en grattoir et leurs tranchants latéraux sont modifiés par une retouche plate.

Un examen technologique de ces supports montre des stigmates résultant d'une percussion directe au percuteur tendre organique sur des nucléus à faible cintre et carène, à plan de frappe préférentiel, mis en forme par une crête. Ces nucléus, pourtant, sont absents de la série.

RELATION SPATIALE ET CHRONOLOGIQUE

Comparaison avec la séquence de l'Abri Fritsch

Une des principales limitations à l'analyse selon le concept de chaîne opératoire réside dans l'établissement de la cohérence des assemblages archéologiques. Afin de pouvoir comparer les données établies à partir des séries des Maîtreaux et de Monthaud nous avons initié une analyse de la séquence de l'abri Fritsch, situé entre les deux.

La séparation de groupes lithologiques et la tentative de remontage systématique de vestiges lithiques provenant des différentes unités stratigraphiques définies en fouille (Alain et Fritsch, 1967; Trotignon *et al.*, 1984) indiquent des relations entre des objets provenant des couches 10 et 9, 9 et 8d/e, 7c à 8b, 6 et 5d, 5a à 3.

Nous avons exposé en détail (Aubry *et al.*, spl) les arguments qui permettent de mettre en question l'attribution au Solutréen des séries lithiques des couches 8b à 7b, qui ne contiennent pas les "éléments d'une attribution chronologique certaine" lors de la première publication de la séquence (Allain et Fritsch, 1967 p. 92). Elle se base essentiellement sur la découverte d'un fragment de feuille de laurier en 1976. Pourtant, ce fragment raccorde avec une pièce qui sera cotée deux ans plus tard dans la couche 9.

Les séries qui peuvent objectivement être attribuées au Solutréen provenant des couches 10 à 8d de l'Abri Fritsch, d'un effectif de seulement 413 vestiges, contiennent des indices de débitage laminaire et de façonnage de petites feuilles de laurier de petit module dans le silex local du Bathonien de la vallée de la Creuse, associés à l'apport de silex de la vallée de la Claise et de la Creuse et du Turonien inférieur de la vallée du Cher (Aubry, 1991; Aubry *et al.*, sp2).

Dans tous les niveaux, ces matériaux allochtones ne sont représentés que par une fraction réduite des chaînes opératoires de leur fabrication. Il s'agit, majoritairement dans la couche 10, mais aussi en 9, d'éclats de la phase finale de façonnage d'une feuille de laurier, large, en silex du Turonien supérieur semblable à ceux qui auraient été obtenus sur les grands feuilles des Maîtreaux. Les supports laminaires et les deux fragments d'une même pointe à cran sont limités aux unités 8d et 8e. Les fragments de feuilles de laurier, qui n'ont pas été façonnées sur place, et des éclats de retouche se trouvent dans la couche 9 et en 8d/e.

La variété de silex du Turonien supérieur de chaque unité qui dépasse celle observé sur la série des Maîtreaux indique un approvisionnement depuis plusieurs gîtes.

Si la représentation des chaînes opératoires des silex allochtones et la morphologie des feuilles de laurier des unités mis en évidence par les remontages correspond aux absences constatées dans les chaînes opératoires de la série des Maîtreaux, la faible surface fouillée par rapport au potentiel du site ne nous permet pas encore d'établir une complémentarité et l'utilisation de réserves à usage différé du type de ce qui a été emporté des Maîtreaux.

La comparaison des séries de Fristch avec celle de Monthaud ne montre qu'un point possible de convergence. Il s'agit d'un remontage de pièces de la couche 10 et 9, dans un bloc de silex gélif du Turonien supérieur, qui indiquerait un possible débitage d'éclats selon un schéma complètement inconnu au Maitreaux, qui est attesté par quelques nucléus de Monthaud.

En revanche, l'examen des séries des couches 11 et 12 attribuées au Solutréen inférieur de la fouille Bordes sur le site Laugerie-Haute, nous a révélé l'existence de supports laminaires semblables à ceux de Monthaud dans le même silex correspondant macroscopiquement au Turonien inférieur à inclusions noires de la vallée du Cher (Aubry, 1991). Nous en avons détecté aussi dans les collections conservées au Musée du Périgord provenant de fouilles sur ce site réalisées au début du XXème siècle et antérieures à celles de D. Peyrony et F. Bordes. Certains de ces supports, transformés en grattoir ou en pointes à face plane contiennent des spicules de spongiaire et fragments de bryozoaire qui sont fréquents dans les silex du Turonien inférieur à inclusions noires de la vallée du Cher. Cependant, le caractère ubiquiste de ces organismes et l'absence d'éléments figurés dans ces silex rend difficile leur caractérisation et une détermination fiable de leur diffusion.

Toutefois, cette première mise en relation technologique et peut être lithologique nous semble permettre de remettre en question la signification chronologique de l'absence des pointes à face plane dans une série solutréenne comme critère de définition de la phase moyenne à seules feuilles de laurier, dont la série de Monthaud serait l'un des rares représentants (Smith, 1966).

Diffusion des silex du Turonien supérieur et inférieur

Nous cherchons à déterminer l'aire et les modalités de diffusion des silex du Turonien supérieur et inférieur, tout en gardant à l'esprit que, s'il est possible de caractériser avec fiabilité les silex du Turonien supérieur (Aubry, 1991; Primault, 2003), définir une provenance géographique précise au sein de l'aire d'affleurements n'est possible que pour une proportion réduite des silex provenant de cet étage (Aubry et Walter, 2003).

Comme à l'abri Fritsch, à La Tannerie, au Placard et au Fourneau du Diable nous avons constaté l'association de silex de ces deux étages et une complémentarité avec les manques observés sur les chaînes opératoires de production de supports de pointe à cran, lamelles à dos, de feuilles de laurier de petit module ainsi qu'avec la chaîne opératoire de production de grands supports laminaires des Maîtreaux (Aubry *et al.*, sp2). En revanche, aucun élément autre que les éclats de façonnage de la couche 9 et 10 de l'Abri Fritsch ne permet d'établir une complémentarité avec la production de préformes de grandes feuilles de laurier effectuée au Maîtreaux (Aubry *et al.* sp1).

La variété des faciès indique l'exploitation de plusieurs gîtes sur l'aire de répartition du Turonien supérieur. Dans la basse vallée de la Claise, à l'ouest de la vallée de la Creuse ou dans le bassin de la Vienne. Seul ce dernier, correspond aux exemplaires de pointes à cran de type A (Plisson et Geneste, 1984) sur les différents sites.

Cette diffusion s'effectue aussi bien vers le bassin aquitain que vers le Massif Central, comme l'indique un fragment de feuille de laurier inédite, du site de Volgu découverte dans les années 60, dans une gravière localisée à proximité du lieu de découverte des grandes feuilles de laurier de Volgu qui nous a aimablement été communiquée par R. Desbrosse.

Cependant, nous ne disposons pas d'autre série que celle des Maîtreaux, dont la connaissance des processus et une évaluation du temps de formation permette d'évaluer si l'exploitation de ces différentes sources de la vallée de la Claise, de la Creuse et du Cher est synchrone ou si l'association dans une même unité stratigraphique est due à l'accumulation lors de passages successifs dont l'intervalle ne peut être évalué.

ACQUIS ET PERSPECTIVES

Bien que les séries des Maîtreaux et de Monthaud aient été obtenues selon des méthodes de fouille distinctes, l'approche techno-économique des restes lithiques permet d'établir des différences au niveau des options techniques et du phasage des chaînes opératoires, précédant et faisant suite aux passages sur les sites. Les contraintes liées aux différences de morphologie et d'homogénéité des volumes de silex exploités, ne peuvent, à elles seules, les expliquer. Si une différence diachronique des deux occupations nous parait l'explication la plus probable, leur comparaison avec les différents niveaux de l'Abri Fritsch n'apporte pas d'argument définitif.

L'étude systématique de l'origine des silex allochtones abandonnés sur les sites solutréens nous semble une des voies pour établir des liens éventuels. Ces vestiges possèdent des informations d'ordre spatial et technique sur des chaînes de production qui peuvent être absentes sur leur lieu d'abandon. Cette approche nous a permis d'établir l'existence de sites où ont été constitués des réserves de pointes à cran, sur d'autres gîtes de silex du même étage que celui des Maîtreaux, sur les silex du Turonien inférieur du bassin du Cher et de l'Hettangien de la vallée de la Vienne. La détection d'indices solutréens associés à ces affleurements pourrait permettre d'établir une chronologie relative de l'exploitation de ces sources et de leur diffusion vers les sites du Nord de l'Aquitaine.

La série solutréenne de Monthaud contient des supports laminaires en silex du Turonien inférieur de la vallée du Cher qui peuvent s'insérer dans un schéma de production de support de pointes à face plane. L'absence de ce type d'outil dans la série et leur mise en relation avec d'autres sites attribués au Solutréen inférieur révèle la fragilité des bases archéologiques sur lesquelles se fondent les subdivisions internes au sein de cette entité.

Bibliographie

ALLAIN, J. (1976) – La fin du Paléolithique supérieur en Région Centre. In: Otte, M. (ed.) *Le Magdalénien en Europe. Actes du colloque de Mayence, 1987*. Liège: ERAUL, n° 38, p. 193-214.

ALLAIN, J.; FRITSCH R. (1967) – Le Badegoulien de l'Abri Fritsch aux Roches de Pouligny-St-Pierre. *Bulletin de la Société préhistorique française*, t. 64, n° 1, p. 83-94.

ALMEIDA, M. (2005) – Première approche à l'interprétation palethnologique du groupe solutréen des Maîtreaux, perspectives sur la technologie et répartition spatiale des vestiges lithiques et ses implications pour l'interprétation du registre archéologique. D.E.A. de l'Université de Paris I, 82 p.

ALMEIDA, M., NEVES, M. J. (2000) – Analyse spatiale des vestiges lithiques des niveaux solutréens du site des Maîtreaux (commune de Bossay-sur-Claise, Indre-et-Loire). Rapport d'analyse, 31 p.

ALMEIDA, M.; AUBRY, T.; MANGADO LLACH, J.; NEVES, M. J.; PEYROUSE, J.-B.; WALTER, B. (sp) – 40 ans d'études technologiques: comment et jusqu'où aller dans la reconstitution du quotidien des groupes humains préhistoriques. Actes du Colloque international "Restituer la vie quotidienne au Paléolithique supérieur", Lyon, 16-18 Mars 2005.

AUBRY, T. (1991) – L'exploitation des ressources en matières premières lithiques dans les gisements solutréens et badegouliens du bassin versant de la Creuse (France). Thèse de doctorat, Université de Bordeaux I, Préhistoire. 327 p.

AUBRY, T. (2005) – Etudes de l'approvisionnement en matières premières lithiques d'ensembles archéologiques. Remarques méthodologiques et terminologiques. In: D. Vialou, J. Renault-Miskovsky, M. Patou-Mathis (dir.). Comportements des hommes du paléolithique moyen et supérieur en Europe: territircs et milieux. Actes du Colloque du G.D.R. 1945 du CNRS, Paris, 8-10/01/2003, Liège, ERAUL 111, 2005, p-87-99.

AUBRY; T.; ALMEIDA, M.; CHEHMANA, L.; THIENNET, H.; WALTER B. (sp1) – De la fin du Solutréen au Magdalénien moyen dans le bassin versant de la Creuse: continuités et ruptures dans la technologie et l'exploitation des matières premières lithiques. In: Actes de réunion scientifique de la S.P.F. "Les Occupations humaines en Europe occidentale de 19.000 à 14.000 BP", 8/9-12-2006, Toulouse.

AUBRY, T.; ALMEIDA, M.; MANGADO LLACH, J.; NEVES, M.J.; PEYROUSE, J.B.; WALTER, B. (sp2) – Mythes et réalités préhistoriques: apport du site des Maîtreaux à la définition de la variabilité des productions lithiques au Solutréen. In: Actes du centenaire de La Société préhistorique française.

AUBRY, T.; WALTER, B.; ROBIN, E.; PLISSON, H.; BENHABDELHADI, M. (1998) – Le site solutréen de plein air des Maîtreaux (Bossay-sur-Claise, Indre-et-Loire): un faciès original de production lithique. *Paléo*. 10. 163-184.

AUBRY, T.; WALTER, B. (2003) – Reconstitution des modalités d'approvisionnement et de diffusion des matières premières lithiques pendant le Paléolithique Supérieur – L'apport du site solutréen et badegoulien des Maîtreaux (Indre-et-Loire, France). *Table ronde internationale organisée à Aurillac (Cantal), du 20 au 22 juin 2002: les matières premières lithiques en Préhistoire*. 5ème supplément à *Préhistoire du Sud Ouest*, p. 41-49.

AUBRY, T.; WALTER, B.; ALMEIDA, M.; LIARD, M.; NEVES, M. J. (2004) – Approche fonctionnelle des sites dit d'atelier: l'exemple des occupations solutréennes et badegouliennes des Maîtreaux (Indre-et-Loire, France). *XXV° Congrès Préhistorique de France – Nanterre 24-26 novembre 2000 – "Approches fonctionnelles en Préhistoire"*, p. 249-263.

BORDES, F.; FITTE, P. (1950) – Un abri solutréen à Abilly (Indre-et-Loire). *Bulletin de la Société préhistorique française*, t.47, n°3-4, p 146-153.

BORDES, J.-G. (2002) – Les inter-stratifications Châtelperronien / Aurignacien de Roc-de-Combe et du Piage (Lot). Analyse taphonomique des vestiges lithiques. Implications archéologiques. Thèse de Doctorat en Préhistoire et Géologie du Quaternaire. Université de Bordeaux I — Institut de Préhistoire et Géologie du Quaternaire.

BREUIL, H.; CLEMENT, L. (1906) – Un abri solutréen sur les bords de l'Anglin, à Monthaud, commune de Chalais (Indre). Mémoires de la Société des Antiquaires du Centre (bourges), vol. 29, p. 1-32.

JULIEN, M. (1992) – La technologie et la Typologie, du fossile directeur à la chaîne opératoire. In: *La Préhistoire dans le Monde*, Paris, Presse Universitaire de France, p. 163-193.

LE BRUN-RICALENS, F. (2005) – Chronique d'une reconnaissance attendue. Outils "carénés, outils "nucléformes", nucléus à lamelles. Bilan après un siècle de recherches technologiques et tracéologiques. In. Productions lamellaires attribuées à l'Aurignacien: Chaînes opératoires et perspectives techno-culturelles. XIV° congrès de l'UISPP, Liège 2-8 septembre 2002, *Archéologiques* 1, Luxembourg, 2005, p.23-72.

LEROI-GOURHAN, A.; BREZILLON, M. (1966) – L'habitation magdalénienne nº 1 de Pincevent, près de Montereau (Seine-et-Marne), *Gallia Préhistoire*, 9, p. 263-371.

LIARD, M. (2005) – *Contribution des approches géographique, pédologique et archéologique à la connaissance des environnements morphosédimentaires et pédologiques de la Vallée de la Claise tourangelle, du Pléistocène supérieur au début de l'Holocène*. Thèse de doctorat, Université de Rennes II – U.F.R. de Sciences Sociales, Géographie. 256 p.

MANGADO LLACH, J. (2005) – *La caracterización y el aprovisionamiento de los recursos abióticos en la Prehistoria de Cataluña: Las materias primas silíceas del Paleolítico Superior Final y el Epipaleolítico*. BAR International Series 1420. 205 p.

PELEGRIN, J. (1995) – *Technologie lithique: le Châtelperronien de Roc-de-Combe (Lot) et de La Côte (Dordogne)*. Paris, CNRS Editions, 297 pages, Cahiers du Quaternaire.

PELEGRIN, J. (2000) – Les techniques de débitage laminaire au Tardiglaciaire: critères de diagnose et quelques réflexions. In: B. Valentin, O. Bodu, M. Christensen (dir.), L'Europe centrale et septentrionale au Tardiglaciaire: confrontation des modèles régionaux de peuplement, Acte de la Table-ronde internationale de Nemours, 14-16/05/1997. Ed. de l'A.P.R.A.I.F., p-73-86.

PELEGRIN, J.; KARLIN, C.; BODU, P. (1988) – Chaînes opératoires: un outil pour le préhistorien. *Technologie préhistoriques*, Paris, CNRS, Monographies techniques, p. 55-62.

PLISSON, H.; GENESTE, J.-M. (1984) – Analyse technologique des pointes à cran solutrénnes du Placard (Charente), du Fourneau du diable, du Pech de la Boissière et Combe Saunière (Dordogne). *Paléo*, 1, p. 65-106.

PRADEL, L.; PRADEL, J. H. (1967) – L'abri solutréen de Monthaud, commune de Chalais (Indre). *L'Anthropologie*, t.71, nº1-2, p. 49-74.

PRIMAULT, J. (2003) – *Exploitation et diffusion des silex de la région du Grand-Pressigny au Paléolithique*. Thèse de l'Université de Paris X – Nanterre, 1 vol.

SERONIE-VIVIEN, M.; SERONIE-VIVIEN, M.-R. (1987) – Les silex du Mésozoïque nord-aquitain. Approche géologique de l'étude des silex pour servir à la recherche préhistorique. *Bulletin de la Société Linnéenne de Bordeaux*. Suppl. du T. XV, 136 p.

SMITH, P. (1966) – *Le Solutréen en France*. Bordeaux: Imprimeries Delmas, Mémoire nº 5. 449 p.

SONNEVILLE-BORDES, D. (1980) – Cultures et milieux d'Homo sapiens sapiens en Europe. In: Colloques Internationaux du C.N.R.S., nº599 – *Les processus de l'hominisation*, Paris, 1980, p. 115-129.

SONNEVILLE-BORDES, D. (1988) – *De la Loire à l'Oder*. Les civilisations du Paléolithique final dans le nord-ouest européen. Actes du Colloque de Liège, décembre 1985. BAR International Series 444 (i), p. 621-653.

TEXIER, J.-P. (2000) – À propos des processus de formation des sites préhistoriques. *Paléo*. 12, p. 379-386.

TIXIER, J. (1982) – Techniques de débitage: osons de plus affirmer. In: D. Cahen et URA 28 du CNRS, *Tailler! pour quoi faire: Préhistoire et technologie lithique*: Recent progresse in microweear studies. Tervuren, Musée Royal de l'Afrique centrale, p. 13-22 (Studia Praehistorica Belgica, 2, Préhistoire et Technologique 2).

TROTIGNON, F. (1986) – L'industrie lithique solutréennes de Monthaud (Indre). *Cahiers d'Archéologie et d'Histoire du Berry*, nº 87, p. 3-23.

TROTIGNON, F.; POULAIN, T.; LEROI-GOURHAN, A. (1984) – *Études sur l'Abri Fritsch (Indre)*. XIXème supplément à G allia Préhistoire. 132 p.

VIALOU, D.; VILHENA-VIALOU, A. (1994) – Pièces solutréennes de Fressignes (Indre): observations typotechnologiques. In *Homenage al Dr. J. Gonzales Echegaray*. Santander: Ministerio de Cultura /Museu y Centro de Investigación de Altamira (Monografías, nº 17), p. 61-99.

WALTER, B. (1991) – Un site solutréen à Bossay-sur-Claise. *Les Cahiers de la Poterne*. 23. 6-9.

WALTER, B.; AUBRY, T. (2001) – Le site solutréen des Maîtreaux à Bossay-sur-Claise (Indre-et-Loire). *Bulletin des Amis du Grand Pressigny*. 52, p. 23-29.

TYPOLOGIE ET TECHNOLOGIE APRES LE SOLUTREEN / AVANT LE MAGDALENIEN REFLEXIONS SUR LA NATURE DES DEUX APPROCHES ET SUR LEUR UTILISATION DANS LA DEFINITION D'UNE "PHASE DE TRANSITION"

Catherine CRETIN

Centre national de Préhistoire, 38, rue du 26ème RI, F-24000 PERIGUEUX, UMR 5599 PACEA, IPGQ, Bâtiment de géologie, avenue des facultés, F-33405 TALENCE, catherine.cretin@culture.gouv.fr.

***Abstract**: The aim of this paper is mainly a reflexion about the use of both typological and technological analyses on the study of the Solutrean / Magdalenian transition. The author put in evidence the complementarity of both approaches, but also their differences, their specificities and own qualities.*
***Keywords**: Badegoulian, technological approach, typological approach*

***Résumé**: L'objectif de cette communication, plutôt qu'une présentation de résultats, est de proposer une réflexion sur l'utilisation des analyses typologiques et technologiques dans le traitement de la question de la transition du Solutréen au Magdalénien. Les exemples concrets, venant de notre expérience personnelle, servent à illustrer cette réflexion que nous croyons d'une portée beaucoup plus générale.*

Après un exposé de la problématique, des données obtenues, des interrogations soulevées..., qui constituent la base de notre raisonnement, nous tâcherons de mettre en évidence la complémentarité de chacune des deux approches, typologie et technologie, ainsi que leurs différences, leurs spécificités et qualités respectives. Nous nous demanderons notamment si les deux méthodes nous permettent de répondre aux mêmes questions, si la technologie, en particulier, peut servir efficacement à définir des entités culturelles, et de quelle manière. Cette question s'est en effet posée avec une certaine acuité pour la période étudiée, déjà définie avec difficulté par la typologie. Or, il s'avère que les analyses technologiques ont plutôt eu tendance, ces trente dernières années, à nous révéler la complexité du comportement technique plutôt que la norme culturelle d'un groupe humain. Il y a bien entendu des explications liées à la nature même de la méthode, plus dynamique, mettant plus l'accent sur l'interaction entre les différents éléments que sur la synthèse. Mais il est possible que l'effort de caractérisation des entités ait été relégué au second plan par les technologues, par crainte du raccourci. Pourtant, éviter la question aurait pour conséquence de laisser ce soin à d'autres. C'est pourquoi nous croyons qu'un effort de clarification de nos intentions, de nos attentes et de nos objectifs ne peuvent qu'être salutaires pour les deux méthodes employées. C'est, partiellement du moins, car limité à la période inter solutréo-magdalénienne, l'objectif de cette communication.
***Mots clés**: Badegoulien, approche typologique, approche technologique*

***Resumo**: Esta comunicação tem como objectivo, mais do que a apresentação de resultados, uma reflexão sobre a utilização de análises tipológicas e tecnológicas no tratamento da questão da transição entre o Solutrense e o Magdalenense. Exemplos concretos, decorrentes da nossa experiência pessoal, servem de ilustração a uma reflexão que consideramos de âmbito mais geral. Tentaremos pôr em evidência a complementaridade de ambas as abordagens, tecnologia e tipologia, assim como enumerar as respectivas especificidades e qualidades. Questionaremos, nomeadamente, se os dois métodos nos permitem responder ao mesmo tipo de questões. Se a tecnologia, em particular, pode, de uma forma eficaz, contribuir para a definição de entidades culturais e de que maneira. A questão torna-se de resto mais premente tendo em conta as dificuldades sobejamente conhecidas para a definição do período em questão do ponto de vista tipológico. Ora, nos últimos 30 anos, as análises tecnológicas têm-se debruçado mais sobre a complexidade do comportamento técnico do que sobre as normas culturais dos grupos humanos. Existem certamente explicações ligadas à própria natureza do método, mais dinâmico, acentuando a interacção entre os vários elementos, em detrimento da síntese. Mas é possível que o esforço de caracterização das entidades tenha sido relegado para segundo plano pelos tecnólogos por temor ao resumido. Evitar a questão teria por consequência relegar a responsabilidade a outros. Cremos que um esforço de clarificação das nossas intenções, preocupações e objectivos é salutar para os dois métodos utilizados. É o que se pretende com esta comunicação, apesar de se limitar ao período inter solutreo-magdalenense.*
***Palavras-chave**: Badegoulense, abordagem tipológica, abordagem tecnológica*

INTRODUCTION

Lorsque nous avons commencé notre travail sur le Badegoulien et le début du Magdalénien, nous avons immédiatement été confrontée au problème de la définition, à la fois des entités culturelles et de leurs outils diagnostics. Il semblait que rien de commun n'existait entre cette phase et, d'une part le Solutréen, d'autre part les Magdaléniens ultérieurs, comme si les contraintes, les besoins ou bien encore les hommes ne pouvaient qu'être différents pour produire des résultats matériels aussi dissemblables. Tous ceux qui ont abordé cette période ont dû ressentir cette même désorientation. Il faut dire, dans ce cas précis, que la typologie elle-même avait du mal à trouver et à définir les outils badegouliens. Même dans l'outillage donc, et contrairement aux autres épisodes du Paléolithique supérieur, il ne semblait pas y avoir de "norme". Il en résulte une certaine difficulté à définir cette phase, qui a de ce fait souvent été considérée comme une phase de mutation entre les deux "monolithes" que sont le Solutréen et le Magdalénien[1].

C'est pourquoi l'analyse technologique ne pouvait qu'occuper une place de choix dans notre réflexion. Elle allait se porter au secours de la typologie et l'on allait enfin préciser l'identité du Badegoulien et savoir, par exemple s'il se rattache ou non à la sphère magdalénienne...

La mission a-t-elle été remplie? Certainement pas de la façon que l'on aurait pu croire.

Notre propos n'est pas de présenter à nouveaux des résultats d'analyse qui l'ont déjà été (Cretin, 2007), mais de proposer une réflexion consécutive à l'utilisation des deux approches, typologiques et technologiques, pour aborder la question de la transition du Solutréen au Magdalénien. Nos réflexions, que nous espérons de portée plus générale, seront donc illustrées par des exemples venant de notre propre travail mais aussi de celui de nos collègues.

L'objectif est donc bien, après un rapide état de la question, de provoquer une discussion sur la typologie, la technologie, leur utilisation et les attentes que l'on peut avoir sur ces deux méthodes d'analyse.

LA TRANSITION DU SOLUTREEN AU MAGDALENIEN: ETAT DE LA QUESTION

Il ne nous appartient pas de proposer une définition approfondie des cultures solutréennes et magdaléniennes. Nous souhaitons seulement souligner à quel point ces ensembles industriels possèdent des caractéristiques typologiques fortes et combien le Badegoulien peut, de ce fait, paraître très différent. Ce dernier est d'ailleurs largement défini par des critères extrinsèques négatifs: absence de taille bifaciale, absence d'armatures, absence de microlitthes. Les critères intrinsèques positifs (présence de raclettes et d'outils confectionnés plus souvent sur éclat) semblent, quant à eux, donner à l'industrie une allure archaïque.

Des hypothèses de parenté avec les industries solutréennes et magdaléniennes ont cependant parfois été émises. Celle concernant la parenté avec le Magdalénien est la plus fréquente. Sans doute est-il plus facile de considérer cet épisode particulier comme les balbutiements d'une ère nouvelle plutôt que comme les derniers témoins de la phase précédente. Il nous semble en effet qu'il est, presque idéologiquement, difficile d'imaginer le "beau Solutréen" "régresser" vers le Badegoulien. Cette difficulté pourrait en partie expliquer qu'il y ait eu également un certain désintérêt pour la période, ainsi qu'un refus, inconscient peut-être mais non moins réel, de lui attribuer la moindre parcelle d'art pariétal.

[1]: Ces deux termes sont ici employés pour faire ressortir une impression plutôt qu'une réalité archéologique.

LE ROLE DE L'ANALYSE TYPOLOGIQUE: APPORT, REFLEXIONS, INTERROGATIONS

Doit-on imputer cet état de fait à la typologie? Les grandes lignes du modèle qui a été établi[2] grâce à cette méthode consistent en une subdivision en deux phases: un niveau à burins transversaux et un niveau à raclettes, que ceux-ci soient qualifiés de Magdalénien I et 0 ou de Badegoulien ancien et récent. Quelques autres outils peuvent s'y ajouter (perçoirs en étoile, pièces de la Bertonne, becs de Cassegros, etc.) mais ce ne sont jamais des outils diagnostiques au sens strict et leur présence est bien souvent sporadique.

Ce schéma cache mal ses difficultés: les raclettes, définies par leur seule retouche, sont parfois rejetées par certains auteurs parce qu'elles ne sont pas assez précisément définies; les burins transversaux, en réalité très polymorphes, sont attestés dans plusieurs niveaux, y compris des niveaux récents; les pièces esquillées et autres outils dits "archaïques" (racloirs, encoches, denticulés...) sont toujours aussi difficiles à interpréter. Quant aux rares autres outils, parfois considérés comme caractéristiques (perçoirs en étoile, pièces de La Bertonne, becs de Cassegros...), ils sont attestés de façon trop ponctuelle pour constituer de véritables points de repère, d'autant que la position chronologique de certains d'entre eux (pièces de La Bertonne) est encore à préciser.

Quoi qu'il en soit, la chronologie relative la plus précise dont nous disposons à l'heure actuelle est celle qui est basée sur l'étude des industries préhistoriques. La typologie reste le meilleur outil de caractérisation que nous ayons et, à l'heure actuelle, le modèle reste valide dans ses grandes lignes (*figure 6.1*):

- la présence de la raclette est incontestable. Elle peut atteindre jusqu'à 30% de l'outillage. Les niveaux à nombreuses raclettes sont d'ailleurs les plus faciles à identifier. Les niveaux présentant peu de raclettes sont par contre plus difficiles à situer: sont-ils plus anciens ou plus récents? La question devient très épineuse dans le cas de séries numériquement faibles.
- les burins transversaux ne sont, quant à eux, pas toujours très nombreux et leur présence plus marquée dans les niveaux les plus anciens n'est pas toujours aussi évidente qu'il n'y paraît.

L'ANALYSE TECHNOLOGIQUE: APPORT, REFLEXIONS, INTERROGATIONS

En complément de l'analyse typologique, l'analyse technologique est venue enrichir et compliquer le modèle. Une chaîne opératoire de production de supports de raclettes a été identifiée (Bracco *et al.*, 2003). Les raclettes ne sont plus seulement définies par leur retouche,

[2]: Citons entre autres: Breuil H., 1912; Breuil H., 1954; Cheynier A., 1954; Bordes F., 1958; Sonneville-Bordes D. de, 1960; Allain J., Fritsch R., 1967; Allain J., 1983; Hemingway M.-F., 1980.

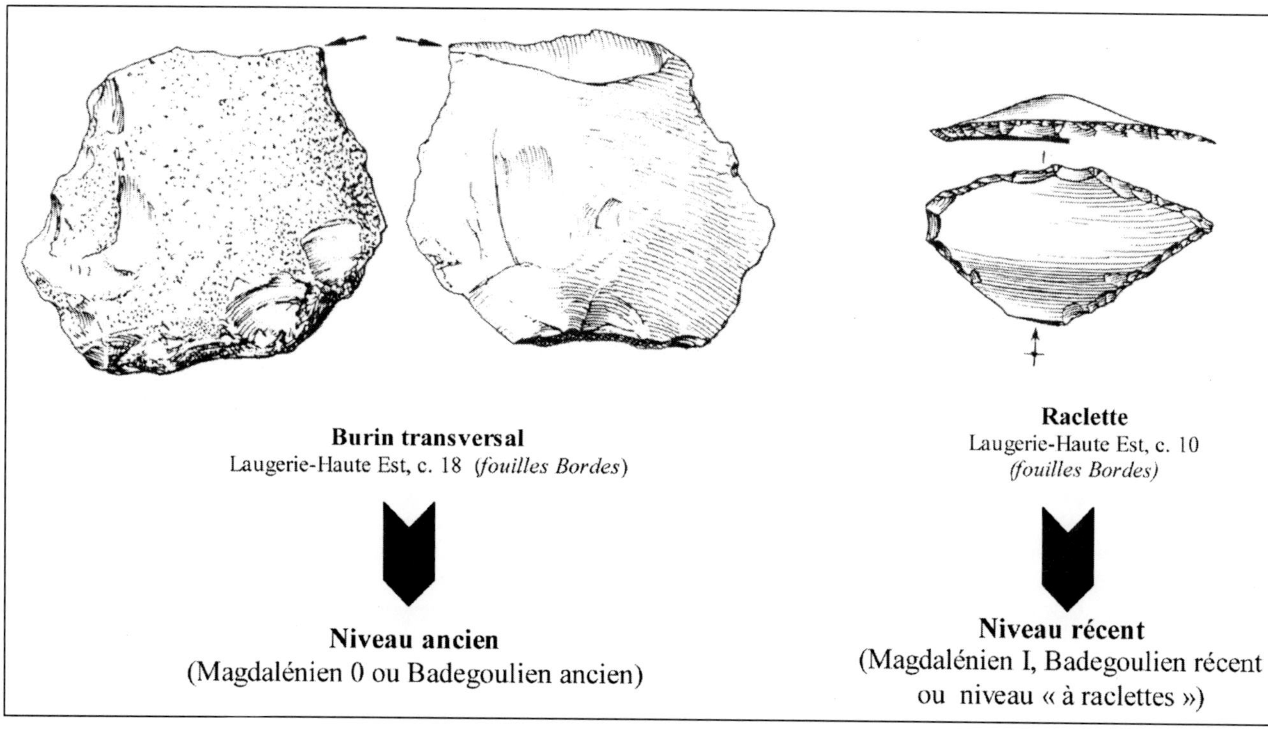

Fig. 6.1 – Le rôle de la typologie dans la définition du Badegoulien.
(*Dessins P. Laurent in DEMARS, LAURENT, 1989*)

mais aussi par leur support, leur mode de production et leurs caractéristiques morphologiques, notamment une épaisseur constante (Fourloubey, 1996; Cretin, 2000). Pour les burins transversaux, les choses se compliquent: certains s'avèrent nettement être des nucléus à lamelles, comme cela a été montré à Oisy, dans la Nièvre (Bodu et Senee, 2001; Chehmana, 2004) et à Lassac, dans l'Aude (Ducasse, 2004). Il semble également que l'on puisse rattacher à ce groupe un certain nombre de burins dièdres d'angle ou de burins d'angle sur cassure, ces derniers possédant des négatifs d'enlèvements similaires. En corollaire, les outils sur lamelles font l'objet d'une attention nouvelle. Ainsi, il s'avère qu'ils existent dans beaucoup de niveaux badegouliens, même si c'est parfois en très faible quantité.

Pour ce qui est des chaînes opératoires de production lithique, l'ensemble des études effectuées à ce jour s'accordent pour identifier:

- une chaîne de production de supports laminaires, fractionnée dans le temps et l'espace;
- une chaîne de production d'éclats standardisés, que nous avons récemment convenu d'appeler "débitage d'éclats courts normalisés" (Bracco *et alii, 2003);*
- une chaîne de production lamellaire, parfois très opportuniste, nettement plus standardisée dans les niveaux les plus récents; une chaîne de production de supports "à tendance laminaire", c'est-à-dire des supports allongés, morphologiquement et économiquement proches de la lame, mais dont le mode de production est à rapprocher de l'éclat.

Il existe encore probablement d'autres productions, notamment une production d'éclat qui ne semble suivre aucun schéma opératoire précis et qui paraît soumise aux circonstances matérielles.

L'approche techno-économique a permis de définir que le choix s'est porté vers les matériaux de proximité et d'accès facile, c'est-à-dire les alluvions (Aubry, 1991; Chalard, 1993; Morala, 1993; Fourloubey, 1996; Cretin 2000). A notre sens, cela ne traduit ni un cloisonnement territorial, ni une simple contrainte environnementale, parce que les matières premières allochtones sont tout de même bien attestées, en particulier sous forme de supports laminaires, et que cette forme d'approvisionnement a perduré entre 18.500 et 16.500 BP, malgré les changements climatiques estimés au cours de ces deux millénaires.

Peu d'éléments de caractérisation, en dehors du dernier cité, permettent, sommes toutes, de préciser la nature de l'assemblage lithique badegoulien. Pour l'heure, nous estimons que l'approche technologique ne peut pas, ou pas encore, être utilisée comme un marqueur chrono-culturel. Elle a en effet plus tendance à nous montrer la complexité du comportement individuel que la norme sociale. Si les résultats sont très intéressants, ils n'ont pas apporté beaucoup d'éléments permettant de résoudre les attributions problématiques ou les questions de parenté éventuelles.

Par contre, nous avons vu des exemples concrets où typologie et technologie peuvent se conforter, se compléter ou au contraire se contredire (par exemple dans le cas des burins transversaux). Cependant, le plus souvent, elles n'apportent pas le même type de réponse, parce que deux grandes orientations, différentes, sous-tendent ces méthodes d'analyse: la typologie reste le moyen de caractérisation chrono-culturelle par excellence; la technologie est pour l'heure plus volontiers utilisée comme ligne de force de l'analyse palethnographique. L'échelle de l'analyse est donc différente.

COMPARAISON DES DEUX METHODES

Un travail différent à un stade différent

Si l'on compare ces deux méthodes, on constate que nous avons derrière nous un siècle de travaux typologiques, ce qui explique, en partie, l'aisance générale avec laquelle nous manions tous les concepts qu'elle utilise. Par contre, l'analyse technologique n'a, en Préhistoire, qu'une trentaine d'années. Nous ne disposons donc pas de la même quantité de données, et nous ne pouvons pas prétendre, pour l'instant, au même niveau de synthèse.

Des résultats de nature différente

D'autre part, il existe une réelle différence dans la portée culturelle des éléments d'analyse: les outils sont les objets voulus, tandis que les chaînes opératoires reconstituent les moyens de les obtenir. On comprend dès lors que les moyens puissent être, ou non, fixés par une norme, laquelle ne s'impose pas avec la même constance sur le support: la part de l'aléatoire, comme les contraintes induites par la matière première, et celle de la variabilité (dont la variabilité individuelle) est plus grande.

Par exemple, une raclette sur support laminaire, ou lamellaire, ou encore sur un éclat épais, reste bien une raclette, même si elle n'a pas été fabriquée sur un éclat produit par un nucléus à éclats normalisés. De même, il est possible que, sur certains sites ou dans certaines régions, le schéma de production d'éclats courts normalisés que nous avons collectivement identifié (Bracco *et alii, 2003)* n'existe pas et soit remplacé par un autre schéma opératoire (Cretin *et alii*, 2007).

Les informations ne doivent donc pas toujours être placées au même niveau. C'est pourquoi caractériser une culture ou proposer une nouvelle attribution chrono-culturelle sur la seule base de la reconnaissance d'une technique ou d'une méthode nous semble délicate, du moins à l'heure actuelle. Il faudra d'abord en établir la spécificité, le caractère unique ou bien la très grande récurrence.

A l'inverse, l'analyse technologique peut renverser le statut d'un artefact. De ce fait, si celui-ci était la pierre angulaire de l'attribution chrono-culturelle, celle-ci peut s'en trouver modifiée. Dans le cas des burins transversaux par exemple, et à partir du moment où l'on admet qu'ils peuvent être des nucléus, on peut se poser plusieurs questions. Est-ce que l'ensemble des burins transversaux sont des nucléus? Quelle valeur en tant que pièce diagnostique le burin transversal garde t'il? Faut-il le bannir de l'outillage? Comment créer une passerelle entre les burins transversaux et d'autres burins qui, visiblement, sont aussi des nucléus ayant des objectifs identiques, l'obtention de petites lamelles?

Une aptitude à la synthèse différente

Pour finir, les données de l'analyse technologique n'ont pas la même aptitude à la synthèse: une comparaison entre deux entités est possible, elle devient éminemment lourde et fastidieuse au-delà. La technologie restitue un schéma dynamique et analytique à partir des vestiges matériels. Si l'effort de synthèse consiste à gommer ou à figer les liens entre chaque élément d'analyse, le risque de basculer dans les généralités ne signifiant plus grand chose nous paraît réel.

EN ROUTE VERS LES COMPARAISONS CULTURELLES?

La solution réside peut-être dans la synthèse d'un système technique tel que nous essayons de le percevoir au moyen de toutes les méthodes d'analyse dont nous disposons.

En ce qui concerne le système lithique badegoulien du Périgord, nous avons par exemple proposé une interprétation globale (*figure 6.2*) qui permette de prendre en compte tous les éléments d'analyse. Il nous semble en effet que les assemblages badegouliens que nous avons étudiés se définissent par deux tendances:

- l'anticipation des besoins en supports laminaires, le plus souvent amenés sur place sous forme débitée, dans des matériaux de bonne qualité,
- l'opportunisme de certaines productions d'éclats supports, réalisées à partir de matériaux prélevés dans l'environnement proche du campement, le plus souvent dans les alluvions.

Entre ces deux pôles, du plus au moins contraignant, se trouvent le débitage de lamelles, le débitage d'éclats courts normalisés et le débitage "à tendance laminaire", sans que l'on puisse vraiment préjuger de leur position respective.

Une constatation semblable peut être faite dans l'outillage:

- les grattoirs, burins sur troncature et même les raclettes sont la composante stable de l'industrie badegoulienne,
- les autres burins, racloirs, encoches, denticulés et supports retouchés seraient la composante conjoncturelle.

Nous avions personnellement parlé de **souplesse** pour qualifier ce système, dans la mesure où il présente toute

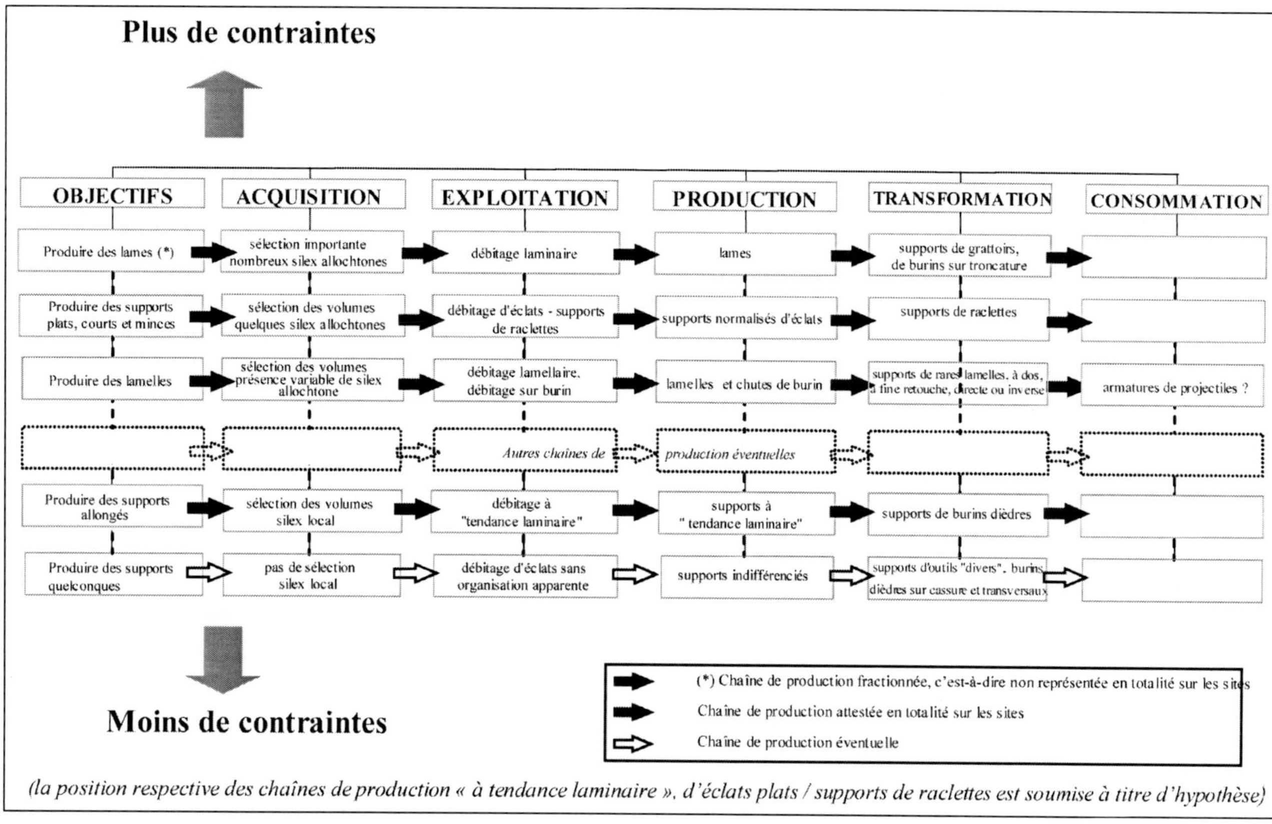

Fig. 6.2 – Proposition d'interprétation globale du système technique badegoulien

une panoplie de solutions, de la plus opportuniste, donc la moins contraignante et la plus immédiate, à la plus élaborée, donc la plus contraignante et celle qui demande le plus d'anticipation.

Bien entendu, pour que ces observations sur le matériau lithique prennent un sens plus général, applicable à une grande partie du système technique, il faudrait pouvoir y ajouter les observations issues des autres approches technologiques: technologie osseuse, données tracéologiques, archéozoologiques, etc.

A partir de la grille de lecture proposée, nous pouvons cependant d'ores et déjà nous interroger sur un certain nombre de points. On peut légitimement se demander si nous ne sommes pas déjà, avec ce modèle, dans les généralités. Il reste également à démontrer que cette grille de lecture est un outil de caractérisation efficace, et pas seulement un modèle théorique. En d'autres mots, les comparaisons avec d'autres systèmes lithiques paléolithiques supérieurs sont-elles possibles?

Dans nos tentatives de rendre compte de faits humains, il faut garder à l'esprit qu'un outil ou un mode de production comparable peuvent avoir une signification très différente selon l'entité culturelle considérée. De même, la relation de la société avec sa technique (et ici, en l'occurrence, il ne s'agit que de la technique de taille du silex) n'est pas forcément la même. Elle peut en effet être plus ou moins étroite ou forte, et la mise en œuvre du matériau lithique peut être plus ou moins investie par la société. Une des explications du polymorphisme du Badegoulien réside peut-être dans ce phénomène de relation plus lâche avec la technique des pierres taillées. On pourrait alors imaginer que les liens entre les groupes culturels et leur mode d'action sur le matériau lithique est plus solide au cours du Solutréen et du Magdalénien qu'au cours du Badegoulien. Pour tenter une hypothèse, l'agencement du système technique badegoulien relèverait plus d'une organisation en réseau que d'une structure (*figure 6.3*). Contrairement aux structures, dont la raison d'être est de fixer une norme qu'il est difficile d'outrepasser, le réseau permettrait de passer plus aisément d'une solution technique à une autre, d'un outil à l'autre (de la raclette au burin, du burin au bec, du bec au burin, etc.), d'un mode de production à l'autre (de la production de lames à celle d'éclats, de celle d'éclats à celle d'éclats à tendance laminaire, etc), ou encore d'un outil à un mode de production (du burin au nucléus à lamelles, et inversement, ou du nucléus à la pièce esquillée, et inersement)…

En admettant que ce postulat permette d'expliquer une certaine réalité archéologique, plusieurs questions subsistent malgré tout. Ce modèle explicatif n'est-il pas trop théorique et sera t'il satisfaisant pour les non technologues? Et surtout, cette proposition, avancée à titre tout à fait expérimental, nous donnera t'elle les clefs d'une généalogie du Badegoulien?

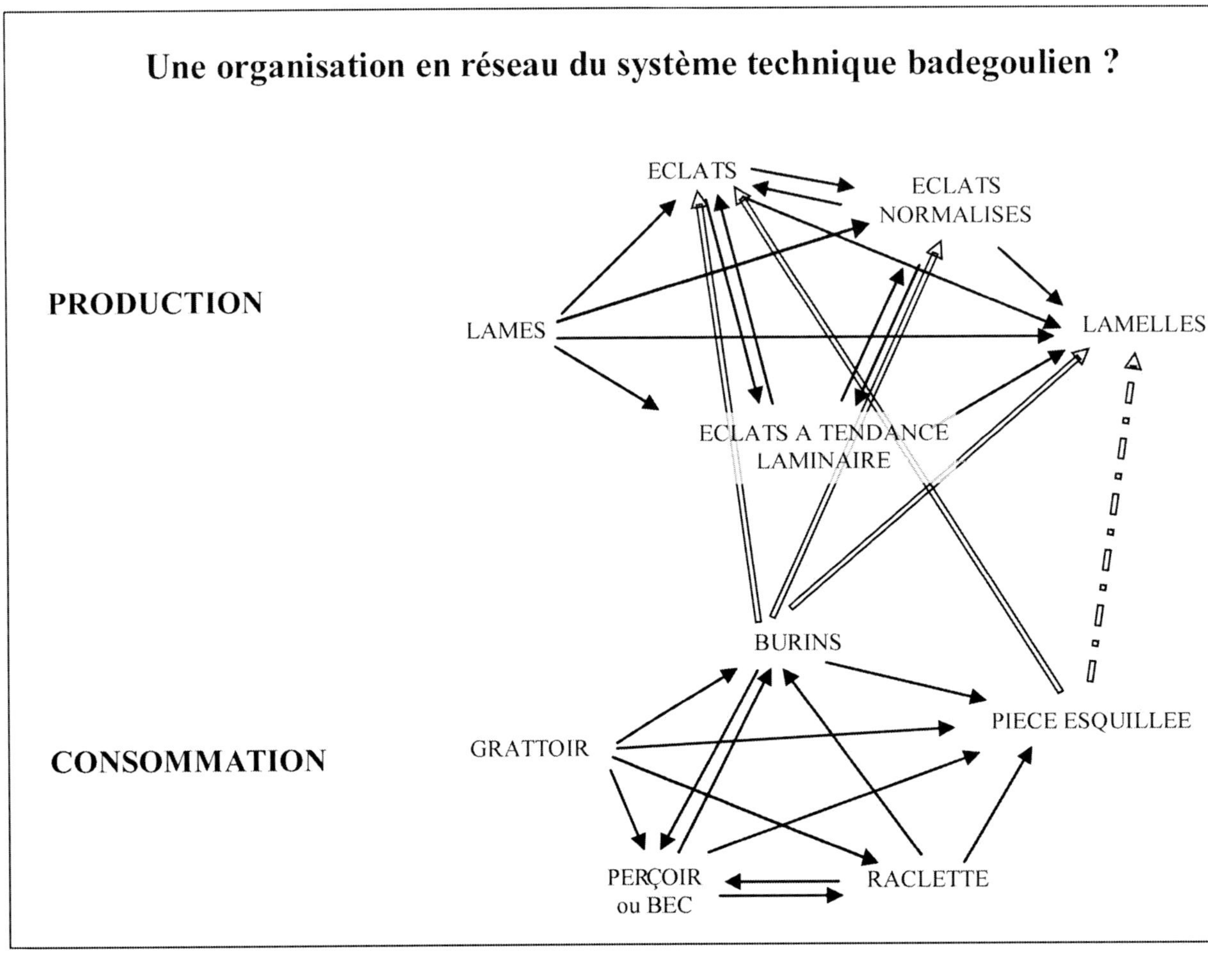

Fig. 6.3 – Illustration de l'hypothèse d'un agencement "en réseau" du système lithique badegoulien

CONCLUSION: UN BILAN NEGATIF OU POSITIF?

S'il nous est, assez souvent, arrivé de constater l'écart qui sépare les résultats de l'analyse technologique des principales attentes des préhistoriens, c'est probablement parce qu'il existe une sorte de malentendu sur les objectifs que nous nous sommes fixés. Sans doute nos intentions ne sont-elles pas assez clairement exposées et nos propos ne sont-ils pas toujours assez concis.

Certes, l'analyse technologique a contribué à rendre plus complexe les données, mais elle a aussi permis d'affiner un grand nombre d'observations. Il nous semble maintenant nécessaire de dépasser le domaine de l'expertise pour tenter la synthèse. Pour s'y retrouver dans ce foisonnement de données que nous livre l'analyse technologique *sensu lato*, il faudra sans doute hiérarchiser les informations. Cela ne veut pas dire définir *a priori* que l'outil prime sur le support, mais établir, peut-être en fonction du sujet d'étude, que certains outils sont très importants et d'autres moins, et que certaines chaînes opératoires sont capitales, alors que d'autres représentent une part plus aléatoire du comportement technique…

A notre sens, le rôle du technologue n'est pas de savoir si la manière de faire une lame, un éclat ou un outil appartient à telle ou telle tradition culturelle, mais d'en situer avant tout le rôle technique et économique et d'avoir des éléments de compréhension extérieur au geste technique lui-même. Bien évidemment, ce travail d'évaluation doit passer par une concertation entre spécialistes de la même période pour définir, en commun, ce qui est considéré comme caractéristique d'une entité culturelle. C'est à cette tâche que nous nous sommes collectivement attelés (séance SPF, Toulouse 9 décembre 2006).

Bibliographie

ALLAIN J., (1983) – "Matériaux pour l'étude du "Magda-lénien initial" et de ses origines", *Bulletin de la Société Préhistorique Française*, 80, 5, S.P.F., Paris, pp.135-139, 1 fig.

ALLAIN J., FRITSCH R., 1967, "Le Badegoulien de l'Abri Fritsch aux Roches de Pouligny-Saint-Pierre, Indre", *Bulletin de la Société Préhistorique Française*, 64, S.P.F., Paris, pp. 83-94, 5 fig.

ALLAIN J., FRITSCH R., RIGAUD A., TROTIGNON F., (1974) – "Le débitage du bois de renne dans les niveaux à raclettes du Badegoulien de l'Abri Fritsch et sa signification", *Actes du premier colloque international sur l'industrie de l'os dans la Préhistoire*, avril 1974, Abbaye de Sénanque, H. CAMPS FABRER , pp. 67-71, 3 fig., 1pl.

AUBRY T., (1991) – *L'exploitation des ressources en matières premières lithiques dans les gisements solutréens et badegouliens du Bassin versant de la Creuse (France)*, Thèse de doctorat, Université de Bordeaux I, 650, S.P.F., Paris, 280 p.

BODU P., SENEE A., (2001) – "Le gisement "badegoulien" du Mont-Saint-Aubin à Oisy (Nièvre – 58) ", *Archéologie du Haut-Nivernais*, Vaux d'Yonne Archéologie, n° 19.

BORDES F., (1958) – "Nouvelles fouilles à Laugerie-Haute Est. Premiers résultats", *L'Anthropologie*, 62, 3-4, Masson, Paris, pp. 205-244, 27 fig.

BOSSELIN B., DJINDJIAN F., (1988) – "Un essai de structuration du Magdalénien français à partir de l'outillage lithique", *Bulletin de la Société Préhistorique Française*, 85, 10-12, S.P.F., Paris, pp. 304-331.

BOSSELIN B., DJINDJIAN F., (1997) – "Une révision du Solutréen de Laugerie-Haute et le problème des transitions Gravettien-Solutréen et Solutréen-Badegoulien en Aquitaine", *Bulletin de la Société Préhistorique Française*, 94, 4, S.P.F., Paris, pp. 443-454, 8 fig.

BOSSELIN B., DJINDJIAN F., (1999) – "Une révision de la séquence de la Riera (Asturies) et la question du badegoulien cantabrique", *Bulletin de la Société Préhistorique Française*, 96, 2, S.P.F., Paris, pp. 153-173, 13 fig., 1 pl.

BRACCO J.-P., (1992) – *Le Paléolithique supérieur du Velay et de ses abords. Recherches sur la dynamique des peuplements et l'occupation du sol dans un milieu volcanique de moyenne montagne*, Thèse de doctorat, de 3ème cycle Université de Provence, Aix-Marseille I, 229 p., 59 fig., 4 pl., 18 tabl.

BRACCO J.-P., MORALA A., CAZALS N., CRETIN C., FERULLO O., FOURLOUBEY C., LENOIR M., (2003) – "Peut-on parler de débitage discoïde au Magdalénien ancien / Badegoulien? Présentation d'un schéma opératoire de production d'éclats courts normalisés", *Discoïd Lithic Technology: Advances and implications*, Peresani M. Ed., BAR International Series 1120, pp. 83-115.

BREUIL, H., (1913) – "Les subdivisions du Paléolithique supérieur et leur signification", *Congrès International d'Anthropologie et d'Archéologie Préhistorique*, 14ème session, Genève, 1912, t. I, pp. 165-238.

BREUIL H., (1954) – "Le Magdalénien", *Bulletin de la Société Préhistorique Française, Les grandes civilisations préhistoriques de la France, Bulletin du Cinquantenaire: 1904-1954*, 51, 8, S.P.F., Paris, pp. 59-64.

CAPITAN L., BREUIL, H., (1902) – "Une fouille systémati-que à Laugerie-Haute", *AFAS*, 31ème session, Montauban, séance du 9 août, pp. 771-773.

CASTEL J.-C., (1999) – *Comportements de subsistance au Solutréen et au Badegoulien d'après les faunes de Combe-Saunière (Dordogne) et du Cuzoul-de-Vers (Lot)*, Thèse de l'Université de Bordeaux I.

CHALARD P., (1993) – *Solutréen supérieur et Badegoulien du gisement des Peyrugues à Orniac (Lot). Essai d'individualisation de deux niveaux en contact, par le biais de l'analyse techno-économique des industries lithiques*, Diplôme d'Etudes Approfondies d'Anthro-pologie Sociale et Historique, Université de Toulouse – Le Mirail, ex. multigraphié, 166 p..

CHEHMANA L., (2004) – *Enquête sur l'identité du badegoulien et sur ses origines possibles. Apport de l'étude des industries lithiques badegouliennes de Oisy (Nièvre) et solutréennes de Saint-Sulpice-de-Favière (Essonne) et de Fressignes (Indre)*, mémoire de DEA de l'Université de Paris I, 54 p., 24 fig. + annexes.

CHEYNIER A., (1930) – "Un outil magdalénien nouveau, en silex, à Badegoule, la raclette", *Bulletin de la Société Préhistorique Française*, 27, 10, S.P.F., Paris, pp. 483-488.

CHEYNIER A., (1939) – "Le Magdalénien primitif de Badegoule et les niveaux à raclettes", *Bulletin de la Société Préhistorique Française*, 36, 9, S.P.F., Paris, pp. 354-396, 14 fig.

CHEYNIER A., (1954) – "Le Proto-Magdalénien" (Note complémentaire à propos de l'article de H. BREUIL "Le Magdalénien"), *Bulletin de la Société Préhistorique Française, Les grandes civilisations préhistoriques de la France, Bulletin du Cinquantenaire: 1904-1954*, 51, 8, S.P.F., Paris, pp. 64-66.

CLOTTES J., GIRAUD J.-P., SERVELLE C., (1986) – "Un galet gravé badegoulien à Vers (Lot)", *Estudios en homenaje al Dr Antonio Beltran Martinez*, Facultad de Filosofia y Lettras, Universidad de Zaragoza, Zaragoza, pp. 61-84, 10 fig.

COSTAMAGNO S., (1999) – *Stratégies de chasse et fonction des sites au Magdalénien dans le sud de la France*, Thèse de l'Université de Bordeaux I, 2 vol., 495 p., illustrations.

CRETIN C., (1993) – *Le Magdalénien inférieur de l'abri ouest des Jamblancs. Etude techno-économique du matériel lithique*, Diplôme d'Etudes Approfondies, Université de Paris I, Panthéon-Sorbonne, ex. Multigraphié, 165 p.

CRETIN C., (1996) – "Les collections Cheynier à Saint-Germain-en-Laye. Résultats préliminaires", *ANTIQUITES NATIONALES*, 28, Musée des Antiquités Nationales et Société des Amis du Musée et du Château de Saint-Germain-en-Laye, pp. 141-144, 2 fig.

CRETIN C., (1996) – "Vers une nouvelle perception du

Badegoulien des Jamblancs. Premiers éléments techno-économiques.", *PALEO*, 8, Décembre 1996, S.A.M.R.A., Les Eyzies, pp. 243-268, 6 fig., 8 tabl.

CRETIN C., (2000) – *Tradition et variabilité dans le comportement technique. Le cas du Badegoulien et du Magdalénien en Périgord,* Thèse de doctorat, Préhistoire-Anthropologie-Ethnologie, Université de Paris I, Panthéon-Sorbonne, ex. multigraphié, 451 p., 172 fig., 87 tabl., 5 photos, 251 p. d'annexes.

CRETIN C. (2007) - Arrêt sur… le Badegoulien. Historique, état des lieux, bilan et développements. *Un siècle de construction du discours scientifique en Préhistoire. Des idées d'hier…*, vol. 1, actes du XXVI ème Congrès Préhistorique de France, Avignon 2004, SPF, Paris, pp. 367-378, 5 fig.

CRETIN C., LE LICON G., (1997) – Premières comparaisons sur la technologie du débitage du Magdalénien ancien: Les Jamblancs (Dordogne, France) et l'Abri Fritsch (Indre, France), *PALEO*, 9, Décembre 1997, S.A.M.R.A., Les Eyzies, pp. 245-262, 10 fig., 4 photos.

CRETIN C., FERULLO O., FOURLOUBEY C., LENOIR M., MORALA A. (2007) - Le Badegoulien du nord de l'Aquitaine : de nouveaux moyens de lecture. *Bulletin de la Société Préhistorique Française*, 104, 4, SPF, Paris, pp. 715-734, fig.

DANIEL R., (1937) – "L'industrie du niveau inférieur de la Station de Beauregard, près Nemours (Seine-et-Marne), n'est pas aurignacienne; elle doit être classée à la base du Magdalénien", *Bulletin de la Société Préhistorique Française*, 34, 5, S.P.F., Paris, pp. 234-239.

DANIEL R., (1952) – "Le proto-Magdalénien", *Bulletin de la Société Préhistorique Française*, 49, 5-6, S.P.F., Paris, pp. 274-278.

DEMARS P.-Y., LAURENT P., (1989) – *Types d'outils lithiques du Paléolithique supérieur en Europe*, Cahiers du Quaternaire, 14, C.N.R.S., Paris, 176 p., 63 fig.

DJINDJIAN F., KOZLOWSKI J., OTTE M., (1999) – *Le Paléolithique supérieur en Europe*, Armand Colin Ed., Paris.

DUCASSE S., (2003) – L*'industrie lithique badegoulienne de la couche 6 du Cuzoul de vers: l'exploitation des matériaux siliceux au Badegoulien récent*, mémoire de Maîtrise, Université de Toulouse-Le Mirail, 251 p., 36 fig.

DUCASSE S., (2004) – *Produire des lames et des lamelles au Badegoulien: technologie et économie. Analyse préliminaire d'ensembles lithiques du Badegoulien méridional*, mémoire de DEA, Université de Toulouse-Le Mirail, 70 p., 34 fig., 5 cartes, 10 tabl.

FONTANA L. (1998) – *Mobilité et subsistance au Magdalénien dans le Languedoc occidental et le Roussillon*, Thèse de 3ème cycle, Université de Paris I, 2 vol., 287 p.

FONTANA L. (1999) – Mobilité et subsistance au Magdalénien dans le Bassin de l'Aude, *Bulletin de la Société Préhistorique* Française, t. 96, fasc. 2, pp. 175-190.

FOURLOUBEY C., (1996) – "La production de raclettes au Chatenet (Saint-Front de Pradoux, Dordogne)", *PALEO*, 8, Décembre 1996, S.A.M.R.A., Les Eyzies, pp. 269-275, 5 fig.

FOURLOUBEY C., (1996) – *Etude de la variabilité des industries post-solutréennes de transition vers le Magdalénien par l'analyse des travaux de taille du silex. L'exemple du Badegoulien et du Magdalénien ancien de plein-air dans la moyenne vallée de l'Isle (Dordogne)*, Thèse de l'Université de Bordeaux I, soutenue le 15 novembre 1996, 2 tomes, 250 p., 236 fig., 33 pl., 14 photos.

FOURLOUBEY C., (1998) – "Badegoulien et premiers temps du Magdalénien. Un essai de clarification à l'aide d'un exemple, la vallée de l'Isle en Périgord", *PALEO*, 10, Décembre 1998, S.A.M.R.A., Les Eyzies, pp. 185-209, 8 fig., 7 tabl.

GAUSSEN J., (1980) – *Le Paléolithique supérieur de plein-air en Périgord, secteur Mussidan/Saint-Astier, moyenne vallée de l'Isle, Gallia Préhistoire*, XIVème supplément, C.N.R.S., Paris, pp. 299-135.

HEMINGWAY M.-F., (1980) – *The Initial Magdalenian in France*, B.A.R. International Series, 90, General Editors, Oxford, 502 p., 76 fig.

LE TENSORER J.-M., (1996) – "La question magdalénienne: Magdalénien ancien ou Badegoulien? Eléments de réponse à partir d'exemples en Aquitaine et en Suisse", *Spuren der Jagd – Die Jagd nach Spuren, Tübinger Monographien zur Urgeschichte*, 11, Tübingen, pp. 297-307, 12 fig.

MORALA A., (1993) – "Technologie lithique du Magdalé-nien ancien de l'abri Casserole (Les Eyzies de Tayac, Dordogne)", *PALEO*, 5, Décembre 1993, S.A.M.R.A., Les Eyzies, pp. 193-208, 7 fig..

PEYRONY D. & E., (1938) – *Laugerie-Haute, près des Eyzies*, Archives de l'Institut de Paléontologie Humaine, 19, Masson, Paris, 84 p., 56 fig., 7 pl.

PEYRONY D., (1908) – "Nouvelles fouilles à Badegoule (Dordogne), Solutréen supérieur et transition du Solutréen au Magdalénien", *Revue Préhistorique*, 4, 3ème année, avril 1908, Paris, 97, 116,

PEYRONY D., (1912) – "Nouvelles fouilles aux Champs Blancs ou Jean Blancs", *Bulletin de l'Association Française pour l'Avancement des Sciences*, 41ème session, Nîmes, 3 août, S.P.F., Paris, pp. 522-528.

PEYRONY E., (1934) – "La station préhistorique du Pech de la Boissière", *Bulletin de la Société Préhistorique Française*, 31, 4, S.P.F., Paris, pp. 194-213, 13 fig..

SACKETT J., (1999) – *The Archaeology of Solvieux. An Upper Paleolithic Open Air Site in France*, Monumenta Archaeologica, 19, Institute of Archaeology, University of California, Los Angeles, California, 23.

SERONIE-VIVIEN M.-R., (1995) – *La grotte de Pégourié, Caniac-du-Causse (Lot). Périgordien – Badegoulien – Azilien – Age du Bronze*, Préhistoire Quercinoise, supplément, 2, 334 p.

SONNEVILLE-BORDES D. de, (1954) – "Esquisse d'une évolution typologique du Paléolithique supérieur en Périgord. Défense et illustration de la méthode statistique", *L'Anthropologie*, 58, 3-4, Masson, Paris, pp. 197-230.

SONNEVILLE-BORDES D. DE, (1960) – *Le Paléolithique supérieur en Périgord*, 2 volumes, Delmas, Bordeaux, 566 p.

TABORIN Y., (1991) – "La parure des Solutréens et des Magdaléniens anciens des Jamblancs", *PALEO*, 3, Décembre 1991, S.A.M.R.A., Les Eyzies, pp. 101-108, 9 fig.

VIGNARD E., (1965) – "Le Badegoulien", *Bulletin de la Société Préhistorique Française*, 62, 8, S.P.F., Paris, pp. 262-263.

LE BADEGOULIEN DU BASSIN PARISIEN PRESENTE-T-IL DES “CARACTERES REGRESSIFS”? REFLEXIONS A PARTIR DE L’ETUDE DU GISEMENT DE PLEIN AIR DU MONT-ST-AUBIN A OISY (NIEVRE, FRANCE)

Pierre BODU

Chercheur, CNRS, UMR 7041. MAE. 21 allée de l’Université. 92023. Nanterre cedex.
pierre.bodu@mae.u-paris10.fr

Lucie CHEHMANA

Doctorante, Université de Paris I, UMR 7041. MAE. 21 allée de l’Université. 92023. Nanterre cedex.
lucie.chehmana@mae.u-paris10.fr

Résumé: *Depuis plus de 10 ans, les études menées sur les industries badegouliennes tentent de mieux définir l’unité technique et économique de cette culture matérielle. Les analyses réalisées sur l’industrie lithique du gisement de Oisy (Nièvre, France) s’inscrivent précisément dans cette démarche. De nouvelles données ont notamment permis de mieux caractériser une part de la production encore peu identifiée, le “lamellaire”. La reconnaissance de la chaîne opératoire lamellaire a deux incidences importantes. La première est d’ordre méthodologique. Pour reconstituer les différentes étapes de la production lamellaire, il a fallu une nouvelle fois mêler intimement les données typologiques et technologiques. Cette approche conduit à une réinterprétation des pièces communément appelées “burins transversaux”, désormais considérés pour la plupart comme des nucléus à lamelles. C’est une vision dynamique de ces objets sous forme de schéma opératoire qui sera proposée ici et qui précisera les différentes séquences de production, les déchets afférents mais aussi les intentions. Car en effet à Oisy, la découverte de nombreuses lamelles retouchées permet enfin de relier ce schéma opératoire à un objectif précis: la confection d’armatures. La découverte de lamelles retouchées à Oisy a une seconde portée qui a trait au rapport idéologique que les préhistoriens entretiennent avec le Badegoulien. Jusqu’à présent, malgré l’existence d’armatures dans certains sites du Sud-Ouest de la France, le Badegoulien était considéré comme l’une des seules cultures matérielles du Paléolithique supérieur exempte d’une production lithique destinée à l’équipement de chasse. Plus encore, l’absence totale de lamelles à dos dans les assemblages du nord de la France a conduit certains auteurs à conclure à leur “caractère régressif”. L’objectif de cette étude, s’appuyant sur l’exemple du gisement de Oisy, est d’une part de montrer de quelle manière la prise en compte du système technique lithique dans son ensemble permet d’enrichir nos connaissances sur les productions badegouliennes. Nous avons souhaité d’autre part engager un débat sur la fiabilité des cadres chronologiques et régionaux établis pour le Badegoulien.*
Mots clés: *Badegoulien – Bassin parisien – lamelles à dos – burins transversaux – schémas de production lamellaire*

Abstract: *Apprehended a long time like a particular phenomenon within the Upper Paleolithic, Badegoulian is reconsidered, these last years, in the light of new excavations and studies of material. If the south of France had delivered elements very marked to the bladelate character of badegoulian industry, it was not the same until very recently for the northern part of the country where the absence of backed-bladelets in the rare excavated sites to defended “regressive characters” Badegoulian. On the site badegoulian of Oisy (Nievre), lately excavated, various types of backed-bladelets are connected to category of the “Transversal burin”, which prove to be, in fact, bladelet-cores. This bringing is also the occasion to discuss again the legitimacy of the traditional opposition typology versus technology.*
Key-words: *Badegoulian, Oisy, Nièvre, France, Transversal burin, bladelets productions, backed-bladelets*

Resumo: *Há mais de 10 anos que os estudos sobre as indústrias badegoulenses têm sido conduzidos de forma a obter uma melhor definição da entidade técnica e económica desta cultura material. As análises realizadas sobre a indústria lítica da jazida de Oisy (Nièvre, França) inscrevem-se precisamente nesta perspectiva. Novos dados têm permitido uma melhor caracterização de uma parte da produção ainda pouco identificada, a “lamelar”. O reconhecimento da cadeia operatória lamelar tem duas incidências importantes. A primeira é de ordem metodológica. Para reconstituir as diferentes etapas da produção lamelar é necessário mais uma vez misturar intimamente os dados tipológicos e tecnológicos. Esta perspectiva conduz a uma reinterpretação das peças commummente apelidadas de “buris transversais”, doravante considerados na sua maioria como núcleos para lamelas. Trata-se de uma visão dinâmica destes objectos, em forma de esquema operatório, que será aqui proposta e que precisará as diferentes sequências de produção; os restos associados às mesmas, mas também as respectivas intenções. Em Oisy, com efeito, a descoberta de numerosas lamelas retocadas permite enfim ligar este esquema operatório a um objectivo preciso: a confecção de armaturas. A descoberta de lamelas retocadas em Oisy tem igualmente uma repercussão ideológica. Até ao presente, apesar da existência de armaturas em certos sítios do SW da França, o Badegoulense era considerado como uma das únicas culturas materiais do Paleolítico superior que exemplificava uma produção lítica destinada ao equipamento de caça. A ausência total de lamelas de dorso nos conjuntos do Norte da França conduziu certos autores a concluir pelo seu “carácter regressivo”. O objectivo deste estudo, apoiando-se no exemplo de Oisy, é mostrar até que ponto o sistema técnico lítico considerado no seu conjunto permite enriquecer os nossos conhecimentos das produções badegoulenses. Pretendia-se também suscitar o debate sobre a fiabilidade dos quadros cronológicos e regionais estabelecidos para este tecno-complexo.*
Palavras-chave: *Badegoulense; bacia parisiense, lamelas de dorso, buris transversais, esquemas de produção lamelar*

INTRODUCTION

La réalisation de nouvelles fouilles[1] sur le gisement de Oisy (Nièvre) depuis 2002 a été l'occasion de réactualiser nos connaissances sur le Badegoulien du Bassin parisien (Bodu, Debout, 2002; Bodu, 2006). Un état de conservation satisfaisant du gisement, une surface fouillée suffisante permettent en effet d'aborder des questions d'ordre palethnographique que l'on se pose habituellement sur les grands gisements du Tardiglaciaire du Bassin parisien en particulier sur les pratiques cynégétiques, les comportements esthétiques, la gestion spatiale de l'occupation ou encore l'économie des matériaux taillés. A Oisy, la précision des fouilles qui s'accompagne d'un tamisage systématique des sédiments offre l'opportunité de retrouver les plus petits débris des opérations de taille ou de retouche du silex ou de la chaille, conditions qui n'étaient pas réunies lors des fouilles du début et du milieu du 20ème siècle des rares autres gisements badegouliens du Bassin parisien, ceux de la vallée du Loing[2] (Schmider, 1971). Le fait de retrouver la fraction fine des exploitations des roches taillées a constitué une ouverture vers un univers que l'on connaissait peu voire pas dans le Badegoulien régional, celui des microlithes. A Oisy, le caractère inédit de la présence de ces objets dans un Badegoulien si "septentrional" alors qu'ils en sont habituellement absents, nous a conduit à tenter d'en reconstituer le ou les schémas de production. C'est ainsi que loin d'opposer typologie et technologie, ce débat d'ailleurs nous semble désormais suranné, nous avons associé au sein d'une même réflexion les lamelles retouchées de Oisy et leurs nucléus, qui émargent habituellement dans la catégorie outillage, les burins transversaux. Cet exemple est une bonne démonstration du fait qu'il n'est plus utile d'opposer les termes technologie et typologie, pas plus qu'il ne convient de les confondre. Contentons nous d'analyser des corpus lithiques à l'aide de méthodes classificatrices, mais en les dynamisant avec le concept de la chaîne opératoire.

DES DISCUSSIONS TRES ACTUELLES

A Oisy, au-delà de la mise en évidence d'un nouveau procédé de production de lamelles à dos dans le Badegoulien, notre enquête nous a permis de revisiter un cadre chrono-culturel par trop rigide. Par ailleurs, il est désormais clairement montré que le Badegoulien du Bassin parisien ne présente pas de caractères régressifs, en tout cas pas au niveau de sa production lithique (Djindjian *et al.,* 1999). De nombreux auteurs ont stigmatisé cette période soit en en accentuant les caractères archaïques soit au contraire en montrant la diversité et une certaine complexité des schémas de production. Tous sont unanimes cependant pour remarquer la nette césure qui existerait entre les dernières manifestations techniques solutréennes et les productions lithiques badegouliennes. A notre échelle d'observation qui brasse les siècles, cette constatation prend moins de valeur mais il est vrai que plusieurs points témoignent de nettes différences entre Solutréen supérieur et Badegoulien qu'on ne peut expliquer par une simple adaptation à des conditions environnementales changeantes en cette fin de Pléniglaciaire. Ainsi le Badegoulien a été caractérisé par une représentation moindre du domaine laminaire, un outillage fréquent sur éclat (dit archaïque) et par l'absence d'armatures de projectile à certains moments et dans certains contextes géographiques.

Dans le Bassin parisien, tant que le monde lamellaire était absent des gisements badegouliens en raison de l'ancienneté des fouilles, la remise en cause de la liste typologique n'était pas de mise. La présence de très nombreuses lamelles, brutes et retouchées à Oisy (Bodu et Senée, 2001; Bodu *et al.*, 2005; Chehmana, 2003; 2004) a posé très tôt et de façon évidente la question de leurs schémas de production alors que le gisement n'a livré presque aucun nucléus à lamelles que l'on pourrait qualifier de "classique". C'est logiquement que nous nous sommes alors tournés vers une catégorie typologique bien définie, celle des burins transversaux qui portent en effet des négatifs d'enlèvements lamellaires. D'autres schémas plus discrets, que nous évoquerons par la suite, ont également participé à cette production.

LE GISEMENT DE OISY

Le site de Oisy se situe en marge sud-est du Bassin parisien en Bourgogne centrale (fig. 7.1). Localisé près de la ville de Clamecy dans la Nièvre, il s'agit d'un site de plein-air, situé au sommet d'une colline dominant de vastes espaces ouverts. A l'abri de petits affleurements rocheux, les badegouliens ont pu, sans difficulté, observer les troupeaux d'herbivores qui paissaient en contrebas et organiser leur battue. A l'heure actuelle, le gisement a été fouillé sur plus de 90 m^2 dont plus d'une cinquantaine sont consécutifs (fig. 7.2) (Bodu, 2006). Il présente l'avantage d'avoir livré une industrie lithique riche mais aussi de la faune (cheval et renne dominants) (Bemilli et Bignon, 2003) et des coquillages fossiles participant vraisemblablement à des parures (Bodu *et al.*, 2005). Il s'agit d'une association exceptionnellement rencontrée dans les gisements badegouliens du nord de la France. Au sein d'une stratigraphie plus ou moins dilatée (fig. 7.2), les indices de saisonnalité témoignent d'une fréquentation au moins en deux temps du gisement, un passage à l'automne, l'autre au printemps (Bignon, 2004). Sans doute abattus dans les vallons en contrebas, les animaux ont été rapportés dans le site où des activités de découpe de la viande mais aussi de récupération de la moelle ont eu lieu. Le très faible nombre de bois de renne travaillés (quatre certains, six possibles) n'a livré pour l'instant que des déchets qui illustrent une façon de faire fréquente au

[1] En 1985 et 1986, des sondages réalisés par des amateurs avaient permis d'identifier le cœur du gisement et de décrire une stratigraphie complexe.

[2] Il s'agit en particulier des gisements du Bois des Beauregards à Nemours (Seine-et-Marne) fouillés notamment par Delarue et Vignard (1960, 1963), Vacher et Vignard (1964).

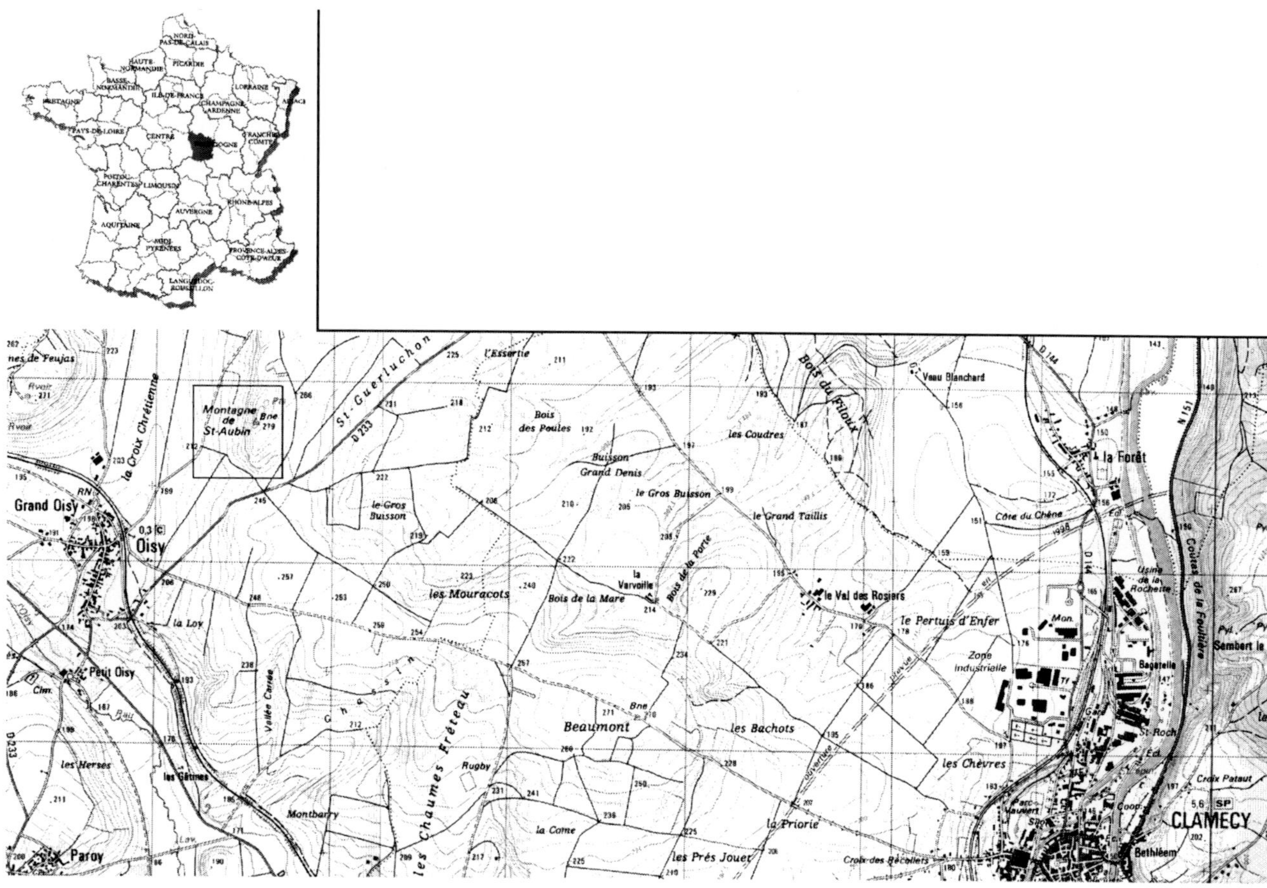

Fig. 7.1 – localisation du gisement de Oisy (Nièvre). DAO: Grégory Debout

Badegoulien, le tronçonnage d'andouillers ou de la perche. En dépit d'un lieu d'observation idéal, les Badegouliens n'ont vraisemblablement pas dû séjourner des mois entiers sur le Mont-St-Aubin de Oisy. Un site plus pérenne devait sans doute se trouver à proximité, peut-être dans les proches falaises de Surgy, où se trouvent de nombreux abris sous-roche, à moins que les badegouliens de Oisy n'aient fréquenté les cavernes d'Arcy-sur-Cure qui ne se trouvent qu'à 25 km à vol d'oiseau! Pour l'heure, nous ne pouvons l'affirmer en raison de l'absence d'indices relatifs à cette période dans les deux gisements évoqués (Leroi-Gourhan, Arl et A, 1964).

DES INDICES DE DEPLACEMENTS

Sur place, les Badegouliens ont utilisé une chaille locale de qualité médiocre pour réaliser quelques supports de raclettes notamment. L'essentiel de l'industrie lithique a été réalisé sur du silex, importé, parfois de plusieurs dizaines de km. C'est le cas des silex sénoniens des régions auxerroise ou poyaudine distantes d'environ 30 à 40 km vers le nord et le nord-est (fig. 7.3). Un silex tertiaire plus discret quantitativement viendrait des marges tertiaires du Bassin parisien dont la source la plus proche de Oisy est située à plus de 100 km vers le nord (centre de la Seine-et-Marne). Pour le moment, il nous faut encore identifier quelques origines de silex qui ne s'apparentent pas à ceux évoqués précédemment. Les parures, également importées, font état de déplacements encore plus longs (fig. 7.3). Les 288 coquillages tertiaires retrouvés pour l'instant à Oisy, viennent selon Yvette Taborin[3] et Pierre Lozouet[4], pour la plupart des faluns du centre du Bassin parisien soit à plus de 100 km au nord (Bodu *et al.,* 2005). Une espèce particulière, *Potamides Granulolabium*, aurait une origine beaucoup plus précise et plus éloignée, la région de Houdan dans les Yvelines soit à 200 km au nord ouest de Oisy (fig. 7.3). En l'état aucun gisement badegoulien n'est connu dans cette partie du Bassin parisien!

QUELQUES INFORMATIONS SUR LE MATERIEL LITHIQUE

Le débitage associe au moins trois chaînes opératoires en partie indépendantes (Bodu, 2006; Bodu et Senée, 2001; Chehmana, 2003). Une production laminaire à part entière qui témoigne de l'usage du percuteur tendre organique pour l'extraction de lames relativement régulières, un débitage d'éclats courts mais aussi une production d'éclats plus larges et plus épais dont nous ne savons pas

[3] UMR 7041. MAE. ARSCAN.
[4] Muséum d'Histoire Naturelle.

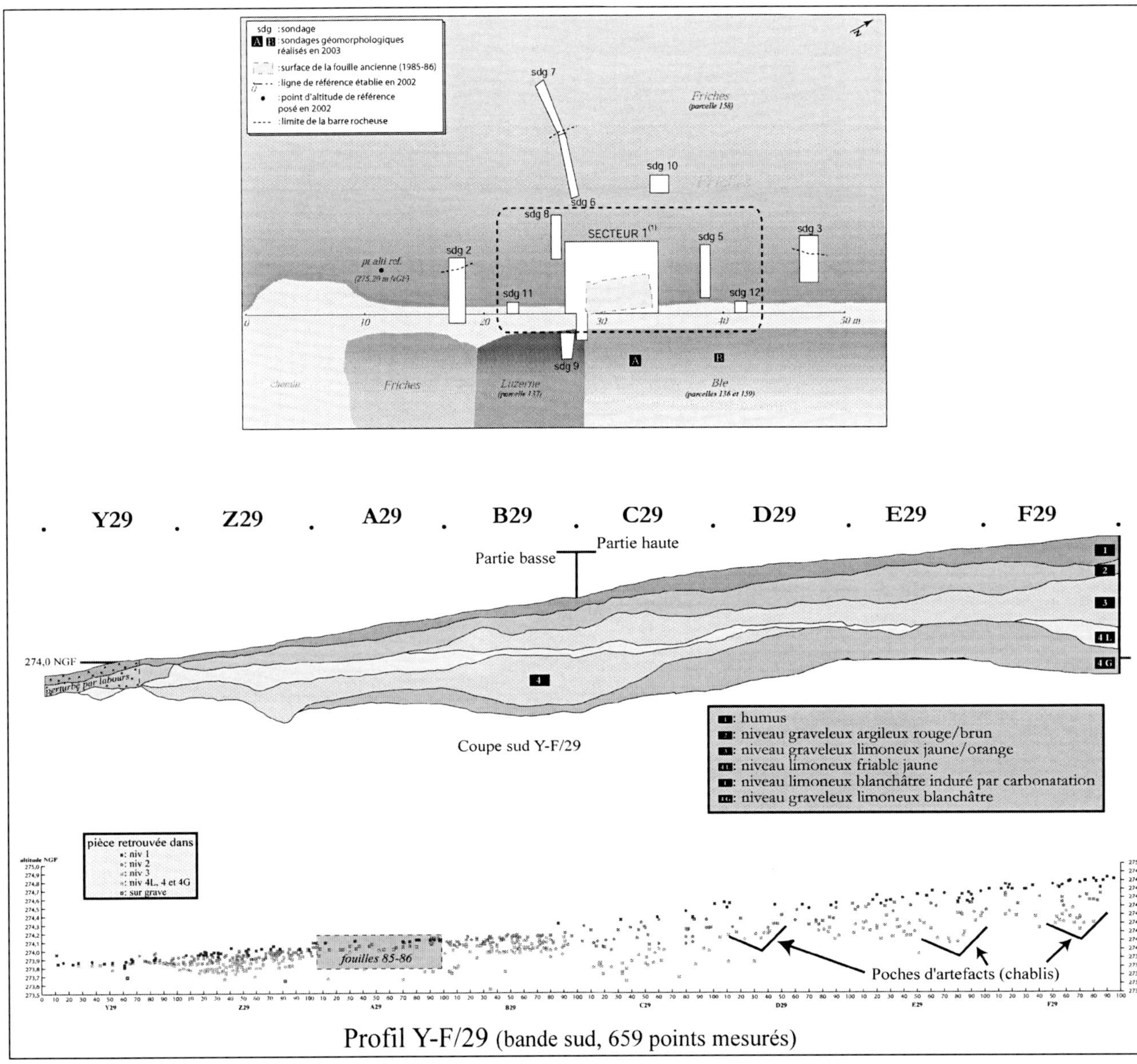

Fig. 7.2 – plan des surfaces fouillées (2002-2006) et stratigraphie synthétique du gisement de Oisy. DAO: Grégory Debout

si elle a eu lieu sur place et une production lamellaire. Il n'est pas impossible que les éclats larges et ceux qui sont plus courts aient été issus d'une même production si l'on en juge par la présence de négatifs de petits éclats sur les éclats volumineux mais la réalisation difficile de remontages, en raison du caractère économiquement tronqué de la série, rend peu visible cette interaction.

L'outillage (fig. 7.4) est dominé par les lamelles à dos (142 recensées fin 2006) (fig. 7.4, n° 1-7) dépassant de peu les burins (plus d'une centaine) parmi lesquels les transversaux plus ou moins épais sont les plus nombreux (fig. 7.4, n° 11-12). Les chutes de burins (quelques 600 pièces) sont sans doute les objets les plus représentés au sein du corpus lithique. Nombre d'entre elles présentent une section quadrangulaire forte dont le rôle en tant que chute de réavivage est discutable. Les pièces esquillées comptent plus de 80 exemplaires (fig. 7.4, n° 17). Les raclettes (fig. 7.4, n° 8-10) et les grattoirs (fig. 7.4, n° 15-16) sont en quantités semblables (une trentaine) qui demeurent, au gré des campagnes de fouilles, assez modestes. Les perçoirs sont anecdotiques (fig. 7.4, n° 13-14) tout comme les racloirs (fig. 7.4, n° 18).

A travers le gisement de Oisy, nous avons plus spécialement travaillé sur les productions lamellaires et les armatures du Badegoulien du nord de la France, productions totalement ignorées dans les études antérieures puisque aucun gisement badegoulien de cette vaste région, n'avait livré de lamelles à dos (Djindjian *et al.*, 1999; Schmider, 1971). Partant de cet exemple du lamellaire, nous insisterons également sur la cohérence du cadre chronologique proposé pour la période badegoulienne. Ce cadre chronologique a été établi à partir de la

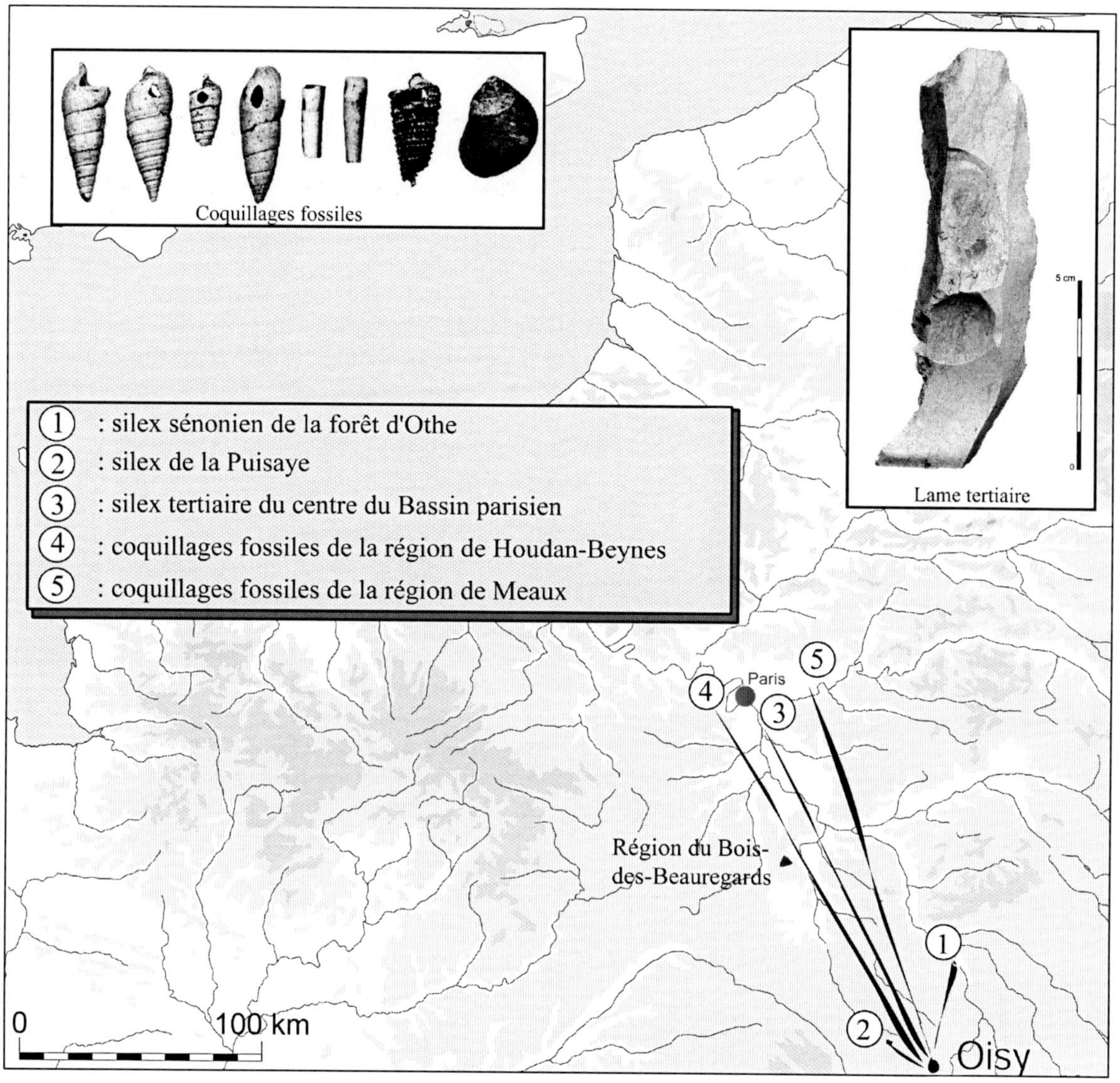

Fig. 7.3 – les origines probables des silex et des coquillages tertiaires découverts à Oisy.
DAO: Pierre Bodu modifié Lucie Chehmana

présence/absence d'outils lithiques spécifiques dans les assemblages: le burin transversal, la raclette et la lamelle à dos.

UN BADEGOULIEN DU NORD SANS LAMELLE A DOS?

Le Badegoulien a longtemps été considéré comme une culture sans lamelle à dos alors que ces objets étaient si fréquents dans le Solutréen et le Magdalénien entre autres. Il aura fallu attendre les années 60 pour que l'on identifie dans quelques gisements des armatures de ce type, replaçant le Badegoulien dans l'évolution classique des industries du Paléolithique supérieur (Sacchi,1968; Le Tensorer, 1979; Sacchi, 1986). Le nord et le centre de la France marquaient cependant, jusqu'à très récemment, une nette différence avec les gisements du sud, dans la mesure où aucun gisement badegoulien n'avait livré, soit-disant, de lamelles à dos (Trotignon *et al.*, 1984), absence qui avait permis de diviser le Badegoulien en deux faciès, celui du sud et le Badegoulien du nord de la France (Djindjian *et al*, 1999). Ce sont à l'évidence l'ancienneté des fouilles (notamment celles réalisées au début du 20ème siècle dans la vallée du Loing) et la taphonomie des sites qui pourraient expliquer dans le nord de la France cette absence et non l'existence d'une rupture géographique dans les traditions de chasse. Par ailleurs certains sites considérés comme des ateliers de production de supports lamellaires ne possédaient sans doute pas d'armatures finalisées. C'est clairement les cas des gisements tourangeaux de plein-air (La Pluche, St-Fiacre) attribués au Badegoulien (Chehmana, *et al.*, 2006). A partir des fouilles de Oisy, on peut donc affirmer qu'il n'existe pas un Badegoulien du Bassin parisien aux caractères régressifs, c'est-à-dire sans lamelle à dos opposé à un Badegoulien méridional d'aspect plus transitionnel. Ce faisant la différenciation régionale à partir de ce seul critère ne peut plus être retenue.

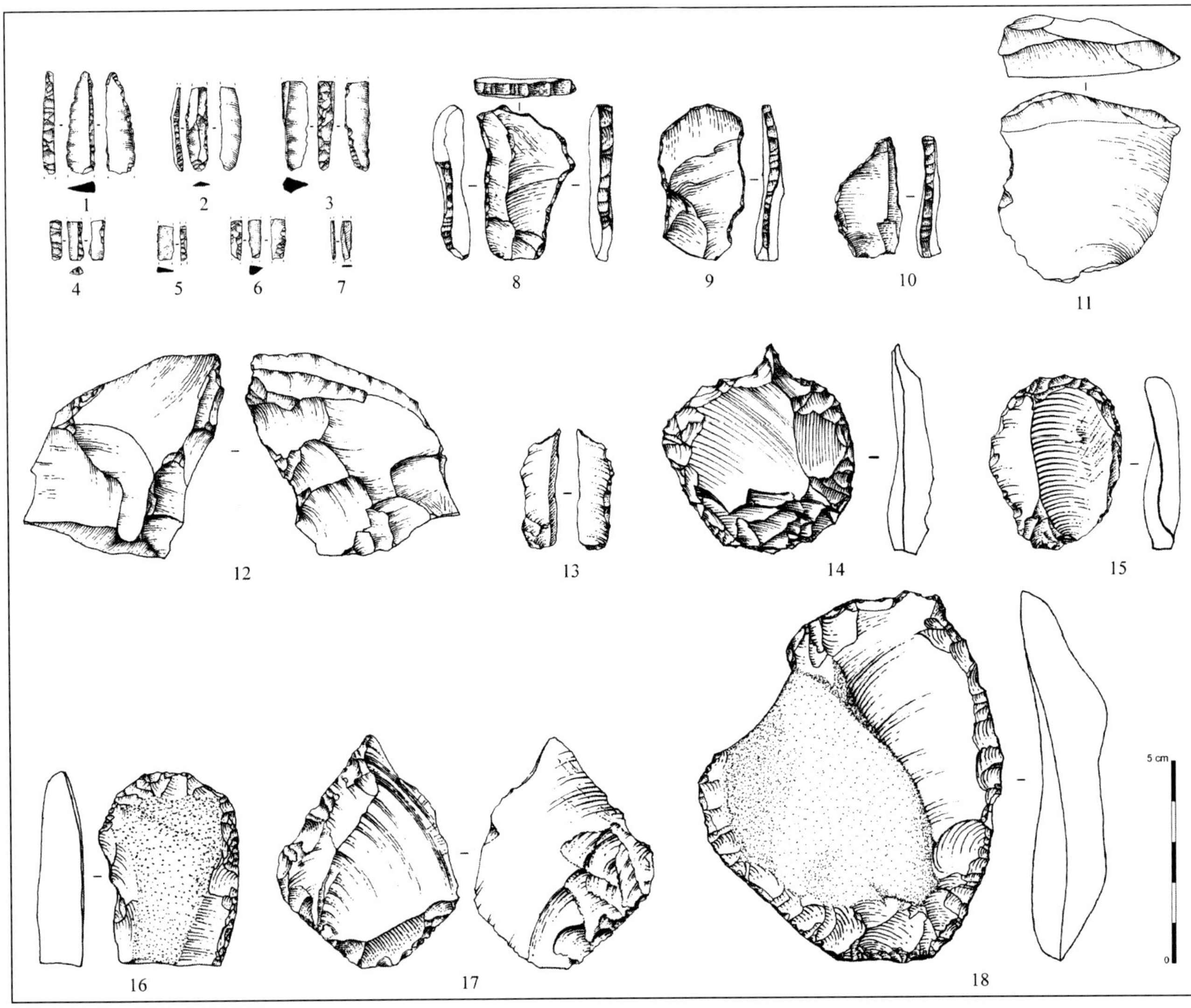

Fig. 7.4 – l'outillage de Oisy: 1-7: lamelles à dos; 8-10: raclettes; 11-12: burins transversaux; 13-14: perçoirs; 15-16: grattoirs; 17: pièce esquillée; 18: racloir. DAO: Lucie Chehmana et Danièle Molez

LA CHRONOLOGIE INTERNE DU BADEGOULIEN: MYTHE OU REALITE?

En ce qui concerne le phasage chronologique opéré classiquement au sein du Badegoulien (Cheynier, 1939; Le Tensorer, 1981; Djindjian *et al.*, 1999), avec d'un côté un Badegoulien ancien à burins transversaux et de l'autre côté un Badegoulien récent à raclettes, associées dans certains cas aux lamelles à dos, nous allons voir qu'il convient d'en nuancer l'importance. A Oisy, l'association raclettes et lamelles à dos dans un même niveau (fig. 7.4) devait permettre d'attribuer au Badegoulien récent cette industrie. Une date de 16.020 BP aurait pu aller dans ce sens, si les six autres obtenues n'avaient pas témoigné de rajeunissements liés à des pollutions post-glaciaires, le site étant assez peu profondément enfoui (tab. 7.l). L'existence de très nombreux burins transversaux (fig. 7.4), outils classiques de la phase ancienne semblait également contredire cette attribution première. Mais lorsqu'il nous a été possible de relier les burins transversaux, considérés comme des outils aux lamelles et lamelles à dos, si nombreuses dans le gisement, la notion de phasage chronologique à partir de ces deux éléments, n'a pas résisté. L'exemple de Oisy montre que les lamelles à dos et les burins transversaux, non seulement ne s'excluent pas mais qu'ils appartiennent en autre au même schéma. Les critères choisis pour voir une éventuelle évolution interne au sein du Badegoulien, ne fonctionnent donc pas dans le Bassin parisien.

LA PRODUCTION LAMELLAIRE DE OISY

Si la production de lamelles à partir de burins ou de grattoirs n'est plus un phénomène nouveau, notamment pour l'Aurignacien ou le Gravettien, ici dans le Badegoulien du Bassin parisien, sa mise en évidence présente un grand intérêt puisque les lamelles à dos n'y étaient pas connues d'une part et parce que les burins étaient jusqu'à présent des burins....Attardons nous quelques instants sur cette chaîne opératoire de production de lamelles pour la fabrication des lamelles à dos.

Tab. 7.1 – Les dates de Oisy

Niveau	Matériel daté	Dates (réf.)	AMS, 2 Sigma	Références
*	Tibia de renne	16.020 ±150 BP. (Béta-160915)	19.770 à 18.490 BP.	Bodu et Senée, 2001
*	Bois de renne	13.260 ± 80 BP. (Béta-160914)	16.410 à 15.500 BP.	Bodu et Senée, 2001
*	Fémur de cheval	12.500 ±120 BP. (Béta-160913)	15.560 à 14.120 BP.	Bodu et Senée, 2001
*	Humérus de cheval	9030 ± 40 BP. (Béta-160916)	10.230 à 10.170 BP.	Bodu et Senée, 2001
niv. 2	os	8930 ± 40 BP. (Béta-172039)	10.200 à 9920 BP.	–
niv. 2	os	5920 ± 40 BP. (Béta-172041)	6800 à 6660 BP.	–
niv. 4	os	7550 ± 50 BP. (Béta-172040)	8410 à 8300 BP. et 8260 à 8210 BP.	–

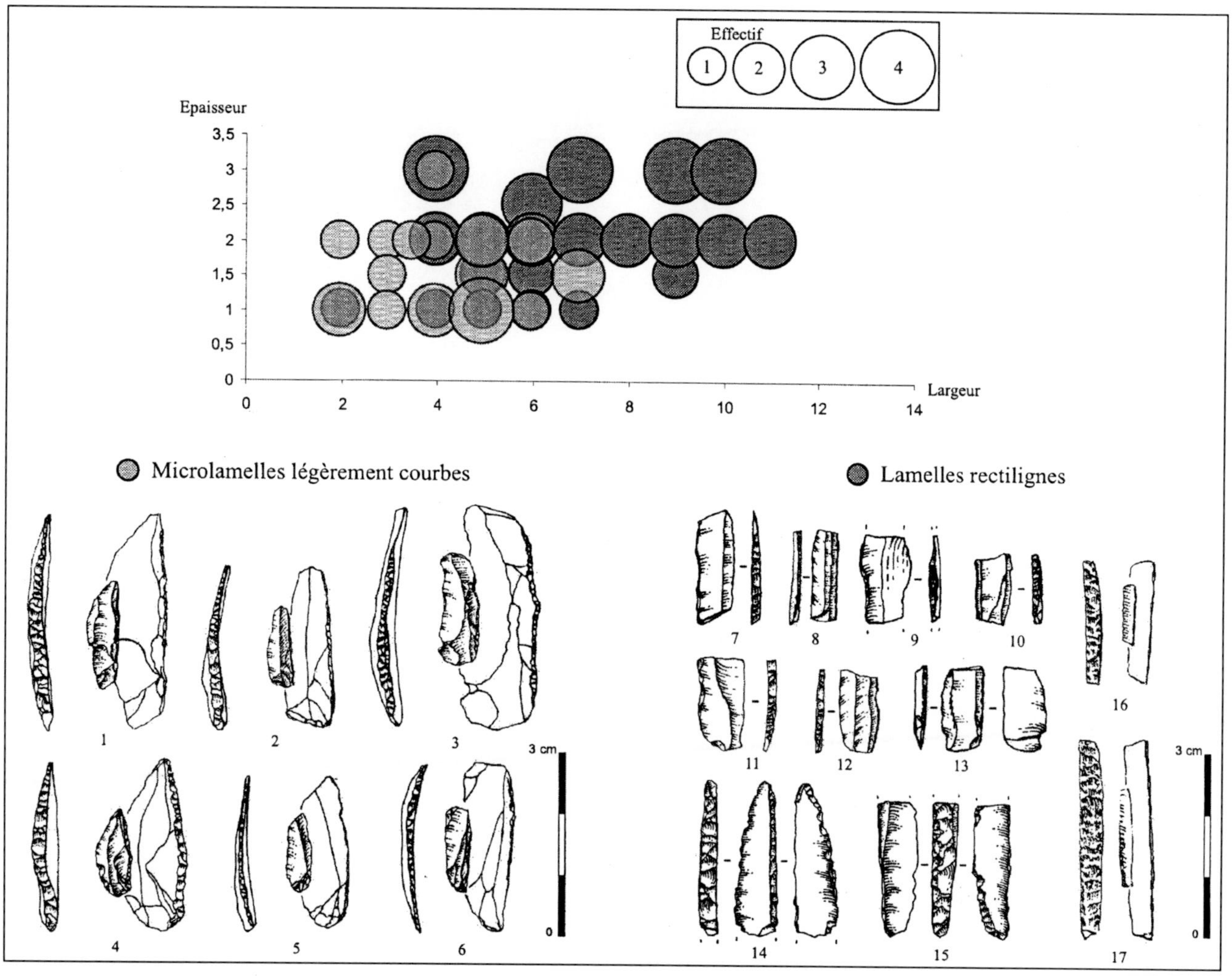

Fig. 7.5 – les différents types de lamelles à dos de Oisy. DAO: Lucie Chehmana et Danièle Molez

A Oisy, deux types de lamelles ont été recherchés, des lamelles rectilignes dont le dos est abattu par des retouches préférentiellement directes (fig. 7.5, n°7-13) et des micro-lamelles plus courtes, de profil légèrement courbe et torse et dont la retouche est marginale et latéralisée sur le bord droit (fig. 7.5, n° 1-6). A partir des supports rectilignes, on a également fabriqué quelques rares lamelles à dos très étroites à retouche croisée (fig. 7.5, n° 16-17). Les lamelles à dos existent donc bien dans le Badegoulien du Bassin parisien et de plus elles se déclinent en trois sous-types, pour le moins une diversité inattendue dans un tel contexte.

La faible présence de nucléus à lamelles sur bloc, nous a conduit à chercher dans l'outillage, des pièces qui auraient pu jouer ce rôle. Les burins transversaux, particulièrement abondants à Oisy sont les meilleurs prétendants pour cela. Ce sont les caractères des différents

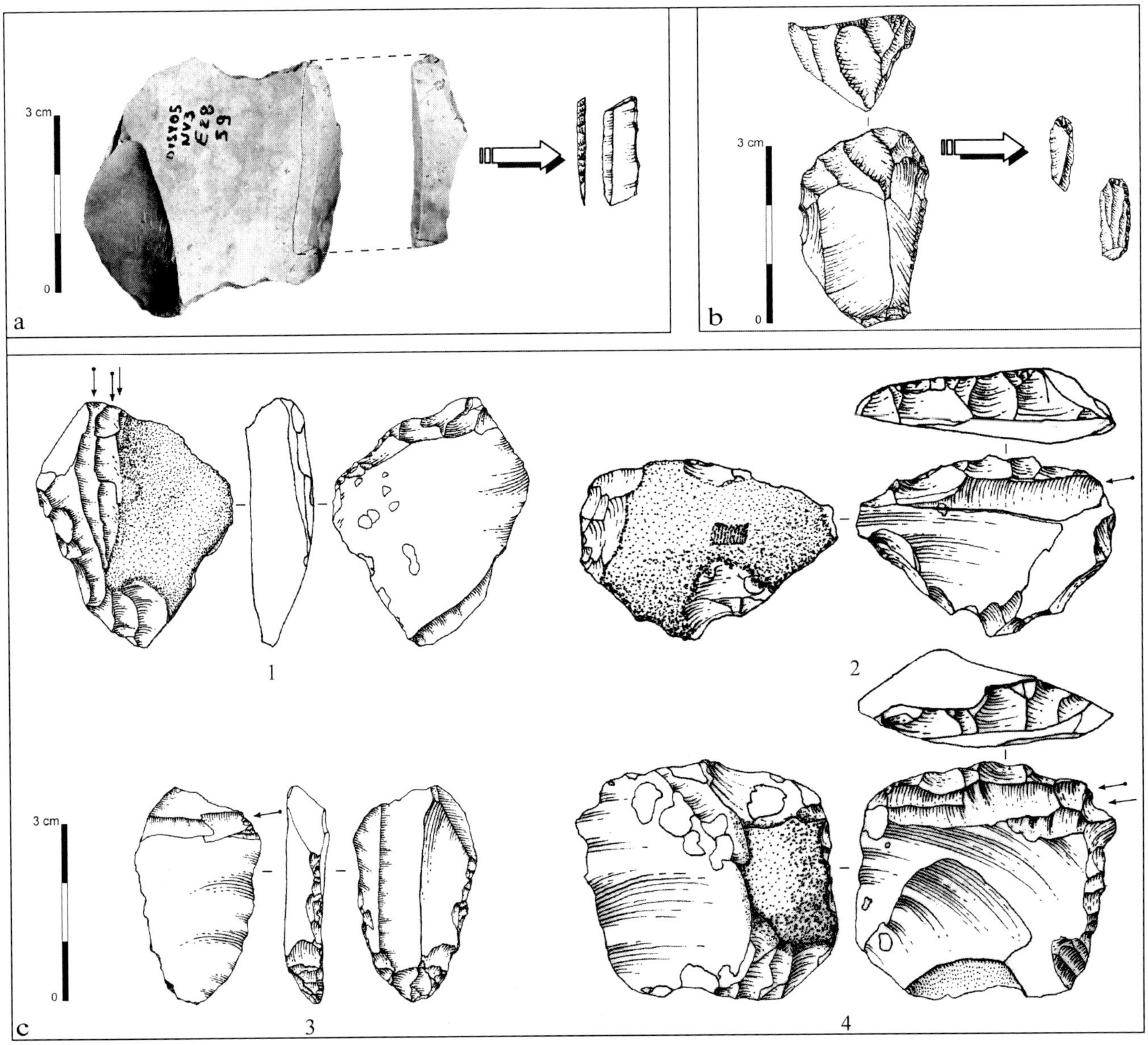

Fig. 7.6 – a) un burin transversal/nucléus à lamelles, DAO: Lucie Chehmana; b) un grattoir caréné/nucléus à lamelles, DAO: Lucie Chehmana; c) autres types de nucléus à lamelles: 1: type Rocher-de-la-Caille; 2-4: type Orville. DAO: Lucie Chehmana

protagonistes de cette chaîne opératoire qui nous ont permis de les relier: présence de pans revers (Le Mignot, 2000; Klaric *et al.*, 2002) sur les lamelles à dos rectilignes comme courbes, négatifs lamellaires réguliers sur la face supérieure des très nombreuses chutes de burin qui correspondent aux dimensions des lamelles retouchées, présence de mêmes négatifs lamellaires sur les burins abandonnés (fig. 7.6a).

A partir de ces observations, nous avons pu reconstituer le schéma opératoire nucléus à lamelles/ burin transversal résumé ensuite. Il est intéressant de constater que nombre des déchets de ce débitage pourraient en fait être considérés comme des déchets de l'outillage:

- le support est un éclat de morphologie plutôt allongée dont la face inférieure doit être régulière,
- le plan de frappe est installé sur un des bords de l'éclat sans latéralisation préférentielle par un facettage (troncature) oblique qui donne en effet le plus souvent une coche. Les déchets de cette opération sont facilement identifiables: petits éclats de section convexo-concave portant une part vestigielle de la face supérieure du support.
- les surfaces lamellaires sont souvent installées transversalement à l'axe du débitage de l'éclat support: c'est pourquoi les pièces entrent typologiquement dans la catégorie des burins transversaux sur troncature.
- mais lorsque la partie distale de l'éclat ne convient pas, c'est latéralement à l'axe de débitage du support que l'on place la table lamellaire: typologiquement nous avons donc affaire à un burin d'angle sur troncature.

– le débitage est souvent initialisé par une crête à un pan qui typologiquement est une chute de burin première. Elle laissera place à deux nervures guides dont l'une au moins servira à l'extraction d'une première lamelle, la production des lamelles étant scandée de phases de production et de phases de réaménagement dont les déchets sont les fameuses chutes de burins, souvent épaisses...particulièrement nombreuses à Oisy!

– en fonction des besoins de l'utilisateur, des aléas du débitage et de la qualité et des dimensions de l'éclat sélectionné, les tables exploitées sur les burins-nucléus peuvent être simples, doubles ou triples. Les burins transversaux, simples ou multiples, peuvent donc être extraits de la liste type des outils et rejoindre le corpus des éléments du débitage lamellaire. D'autres pièces telles que les coches, les denticulés voire les troncatures peuvent être en réalité des nucléus abandonnés lors de la préparation du plan de frappe. De la même façon, le nucléus-burin transversal arrêté lors de l'installation de la crête à un pan peut s'apparenter à un racloir. Il n'est pas question ici de mésestimer l'importance de ce dernier outil dans la panoplie badegoulienne, d'autant qu'on les sait très nombreux dans le gisement du Bois des Beauregards à Nemours (Daniel, 1965) mais à bien regarder, nous sommes persuadés que certains d'entre eux ne sont que des étapes dans l'aménagement de la carène. La requalification de certains outils en éléments du débitage permet de nettoyer par la même occasion une liste type badegoulienne, trop souvent surchargée d'objets à caractères soit disant archaïques.

Le nucléus-burin transversal est par ailleurs accompagné d'autres modalités de productions lamellaires, cependant plus discrètes: schémas apparentés soit aux nucléus de type Orville (fig. 7.6 c, n°2 et 4), soit aux nucléus de type Rocher-de-la-Caille (fig. 7.6c, n° 1), soit aux grattoirs carénés (fig. 7.6b). Nous avons identifié un exemplaire de type Rocher-de-la-Caille dans le gisement badegoulien du Poron-des-Cuèches en Côte d'Or distant de près de 100 km de Oisy vers l'est. Ces différentes modalités sont à traquer à l'évidence dans d'autres gisements badegouliens.

DES PRESENCES-ABSENCES REVELATRICES?

Dans les sites badegouliens à lamelles à dos où il n'existe pas ou très peu de burins transversaux, on peut se demander alors quelle autre option a été privilégiée: nucléus lamellaire classique, nucléus-outil (grattoir caréné), autres schémas particuliers.

Quand à l'inverse, les burins transversaux ne sont pas associés à des lamelles retouchées, sans doute faut-il interroger alors les conditions de conservation mais aussi les techniques de fouille. A Oisy, plus de la moitié des lamelles (55%), notamment les micro-lamelles ont été découvertes lors du tamisage systématique des sédiments. Que dire des sites où aucun tamisage n'a été réalisé, mais aussi ceux où la maille de tamisage est trop grande et ne permet pas de retrouver les micro-lamelles? Si l'on peut expliquer l'absence des lamelles à dos dans les sites badegouliens de la vallée du Loing par les conditions taphonomiques et les méthodes de fouille, ne peut-on évoquer les mêmes biais en ce qui concerne le gisement de l'abri Fritsch? Malgré le tamisage (Trotignon *et al*, 1984) dont ont fait l'objet les différents niveaux d'occupation, nous ne sommes toujours pas certain qu'il n'existait aucune lamelle à dos dans les ensembles Badegouliens de l'abri, si riches par ailleurs en burins transversaux? La découverte récente d'une lamelle à dos dans le matériel badegoulien de ce site (T. Aubry, com. orale) vient donc accentuer le doute émis, plaidant ainsi en défaveur d'un faciès badegoulien septentrional à caractères régréssifs.

Une autre explication: dans les gisements où le Badegoulien est précédé ou suivi d'autres périodes, comme c'est le cas aux Beauregards ou à l'abri Fritsch n'a t'on pas eu tendance également à écarter les lamelles à dos retrouvées dans les couches badegouliennes, parce qu'elles ne devaient pas y figurer, pour les réaffecter soit au Solutréen, soit au Magdalénien? Sans en arriver à ces excès, dans certains gisements, la présence de lamelles à dos dans des couches badegouliennes (Abri Ragout-Charente) avait pu susciter ce long débat sur la validité du phasage (Balout, 1958), sans que soit écartée cependant l'hypothèse d'un remaniement des niveaux archéologiques.

CONCLUSION

Il s'agit ici d'un état de nos réflexions sur le Badegoulien à partir de l'exemple de Oisy. Il en émane un certain nombre de propositions: nettoyage d'une liste-type statique, remise en cause d'un cadre chronologique étriqué, élimination d'une barrière culturelle et géographique mal argumentée. Tels sont les apports de ces approches qui en traitant globalement de l'industrie lithique, mêlent naturellement les méthodes et techniques de taille et l'outillage. C'est dans cet état d'esprit que nous allons aborder à présent d'autres séries badegouliennes du Bassin parisien et notamment les séries de la vallée du Loing, si riches en racloirs pour certaines, car il n'est pas exclu que derrière ces outils considérés comme archaïques, se cachent, en fait des objets polyvalents intégrés à un schéma de production et d'utilisation complexe. Le Badegoulien n'a pas fini de nous étonner et seule la compréhension globale des systèmes techniques lithiques devrait nous permettre de peaufiner notre connaissance de ce groupe un peu à part au sein du Paléolithique supérieur.

Bibliographie

BALOUT, A. (1958) – L'Abri André Ragout au Bois-du-Roc (Vilhonneur-Charente). Fouilles de 1957. *Bulletin de la Société Préhistorique Française*, Tome LV, n°10, p. 599-627.

BÉMILLI, C. ; BIGNON, O. (2003) – La faune. In *Le gisement "Badegoulien" du Mont-St-Aubin (Oisy – Nièvre-581980013)*. Rapport de sondages. Avril 2003. p. 55-60.

BIGNON, O. (2004) – Notes sur le traitement de la faune de la campagne 2004 et premières observations. In: Bodu, P. & Debout, G. eds. – *Le gisement Badegoulien du Mont-St-Aubin – Oisy (Nièvre) – 2ndr rapport préliminaire de fouille programmée (autorisation tri-annuelle 2003-2005)*. p. 50-54.

BODU, P. (2006) – *Le gisement "Badegoulien" du Mont-St-Aubin (Oisy – Nièvre-581980013)*. Rapport intermédiaire de première année de fouille programmée. Avril 2006. 42 p.

BODU, P.; DEBOUT, G. (2002) – *Le gisement "Badegoulien" du Mont-St-Aubin (Oisy – Nièvre-581980013)*. Rapport de sondages. Avril 2002. 59 p.

BODU, P.; DEBOUT, G.; TABORIN Y. (2005) – De la parure chez les Badegouliens du Bassin parisien. Le cas du site de Oisy dans la Nièvre. Industrie osseuse et parures du Solutréen au Magdalénien en Europe. *Mémoire XXXIX de la Société préhistorique française*. p. 87-99.

BODU, P.; SENÉE, A. (2001) – Le gisement "badegoulien" du Mont-St-Aubin à Oisy (Nièvre-58). In *Archéologie en Haut-Nivernais*. 19. p. 3-59.

BORDES, F. (1958) – Nouvelles fouilles à Laugerie-Haute Est: premiers résultats. *L'Anthropologie*. T. 62, p. 205-244.

CHEHMANA, L. (2003) – *Le Badegoulien de Bourgogne. Mise en évidence des chaînes de fabrication des outils lithiques à Oisy (Nièvre)*. Mémoire de maîtrise de l'Université de Paris I. 85 p.

CHEHMANA, L. (2004) – *Enquête sur l'Identité du Badegoulien et ses origines possibles, Apport de l'étude des industries lithiques badegoulienne de Oisy (Nièvre) et solutréennes de Saint-Sulpice-de-Favière (Essonne) et de Fressignes (Indre)*. Mémoire de DEA, Université de Paris I. 55 p.

CHEHMANA, L.; LIARD, M. ; WALTER B., (2006) – Rapport de sondages du site du Buisson Pignier, In *Rapport de prospections thématiques sur les occupations paléolithiques de la vallée de la Claise*. 52 p.

CHEYNIER, A. (1939) – Le magdalénien primitif de Badegoule, Niveaux à raclettes. *Bulletin de la Société Préhistorique Française* T. 36, p. 334-396.

DANIEL, R. (1965) – Présence de pièces Moustériformes dans le Protomagdalénien I de la station de Beauregard près de Nemours (S.-et-M.). *Bulletin de la Société Préhistorique Française*. 1, p 24-31.

DELARUE, R.; VIGNARD, E. (1960) – Le Protomagdalénien I du Bois des Chênes sur la platière des Beauregards près de Nemours (Seine-et-Marne). *Bulletin de la Société Préhistorique Française*. 57, n° 9-10, p. 607-620.

DELARUE, R.; VIGNARD, E. (1963) – Le Protomagdalénien I du Bois "des Pins" dans les Beauregards de Nemours (Seine-et-Marne). *Bulletin de la Société Préhistorique Française*. 60, n° 3-4, p. 194-204.

DJINDJIAN, F.; KOZLOWSKI, J.; OTTE, M. (1999) – *Le paléolithique supérieur en Europe*. Armand Colin. 474 p.

KLARIC, L.; AUBRY, T.; WALTER B. (2002) – Un nouveau type d'armature en contexte gravettien et son mode de production sur les burins du Raysse (la Picardie, commune de Preuilly-sur-Claise), *Bulletin de la Société Préhistorique Française*, T. 99, n°4, p. 751-764.

LE MIGNOT, Y. (2000) – La question de la production d'armatures sur le site gravettien de Plasenn-Al-Lomm (Île de Bréhat, Côtes d'Armor). *Revue archéologique de l'Ouest*. vol. 17, p. 7-24.

LEROI-GOURHAN, ARL ;. LEROI-GOURHAN, A. (1964) – Chronologie des grottes d'Arcy-sur-Cure (Yonne). *Gallia Préhistoire*. 7, 64 p., 28 fig.

LE TENSORER, J.-M. (1979) – *Recherches sur le Quaternaire en Lot-et-Garonne: Stratigraphie, paléoclimatologie et préhistoire paléolithique*. Thèse d'Etat ès-Sciences Université de Bordeaux III, 812 p., 313 fig., 55 tabl.

LE TENSORER, J.-M.. (1981) – *Le Paléolithique de l'Agenais*. Paris, CNRS, 526 p. ill., (Cahiers du Quaternaire n°3, 526 p.).

SACCHI, D. (1968) – Données nouvelles sur le Paléolithique supérieur du département de l'Aude. *Atacina*. 3, p. 3-32.

SACCHI, D. (1986) – Le Paléolithique supérieur du Languedoc occidental et du Roussillon. *XXIème supplément à Gallia Préhistoire*. CNRS Editions. 284 p.

SCHMIDER, B. (1971) – Les industries lithiques du Paléolithique supérieur en Ile-de-France. *VIème supplément à Gallia Préhistoire*. Paris: CNRS, 218 p.

TROTIGNON, F.; POULAIN, T.; LEROI-GOURHAN, ARL. (1984) – Etudes sur l'Abri Fritsch (Indre), *XIXème suppl. à Gallia Préhistoire*, Paris: CNRS. 122 p.

VACHER, G.; VIGNARD, E. (1964) – Le Protomagdalénien I à raclettes des "Ronces" dans les Gros Monts à Nemours. *Bulletin de la Société Préhistorique Française*. 61, n°1, p. 32-55.

LES INDUSTRIES LITHIQUES DE LA FIN DU SOLUTREEN ET DU SALPETRIEN ANCIEN: APPORTS DE L'ETUDE TECHNOLOGIQUE A LA COMPREHENSION DE L'EVOLUTION CULTURELLE AU PLENIGLACIAIRE EN LANGUEDOC (FRANCE)

Guillaume BOCCACCIO
UMR 5140, Archéologie des Sociétés Méditerranéennes,
"Equipe Préhistoire Méditerranéenne et Africaine", 390 avenue de Pérols F-34970 LATTES
g.boccace@lycos.com

Frédéric BAZILE
UMR 5140, Archéologie des Sociétés Méditerranéennes,
"Equipe Préhistoire Méditerranéenne et Africaine", 390 avenue de Pérols F-34970 LATTES et Laboratoire de Préhistoire de Vauvert, B.PAGE 47, F-30600 VAUVERT

fredericbazile@aol.com***Résumé**: Dans la basse vallée du Rhône, en Languedoc oriental, le Salpêtrien ancien, industrie à pointes à cran à retouche abrupte, prend immédiatement la suite du Solutréen supérieur. Si la succession de ces industries est solidement argumentée, notamment par plusieurs datations absolues, l'hypothèse du rapport phylétique qui les unit l'est beaucoup moins. L'approche technologique comparée de ces industries apporte une vision dynamique des modes de production et valide ce que la typologie avait jusque là permis de pressentir.*
***Mots-clés**: Solutréen, Salpêtrien, Languedoc, technologie lithique, pointe à cran*

***Abstract**: The Lower Salpetrian, an industry dominated by shouldered points with steep retouch, seems to immediately follow, on the lower Rhone valley areas of East Languedoc, the Upper Solutrean. While such a sucession is already grounded by both stratigraphic positioning and absolute dating, a lot still needs to be addressed considering the "phylogenic" evolution between the two types of industry. A comparative technological approach to both the Lower Salpetrian and the Upper Solutrean contributes for a dynamic view of lithic production strategies and seems to validate the connections that pure typological approaches previously suggested.*
***Keywords**: Solutrean, Salpetrian, Languedoc, lithic technology, shouldered points*

***Resumo**: No vale do Reno, no Languedoque Oriental, o Salpeteriense antigo, indústria de pontas à cran com retoque abrupto, vem imediatamente a seguir ao Solutrense superior. Se a sucessão destas indústrias se encontra bem fundamentada, nomeadamente a partir de várias datações absolutas, a hipótese da sua relação filogenética é bastante mais problemática. A perspectiva tecnológica comparada entre estas duas indústrias permite uma visão dinâmica sobre os modos de produção e valida o que a tipologia já tinha anteriormente pressentido.*
***Palavras chave**: Solutrense, Salpetriense, Languedoque, Tecnologia lítica, pontas à cran*

INTRODUCTION

Le sujet de cet article porte principalement sur une culture paléolithique du midi méditerranéen de la France nommé Salpêtrien ancien; les datations, le cadre chronostratigraphique et les analyses paléoenvironnementales placent le Salpêtrien aux environs de 19.000 ans avant le présent, à la suite du Solutréen supérieur. Cette culture "épisolutréenne" est clairement identifiée uniquement sur la rive droite du Rhône entre les gorges de l'Ardèche et celles du Gardon. Elle présente toutefois de fortes analogies avec des industries à pointes à cran du pourtour méditerranéen, connues au pléniglaciaire, l'Epigravettien ancien en Italie et le Solutréen supérieur évolué dans la péninsule ibérique.

L'analyse techno-économique du débitage au Salpêtrien ancien menée sur trois séries salpêtriennes a permis d'apporter des arguments nouveaux qui éclairent la filiation entre Solutréen supérieur et Salpêtrien ancien (Boccaccio, 2005).

LE SALPÊTRIEN ANCIEN

Historique

C'est à Max Escalon de Fonton que l'on doit la définition en 1964 de l'entité Salpêtrienne, en deux stades successifs "Salpêtrien ancien" et "Salpêtrien supérieur", grâce à ses recherches dans la grotte de la Salpetrière, gisement tout proche du fameux Pont du Gard (Escalon, 1964). La filiation entre Salpêtrien ancien et supérieur n'étant toujours pas établie, notamment en raison d'une lacune d'érosion d'un minimum de trois millénaires, nous l'écarterons de la présente étude. Dans les années 70, deux nouveaux gisements sont venus renforcer la pertinence culturelle du Salpêtrien ancien: le site de plein air de Cadenet dans le Gard rhodanien et celui de la Rouvière, situé à 2 km de la grotte Chauvet dans les gorges de l'Ardèche. Le Salpêtrien est donc actuellement connu par seulement trois sites concentrés dans la basse vallée du Rhône.

Cette culture est caractérisée, d'un point de vue typologique, par la présence de la pointe à cran à retouche abrupte de type méditerranéen dont on trouve déjà de rares exemplaires en Languedoc dès le Solutréen moyen (baume d'Oullins, Gard), puis au Solutréen supérieur au cours duquel elle se généralise. Le Salpêtrien ancien se démarque toutefois du complexe solutréen par l'absence remarquable de la retouche solutréenne et surtout de la pointe à face plane, abondante jusqu'au Solutréen supérieur.

Le Solutréen supérieur n'est véritablement reconnu en Languedoc qu'à la baume d'Oullins et sans doute à la petite grotte de Bize (Aude) bien que l'étude de cette série laisse présager de l'existence d'un éventuel niveau salpêtrien (Boccaccio, 2005). Ces deux sites offrent les deux seules séries solutréennes dont l'analyse est envisageable d'un point de vue technologique.

La filiation avec le Solutréen supérieur a été envisagée dès 1964 par Escalon de Fonton, et de façon plus concrète par l'un d'entre nous en 1980 (Bazile, 1980). En effet, sur la base de nouvelles fouilles réalisées à la baume d'Oullins, la perduration de la pointe à cran a été mise en évidence du Solutréen moyen jusqu'au Salpêtrien corrélativement à la disparition complète de l'armature traditionnelle, la pointe à face plane, à la fin du Solutréen supérieur (Bazile, 1990).

Le Solutréen languedocien constitue le foyer le plus oriental de cette culture avec le site de Solutré. En l'absence d'indices d'occupation actuellement identifiés entre la Bourgogne et la basse vallée du Rhône, une relation directe entre ces deux zones reste pour le moment hypothétique. Cela reviendrait à considérer le Languedoc rhodanien comme une zone terminale d'extension solutréenne, une zone-refuge en quelque sorte à moins qu'il ne s'agisse de l'un de ses centres génétiques (Smith, 1966). Les particularités typologiques du Solutréen supérieur, notamment la persistance de la pointe à face plane à travers toute la séquence solutréenne et la rareté des armatures bifaciales, plaident en faveur d'un certain endémisme languedocien. C'est précisément dans cette région géographiquement délimitée que le Salpêtrien ancien vient "coiffer" la séquence solutréenne.

La position du Salpêtrien, par rapport au Solutréen supérieur, est établie à partir de plusieurs arguments concordants.

Les arguments stratigraphiques

Le Salpêtrien est connu par 3 sites dont un seul, la Salpetrière, est stratifié. Le Solutréen supérieur compte 2 séries analysables retrouvées en stratigraphie. Néanmoins celle de la petite grotte de Bize est issue de fouilles anciennes menées par Genson puis Héléna dans les années 1930. Dominique Sacchi l'attribue à un Solutréen supérieur à pointe à cran surmonté d'un Badegoulien à raclettes. Mais de son aveu même "*C'est à partir de leurs rares et brèves publications, de leurs notes et surtout des matériaux qu'ils ont recueillis que nous avons tenté de reconstituer la stratigraphie de ce gisement*" (Sacchi, 1986). La fiabilité de cette reconstruction stratigraphique est donc trop incertaine pour participer finement à la définition du cadre chrono-stratigraphique pléniglaciaire en Languedoc.

Seules deux stratigraphies apportent donc des données fiables pour cette période en Languedoc:

- La baume d'Oullins où les données stratigraphiques montrent un Solutréen inférieur (couche 6 et 7 – fouilles Combier) puis moyen (couche 8), dans lequel apparaissent les premières pointes à cran, surmonté par un Solutréen supérieur (couche 9). Le Salpêtrien est absent. Le niveau 10 dénommé "Rhodanien récent" par J. Combier n'est pas daté (Combier, 1967). Il est cependant immédiatement sous-jacent au Magdalénien supérieur et présente quelques analogies avec le "Salpêtrien supérieur"; il en est de même à la Salpêtrière. Les deux séries montrent une position stratigraphique proche, sinon identique et possèdent en commun des affinités épigravetiennes.
- La Salpêtrière où le Solutréen inférieur est surmonté par un Solutréen moyen dont la partie supérieure est fortement ravinée. Cette phase de ravinement occupe la place théorique du Solutréen supérieur, absent. Le Salpêtrien ancien (couche 6) repose directement sur le Solutréen moyen (zone porche-est) et sur le Solutréen ancien (zone porche centre). Le Salpêtrien ancien est surmonté d'une industrie dénommée "Salpêtrien supérieur" par M. Escalon et datée des environs de 13.000 BP (Bazile, 1975, 1980).

Les corrélations stratigraphiques placent donc logiquement le Salpêtrien ancien après le Solutréen supérieur.

Les arguments chronométriques

Les deux niveaux datés sont:

- à la baume d'Oullins le niveau d (Solutréen supérieur) des fouilles Bazile équivalant au niveau 9 des fouilles Combier entre 21.000 et 20.000 BP (Bazile et Bazile-Robert, 1979).
- à la grotte de la Salpêtrière, la couche 6b (secteur porche-centre) ou niveau d (porche-est) des fouilles Bazile entre 19.500 et 18.500 BP (Bazile, 1980).

De récentes datations placent ensuite le Magdalénien inférieur des Piles-Loins vers 17.500 ans BP (Bazile, 2006a) et le Magdalénien "moyen" de Fontgrasse autour de 16.500 BP (Bazile, 2006b). Le Salpêtrien ancien se trouve donc encadré par deux cultures dont la chronologie est bien fixée.

Les données paléoenvironnementales

Les analyses paléoenvironnementales montrent une succession logique caractérisant la fin du pléniglaciaire en

Languedoc. Pour résumer on conserve une ambiance froide et sèche avec un spectre faunique dominé largement par le renne, puis le cheval. La végétation est caractérisée par une flore microtherme héliophile classique avec *Pinus silvestris*, *Betula* auxquels s'ajoutent l'argousier et de rares taxons méditerranéens. Le sédiment témoigne encore d'actions éoliennes fortes qui vont progressive-ment s'estomper au tardiglaciaire.

Dans le détail cependant, le Solutréen d'Oullins montre une petite recrudescence de la végétation forestière attribuable sans doute à une reprise d'humidité plutôt qu'à une amélioration thermique. Ces considérations avaient conduit dans un passé récent (1979) à situer le Solutréen supérieur d'Oullins dans "l'interstade Würm III – IV" ("Laugerie") qui se serait manifesté à la Salpêtrière par un ravinement, mettant en contact le Solutréen ancien / moyen avec le Salpêtrien ancien.

Autre détail, encore difficile à interpréter, le renne semble diminuer au profit du cheval dans le Salpêtrien, corrélativement à un accroissement notable du bouquetin. La présence du chamois n'a pas été confirmée par les études récentes. Les données fournies par l'étude de l'avifaune et des micromammifères (rongeurs) vont dans le même sens. Cette argumentation, pour fragile qu'elle soit, s'inscrit dans la logique de la chronostratigraphie régionale.

Si ces données chronostratigraphiques, radiochronologiques, paléoenvironnementales permettent de placer valablement le Salpêtrien ancien après le Solutréen supérieur, elles ne permettent pas d'argumenter une quelconque filiation entre ces deux industries.

L'argument typologique

C'est la présence de la pointe à cran, outil réputé caractéristique du Solutréen supérieur, qui a permis d'avancer l'hypothèse d'une continuité phylétique solutréo-salpêtrienne (Escalon, 1964; Bazile, 1990). Les pointes salpêtriennes de type méditerranéen possèdent un cran façonné par retouche abrupte et seule une pointe à la Rouvière porte une retouche à caractère solutréen (figure 8.1, n°7). Cette pointe fut utilisée comme argument décisif pour justifier l'origine solutréenne du Salpêtrien (Combier, 1977; Onoratini et Joris, 1995). Pourtant ce type de pointe n'existe pas dans le Solutréen supérieur languedocien (Bazile et Bazile-Robert, 1979).

De plus, la découverte de pointes à cran à retouche abrupte dans des séries badegouliennes (Cuzoul de Vers), magdaléniennes (Fontgrasse, Gandil) ou épigravettiennes (Carry-le-Rouet) complique quelque peu l'appréciation de l'extension culturelle et chronologique de la pointe à cran méditerranéenne dans le sud-est de la France.

Ces éléments typologiques paraissent donc insuffisants pour affirmer l'hypothèse d'une filiation solutréenne. Dans ce contexte-là, il paraît opportun de solliciter les données technologiques relative à ces industries. L'analyse technologique a été réalisée dans le cadre d'un travail de doctorat (Boccaccio, 2005) à partir de plusieurs interrogations: Peut-on, par le biais d'une analyse des chaînes opératoires de production, mettre en évidence des convergences ou des divergences techniques et culturelles? Cette analyse peut-elle apporter des arguments supplémentaires quant à la filiation entre ces deux industries? D'une façon plus générale, le terme de Salpêtrien est-il véritablement justifié? Si oui, quels sont ses caractères technologiques intrinsèques?

L'INTERROGATION DES DONNEES TECHNOLOGIQUES SALPETRIENNES

L'analyse a porté sur la quasi-totalité des témoins lithiques des trois séries salpêtriennes, exceptée la série des fouilles Escalon actuellement toujours inaccessible. D'un point de vue typologique, l'industrie salpêtrienne est constituée de 4 principaux groupes d'outils. En dehors de la pointe à cran à retouche abrupte (Salpêtrière: 11,29%; Rouvière: 13,65%), on trouve de nombreuses lamelles à dos (S.: 14,88%; R.: 25,30%), puis des grattoirs (S.: 15,98%; R.: 12,45%) et des burins (S.: 13,77%; R.: 5,62%). Enfin sont représentés des outils techniquement peu investis: encoches, troncatures et pièces retouchées.

Concernant le débitage, aucun remontage important n'a pu être effectué, nous privant ainsi de la possibilité de reconstituer dans leur précision et leur variabilité les chaînes opératoires mises en oeuvre. Nous avons donc tenté de comprendre d'une façon globale les intentions et les modalités techniques de la production lithique salpêtrienne. Le schéma opératoire unique reconstitué permettait de satisfaire l'ensemble des besoins en outils lithiques.

Caractéristiques de la production lamellaire

Premier constat: les trois sites présentent une très grande homogénéité de leurs intentions de débitage et schémas de production, ce qui permet d'emblée de confirmer la cohérence technologique et culturelle remarquable du Salpêtrien ancien. L'un des aspects frappants de cette industrie est la grande quantité de produits bruts entiers ou fragmentaires qui n'ont pas été transformés en outils. Nous avons entrepris de caractériser cette production brute d'un point de vue morphologique et techno-économique. Les salpêtriens ont débité de nombreuses lamelles et petites lames (jusqu'à 70 mm de longueur) à partir de nucléus bipolaires à deux plans de frappe opposés (figure 8.2). L'observation des nucléus, couplée à celle des produits bruts a montré la volonté de contrôler 4 caractères morphologiques principaux: la régularité, la rectitude, l'épaisseur, et le calibre des lames et des lamelles.

La régularité

Les lames et les lamelles extraites sont très régulières. L'usage de plaquettes d'épaisseur constante favorise en

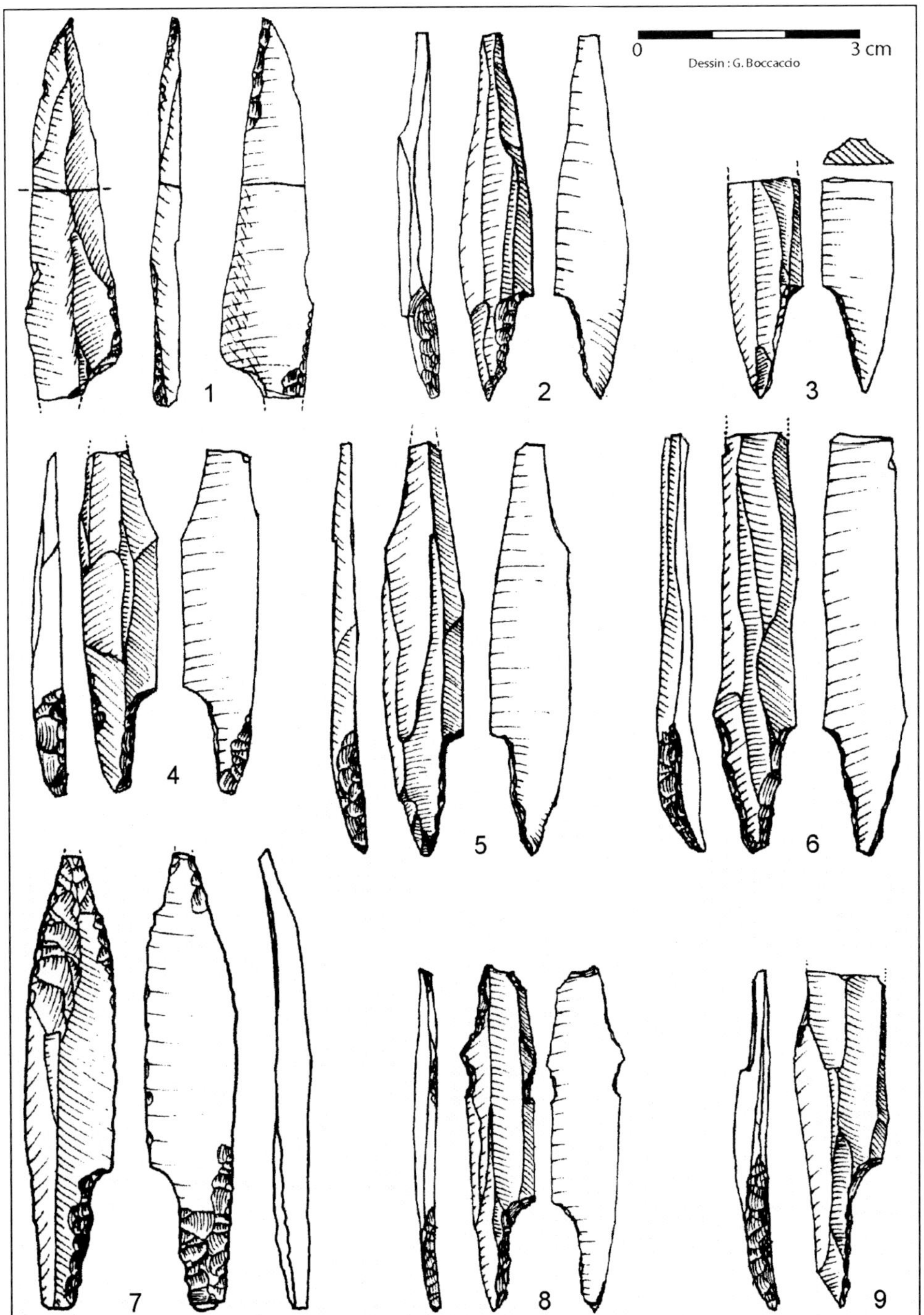

Fig. 8.1 – Pointes à cran à retouche abrupte de type méditerranéen.
1-6: La Salpêtrière (1-3, fouilles Bazile; 4-6, fouilles Bayol et Gimon), 7-9: La Rouvière (fouilles Gallet)

effet cette régularité des produits. Mais c'est surtout une grande maîtrise des paramètres du débitage ainsi qu'un soin particulier apporté à l'entretien des tables de débitage qui leur permet d'obtenir cette régularité des produits.

La rectitude

Les deux plans de frappe opposés ne sont pas hiérarchisés et desservent une seule et même table de débitage sans carène longitudinale. Cela signifie que des enlèvements opposés se "croisent" sur environ la moitié de la surface de débitage. Le pourcentage élevé de produits bruts portants des négatifs opposés confirme précisément cette observation: 56,5% à la Rouvière et 58% à la Salpêtrière. L'absence de carène longitudinale favorise ainsi l'extraction de produits hautement rectilignes.

Cette méthode de débitage engendre un certain nombre d'accidents: des rebroussements lorsque la surface est trop rectiligne ou le coup pas assez puissant. Des outrepassages lorsque le coup est au contraire trop puissant. Les outrepassages emportent généralement le

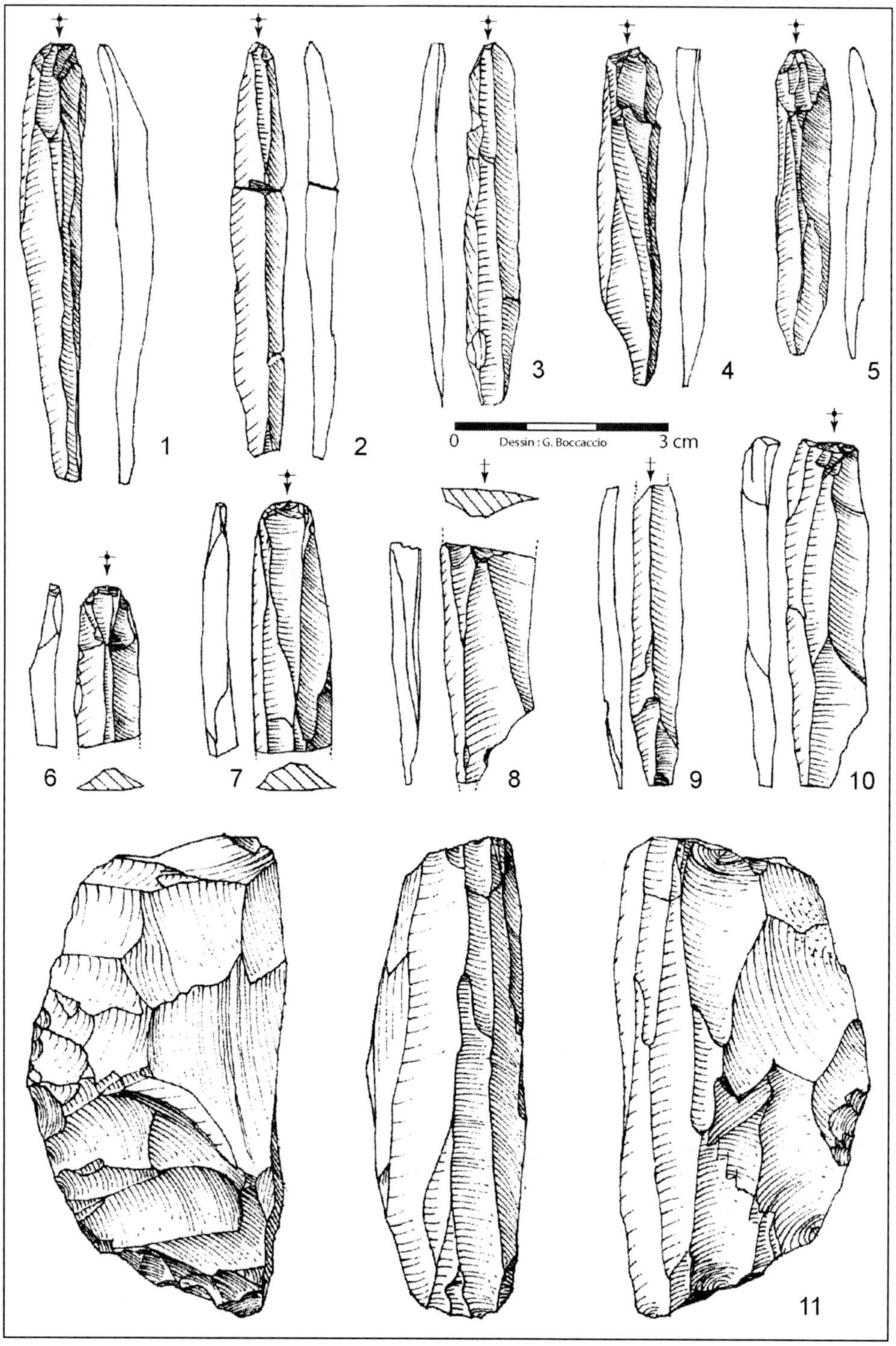

Fig. 8.2 – Débitage. 1-10: lamelles entières ou fragmentaires
(1-5: La Salpêtrière, fouilles Bazile; 6-10: La Rouvière, fouilles Gallet), 11: nucléus bipolaire (Cadenet)

plan de frappe opposé et confirment l'emploi de la méthode bipolaire.

L'épaisseur

Les nucléus salpêtriens sont souvent réalisés sur d'étroites plaquettes de silex qui engendrent un cintrage naturel. Cette étroitesse de la surface de débitage permet de produire des lames et lamelles épaisses et donc moins fragiles. Lorsque le bloc (éclat ou galet) n'est pas naturellement cintré, les salpêtriens procèdent généralement à une préparation bifaciale oblongue par la mise en place d'une double crête à l'avant et à l'arrière du nucléus. Après ouverture simultanée des deux plans de frappe, l'exploitation démarre par l'extraction d'une lame à crête antérieure. Si besoin est, le cintrage est entretenu par des produits latéraux qui préparent également le recul progressif de la table. Ce cintrage important est visible sur

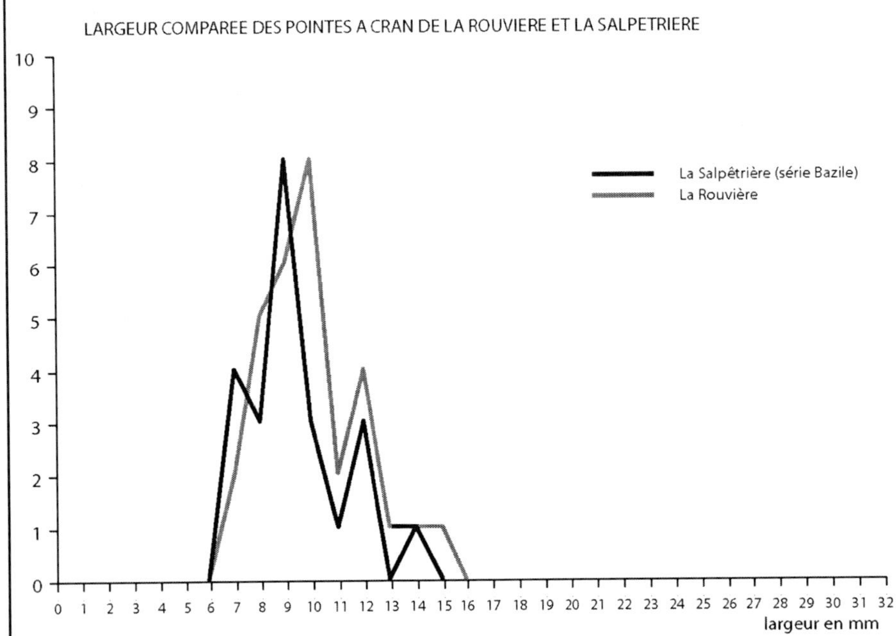

Graphique 8.1

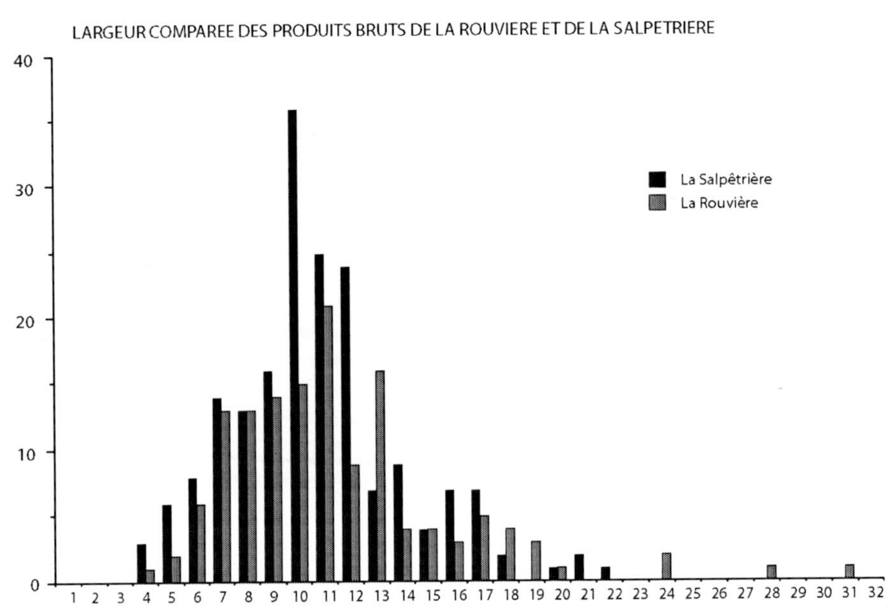

Graphique 8.2

les produits outrepassés, sur les tablettes de ravivage, très étroites et, bien entendu, sur les produits bruts de section épaisse.

Le calibre

La production semble fortement calibrée entre 25 et 60 mm en longueur et entre 6 et 17 mm en largeur avec une fréquence élevée de produits de 8 à 10 mm de largeur. Il existe quelques produits plus larges dont l'essentiel semble provenir du schéma bipolaire. La production démarre ainsi par des petites lames, puis, par réduction dimensionnelle, se poursuit par des lamelles. Quelques grands éléments laminaires pourraient néanmoins être issus d'autres chaînes opératoires absentes des 3 séries.

À ces différents caractères morphologiques recherchés se joignent d'autres traits non recherchés, qui trahissent les techniques employées, comme la percussion à la pierre tendre.

Comparaison avec les outils

Des trois mesures de longueur, largeur et épaisseur, seule la seconde conserve une valeur significative dans l'optique d'une comparaison dimensionnelle entre les outils et les produits bruts. La superposition des courbes de largeur des différents outils a montré que leur répartition était fortement contrôlée. Chaque groupe d'outils utilise des produits dont la largeur est bien spécifique. Cette répartition est similaire à la Rouvière et à la Salpêtrière. Parmi toutes les catégories d'outils, le groupe des pointes à cran est celui qui présente la plus forte normalisation dans la sélection des supports en n'utilisant que des supports réguliers, rectilignes, épais et surtout fortement calibrés en longueur et en largeur, autour de 9 mm (graphique 8.1).

L'analyse comparée des courbes de longueur et de largeur des produits bruts de la Salpêtrière et de la Rouvière montre aussi une production comparable dans les deux sites (graphique 8.2). À ce titre, la courbe de largeur montre un déficit net de produits bruts dans des valeurs comprises entre 8 et 10 mm, et ce de façon concomitante dans les deux séries. Ce déficit correspond très précisément aux largeurs les plus communes utilisées pour la confection des pointes à cran et des lamelles à dos. Il matérialise probablement le prélèvement de supports pour ces outils. Cependant les supports utilisés pour la confection des lamelles à dos sont nettement plus courts que ceux utilisés pour les pointes à cran. Pour fabriquer une lamelle à dos, l'artisan peut en effet se contenter d'une lamelle cassée, ce qui n'est pas le cas d'une pointe à cran. S'il y a donc recouvrement des deux types de supports choisis en ce qui concerne la largeur, la démarcation est sans doute bien plus tranchée en ce qui concerne la longueur.

Un débitage intégré

Les tailleurs ont ainsi mis en place des critères de choix extrêmement sévères pour la réalisation des pointes à cran en commençant par la morphologie des lames-supports. L'ensemble de la production a tendu vers cet unique but: l'obtention de produits aptes à être transformés en pointes à cran. Une fois les supports de pointes sélectionnés, l'intervention du tailleur se limite au façonnage du cran par retouche abrupte directe, parfois complétée d'une fine retouche inverse. Les éventuelles irrégularités du corps de la pointe à cran sont réduites par retouche abrupte, et la partie apicale fait parfois l'objet d'un traitement particulier en "perçoir". C'est donc une lamelle hautement prédéterminée qui est délibérément produite et sa perfection morphologique permet de limiter les aménagements au strict minimum.

Le débitage a également fourni des produits de plus grande dimension en début d'exploitation, et des produits assez petits, en fin d'exploitation. Une fois les produits de premier choix prélevés, le débitage laisse donc une masse importante de produits bruts entiers ou fragmentaires. C'est dans ce stock que les salpêtriens ont puisé les lames et lamelles destinées au reste de l'industrie: supports comparables mais plus courts pour les lamelles à dos, supports nettement moins standardisés pour les burins, les grattoirs, les pièces esquillées, supports très diversifiés pour les outils à "faible investissement technique" tels qu'encoches, pièces tronquées ou retouchées.

La pointe à cran est donc au centre de cette industrie car elle a poussé les tailleurs salpêtriens à utiliser des méthodes de taille productives de supports bruts conformes à leurs besoins. Sa fonction comme pointe de projectile a déjà été confirmée par plusieurs analyses fonctionnelles sur des séries de pointes à cran solutréennes et par la découverte, dans le Solutréen supérieur de Combe-Saunière (Dordogne), d'une extrémité de pointe à cran fichée dans une *scapula* de cheval (Geneste et Maury, 1997). Cela ne signifie pas pour autant que la pointe à cran soit l'outil salpêtrien principal, mais juste que par ses exigences morphologiques, c'est autour de sa production que le schéma opératoire s'est organisé.

LE SOLUTREEN SUPERIEUR

L'analyse a porté sur le niveau D (couche 9) de la baume d'Oullins (fouilles Bazile) que les données sédimento-climatiques et trois datations permettent de placer entre 21.000 et 20.000 ans avant le présent (Bazile et Bazile-Robert, 1979). Les incertitudes qui pèsent sur la série de Bize nous obligent à l'écarter pour le moment. L'attribution possible d'une partie de la série à un Salpêtrien ne rend pas cette série suffisamment fiable.

A Oullins, la série Bazile compte 296 outils. Sur le plan typologique, le Solutréen supérieur d'Oullins est caractérisé par une proportion importante de grattoirs, 22,97%. Les burins comptent eux pour 11,82%. Les armatures se répartissent entre pointes à face plane 16,89%, pointes à cran à retouche abrupte 8,45% et lamelles à dos 11,15%.

Caractéristiques technologiques des outils

La retouche solutréenne est employée, mais ne se retrouve, de façon constante, que sur les pointes à face plane, mis à part quelques rares grattoirs et 2 pièces à retouches couvrantes dans la série Combier. La retouche inverse, localisée au niveau du bulbe, est fréquente mais non systématique. Les supports laminaires utilisés sont de dimensions variables de 45 à 90 mm en longueur et toujours à partir de silex d'excellente qualité. Le débitage est souvent effectué au percuteur tendre organique. La largeur du support des pointes à face plane n'est pas connue en raison de l'emprise de la retouche latérale, mais les pièces après retouche se répartissent entre 14 et 24 mm de large. Les lamelles à dos, assez nombreuses, sont issues de supports bien réguliers. La largeur des supports se situe essentiellement entre 6 et 10 mm. La longueur reste réduite, moins de 25 mm en général. Les pointes à cran, enfin, sont réalisées sur des supports de

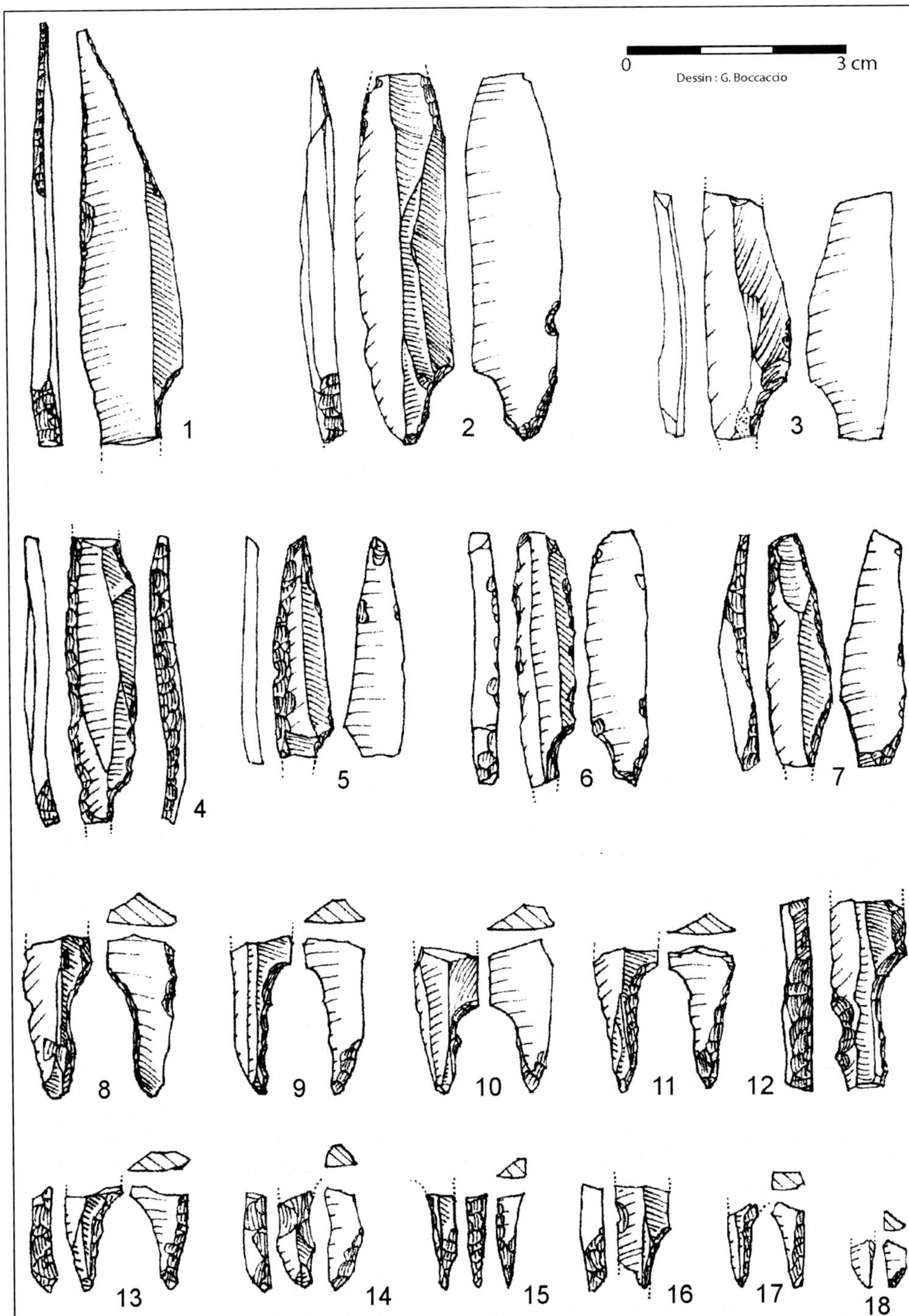

Fig. 8.3 – Pointes à cran à retouche abrupte de type méditerranéen.
Baume d'Oullins, fouilles Bazile

très bonne qualité privilégiant plus fréquemment le silex en plaquette. Les caractéristiques technologiques générales des pointes à cran solutréennes sont assez comparables à celles du Salpêtrien ancien sauf peut-être pour les négatifs bipolaires que l'on ne retrouve que sur 1 pointe sur 4 (figure 8.3). Le calibrage des supports semble un peu plus lâche en longueur avec des produits allant de 40 jusqu'à 70 mm et pour la largeur de 8 à 13 mm. La retouche abrupte, quant à elle, est en tout point comparable à celle des pointes à cran salpêtriennes.

Dispersion du type d'outils selon la largeur

La courbe de répartition des largeurs des produits bruts montre une production massive de produits compris entre 6 et 14 mm. Au-delà de 14 mm de largeur, on constate un étalement de la production dans un volume nettement moins important. La comparaison avec les produits retouchés est riche d'enseignements puisque l'on remarque une dispersion très nette des groupes d'outils selon la largeur des supports; les lamelles à dos et surtout

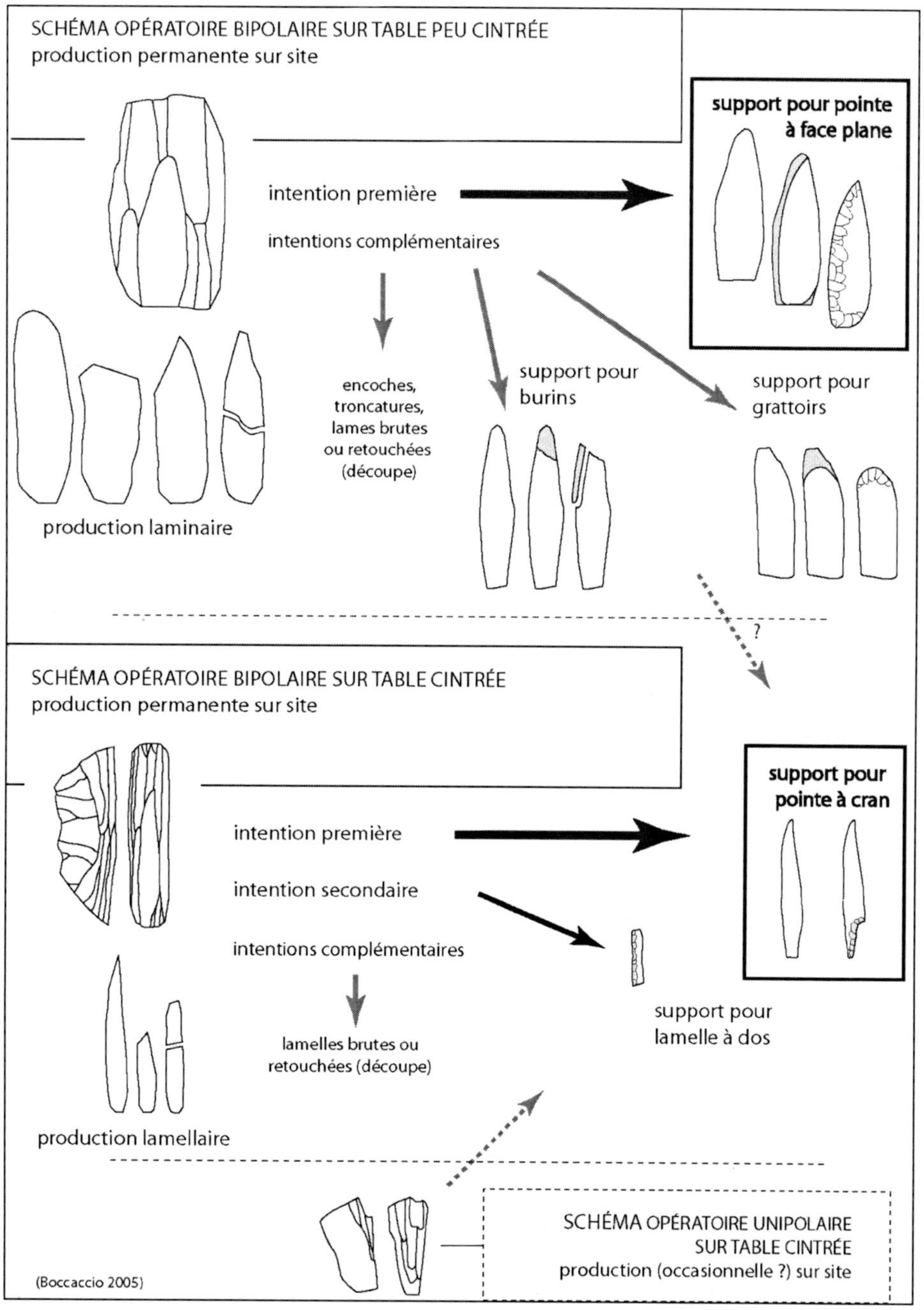

Fig. 8.4 – Système de production lithique du Solutréen supérieur de la baume d'Oullins.
Les éclats utilisés comme support d'outils sont des sous-produits des différentes chaînes opératoires

les pointes à cran se répartissent aux dépens de la production la plus importante entre 6 et 12 mm; les pointes à face plane mais aussi les grattoirs et les burins se repartissent quant à eux sur les largeurs les plus élevées à partir de 14 mm. Une distinction très nette est donc visible en fonction de la largeur des supports.

Les nucléus

L'analyse des nucléus au final permet de compléter notre vision de la production solutréenne. Les 23 nucléus conservés ont montré l'existence de 3 principaux schémas opératoires (figure 8.4):

- Un ***schéma bipolaire*** avec une surface de débitage peu cintrée, donc assez large.
- Un ***schéma bipolaire*** avec une surface de débitage très cintrée, donc étroite.
- Un ***schéma unipolaire***, techniquement peu investi, avec une production de petite dimension et peu abondante.

Ces 3 schémas peuvent être mis en parallèle avec la production brute et les outils.

- Le schéma ***bipolaire peu cintré*** produit des supports larges et aplatis, comme ceux qui sont utilisés pour le façonnage des pointes à face plane et dans une moindre mesure des burins, des grattoirs et autres outils sur lames.

- Le schéma ***bipolaire cintré*** produit des supports élancés étroits et robustes qui forment la majeure partie de la production et trouvent une correspondance avec les supports sélectionnés pour le façonnage des pointes à cran et des lamelles à dos.
- Enfin le schéma ***unipolaire*** produit des supports de petite dimension dont le module trouve son seul équivalent dans celui des lamelles à dos.

Le Solutréen supérieur utilise donc trois schémas de débitage distincts, chacun d'entre eux étant attaché à une production spécifique, exception faite des lamelles à dos dont le module permet de sélectionner des supports issus du schéma bipolaire cintré ou du schéma unipolaire. Pour le reste de l'outillage, les solutréens se fournissent parmi les produits bruts non sélectionnés. Ainsi défini, le système productif solutréen, plus diversifié, intègre deux schémas opératoires principaux, utilisant à chaque fois une méthode de débitage bipolaire, et un schéma occasionnel mettant en jeu un débitage unipolaire. L'ensemble de ces productions différenciées fournit l'essentiel des supports d'outils du Solutréen supérieur de la baume d'Oullins.

DU SOLUTREEN SUPERIEUR AU SALPETRIEN ANCIEN

À partir de ces données technologiques, on peut tenter de proposer un modèle d'évolution du Solutréen supérieur vers le Salpêtrien ancien. Avant toute chose, rappelons que nous sommes aux confins de l'espace solutréen et non loin du monde épigravettien. Malheureusement, aucune série épigravettienne provençale n'est véritablement calée dans la chronologie, et la seule date obtenue, celle de la grotte Rainaude (Var), niveau 5 (20.300 ± 400 BP) mériterait d'être confirmée par d'autres datations. Dans l'attente de données provençales fiables et le renfort de nouvelles séries solutréennes en Languedoc, ce modèle doit donc rester au rang d'hypothèse.

La retouche envahissante est nettement associée à la baume d'Oullins au groupe des pointes à face plane en affectant toujours un bord unique. Elle est inexistante, tant sur les pointes à cran que sur les lamelles à dos. La pointe à face plane associe donc un schéma de débitage, un type de support et un mode de retouche spécifiques. La disparition de cet outil entraîne celle du schéma de débitage peu cintré et de la retouche envahissante. Ces éléments ont en effet complètement disparu au Salpêtrien ancien, ce qui représente une rupture technique, sinon culturelle, majeure.

Par contre, au sujet des pointes à cran et des lamelles à dos, on constate une véritable continuité typo-technologique entre les deux groupes culturels. Le schéma bipolaire cintré identifié dès le Solutréen supérieur devient le mode quasi-exclusif de production des supports pour l'ensemble de l'outillage au Salpêtrien. En même temps, la pointe à cran et la lamelle à dos s'affirment comme le couple dominant d'armatures au Salpêtrien ancien.

Moyennant un léger élargissement de la production vers des supports plus grands, mais aussi par une plus forte normalisation des produits, ce schéma opératoire unique offre dès lors une production intégrée fournissant l'ensemble des supports d'outils salpêtriens. On constate toutefois une sollicitation plus importante des sous-produits du débitage: lames à crêtes, produits outrepassés ou irréguliers. De même, ce surplus productif apporte sans doute l'ensemble des supports de petite dimension destinés à la confection des lamelles à dos, ce qui engendre la disparition du schéma unipolaire. Le Salpêtrien est également marqué par la sollicitation nettement plus importante du silex en plaquette qui offre une morphologie plus adaptée au débitage bipolaire cintré. Il est enfin caractérisé par l'emploi affirmé de la percussion à la pierre tendre au détriment de la percussion tendre organique.

CONCLUSION

Au final, les données technologiques relatives au Solutréen supérieur et au Salpêtrien ancien permettent d'affiner la compréhension de l'évolution culturelle à la fin du pléniglaciaire en Languedoc. Là où la typologie a permis d'avancer l'hypothèse d'une filiation Solutréen/ Salpêtrien, l'approche technologique comparée apporte une vision dynamique permettant de matérialiser cette évolution des systèmes techniques. La pointe à face plane est abandonnée, elle entraîne la disparition du schéma bipolaire non cintré et corrélativement celle de la retouche envahissante, rupture technique, sinon culturelle, majeure.

L'analyse technologique a également réaffirmé l'importance de la pointe à cran comme pièce centrale du dispositif de production lithique salpêtrien. Ainsi, le Salpêtrien ancien représente l'un des exemples les plus poussés de normalisation des supports à la fin du pléniglaciaire en Europe.

Enfin, les observations similaires réalisées sur les trois séries salpêtriennes permettent de mettre en avant l'unité typologique et technologique de cette industrie. Ces caractères évolutifs marqués confirment l'originalité de ce groupe et nous incitent à conserver pleinement l'appellation donnée par Escalon de Fonton de Salpêtrien en relativisant le qualificatif d'ancien dans la mesure où la filiation "Salpêtrien ancien" / "Salpêtrien supérieur" n'est pas prouvée. En outre, l'existence d'un éventuel "salpêtrien moyen" reste bien hypothétique. A tout prendre, l'appellation "d'Episolutréen salpêtrien" nous paraît une proposition raisonnable.

Bibliographie

BAZILE F., (1975) – Nouvelles données sur l'abri sous-roche de la Salpêtrière (Remoulins, Gard). *Bulletin de la Société Préhistorique Française*, 72: 4, p. 100.

BAZILE F., (1980) – Précisions chronologiques sur le Salpêtrien, ses relations avec le Solutréen et le Magdalénien en Languedoc Oriental. *Bulletin de la Société Préhistorique Française,* 77, p. 50-56.

BAZILE F., (1990) – Le Solutréen et l'Épisolutréen dans le sud-est de la France. In *Les industries à pointes foliacées du Paléolithique supérieur européen.* Colloque de Cracovie, Université de Liège, p. 393-423. (ERAUL; 42)

BAZILE F., (2006a) – Essai de datation absolue du site des Piles-Loins (Vauvert, Gard, France) *Bulletin de la Société Préhistorique Française,* 103: 1, p. 180-184.

BAZILE F., (2006b) – Datations du Site de Fontgrasse (Vers-Pont-du-Gard, Gard). Implications sur la phase ancienne du Magdalénien en France Méditerranéenne *Bulletin de la Société Préhistorique Française*, 103: 3, p. 597-602.

BAZILE F., BAZILE-ROBERT E., (1979) – Le Solutréen à pointes à cran de la Baume d'Oullins (Le Garn, Gard; Labastide-de-Virac, Ardèche). *Études préhistoriques*, n°15, p. 1-6.

BOCCACCIO G., (2005) – *Les industries lithiques du Solutréen supérieur et du Salpêtrien ancien en Languedoc: ruptures et continuités des traditions techniques.* Thèse de Doctorat de l'Université de Provence, Aix-Marseille I, 528 p.

COMBIER J., (1967) – *Le Paléolithique de l'Ardèche dans son cadre paléoclimatique.* Publication de l''institut préhistorique de l'Université de Bordeaux, Mémoire n°4. Delmas imp., 462 p.

COMBIER J., (1977) – Informations archéologiques: Ardèche, le gisement de la Rouvière. *Gallia Préhistoire.* Tome XX: 601-602.

ESCALON DE FONTON M., (1964) – Un nouveau faciès du Paléolithique supérieur dans la grotte de la Salpêtrière (Remoulins, Gard). *Miscelanéa en homenaje al abate Henri Breuil,* Instituto de prehistoria y arqueología, Barcelona, p. 405-421.

GENESTE J.M.; MAURY S., (1997) – Contributions of multidisciplinary experimentation to the study of upper paleolithic projectile points. in *Projectile technology. Interdisciplinary contributions to Archaeology.* Heidi Knecht (dir.), Plenum press, New York, p. 165-189.

ONORATINI G., JORIS C., (1995) – Le campement Salpêtrien de la Rouvière à Vallon Pont d'Arc (Ardèche). *Ardèche Archéologie*, n°12, p. 9-22.

SMITH P., (1966) – *Le Solutréen en France.* Publication de l'institut préhistorique de l'Université de Bordeaux, Mémoire n°5. Delmas imp. 449 p.

SACCHI D., (1986) – Le Paléolithique supérieur du Languedoc occidental et du Roussillon. *Gallia Préhistoire*, XXIème supplément, éds du CNRS, 284 p.

TYPOLOGIE *VS* TYPOLOGIE (*SIC*!)
COMMENT LA TECHNOLOGIE CONTRIBUE A RAFFINER LA TYPOLOGIE DES ARMATURES LITHIQUES

Boris VALENTIN

Université Paris 1 et UMR 7041, 3 rue Michelet 75006, valentin@univ-paris1.fr

Abstract: *This paper defends an epistemological point of view which is not much compatible with the idea that Typology and Technology are distinct analytical processes which complement each other. For a long time, Typologies for prehistoric instruments have been using technological criteria. And new Typologies in progress integrate better and better this methodology so as to produce analysis of technical choices instead of simple catalogues of shapes. For illustrating this methodological evolution, we select three case-studies concerning projectile armatures.*

Key-words: *Projectile armatures, Hunting techniques, Upper Palaeolithic, Lithic typology, Lithic technology*

Résumé: *Cet article défend une position épistémologique peu compatible avec l'idée d'une complémentarité entre typologie et technologie entendues comme deux démarches distinctes. Cela fait longtemps que les typologies d'instruments ne se passent plus de technologie. Et les nouvelles typologies en cours intègrent de mieux en mieux cette démarche afin de dépasser la stricte énumération des formes au profit d'une analyse mieux hiérarchisée des choix. C'est ce que nous illustrerons à travers trois études de cas sur des armatures de projectile.*

Mots-clefs: *Armatures, Chasse, Paléolithique récent, Typologie lithique, Technologie lithique*

> « *De toute façon,* (la typologie) *n'a pas dit son dernier mot, et en voulant aller très vite "au-delà" d'elle, on cherche peut-être à "dépasser" quelque chose que l'on n'a pas encore atteint!* ».
>
> (Bordes, 1970, p. 202)

Il fut un temps, pas si lointain, où typologie – des outils et armatures – et technologie – restreinte aux déchets et produits de taille – étaient conçues comme deux démarches parallèles aux objectifs différents. Cette conception n'a plus cours, du moins personne n'ose s'en revendiquer ouvertement; en revanche, typologie et technologie sont souvent présentées comme deux démarches *complémentaires*, chacune demeurant plutôt restreinte aux domaines d'application évoqués plus haut. Pour plusieurs raisons, nous sommes en désaccord avec cette idée consensuelle et c'est ce qu'exprime le titre un peu facétieux de cet article.

DES TYPOLOGIES PLUS OU MOINS TECHNOLOGIQUES

Notre désaccord porte d'abord sur la possibilité même de séparer typologie et technologie. Assez tôt, les classements d'instruments préhistoriques ont en effet intégré, en plus des habituels critères morphologiques, quelques descripteurs technologiques minimaux pour la définition des types voire pour leur dénomination ("burin sur troncature", "pointe à base retouchée", etc.). De plus, et cela est plus nouveau, le concept de chaîne opératoire étant d'usage courant, on sait maintenant combien les analyses sont appauvries quand l'étude déconnecte les instruments et les modes de fabrication de leur support. Depuis peu, on saisit mieux également tout ce que l'on peut gagner en étudiant minutieusement les *méthodes* de retouche de ces supports: c'est ce que nous tâcherons d'ailleurs d'illustrer plus loin à travers trois études de cas concernant des fragments d'armes de chasse, un thème sur lequel ce renouveau est particulièrement sensible. Sans oublier que c'est le progrès des études technologiques qui a permis de réviser totalement la fonction de certains objets aurignaciens, gravettiens, etc., faussement interprétés comme outils – et encore abusivement nommés "outils-nucléus" ou bien outils "nucléiformes" – alors qu'il est maintenant démontré qu'il s'agit de nucléus "en forme d'outils". En somme, et cela va à l'encontre de cette idée de complémentarité entre deux démarches distinctes, les typologies d'instruments se nourrissent depuis longtemps de technologie. Force est de reconnaître qu'elles le font de plus en plus, et de mieux en mieux.

Enfin, invoquer une complémentarité entre typologie et technologie sous-entend une équivalence méthodologique entre ces deux préoccupations, et c'est une idée que nous récusons totalement. Pour nous, bâtir des typologies (pas seulement des formes d'instrument, mais aussi des choix d'approvisionnement, des méthodes de taille, des modes de fabrication et d'utilisation des instruments) constitue l'objectif premier de nos études sur les cultures matérielles préhistoriques. "Premier", car il va de soi qu'on a besoin d'ordonner les faits techniques et sociaux en question avant de les comparer pour mieux les interpréter, car tel est évidemment l'objectif *principal.* Quant à la technologie, avec tous les perfectionnements qu'elle a connus depuis une trentaine d'années, ne se limitant plus à l'étude des modes de fabrication mais incluant aussi bien la lithologie que la tracéologie, nous la considérons comme la meilleure démarche – pour ne pas dire la seule – pour construire les typologies que requièrent les questionnements paléohistoriques et palethnologiques actuels.

Venant de notre part, ces remarques paraissant inféoder la technologie à la typologie peuvent surprendre, bien qu'elles soient fidèles aux recommandations de J. Tixier (1978, p. 70 *sqq.*) qui revendiquait lui-aussi une "*typologie technologique*". Nous allons personnellement plus loin en laissant entendre par exemple que les choix en matière de débitage peuvent faire eux-aussi l'objet de typologies, et cela pourrait presque choquer un peu. De fait, on sait bien que dans certaines "écoles", comme celle d'où nous venons, la typologie avait acquis naguère une connotation assez péjorative, se voyant accusée de produire des compte-rendus presque déshumanisés (voir par exemple Tixier (dir.), 1984). On comprend bien pourquoi, à lire les inventaires un peu "secs" auxquels aboutissaient beaucoup d'études typologiques traditionnelles. Et c'est bien cet aspect énumératif qui nous paraît le principal en cause dans le rejet de certaines formes de typologie par les promoteurs d'un renouveau de la technologie. Le caractère normatif des constructions typologiques, quelles qu'elles soient, a fini, lui-aussi, par déranger certains. Personnellement, cette visée normative ne nous gêne pas, car ce sont bien des *normes* de comportement, et au final des *valeurs* sur lesquelles nous enquêtons. Et la démarche technologique permet désormais de restituer ces règles avec toute leur subtilité et dans toute leur souplesse éventuelle, au terme donc d'une hiérarchisation attentive des choix.

La seule distinction épistémologique que nous proposons est celle qui sépare, sans que la frontière soit très nette, des typologies simplement énumératives, pas toujours bien hiérarchisées et donc peu attentives à la souplesse de certains choix, et des typologies à ambition interprétative, visant à restituer aux faits leur place dans les systèmes techniques considérés. Du reste, cette distinction vaut aussi parfaitement pour les méthodes de taille. Car trop d'études à ce sujet s'arrêtent encore à un inventaire de modalités, pour lesquelles il existe d'ailleurs des liste-type sommaires (voir la présence de produits "à crête" dans un débitage laminaire annoncé d'un ton un peu "gourmand" pour dire ...quoi?). On imagine même parfois que ces listes pourraient receler quelques fossiles-directeurs (voir "l'éperon", sans autre précision, comme signe d'identité magdalénienne; voir aussi les innombrables classements morphologiques de nucléus, hélas, encore opérationnels; voir maintenant certaines mentions insistantes à propos du percuteur de pierre tendre sans plus de précision, etc.). Si la technologie s'impose selon nous comme la démarche par excellence pour des approches systémiques autorisant le passage de l'énumération à l'interprétation, c'est qu'elle seule permet de hiérarchiser finement les choix observés, et de distinguer parmi eux normes primordiales, variantes et ...échecs (sources dans les typologies traditionnelles de quelques confusions entre objets finis et abandonnés en cours de transformation). *Hiérarchiser* les choix, voici donc le maître mot, et c'est l'objectif *plus ou moins* réussi de toute typologie archéologique. Et l'on sait bien que c'est un exercice très difficile dont la réussite dépend étroitement du raffinement à la fois de la problématique et de la méthode analytique.

RAFFINER LA TYPOLOGIE DES ARMATURES: TROIS EXEMPLES

C'est ce que nous voulons illustrer maintenant à propos des armatures qui occupent une place tellement centrale dans nos reconstitutions paléohistoriques. Leur étude passe à notre avis par de nouvelles typologies que les problématiques actuelles incitent à hiérarchiser autour de deux questions, celle de la fabrication et du fonctionnement. L'une et l'autre étant parties intégrantes des styles culturels dont nous souhaitons décrire l'évolution. Pour cette illustration, on a choisi des armatures magdaléniennes, aziliennes et natoufiennes qui ont récemment fait l'objet d'études technologiques approfondies auxquelles nous renvoyons pour le détail des démonstrations.

Microlithes magdaléniens dans le Bassin de Paris:

(Valentin, 1995; Christensen, Valentin, 2004; Valentin, 2006)

Dans le Bassin parisien, comme bien souvent, le Magdalénien du XIIIe millénaire av. J.-C. est connu pour sa richesse en lamelles à dos (ou plutôt "à bord abattu", c'est le terme que nous préférons car la technologie montre que c'est le rétrécissement des supports par la retouche ou bien leur rectification qui constituaient l'objectif plutôt que la fabrication d'un véritable "dos"). Cinq catégories de la liste-type du Paléolithique supérieur ont été utilisées pour inventorier ces microlithes abondants, et ces distinctions n'ont servi finalement qu'à souligner la relative abondance des lamelles à retouche inverse dans certains assemblages, et leur absence dans d'autres (Schmider, 1984). Pour le reste, tous ces microlithes ont surtout été traités globalement, en mettant l'accent sur leur proportion fluctuante d'un site à l'autre, sans se prononcer sur la signification de cette fluctuation (Bosselin et Djindjian, 1988, p. 327) ou bien en l'interprétant comme le reflet d'une intensité variable des activités de chasse (voir par exemple Julien, 1989, p. 182). En bref, les lamelles à bord abattu ont été considérées pendant longtemps comme une catégorie assez monotone.

Or cette uniformité apparente a été contredite par nos premières observations sur la séquence polyphasée de Pincevent (fig. 9.1). Approfondissant quelques remarques préliminaires de M. Brézillon (1972, p. 58) sur la morphométrie de ces microlithes, nos observations révèlent deux types de distribution à Pincevent. Les microlithes sont toujours fins, quel que soit le niveau d'occupation, mais ils se distinguent en revanche nettement par leur largeur après retouche: ceux des niveaux anciens sont constamment étroits ("distribution 1"), tandis que ceux des occupations récentes ont une largeur beaucoup plus variable et en moyenne plus élevée ("distribution 2"). Ces différences subtiles – car proportionnelles à

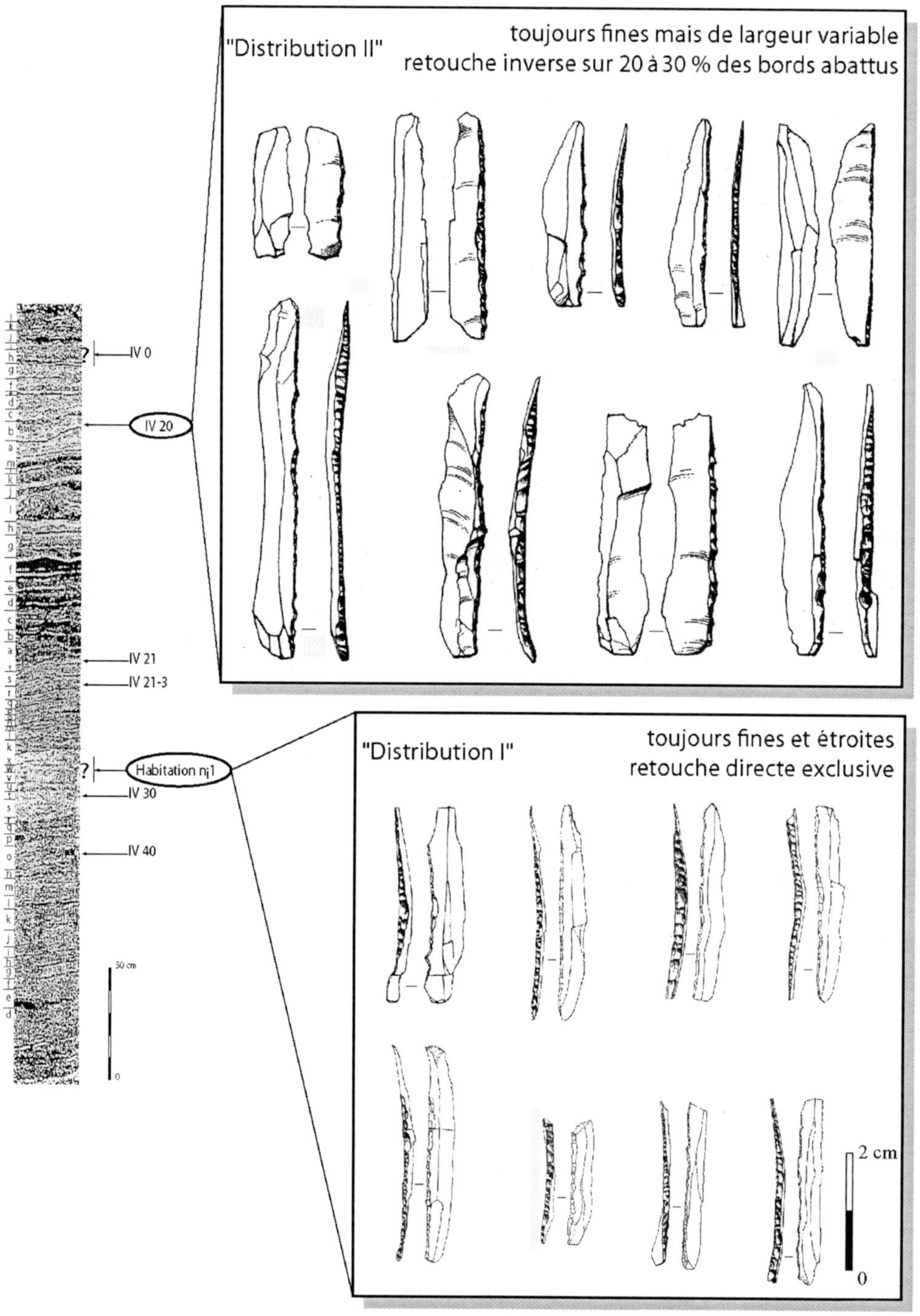

Fig. 9.1 – Les lamelles à bord abattu dans la séquence magdalénienne de Pincevent (Seine-et-Marne, France). Stratigraphie d'après M. Orliac; microlithes d'après R. Humbert

ces tous petits objets – reflètent certainement un changement dans le mode de montage de ces armatures latérales coupantes sur les pointes de sagaie, voire une transformation de ces pointes elles-mêmes (malheureusement, on ne connaît à Pincevent que celles des niveaux récents). Sans doute en rapport avec cette évolution du mode de montage (qu'il faudrait maintenant reconstituer par des études tracéologiques *ad hoc*), on note des changements du mode de retouche: lamelles étroites des niveaux anciens modifiées par une retouche exclusivement directe et peu soignée; lamelles des niveaux récents aménagées par une retouche plus régulière et parfois *inverse* (sans doute pour rectifier des profils un peu arqués qui, *a contrario*, ne gênaient pas les Magdaléniens des niveaux plus anciens).

Enfin, et l'observation donne tout leur poids aux différences dimensionnelles, ces contrastes relatifs aux objets finis correspondent à des méthodes nettement différenciées de production des supports (choisies de façon à

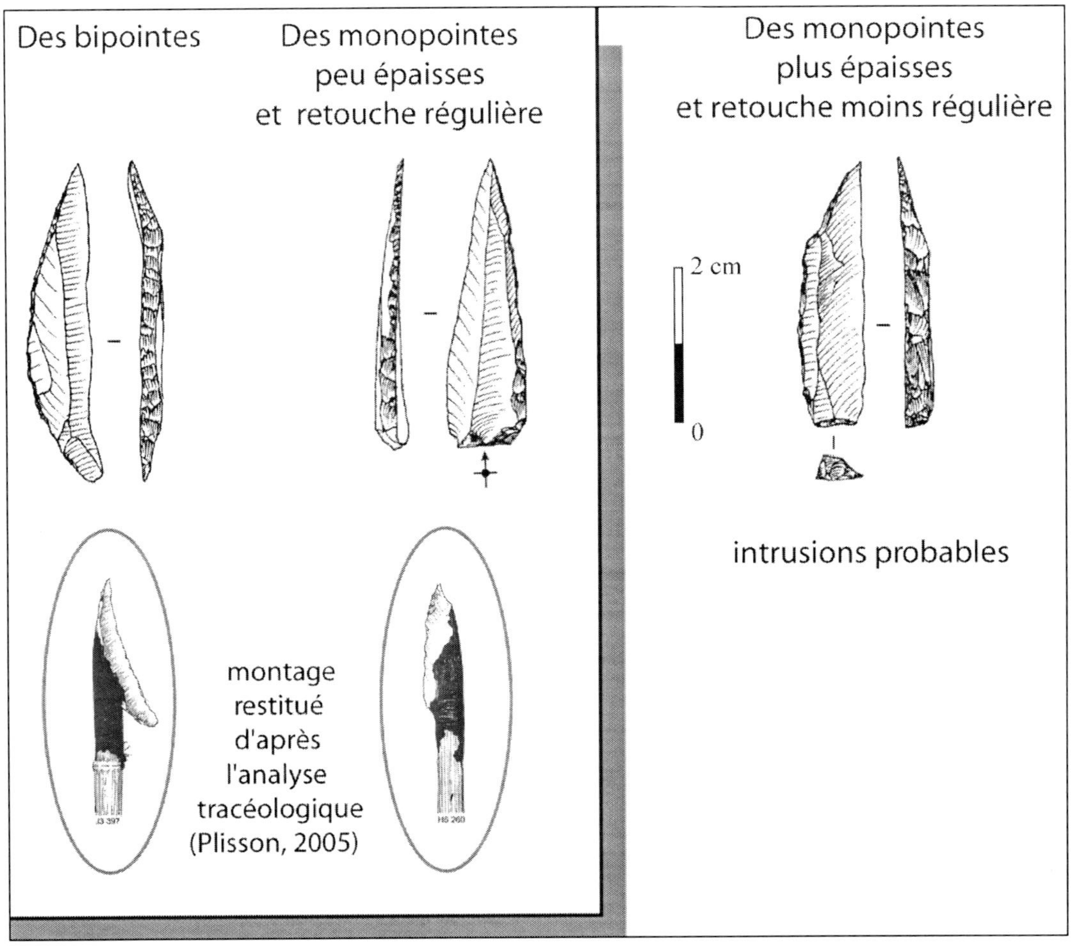

Fig. 9.2 – Types de pointes à dos dans l'Azilien ancien du Bois-Ragot (Vienne, France). Dessins d'après J. Airvaux

extraire des lamelles déjà proches du gabarit final avant retouche). Sur les niveaux profonds, les tailleurs ont délibérément privilégié l'exploitation de surfaces lamellaires particulièrement *étroites*, ce qui les a souvent conduit à choisir comme nucléus des gélifracts et des éclats (Valentin, 1995, p. 422-424). Sur les occupations récentes, les tailleurs ont négligé les volumes naturellement étroits pour les productions lamellaires, et ils ont veillé à *élargir* soigneusement les surfaces d'exploitation en cours de débitage par une progression "semi-tournante". Les méthodes lamellaires sont donc fortement contrastées au point d'aboutir dans les niveaux profonds de Pincevent à une *disjonction* nette entre production lamellaire (plutôt sur gélifracts ou sur éclats) et production laminaire (sur blocs), tandis que sur les niveaux récents, lamelles et lames sont fréquemment produites sur les mêmes blocs. Impossible par conséquent de voir dans ces contrastes, qui distinguent *globalement* les assemblages, la traduction d'options purement idiosyncrasiques. Difficile également, puisque les contrastes portent sur des objets au fonctionnement analogue, de les interpréter comme des choix saisonniers (d'ailleurs, au sommet de la séquence, les microlithes des niveaux IV20 et IV0 sont identiques alors qu'ils ont été utilisés à des saisons différentes, respectivement à l'automne et en hiver).

Ajoutons que des corrélations satisfaisantes ont été proposées entre chacun des moments de cette évolution et des assemblages provenant d'autres sites magdaléniens de la région. Précisons enfin qu'on a pu identifier sur le niveau Q31 d'Étiolles, un des plus récents de cette autre séquence polyphasée, un troisième type de distribution pour le moment inconnu ailleurs dans le Bassin parisien (Christensen, Valentin, 2004). En Q31, où il existe aussi quelques triangles scalènes ayant fonctionné comme armatures apicales, les lamelles à bord abattu ont des largeurs et des *épaisseurs* variables et elles parfois été fabriquées sur de vraies petites *lames* intentionnellement fracturées. Les troncatures portées par certaines correspondent alors peut-être à la rectification des surfaces de fracture volontaire, sachant que les artisans ont été particulièrement attentifs à la parfaite régularité de tous les bords de ces microlithes (c'est ce qu'atteste l'usage de la pression pour l'abattage et pour une retouche discrète du tranchant destinée à l'aligner parfaitement).

Pour ces microlithes magdaléniens, et à cette étape d'études encore très incomplètes (il reste à modéliser ce que toutes ces différences signifient en termes de fonctionnement: Pétillon, 2006), on peut déjà mesurer ce que la démarche technologique apporte en comparaison

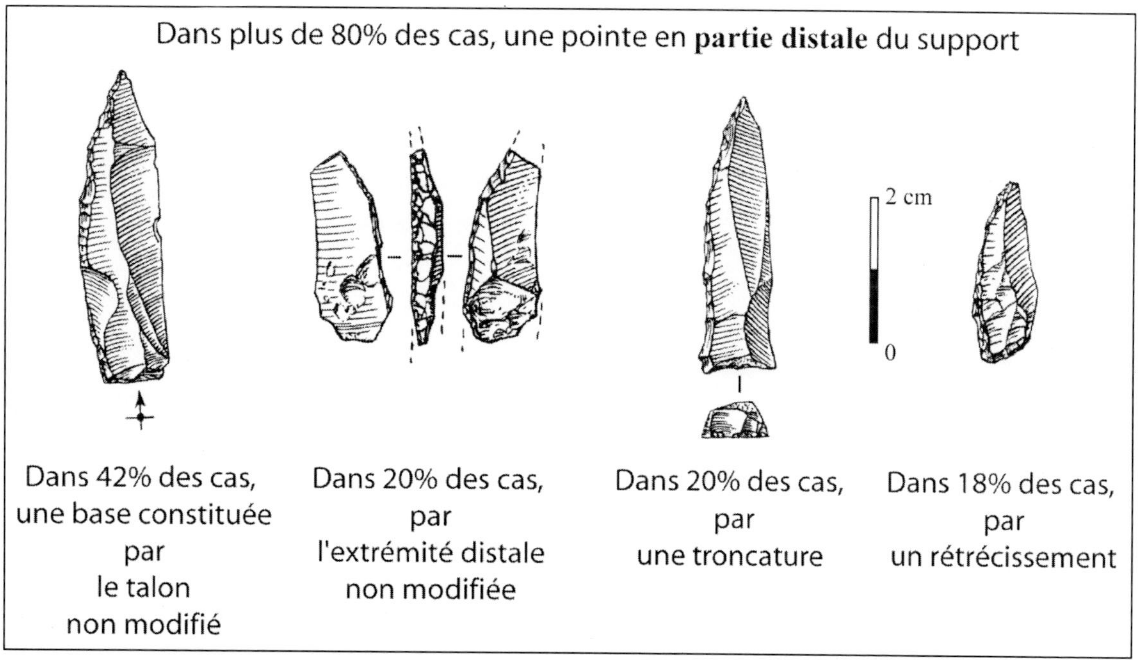

Fig. 9.3 – Norme et variabilité pour les monopointes typiques de l'Azilien récent du Bois-Ragot (Vienne, France). Dessins d'après P. Laurent

d'une typologie traditionnelle mal outillée pour discerner la diversité des solutions sous l'apparente uniformité des morphologies *générales*.

Pointes aziliennes du Bois-Ragot (Vienne, France):
(Plisson, 2005; Valentin, 2005)

Pour chacune des deux couches aziliennes de cette séquence, cette même démarche technologique permet d'ordonner la variabilité – plus prononcée en apparence qu'en réalité – d'armatures souvent interprétées comme des extrémités de flèches. Plus facilement que pour les lamelles à bord abattu, on peut suivre les différentes étapes de leur fabrication, en bref reconstituer leur méthode de retouche. Cette reconstitution, couplée à une analyse du mode de fonctionnement, permet d'éclaircir l'évolution des armes entre les deux couches alors qu'elle est un peu brouillée par une taphonomie complexe particulière aux milieux karstiques.

Sans surprise pour de l'Azilien ancien, les armatures majoritaires dans la couche 4 du Bois-Ragot ont la forme de grands "segments de cercle" (fig. 9.2). L'étude tracéologique permet de valider une hypothèse ancienne sur le fonctionnement de ces bipointes qui étaient à la fois perçantes et dilacérantes. Dans la même couche, il existe aussi des monopointes uniquement perçantes. Malgré un fonctionnement différent, la moitié de ces pièces ont des silhouettes normalisées et s'apparentent beaucoup aux bipointes par la méthode de retouche, en particulier par son soin. L'autre moitié a fonctionné pareillement (principalement par perforation), mais se rapproche nettement des monopointes typiques de l'Azilien récent contenues dans la couche 3 sus-jacente (*cf. infra*). Pour expliquer ces similitudes partielles, on retient l'hypothèse parcimonieuse, corroborée par des vérifications altimétriques, de mélanges post-dépositionnels.

Les mêmes phénomènes expliquent aussi la présence de quelques bipointes dans l'Azilien récent, alors que les armatures dominantes dans cette couche sont des monopointes à retouche beaucoup moins soignée (fig. 9.3). Leurs silhouettes sont assez variées et une approche typologique traditionnelle les subdiviserait volontiers en types assez nombreux comme ceux qui ont été distingués à Pont d'Ambon par G. Célérier (1993). En définitive, on discerne en reconstituant leur méthode de retouche quelques normes répétitives et assez strictes concernant l'apex (son acuité, son placement en partie distale du support, son alignement sur l'axe de symétrie de l'objet). Le traitement de la base est beaucoup plus variable, ce qui est sans doute en rapport avec un mode d'emmanchement qui tolérait – ou requerrait – un peu de "bricolage". La silhouette générale (triangulaire ou fusiforme) est également assez variée, comme l'est aussi la délinéation du dos. Il arrive par exemple que cette délinéation soit légèrement anguleuse, mais il ne s'agit alors que d'un l'héritage discret du détourage initial, celui-ci consistant en un appointage par troncature oblique, complété par l'abattage de la portion restante de bord. Ces délinéations parfois anguleuses sont donc anecdotiques (et surtout prononcées sur quelques pièces abandonnées en cours de fabrication). Il est donc très aventureux, à notre avis, de considérer ces aspects comme des indices de filiation avec les pointes à dos franchement "brisé" du Magdalénien (voir notamment Thévenin, 1997, p. 403). Cette hypothèse de filiation est en fait un curieux anachronisme recherchant les prolongements du Magdalénien au moins

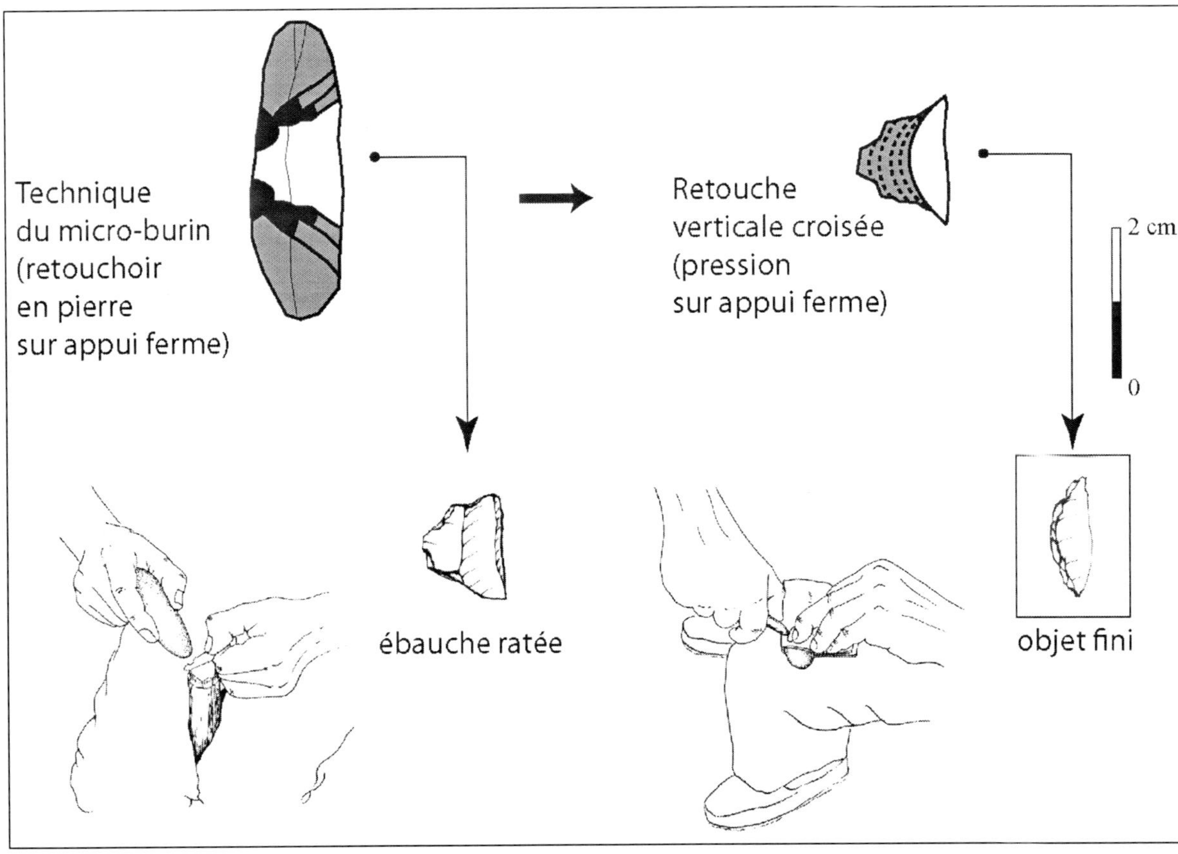

Fig. 9.4 – Méthode de retouche des segments du Natoufien final à Mallaha (Israël). Microlithes d'après L. Ziegler; gestes de retouche d'après D. Molez

cinq siècles plus tard dans l'Azilien *récent*, abstraction faite de la phase ancienne, abstraction surtout d'un fort risque de convergences, d'ailleurs en partie *accidentelles*au sens strict.

Sur ce point en particulier, on voit que la démarche technologique sert aussi à critiquer quelques surinterprétations contre lesquelles prémunissent mal des typologies parfois très attentives aux détails morphologiques, mais souvent un peu démunies pour évaluer leur niveau d'intentionnalité.

Microlithes natoufiens à Mallaha (Israël):
(Marder *et al.*, 2006)

Reste que certaines approches morphodimensionnelles traditionnelles, parce que très rigoureuses, ont déjà révélé l'essentiel. C'est le cas par exemple pour les petits segments de cercle (*lunates*) du Natoufien, sur lesquels le principal a été écrit (Valla, 1984): entre le Natoufien ancien du XIIIe millénaire av. J.-C. et le Natoufien final du Xe, on observe à la fois une modification notable des aspects de retouche et une très nette *hypermicrolithisation*.

En approfondissant récemment l'analyse de ces deux évolutions à Mallaha, on s'est aperçu qu'elles étaient très étroitement liées. Puisqu'il n'y a pas d'évolution du débitage vers une production microlamellaire – les supports ne changent pas, preuve d'une inertie remarquable -, les artisans du Natoufien final ont été obligés pour fabriquer leurs minuscules segments d'utiliser une méthode de retouche en deux étapes: ébauchage au retouchoir de pierre avec recours à la technique du microburin (étape dont résultent des pièces ratées en forme de "triangles"), puis finition à la pression sur appui (fig. 9.4). Cette méthode implique donc plusieurs instruments de retouche, un travail en position nécessairement assise étant donné l'usage de petites enclumes et un soin tout particulier pour limiter les risques (fractures au moment de l'ébauchage notamment). Au total, les artisans du Natoufien final se sont donnés plus de mal que ceux du Natoufien ancien qui pratiquaient une méthode très simple (fig. 9.5) faite de deux ou trois séries de retouche avec changement de face pour obtenir des bords constamment fins, bifaciaux ou alternants (retouche "Helwan"). Toute notre étude montre qu'à supports équivalents et à fonctionnement analogue (mêmes traces d'impact), c'est bien l'hypermicrolithisation qui est la cause des complications propres au Natoufien final. En donnant toute son importance dans la hiérarchie des choix à cette tendance évolutive, l'analyse technologique indique que c'est cette tendance évolutive qu'il faut maintenant comprendre: quel avantage particulier ont pu offrir ces minuscules armatures au vu des tactiques de chasse, pour justifier un tel changement dans les modes de fabrication?

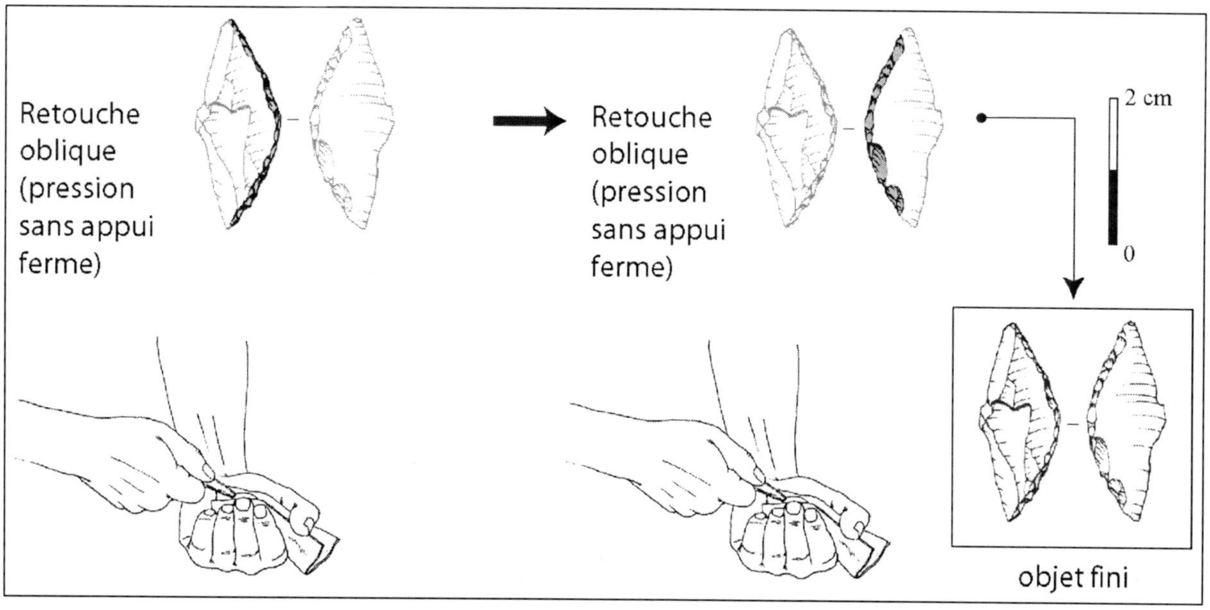

Fig. 9.5 – Méthode de retouche des segments du Natoufien ancien à Mallaha (Israël). Microlithes d'après D. Ladiray; gestes de retouche d'après D. Molez

PERSPECTIVES

Avec ces nouvelles tentatives de "typologie technologique" sur des armatures, on voit que ce ne sont pas les échelles d'observation qui changent mais la façon dont on les manie. Les silhouettes globales retiennent toujours l'attention, et les petits détails tout autant, à condition que ces détails soient révélateurs d'un mode de fonctionnement ou de montage spécifique ou qu'ils reflètent une méthode particulière de fabrication et son degré de soin. Et ces particularités dans les méthodes de retouche – ou même de production des supports – permettent d'apprécier l'exacte importance que les artisans prêtaient à l'aspect général de l'objet fini, et éventuellement à certains aspects de détail pour autant qu'ils soient volontaires.

Ainsi, ce thème de l'armement constitue en ce moment un merveilleux "laboratoire" pour une généralisation de la démarche technologique qui appelle bien d'autres études encore, notamment sur les outils. Typologie *versus* technologie: cette ancienne dichotomie mérite de s'effacer au profit d'une véritable palethnologie de la culture matérielle cherchant à restituer quelques liens entre les rares composantes préservées et aujourd'hui disjointes des systèmes techniques préhistoriques. C'est une des conditions essentielles pour réussir le seul possible et nécessaire "dépassement" (voir la citation de F. Bordes en exergue), celui des simples énumérations d'objets sans véritables moyens pour comprendre la logique de leur association.

Bibliographie

BORDES, F. (1970) – Réflexions sur l'outil préhistorique. *Bulletin de la Société préhistorique française*. T. 67, 7, p. 199-202.

BOSSELIN, B.; DJINDJIAN, F. (1988) – Un essai de structuration du Magdalénien français à partir de l'outillage lithique. *Bulletin de la Société préhistorique française*. T. 85, 10-12, p. 304-311.

BRÉZILLON, M. (1972) – Outillage lithique. In LEROI-GOURHAN, A.; BREZILLON, M. 1972 – *Fouilles de Pincevent: essai d'analyse ethnographique d'un habitat magdalénien (la section 36)*. Paris: CNRS Éditions (Suppl. à Gallia Préhistoire, VII), p. 23-72.

CÉLÉRIER, G. dir. 1993 – L'abri sous-roche de Pont-d'Ambon à Bourdeilles (Dordogne). I: Technologie de l'outillage lithique taillé; II: Inventaire et typométrie des pointes aziliennes. *Gallia-Préhistoire*. T. 35, p. 1-98.

CHRISTENSEN, M.; VALENTIN, B. (2004) – Armatures de projectiles et outils: de la production à l'abandon. In PIGEOT, N. dir. – *Les derniers Magdaléniens d'Étiolles. Perspectives culturelles et paléohistoriques*. Paris: CNRS Éditions (Suppl. à Gallia-Préhistoire, XXXVII), p. 107-160.

JULIEN, M. (1989) – Activités saisonnières et déplacements des Magdaléniens dans le Bassin parisien. In RIGAUD, J.-Ph. éd. – *Le Magdalénien en Europe. La structuration du Magdalénien. Actes du colloque international de Mayence, 1987*. Liège: ERAUL, 38, p. 177-191.

MARDER, O.; VALENTIN, B.; VALLA, F.; PELEGRIN, J. (2006) – Reconstructing microliths shaping: archaeological and experimental observations about Early and Final Natufian lunates at Eynan (Ain Mallaha), Israel. *Eurasian Prehistory*. 4 (1-2), p. 105-163.

PÉTILLON, J.-M. (2006) – Projet de session de tir expérimental. In VALENTIN, B. dir. – *Habitats et peuplements tardiglaciaires du Bassin parisien, rapport de Projet collectif de recherche*, Nanterre/ Saint-Denis, UMR 7041/SRA d'Ile-de-France, p. 17-21.

PLISSON, H. (2005) – Examen tracéologique des pointes aziliennes du Bois-Ragot. In CHOLLET, A.; DUJARDIN, V. (coord.) – *La Grotte du Bois-Ragot à Gouex (Vienne), Magdalénien et Azilien, Essais sur les hommes et leur environnement.* Paris: éd. de la Société préhistorique française (Mémoire de la Société préhistorique française, XXXVIII), p. 183-189.

SCHMIDER, B. (1984 rééd.) – *Les industries lithiques du Paléolithique supérieur en Ile-de-France*. Paris: CNRS Editions (Suppl. à *Gallia Préhistoire*, VI, 2ème édition), 245 p.

THEVENIN, A. (1997) – L'Azilien et les cultures à pointes à dos courbe: esquisse géographique et chronologique. In *Bulletin de la Société préhistorique française*. T. 94, n°3, p. 393-411.

TIXIER, J. (1978) – *Notice sur les travaux scientifiques présentée en vue du grade de docteur ès lettres*. Paris. Université Paris X. Ex. multigraph., 119 p.

TIXIER, J. dir. (1984) – *Préhistoire et technologie lithique, Actes des journées du 11-13 mai 1979*. Paris: CNRS (Centre régional de publication de Sophia-Antipolis), 59 p.

VALENTIN, B. (1995) – *Les groupes humains et leurs traditions au Tardiglaciaire dans le Bassin Parisien. Apports de la technologie lithique comparée*. Thèse de Doctorat. Paris: université Paris I. Ex. multigraph. 3 vol., 834 p.

VALENTIN, B. (2005) – La fabrication des armatures et des outils en silex des couches aziliennes 3 et 4. In CHOLLET, A.; DUJARDIN, V. (coord.) – *La Grotte du Bois-Ragot à Gouex (Vienne), Magdalénien et Azilien, Essais sur les hommes et leur environnement.* Paris: éd. de la Société préhistorique française (Mémoire de la Société préhistorique française, XXXVIII), p. 89-182.

VALENTIN, B. (2006) – Armatures et outils en silex, un équipement particulièrement abondant et usé qui reflète les normes des niveaux récents de Pincevent". IN BODU P., JULIEN, M.; VALENTIN, B.; DEBOUT, G. coord. – Un dernier hiver à Pincevent: les Magdaléniens du niveau IV-0. *Gallia-Préhistoire*, t. 48, p. 65-79.

VALLA F. (1984) – *Les industries de silex de Mallaha (Eynan) et du Natoufien dans le Levant*. Paris: Association Paléorient, 329 p.

WHICH BLANKS FOR WHICH TOOLS? TECHNO-TYPOLOGICAL ANALYSES OF THE SAUVETERRIAN INDUSTRY AT GALGENBUHEL (ITALY)

Ursula WIERER
Università degli Studi di Siena (I), Dip. Scienze Ambientali "G. Sarfatti", Sez. Ecologia Preistorica
mimmurs@hotmail.com

Abstract: *The study of the Sauveterrian lithic assemblages from the Galgenbühel/Dos de la Forca site (Salurn/Salorno, South Tyrol, Italy), situated in the bottom of the Adige River valley, concerns typological and technological analysis. The author investigates the choice of blanks used for producing different tool categories. Preliminary results suggest a strong selection of thin and elongated blanks for the production of backed tools, whilst a considerable part of the common tools derives from core preparation and maintenance processes. Three reduction sequences for blade production are recognized.*
Keywords: *Early Mesolithic, backed tools, common tools, microburins, reduction sequences*

Résumé: *L'étude des complexes sauveterriens du site de Galgenbühel/Dos de la Forca (Salurn/Salorno, Haute Adige, Italie), localisé au fond de la vallée du fleuve Adige, a eu comme propos l'analyse typologique et technologiques. La question sur quels supports ont été employés pour produire différentes catégories d'outils est abordée. On observe une forte sélection des supports minces et allongés pour la production des outils à dos, tandis qu'une partie considérable de l'outillage commun provient des procédés de préparation et de remise en forme des nucléus. Ont été reconnues trois différentes séquences de réduction pour la production de lames.*
Mots clés: *Mésolithique Ancien, outils à dos, outillage commun, microburins, séquences de réduction*

INTRODUCTION

The mesolithic site of Galgenbühel/Dos de la Forca (Province of Bolzano, Italy, Southern Alps) is a small rockshelter located in the bottom of the Adige River valley, near Salurn/Salorno, at 225 m a.s.l., in the foot of a steep rocky face (Fig. 10.1). The archaeological deposit was excavated between 1999 and 2002 by the Bolzano Archaeological Heritage Office, during four excavation seasons, and, in collaboration with M. Bazzanella and U. Wierer (Bazzanella *et all*, 2004).

The stratigraphic excavation was carried out on a surface between 4 and 18 square meters. Sediments were totally wet sieved by 1 mm meshes, so that all finds, including flint artefacts, could be collected.

Several anthropic levels were identified, which form a stratigraphic series of approximately 2,5 m deep (before reaching the sterile soil) (Fig. 10.2). Human occupation levels, characterized by abundant burning evidence, intercalate with natural sedimentation layers, showing a repeated use of the site by hunter-gatherer communities.

Typo-technological aspects of the lithic assemblage, along with ^{14}C AMS dates carried out on burnt charcoal by ETH of Zurich, indicate the occupation of the shelter by Sauveterrian groups during the Early Mesolithic, during the second half of the 9th and the first half of the 8th millennium cal. BC (see Fig. 10.2). In order to grasp possible changes in the archaeological sequence, the stratigraphic units have been assembled into 5 different occupation phases.

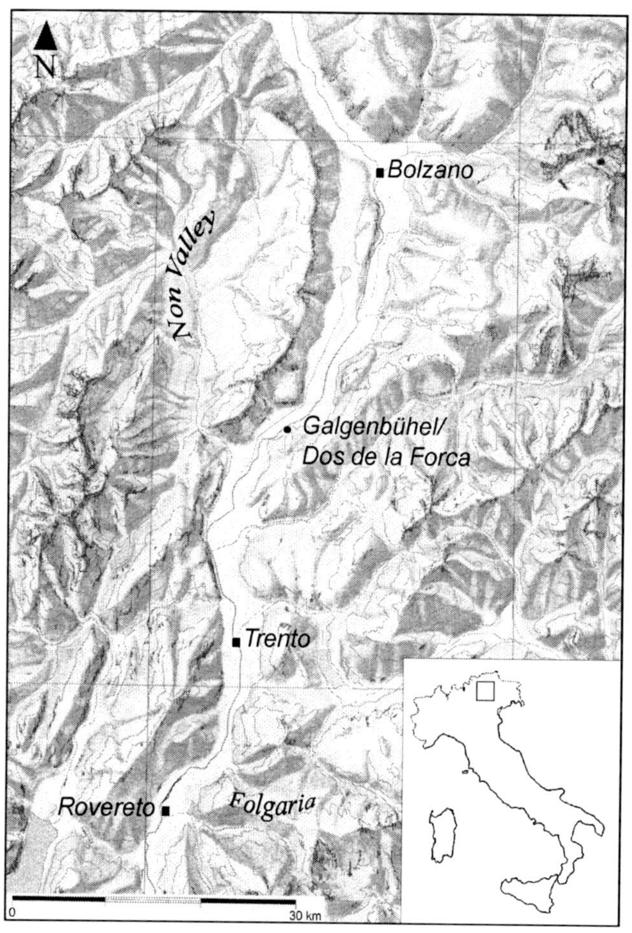

Fig. 10.1 – Location of Galgenbühel in the bottom of the Adige River valley

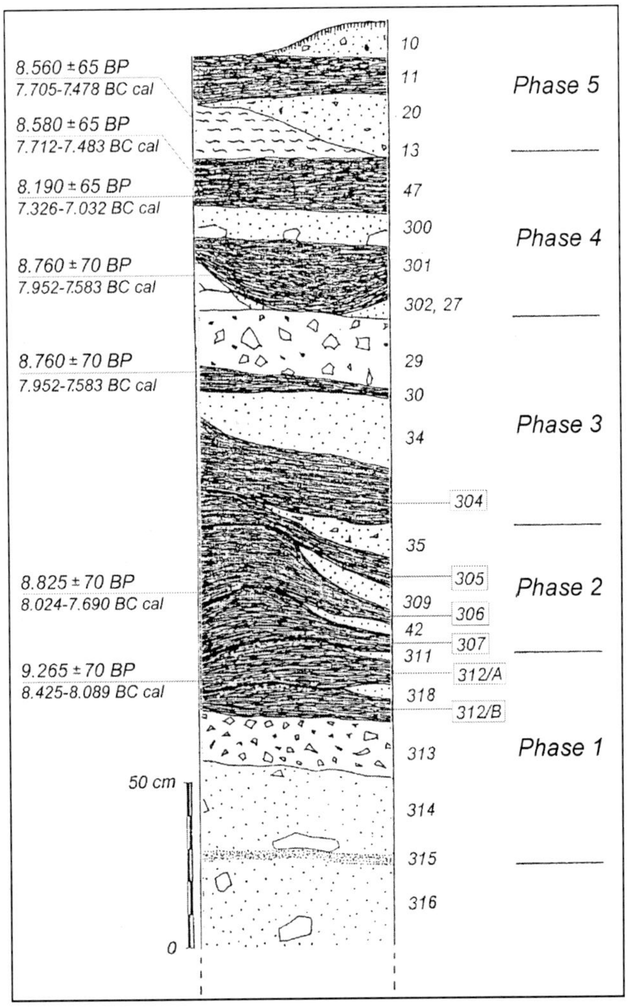

Fig. 10.2 – Stratigraphic sequence and absolute dating (BP ^{14}C; BC cal., ETH Zürich)

The particularity of the site lies in the exploitation of a wide variety of fauna, which includes numerous animals of aquatic environment, mainly fish (cyprinids and pike), but also beaver, otter, pond turtles and freshwater molluscs (Bazzanella *et all*, 2004; Bazzanella *et all*, 2007; Wierer & Boscato, 2006).

AIMS

This preliminary study intends to integrate results from both technological and typological analyses. The analyses focus on such is the retouched artefacts as the end-products of the *chaîne operatoire*. The main aim of the paper is to examine the choice of blank types used for the production of different tool categories, also suggesting the reconstruction of some core reduction sequences. To this aim, microburins and residual cores with refittings provide important data, but also analysis of size and technological features of the implements themselves. Diachronic changes regarding lithic production within the stratigraphic sequence were not considered in detail. Functional analysis is in progress.

TYPO-TECHNOLOGICAL ASPECTS OF THE LITHIC INDUSTRY

Raw material

As far as raw material is concerned, the lithic industry is made of flint. Phase 4 was studied by Stefano Bertola (University of Ferrara) in order to establish flint-provenance and modalities of collection and transport (Bertola *et all*, 2006). According to macro and microscopic examination of different flint types on texture, colour and micropalaeontological content, all of them belong to the cretaceous formations of the Trento Basin. Two areas of provenance have been recognized: the Non Valley, with its flint outcrops at a distance of approximately 10 km and, with a high probability, the Plateau of Folgaria, located about 40 km further South (see Fig. 10.1).

The raw material used at Galgenbühel presents a fine texture, but it displays frequent tectonic and frost fractures. This fact was certainly responsible for the premature abandonment of several cores due to breakage during the flaking process. These natural fractures, however, provided also advantages for the knapping process: they are used as striking platforms, which reduces the core preparation phases.

Typology and cultural attribution

Typological analysis of retouched tools was made according to Georges Laplace's Analytical Typology (Laplace, 1964). The identified tool groups can be observed in table 10.1.

A distinctive trait of Sauveterrian industries is the high number of backed tools (groups 5–10), their variety and standardization. Whereas the two latter characteristics can be observed also at Galgenbühel, the former is not displayed, as the percentages between 16% and 43% are substantially different from those of contemporaneous industries in the Southern Alps, which usually present values for armatures (more or less comparable with the backed tools of Laplace's typology) between 60% and 70% (Broglio & Kozlowski, 1983; Lanzinger, 1985). Therefore, most of the retouched artefacts at Galgenbühel belong to the "non-backed" tool-groups.

The typological structure, together with the characteristics of geometric pieces, backed points and truncated backed pieces, allow an attribution to the middle Sauveterrian, in accordance with the available ^{14}C dates (Wierer, 2007).

Typology and size of retouched artefacts

The "non-backed" implements, in other typologies called "common tools" (Broglio, Kozlowski 1983), are mostly represented by tool groups that are considered as multi-purpose instruments. Denticulates and scrapers are very numerous; abruptly retouched and truncated pieces are also quite frequent. Among the denticulates more than a

Tab. 10.1 – Tool groups in the different assemblages at Galgenbühel

Typological Groups (Laplace, 1964)	**Phase 1**		**Phase 2**		**Phase 3**		**Phase 4**		**Phase 5**	**Total**	
	Nr.	**%**	**Nr.**	**%**	**Nr.**	**%**	**Nr.**	**%**	**Nr.**	**Nr.**	**%**
1. Burins	5	1,1	6	3,1	4	3,1	3	1,9	–	**18**	1,8
2. Endscrapers	8	1,7	11	5,7	11	8,5	14	9,0	5	**49**	5,0
3. Truncated pieces	45	9,7	13	6,7	14	10,8	17	10,9	4	**93**	9,5
4. Beaks	4	0,9	-	-	2	1,6	3	1,9	1	**10**	1
5. Backed points	31	6,7	8	4,1	8	6,2	6	3,8	2	**55**	5,6
6. Backed blades	14	3,0	3	1,6	1	0,8	5	3,2	–	**23**	2,3
7. Backed pieces with truncation	21	4,6	1	0,5	2	1,6	14	9	5	**43**	4,4
8. Geometric pieces	59	12,8	7	3,6	–	–	12	7,7	2	**80**	8,2
9. Fr.of backed p.s with truncation/geometric p.s	10	2,2	1	0,5	3	2,3	1	0,6	2	**17**	1,7
10. Fr.of backed p.s	63	13,7	15	7,8	7	5,4	24	15,4	6	**115**	11,7
11. Points	2	0,4	2	1,0	1	0,8	-	-	1	**6**	0,6
12. Scrapers (long, short, fr.)	54	11,7	26	13,5	23	17,8	10	6,4	4	**117**	11,9
13. Abrupt retouched pieces	40	8,7	33	17,1	8	6,2	10	6,4	4	**95**	9,7
14. Denticulates	103	22,3	62	32,1	43	33,3	34	21,8	6	**248**	25,2
15. Splintered pieces	2	0,4	5	2,6	2	1,6	3	1,9	2	**14**	1,4
16. Miscellaneous	1	0,2	-	-	-	-	-	-	-	**1**	0,1
Total	**462**		**193**		**129**		**156**		**44**	**984**	
% Backed tools		43,0		18,1		16,3		39,7		33,8	

half are notches, followed by denticulated scrapers. Though scrapers are mostly short, long types are also represented. Among the mentioned tool groups one cannot exclude that in some cases the retouch was not intentional but caused by the use of the blanks[1]. More specialized tools, such as endscrapers, burins and beaks, are always scarce. The low incidence of endscrapers is unusual for a Sauveterrian site, as in contemporaneous assemblages they generally form the most numerous group among the common instruments.

Phases 1 and 4 were chosen to study tool size patterns. Diagrams show that common tools concentrate within a length of 30 mm and that they rarely exceed 40 mm (Fig. 10.3, Graphs 1 and 2). There is an increase in tool size along the series: phase 1: 20,6mm, phase 2: 25,5 mm, phase 3: 28,1 mm, phase 4: 25,4 mm and phase 5: 21,7 mm of average length.

Entire tools display a low blade index[2] with values of 16% in phase 1 and 20% in phase 4 (respectively 20% and 21,5% considering also the fragmented implements, see Table 10.2). Thickness of the majority of the artefacts falls within 6 mm (see Fig. 10.3, Graph 5). There is a clear difference between phases 1 and 4: in the latter blanks are clearly thicker, most probably in proportion to their greater average length.

Tab. 10.2 – Blade index among common and backed tools

% tools with length ≥ 2 width	**Phase 1**	**Phase 4**
among entire common tools	16%	20%
among all common tools	20%	22%
Total number of common tools	**261**	**94**
among entire backed tools	75%	73%
among all backed tools	66%	68%
Total number of backed tools	**198**	**62**

Backed tools are mainly composed of geometric pieces (triangles and scarce segments), backed points and backed pieces with truncation, besides many fragments (Fig. 10.4).

These tools show the following typological evolution which is characteristic for the middle Sauveterrian documented in Southern Alps. Among the triangles – which at Galgenbühel are mostly long – isosceles and

[1] Unretouched artefacts with evident macroscopic use-wear are not considered in this paper.

[2] "Blades" are considered all artefacts the length of which is at least double the width. No distinction between "blade" and "bladelet" is made in this paper.

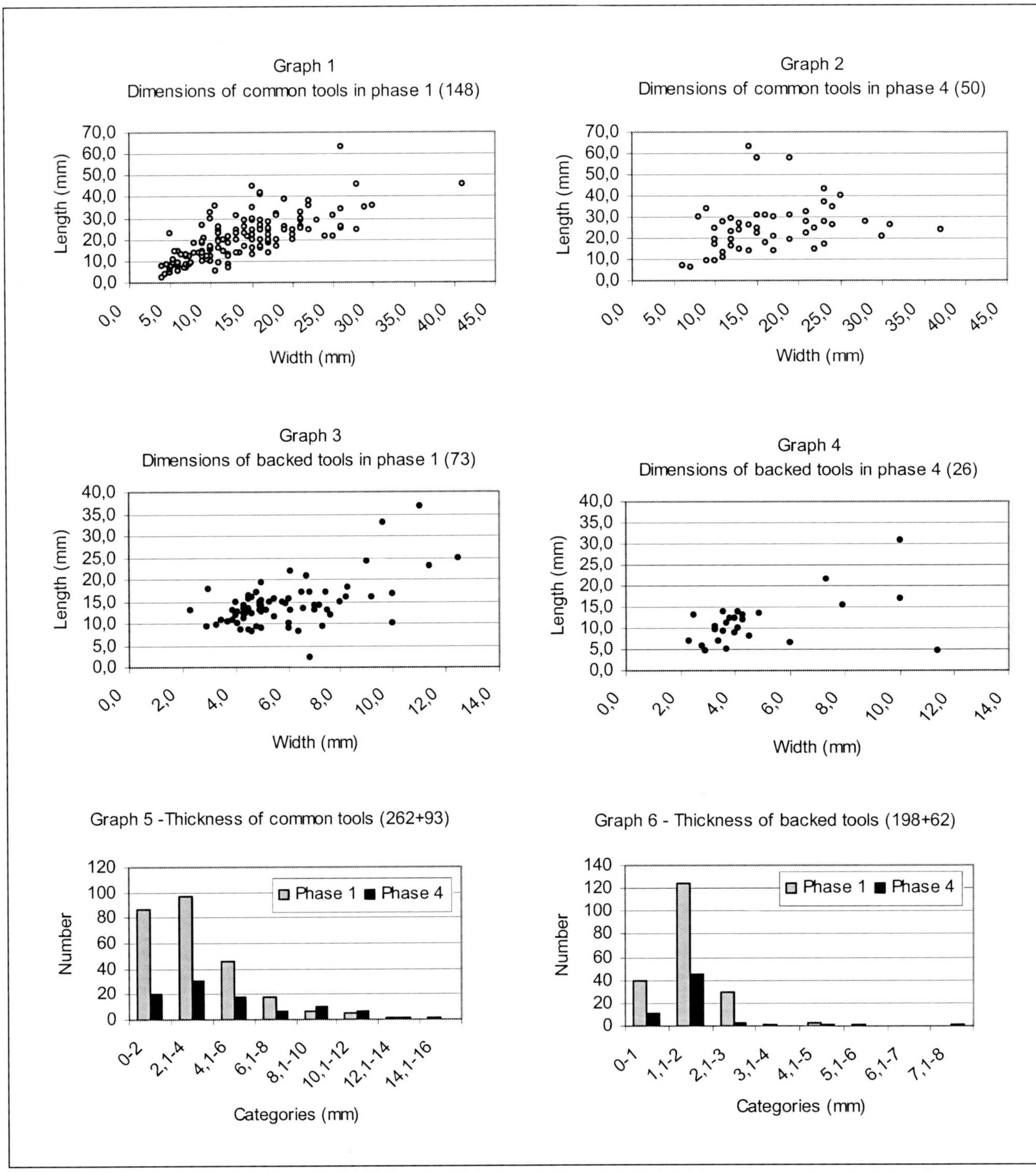

Fig. 10.3 – Dimensions of common tools and backed tools from phases 1 and 4

scalene types with long base[3] predominate in phase 1 (see Fig. 10.4, 19-25). During phases 2 and 3, triangles are scarce or even absent. In phases 4 and 5 they become mostly scalene with a short base (see Fig. 10.4, 8, 10). In addition to that, these two latter phases include several backed points with truncation (5) (Fig. 10.4, 6-7), morphologically similar to the scalene triangles with short base. Long bilateral and spindle-shaped backed points ("*point de Sauveterre*", G.E.E.M., 1972), sometimes with two tips, are common in phases 1, 2 and 3, becoming nearly absent in phases 4 and 5 (see Fig. 10.4, 1-2, 11-12). Short and large bilateral backed points appear sporadically only in phase 1.

Size evolution is recognisable among backed tools as they become smaller with phase 4 and 5. In phase 1 the highest tool concentration is within 20x8 mm for length and

[3] For classes of triangles see Broglio, Kozlowski 1983, p. 115-116, fig. 21. For the definition of "isosceles" and "scalene" see G.E.E.M. 1969, p. 357, fig. 1.

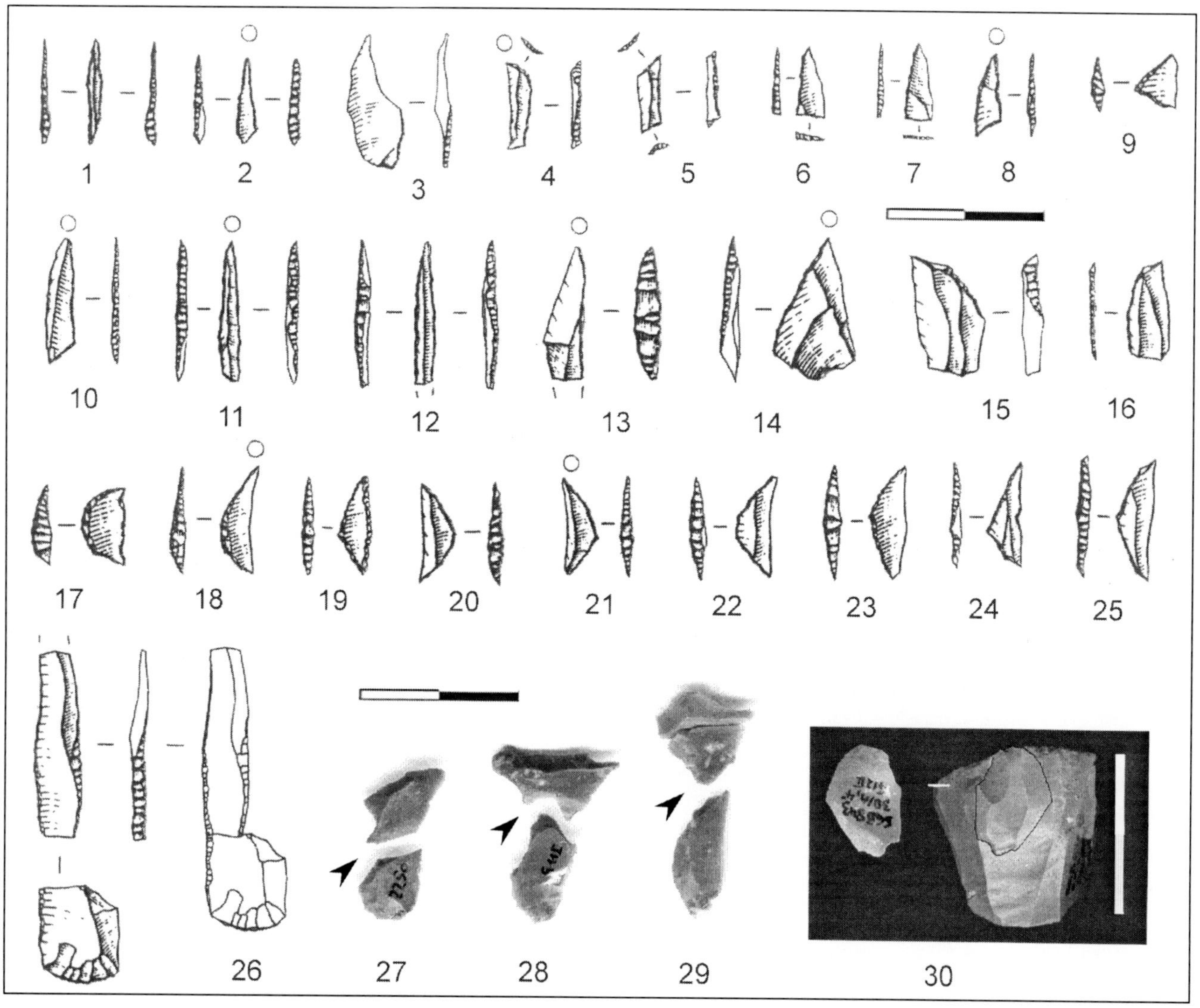

Fig. 10.4 – **Backed tools.** 1-2: backed points; 3: backed blades; 4-7: backed pieces with truncation; 8-10: geometric pieces (Phase 4). 11-14: backed points; 15-16: backed pieces with truncation; 17-25: geometric pieces (Phase 1). **Refittings.** 26: backed blade with pseudo-microburin; 27-29: backed pieces with truncation with microburins; 30: microburin with core (26-28: phase 1; 29: phase 2; 30: phase 3). Drawings by Lapo Baglioni

width, while in phases 4 and 5 they concentrate within 15x5 mm (see Fig. 10.3, Graphs 3-4).

Which blanks were used for backed tools? On microburins and other waste products

As to what concerns the question on which blanks were used for producing backed tools, the implements themselves do not give sufficient information for an answer. In general, the original blank-morphology has been completely modified by retouch. For this reason, certain data, for example blade index, which is quite high (see Table 10.2), do not necessarily reflect characters of the original blanks.

In terms of size, only thickness can provide some information. Phases 1 and 4 have been chosen for this purpose, as they display a significant number of backed implements. The histogram shows, for phase 1, that 56% of tools are within 2 mm thick and 98% within 3 mm. Armatures of phase 4 are even thinner, since 95% have got a thickness within 2 mm (see Fig. 10.3, Graph 6). This would point to a selection of thin supports in this manufacturing process.

A further hint about morphology and dimension of the original blanks is given by the waste products obtained during the production of backed tools. The high number of microburins at Galgenbühel, mainly in phase 1, indicates that this technique of intentional breakage was very common (Table 10.3). On several backed tools one still can recognize the resulting trihedral point, and on many others it was surely obliterated by retouch. Other types of waste products are scarce, as pseudo-microburins ("notch adjacent fracture"), result of breakage produced by bending in the presence of a notch. Two elements show both kinds of fractures respectively on the distal and the proximal end.

Tab. 10.3 – Distribution of microburins and pseudo-microburins in relation to backed tools (total and those with trihedral point visible)

	Phase 1	Phase 2	Phase 3	Phase 4	Phase 5	Total
Microburins*	437	64	25	63	27	**616**
Pseudo-microburins	58	17	6	8	5	**94**
M.b. opposite to P.-m.b.	1	1	0	0	0	**2**
Total waste products	**496**	**82**	**31**	**71**	**32**	**712**
Total backed tools	198	35	21	62	17	**333**
Total backed tools with trihedral point	57	6	2	10	1	**76**

* Constituted by 88% of ordinary microburins, 8% of microburins with a back ("Krukowski") (Bordes, 1957; Tixier, 1963), 4% of microburins "*reflechi*" (Tixier, 1963) and a single microburin "*raté*" (Tixier, 1963)

Tab. 10.4 – Width and thickness of microburins

	Thickness classes (mm):							
Width classes (mm)	**0-1,0**	**1,1-2**	**2,1-3**	**3,1-4**	**4,1-5**	**5,1-6**	**Over 6**	**Total**
0-2,0	2	0	0	0	0	0	0	**2**
2,1-4	17	11	1	0	0	0	0	**29**
4,1-6	20	45	11	0	1	1	0	**78**
6,1-8	7	52	22	1	0	1	0	**83**
8,1-10	2	26	17	6	0	0	0	**51**
10,1-12	2	5	19	4	0	0	0	**30**
12,1-14	0	3	9	3	0	0	0	**15**
14,1-16	0	0	3	3	1	0	1	**8**
16,1-18	0	1	1	1	0	0	0	**3**
18,1-20	0	0	2	1	0	0	0	**3**
20,1-22	0	0		1	0	0	0	**1**
Total	**50**	**143**	**85**	**20**	**2**	**2**	**1**	**303**

The attempt to reconstruct original blank shapes through refitting of mircoburins and backed tools with trihedral point was successful only in three cases, to which can be added two backed pieces refitted with their pseudo-mircoburins (see Fig. 10.4, 26). All of these elements seem to be half-finished artefacts or abandoned ones. Especially the backed pieces with trihedral point, classified among the backed blades with truncation, seem to have been abandoned because the microburin-blow did not form the desired pointed tip. This observation was already made for other mesolithic industries (Ketterer, 1997). In these cases, the products destined to be shortened were not always blades but could be flakes as well. Indeed, the refitted microburin on a core displays that elongation of the original blank didn't necessarily need to be very high (Fig. 10.4, 30).

A number of 304 ordinary microburins, the width of which seems to correspond to the width of the original blank, were used for size analysis. Comparing width and thickness one can see that around 90% of the microburins are within 3 mm thick and within 12 mm large (Table 10.4).

Comparing at this point width and residual length of these waste products, the diagram points out that quite a lot of them are beyond or not far from the dimensional limit between flake and blade (Table 10.5). Indeed, the residual blade index is still 18%, and if we include those microburins that come without any doubt from shortened blades, the value reaches 44%.

This shows that at least half of the shortened blanks were blades, and that the principal standard for the choice was thickness.

Preliminary observations on blade technology

Reconstruction of core reduction sequences for the production of small and thin blades as important starting-products for the backed implements was made on the basis of technological features displayed by cores abando-

Tab. 10.5 – Index of elongation of the microburins

Index of elongation (length/width)	N	%
0,1-0,9	34	11,2
1,0-1,5	136	44,9
1,6-1,9	77	25,4
2,0-2,9	48	15,8
3,0 and more	8	2,6
Total number microburins	**303**	
Residual blade index among microburins		**18,4**

ned in different exploitation stages and by refits. Three different sequences for blade production were identified (these data could be modified by the continuation of refitting) (Fig. 10.5). Blades at Galgenbühel are irregular in shape, regarding either the lateral edges or the distal ends. Some conjoins including cores, blades and/or microburins display a series production of elongated products.

First reduction sequence

This reduction sequence uses mainly blocks with fracture planes, but also small nodules and even thick flakes. Knapping is unipolar with a single striking platform that is often formed by a natural plain surface. Reduction frequently starts lengthways, along a natural edge or with a partial and unidirectional crested blade. Knapping is semi-turning, lateral flakes being detached for maintaining the convexity. The cores of this sequence are usually prismatic or pyramidal in shape. The back is often formed by a vertical edge.

After detaching a series of small blades and flakes, some cores were either abandoned, or alternatively, they continued to be exploited by:

– repeated rejuvenation through removal of core semi-tablets. In this way cores get shorter and end up producing flakes.

– re-orientation of the core by turning of 90°, in order to continue, at least for a while, the production of blades.

In their final stage, some cores underwent a last exploitation through application of the bipolar technique ("splintered cores") in order to obtain thick products. Refittings show that these could be transformed into common tools (scraper, truncation).

Cores of this sequence were abandoned because of their size reduction, hinging on the flaking face or due to breakage along natural fractures.

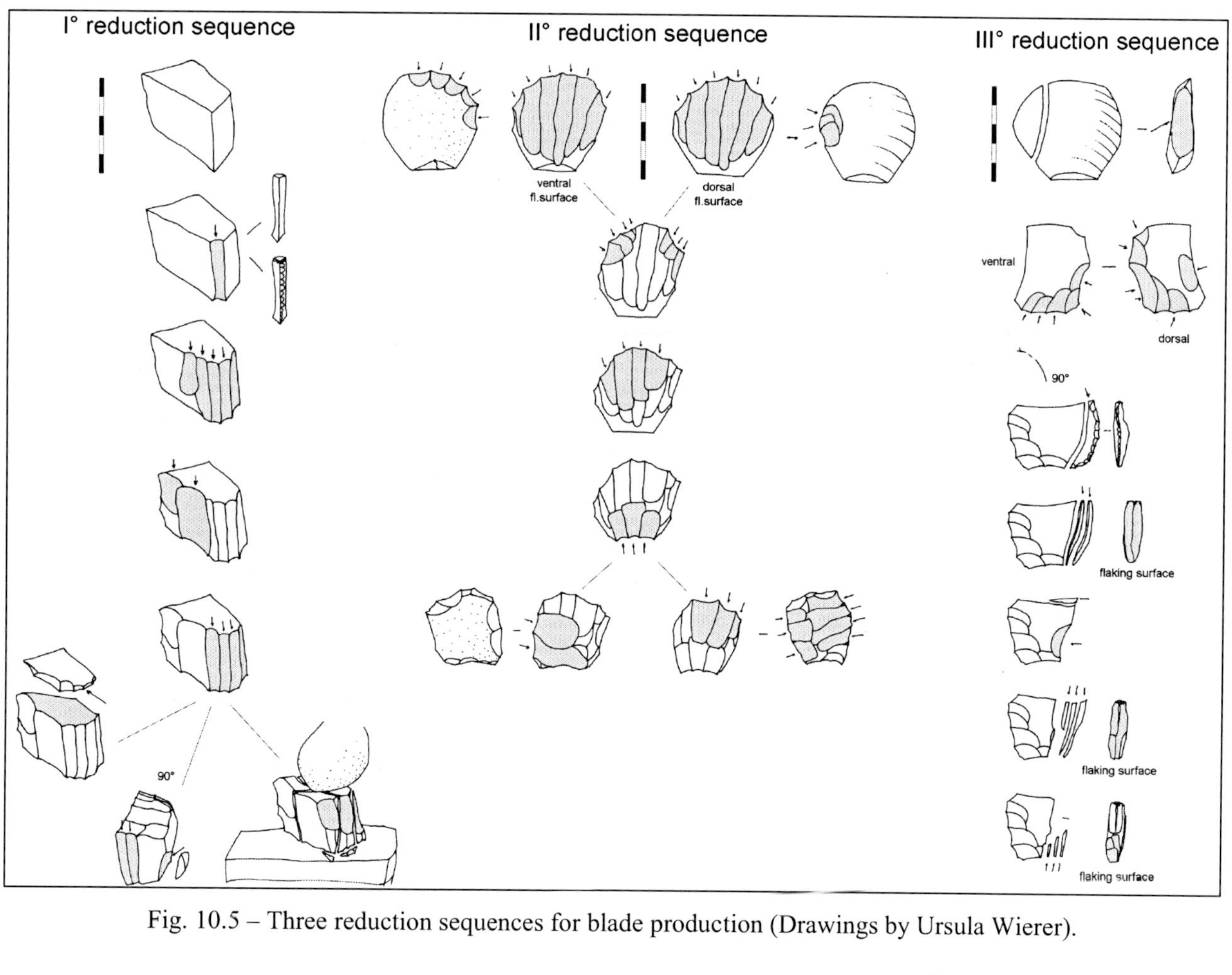

Fig. 10.5 – Three reduction sequences for blade production (Drawings by Ursula Wierer).

Tab. 10.6 – Distribution of the cores attributed to the different reduction sequences

Cores/pre-cores attributed to:	Phase 1	Phase 2	Phase 3	Phase 4	Phase 5	Ph. 1-5	Sec. Deposit
First reduction sequence	3	2	5	1	1	**12**	7
Second reduction sequence	3	3	–	–	–	**6**	5
Third reduction sequence	1	1	3	2		**7**	5
Other sequences*	1	–	4	–	–	**5**	5
Indeterminated sequence**	6	4	7	4	–	**21**	not counted
TOTAL	**14**	**10**	**19**	**7**	**1**	**51**	**not counted**

* Cores which produced only flakes, often due to breakage of the core along natural fracture planes;
** Fragmented, highly exploited and indeterminate cores, or cores in preparation.

Second reduction sequence

This sequence is characterized by the use of thick flakes as cores. The striking platform lies on the ventral face, the dorsal one is used as flaking face (in the case of cortical flakes, the exploitation of the surfaces is inverted). The angle between striking platform and the flaking face can be very flat (in some cases 40-50°) and needs an accurate core edge abrasion, which sometimes could be confounded with retouch. Knapping tends to be centripetal, in order to maintain the convexity of the flaking surface, and proceeds in reducing the original flake's thickness. It is likely that cores on non-cortical flakes might evolve into bifacial cores. Abandonment usually occurs when they become too flat. These cores are comparable to the discoid cores at Romagnano Loc-III (Broglio & Kozlowski, 1983, nr. 12-16), which differ in having the flaking surface always on the ventral face.

Third reduction sequence

This sequence is observed on thick flakes or on plaques. The flaking face uses the flakes/blocks thickness, so that knapping – *frontal* on a very straight surface – reduces its width. This kind of core usually needs a preparation represented by an invasive "denticulated" retouch all around, which is also the preparation for the removal of a crested blade. Mistakes are usually due to hinged elements that could be corrected by detaching flakes from an opposite secondary platform. Hinged negatives or loss of dimension are in general the reasons of core abandonment. This category corresponds more or less to the subconical and burin-like cores found at Romagnano (Broglio & Kozlowski, 1983, nr. 8 and 9).

Table 10.6 shows the quantity and the distribution of cores from these reduction sequences by different phases and in relation to other core reduction sequences. One can observe that the second sequence is only represented in phases 1 and 2 (apart from the secondary deposit), while the third one is quite frequent in phases 3 and 4.

The small size of cores from these three sequences of blade production shows a high degree of exploitation, which is in agreement with the reduced size of the tools (Table 10.7).

Tab. 10.7 – Size of the residual cores from reduction sequences 1-3

Size of the entire residual cores/pre-cores*	
First reduction sequence	22 – 35 mm
Second reduction sequence	20 – 40 mm
Third reduction sequence	25 – 39 mm

* Maximum size of each core has been taken into account

Which blanks were used for "common tools"?

Hinged products represent very frequently flaking accidents, which prevented the following process of knapping, mainly in the first reduction sequence. These errors had to be corrected by detaching a thick blank from the same or from an opposite secondary striking platform. These thick and sometimes big products were often transformed into retouched artefacts: 14-15% of the common tools show hinged scars on their dorsal face (see Fig. 10.6, n° 1). Present among all the tool groups, they are frequent on burins, endscrapers, scrapers and denticulates.

Other retouched items were obtained from decortication and core preparation blanks. Artefacts with more than 50% of natural cortex on the dorsal face make up 11-13% of the common tools (see Fig. 10.6, n° 2). These are frequent among splintered pieces, burins, endscrapers, beaks and denticulates. Another 5-6% of the common tools are made on rejuvenating products, which are observed mostly among end scrapers (see Fig. 10.6, n° 3).

In phases 1 and 4 respectively at least 30 and 34% of the blanks for tools were chosen among different products of core preparation and maintenance.

FINAL CONSIDERATIONS

Typological differentiation of tools in two main categories, backed tools on one hand (most probably used as

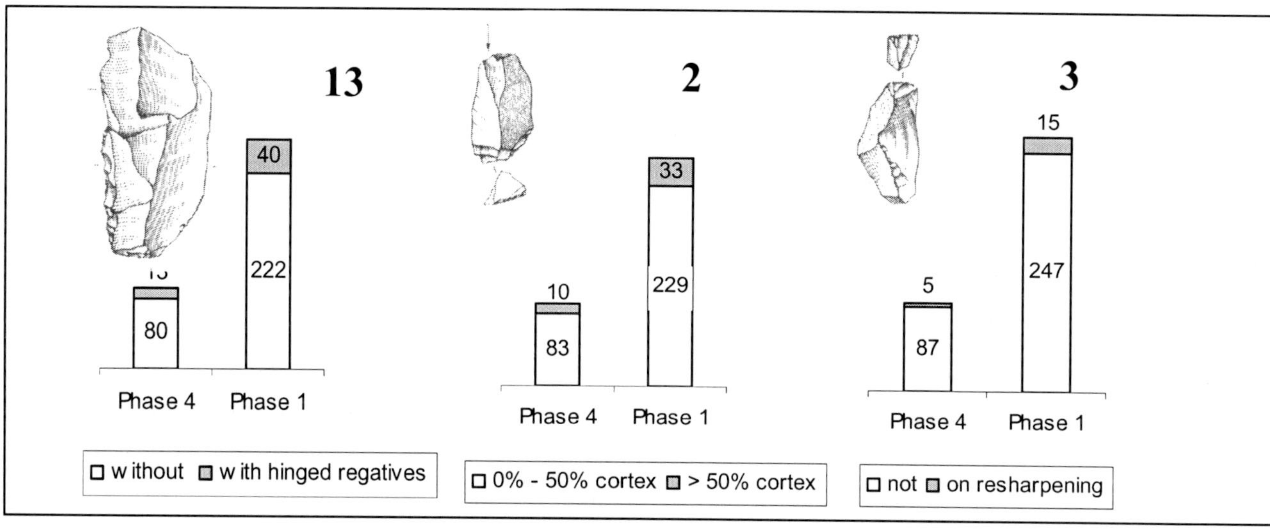

Fig. 10.6 – 1: Negatives of hinged products on common tools;
2: Cortex on common tools; 3: Resharpenings used for common tools

armatures of composite weapons), and common tools on the other (used as multipurpose implements) is also perceptible at a technological level, as far as the choice of the blanks is concerned. Referring to this the analysis of microburins gave significant results. Backed instruments originate from strongly selected thin and elongated blanks which derive from three reduction sequences. This study evidenced, in addition, that various by-products of the mentioned sequences were exploited for the production of common tools.

Acknowledgments

I would like to thank the Archaeological Heritage Office of Bozen/Bolzano for granting permission to study the material, Annamaria Ronchitelli and Filomena Ranaldo for their suggestions and Lapo Baglioni for realizing the artefact drawings.

References

BAZZANELLA, M.; BETTI, L.; WIERER, U. (2004) – Galgenbühel/Dos de la Forca. Un nouveau site sauveterrien dans la Vallee de l'Adige (Bozen/ Bolzano, Italie). In *Proceedings of the XIV UISPP Congress, Liége (2001).*Oxford: B.A.R, p. 215-225. (BAR International Series; 1302).

BAZZANELLA, M.; BETTI, L.; WIERER, U. (2007) – Mesolithic wetland exploitation at Galgenbühel / Dos de la Forca, Italy, Eastern Alps. The fish fauna. In HÜSTER PLOGMANN, H. ed. – *Proceedings of the 13th Fish Remains Working Group Meeting, ICAZ, Basle, 2005.* Rahden: Verlag Marie Leidorf. pp. 93-100.

BERTOLA, S.; BAZZANELLA, M.; WIERER, U. (2006) – Le risorse litiche utilizzate presso il sito di Galgenbühel/Dos de la Forca (Salorno-BZ, Val d'Adige): modalità di approvvigionamento e direttrici di spostamento. In *Atti della XXXIX Riunione Scientifica, Firenze, 2004*, p. 367-371. Firenze: Istituto Italiano di Preistoria e Protostoria.

BORDES, F. (1957) – La signification du microburin dans le Paléolithique supérieur. *L'Anthropologie.* Issy les Moulineaux. 61, p. 578-582.

BROGLIO, A.; Kozlowski, S.K. (1983) – Tipologia ed evoluzione delle industrie mesolitiche di Romagnano III. *Preistoria Alpina.* Trento. 19, p. 93-148.

G.E.E.M. (1969) – Epipaléolithique-Mésolithique Les microlithes géométriques. *Bulletin de la Société préhistorique française.* Paris. 66, Etudes et Travaux, p. 355-366.

G.E.E.M. (1972) – Epipaléolithique – Mèsolithique. Les armatures non géometriques – 1. *Bulletin de la Société Préhistorique Française.* Paris. 69, p. 364-375.

KETTERER, I. (1997) – Les techniques et l'économie du débitage mésolithique d'Hangest "Gravière II Nord" (Somme). In FAGNARD, J.P.; THÉVENIN, A. eds. – *Le Tardiglaciaire in Europe du Nord-Ouest. Actes du 119e Congrés National des Societés Historiques et Scientifiques, Amiens (1994).* Paris: CTHS, p. 123-137.

LANZINGER, M. (1985) – Ricerche nei siti mesolitici della Cresta di Siusi (auf der Schneide), siti XV e XVI dell'Alpe di Siusi nelle Dolomiti. Considerazioni sul significato funzionale espresso dalle industrie mesolitiche della regione. *Preistoria Alpina.* Trento. 21, p. 3-48.

LAPLACE, G. (1964) – Essai de typologie systématique. *Annali dell'Università di Ferrara.* Ferrara. N.s., sez. XV, suppl. 2, vol. 1, p. 1-85.

TIXIER, J. (1963) – *Typologie de l'Épipaléolithique du Maghreb*. Paris: Mémoires du Centre de Recherches Anthropologiques Préhistoriques et Ethnographiques, Alger. II, Arts et Metiers Graphiques. 212 p.

WIERER, U.; BOSCATO, P. (2006) – Lo sfruttamento delle risorse animali nel sito mesolitico di Galgenbühel/Dos de la Forca, Salorno (BZ): la macrofauna. In TECCHIATI, U.; SALA, B. – Archaeozoological Studies in honour of Alfredo Riedel. Bolzano: Ripartizione Beni Culturali, Ufficio Beni Archeologici. p. 85-98.

WIERER, U. (2007) – Studio tipologico dell'industria sauveterriana di Galgenbühel/Dos de la Forca (Bolzano). *Annali dell'Università di Ferrara*. Ferrara. Sez. Museologia anno 2006, Atti del I° Convegno Nazionale degli studenti di Antropologia, Preistoria e Protostoria. pp. 63-66.

HUMAN OCCUPATION AT THE SOUTHERN PO PLAIN MARGIN IN THE EARLY MESOLITHIC: THE CONTRIBUTION OF TECHNOLOGICAL AND TYPOLOGICAL STUDIES

Federica FONTANA
Dipartimento di Biologia ed Evoluzione, Università degli Studi di Ferrara,
Corso Ercole I d'Este 32, I-44100 Ferrara – Italy grr@unife.it

Maria Giovanna CREMONA
Dipartimento di Biologia ed Evoluzione, Università degli Studi di Ferrara,
Corso Ercole I d'Este 32, I-44100 Ferrara – Italy

***Abstract**: This paper focuses on a set of Early Holocene lithic assemblages brought to light in the last 20 years at five open-air sites identified along the Southern margin of the Po Plain, between the cities of Bologna and Piacenza. The technological and typological studies carried out indicate that the assemblages share several aspects allowing them to be referred to the same cultural complex (i.e. Sauveterrian, Early Mesolithic of Northern Italy). Nevertheless each of them is characterized by some specific features concerning raw material provisioning, reduction sequences, typology and the use of the microburin technique. In the concluding remarks we discuss the possible factors that may influence such variability, namely raw material characteristics, activities carried out at the sites, chronology and the "cultural" identities of human groups.*
***Key-words**: Early Mesolithic, Po Plain, reduction sequences, raw materials*

***Résumé**: Cet article est consacré à un groupe d'industries lithiques d'âge Holocène ancien mis au jour au cours des 20 dernières années dans cinq sites de plein air identifiés le long de la marge méridionale de la Plaine di Pô, entre les villes de Bologna et Piacenza. Les études technologiques et typologiques conduites montrent que ces industries sont caractérisées par plusieurs aspects communs, ce qui a permis de les référer au même complexe culturel (Sauveterrien ou Mésolithique ancien en Italie septentrionale). Néanmoins chacun de ces ensembles se caractérise aussi par des traits spécifiques concernant l'approvisionnement en matières premières, les chaînes opératoires, la typologie et l'utilisation de la technique du coup de microburin. Dans les considérations finales les facteurs possibles à l'origine de cette variabilité sont discutés, en particulier l'influence des matières premières, les activités conduites dans les sites, leur chronologie et les identités culturelles des groupes humains.*
***Mots-clés**: Mésolithique ancien, Plaine du Pô, chaînes opératoires, matières premières*

INTRODUCTION

Investigations of lithic technical systems by means of "traditional" methods (*lecture technologique*, refitting, experimentation, typology) still represents a basic aspect of the reconstruction of the behaviour of prehistoric hunter-gatherers, despite the development, in the most recent years, of new approaches of study based on the application of innovative technologies.

The application of these methods becomes even essential for those contexts – such as open-air sites – where the archaeological record is particularly poor and almost exclusively represented by lithic artefacts, as it is the case of the Mesolithic sites analysed in this paper and it acquires a further informative value when it is aimed not simply at describing technical actions but also at investigating at least two other categories of problems: the causes of common or divergent behaviours and/or changes of behaviour and the social and economic aspects in which these issues have an implication, e.g. the exploitation of natural resources, both directly – lithic resources – and indirectly – vegetal and animal resources – the organisation of activities both within single sites and across the territory, the mobility of human groups, etc.

The reconstruction of such aspects for prehistoric societies naturally implies the adoption of a wider interdisciplinary perspective aimed at a definition of the global technical systems from selection of raw material to use and abandonment of artefacts. Therefore it is certain that typology and technology alone cannot cope with such problems but just represent a "starting point" for the application of other methods (determination of raw material provenance, spatial distribution of artefacts, functional analyses, etc.).

As far as the Mesolithic of Northern Italy is concerned, the potential offered by the integration of these two approaches – the typological and the technological one – still needs to be fully developed. So far, studies have mainly concentrated on one geographical area (the south-eastern side of the Alps, especially encouraged by the discovery, in the last decades, of several sites) and have essentially focused on a mere typological approach aiming at addressing two main issues, i.e. the definition of the chronological and cultural framework (Broglio and Kozlowski, 1984) and the identification of the regional settlement pattern (Broglio and Lanzinger, 1990). Particularly, this last research was based on the integration of three different categories of data: lithic raw material provenance, topographic locations of the sites and a classification of lithic artefacts according to three basic categories – microliths, tools and microburins – to which a functional meaning was attributed, i.e. respectively reflecting hunting, subsistence and microlith manufacture activities. Stylistic analyses for the definition of social territories have never developed in Italy to the extent which they have in other countries (Gendel 1987, Rozoy 1994), while technological studies are still in their infancy (Wierer, in this volume; Fontana and Guerreschi in press).

In this paper we would like to enlarge our view to a much less known geographical context, i.e. the territory of the southern Po Plain which can be considered another potential macro-area, separated from the southern Alpine territories by the central part of the wide alluvial plain. The topic of this paper is thus represented by the technological and typological analysis of a set of lithic assemblages of Early Mesolithic age brought to light in the last 20 years at five open-air sites located between the cities of Bologna and Piacenza. Due to the pedological features of these deposits, lithic assemblages represent the dominant archaeological finds uncovered. Therefore, their study represents a unique opportunity to examine aspects related to the occupation of this area in the early Holocene. Indeed, they are so far the only early Holocene sites known in this area, while no archaeological evidence is known in the central part of plain probably due both to the thick Holocene alluvial cover and the fact that, during the Mesolithic, the dampness of the area may have effectively impeded permanent occupation. By contrast, a quite numerous group of sites, most of which known only by surface collections, is documented on the Apennines at middle and high altitudes (Biagi *et alii*, 1980; Ferrari *et alii* 2006; Ghiretti and Guerreschi 1988).

GEOGRAPHICAL LOCATION AND SPATIAL ORGANISATION OF THE SITES

The sites analysed are all open-air and situated in the southern area of the plain. Three are located in the province of Bologna (I.N.F.S., Casalecchio di Reno and Cava Due Portoni); another in the area of Parma (Collecchio) and the last one further west, in the province of Piacenza (Le Mose) (Fontana *et alii* in press).

The sites in the provinces of Bologna and Parma lie within a few kilometres of the Apennine foothills and cover surfaces that vary between approximately 30m^2 and 80m^2. From a stratigraphic point of view they are all situated within Early-Holocene clayey-silty and sandy alluvial layers, overlying the ancient Pleistocene alluvial fan gravel deposits of some of the main Apennine rivers. During the Early Holocene, alternating erosion and sedimentation activities occurred in these areas, which were periodically flooded to a greater or lesser extent, depending on the distance of the sites from the main river-courses and the presence of secondary streams (Cremaschi *et alii* 1990; Farabegoli *et alii* 1994). No radiometric dates are available for any of the sites, but their stratigraphic position and the general characteristics of the lithic assemblages allow them to be referred to the Early Mesolithic (Sauveterrian).

The archaeological area of Le Mose, covering a total extent of around 20.000m^2, lies about 3km from the River Nure and about 4km from the River Po, and its stratigraphic position can be roughly compared to that of the other investigated sites. Here 27 concentrations of lithic artefacts (*loci*) were identified, varying in size from a minimum of 4m^2 to a maximum of 30m^2 each. Two radiometric dates are available ranging between 8250±50 BP, 7460-7130 cal BC, Poz-13343 (Stratigraphic Unit 507 – Locus 7) and 9220±50 BP, 8560-8300 cal BC, Poz-13344 (Stratigraphic Unit 507, Pl. 19 S). This site, occupied over a period of more than 1.000 years, i.e. covering almost the whole Sauveterrian sequence of Northern Italy, can thus be considered the first extensive Early Mesolithic settlement of Italy (Bernabò Brea *et alii*, 1998; Fontana *et alii* in press).

At all the sites archaeological materials are dominated by lithic artefacts. Only a few badly-preserved bone fragments have been identified as coming from animals adapted to a wooded environment, namely wild boar and roe deer.

Some information are available concerning the internal spatial organisation of activities: an evident feature, which was interpreted as the base of a hearth pit, was only identified with certainty at Cava Due Portoni (Cremaschi *et alii* 1990), while the interpretation of the numerous features (pits, charcoal concentrations and holes) recognised over the vast area characterised by the presence of the Mesolithic occupation evidence at Le Mose is still uncertain (Fontana *et alii* in press). By contrast, at I.N.F.S and Casalecchio an evaluation of the internal organisation was possible by the application of spatial analyses. At both sites the spatial plotting of burned and not burned artefacts and ecofacts allowed the identification of surface hearths and suggested a possible functional organisation with separate knapping areas for different raw materials (Farabegoli *et alii* 1994; Fontana *et alii* in press).

THE LITHIC ASSEMBLAGES

Composition of the assemblages

Regarding the sites of the Bologna area, the lithic assemblages are composed of approximately 3.400 lithic artefacts at I.N.F.S. and between 2.000 and 3.000 at Borgo Panigale (Cava Due Portoni) and Casalecchio. The study of the lithic assemblage from Collecchio is still in progress and no evaluation of the total range of artefacts collected is yet available. Finally, at Le Mose all the excavated loci mainly consist of stone artefacts, ranging

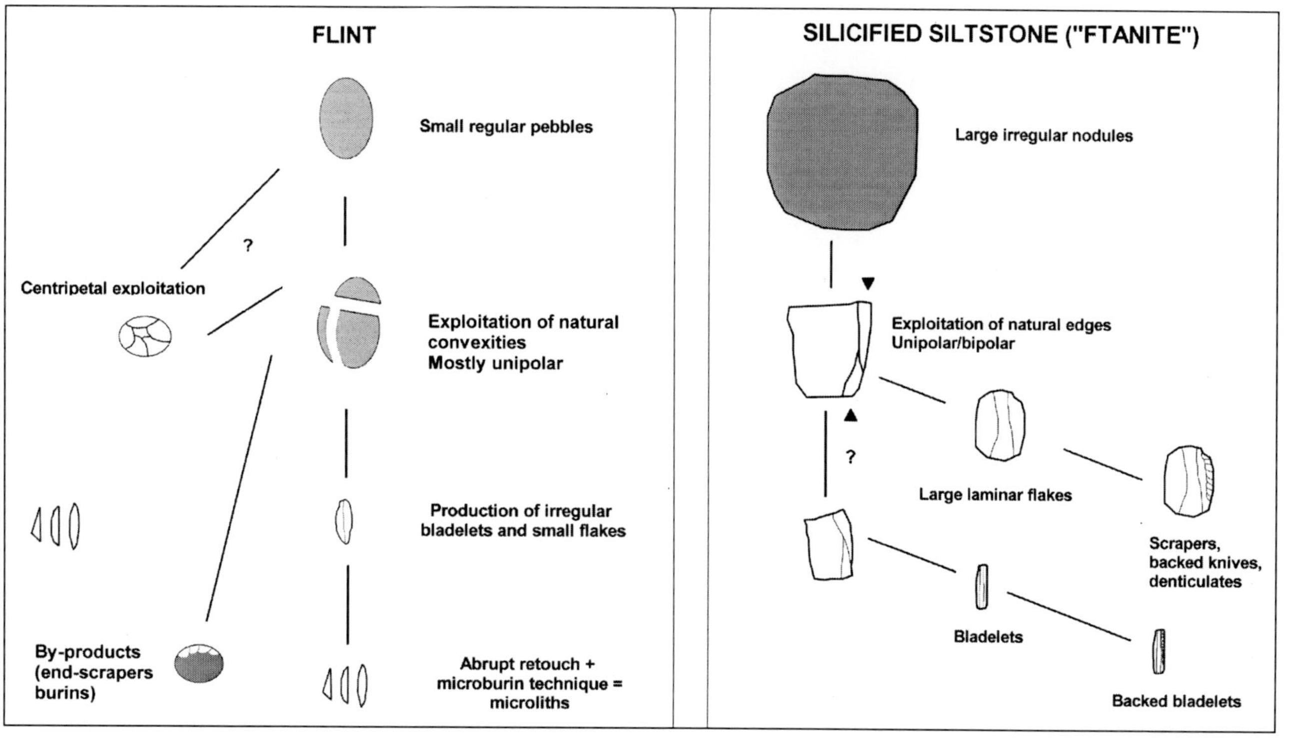

Fig. 11.1 – Schemes of reduction sequence of flint and silicified siltstone (ftanite) at the sites of the Bologna area

from 13 artefacts to over 1000 at the larger sites, making a total of about 7000 finds.

Raw material provisioning

Raw material provisioning appears to have varied according to the different territories in which the sites are located and in a strict connection to local availability. In the Bologna area the raw materials are dominated by two lithological groups: regular small size flint pebbles and dull siliceous rocks available in large boulders of irregular shape and known after the denomination of *ftanite* (dull silicified siltstone with a conchoidal fracture, black, dark grey and brown-black in colour). Similarities between the archaeological artefacts and geological samples suggest that the pebbles were collected from the marine deposits of Pliocene and Calabrian age situated along the hill belt of the Bologna Apennines, a few kilometres from the sites; in contrast, the *ftanite* was collected from the beds of the main Apennine rivers, near which the sites are located (Farabegoli *et alii,* 1994; Fontana and Nenzioni, 1995). Other types of raw material, mainly represented by different varieties of other siliceous rocks and some jasper, are present in very low percentages at all sites. At Cava Due Portoni at least eight types of raw material were used, each one represented by between 1 and 32 knapped artefacts; these mostly originated in the Apennine area and were collected either at the primary outcrops or along the Apennine river courses, with the exception of a few artefacts, made from non-local flint and probably of Alpine origin.

The preliminary results of the study of the lithic assemblage from Collecchio indicate that small irregular flint pebbles and nodules were used as well as red and green jasper and fine siltstone pebbles. It is certain that the latter was collected in the form of large blocks from the bed of the River Nure, at a short distance from the site; this close proximity probably explains why such large quantities of this poor quality raw material were exploited. While the provenance of flint is unknown, the high percentage of jasper, in the form of small river nodules, can be connected to the presence of an important outcrop in the Parma Apennines.

Lastly, at Le Mose the lithic raw materials are very varied, including flint, jasper, *ftanite* and other lithological groups, among which flint dominates. The morphology of the flint (small nodules and blocks instead of perfectly round marine pebbles) and its provenance differs from that of the Bologna area accordingly to the different local geology. Preliminary observations lead us to conclude that the majority of the flint came from outcrops of mid- and upper-Jurassic age located in the central Trebbia valley, about 30km from Le Mose, though some of the nodules may have been collected along the local riverbed. Such outcrops, which contain abundant quantities of flint nodules of highly variable quality, are absent along the eastern side of the northern Apennines (Fontana *et alii* in press).

Reduction sequences

Reconstruction of the reduction strategies at the three sites in the Bologna area indicates that the main two raw

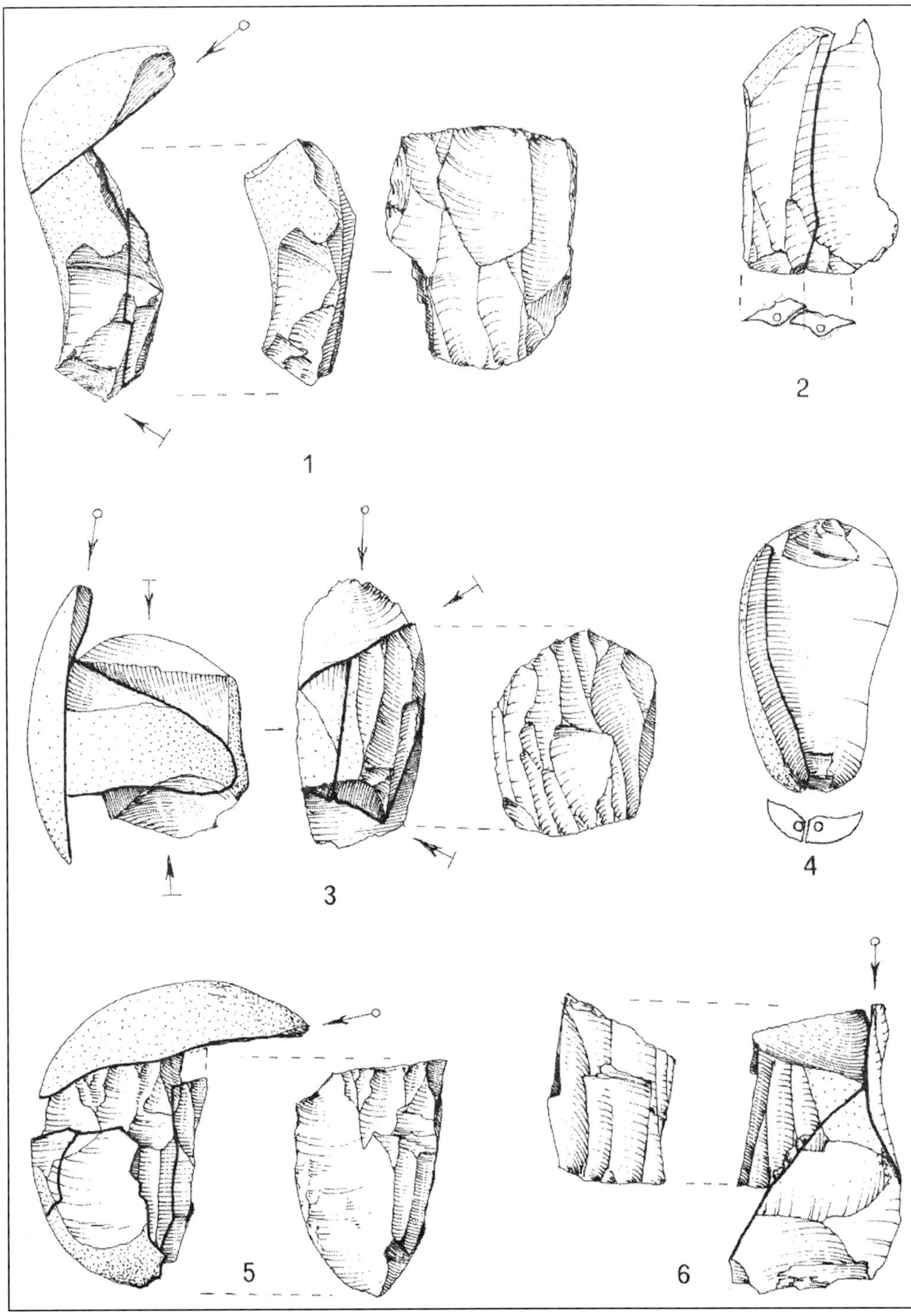

Fig. 11.2 – Refits from the site of I.N.F.S. (Ozzano Emilia, Bologna)
(Scale 1:1, Drawing G. Almerigogna, from *Farabegoli et alii*, 1994)

materials exploited – flint and *ftanite* – were knapped to fulfil different *débitage* objectives (Fig. 11.1).

Observations carried out on cores as well as on refits show that flint was mainly exploited to produce irregularly-shaped small-sized bladelets by means of a unidirectional reduction sequence. The first flake was removed using the anvil (bipolar) percussion technique. The flake scar was then used as a striking platform for removing blanks by exploitating the natural convexities of the pebbles. Opening of the *table laminaire* usually occurred on the largest surface of the core (frontal exploitation) passing to a *semi-tournant* rhythm by removal of side-bladelets for transversal convexity maintenance. The *débitage* process started by removal of totally and partially cortical bladelets, followed by uncortical bladelets. Only at I.N.F.S. there are some examples of bidirectional cores (removal of bladelets from two opposite platforms) and these seem to be connected to the higher length of the pebbles (Fig. 11.2).

The presence of flint flakes and some flint centripetal cores is also one of the features of these assemblages, but their specific role within the technical systems should be better investigated.
As to the large *ftanite* blocks these were exploited for the production of large laminar flakes mostly with a bidirectional frontal exploitation. At I.N.F.S. the same process was adopted for *spiculite* a sedimentary rock formed by sponge spicules, partially siliceous, light grey colour and with a low conchoidal fracture.

The presence of some *ftanite* lamellar cores and some *ftanite* bladelets is also documented but it is not certain whether these were obtained from an independent *chaîne opératoire* or at the final stage of the exploitation of the *ftanite* cores used for the production of the large laminar flakes.

The same dichotomy observed at the sites of the Bologna area appears at Collecchio where the role played by *ftanite* seems to be replaced by fine siltstone river pebbles. Two different objectives have thus been identified: the first one concerns both flint and jasper nodules and pebbles of an irregular shape that were exploited for bladelets and small flakes production. The second one is aimed at the production of large laminar flakes and is here achieved by the use of siltstone, although this material appears to be characterised by a much lower suitability to knapping than *ftanite*. Both objectives show a low predetermination and a pragmatic behaviour with no preparation of the cores and the frequent occurrence of maintenance operations.

Lastly, the lithic reduction sequences recognised at Le Mose for flint also vary slightly from those documented at the sites of Bologna area, in strict relation to the morphology of the original cores, which were mostly nodules of a polygonal shape instead of small rounded flint pebbles. No separate reduction sequence for the production of large laminar flakes has been highlighted, but one main *chaine opératoire* consisting of a frontal unidirectional exploitation, mostly to the largest surface of the core, and aimed for lamellar blanks production.

The analysis of the numerous cores found shows that small "square" blocks and/or thick flakes were used. No shaping of the nodules is documented, but there is obvious exploitation of the natural surfaces and edges. The exploitation of rather flat longitudinal convexities determined frequent rejuvenation of the flaking surfaces (*table laminaire*), while transversal convexities were maintained by the removal of bladelets – with a marked triangular section – from the sides of the cores. Due to the occurrence of knapping accidents on the main flaking surface, platform reorientation also occurred. Such a process was probably facilitated by the "square" shape of the cores and it is documented by the recognition of diagnostic elements, particularly bladelets with a marked triangular section and characterised by the presence of lamellar negatives on one side, which appear to be obtained from the rejuvenation of the frontal sides of the percussion platforms for orthogonal reorientation. The same process already described for some French Sauveterrian sites (Walczak J. 1998, 211) was observed at Mondeval de Sora, a deposit located in the Italian Alps (Fontana and Guerreschi, in press).

Selection of blanks and typology of the retouched artefacts

The selection of blanks for tools manufacture appears to be strictly dependant on the types of artefacts to be produced and, where the use of different raw materials with varied characteristics (dimensions, shape, granulometry and homogeneity) is documented, a dichotomy in the use of different rocks has also been observed.

At all the sites microliths are the result of the modification of bladelets (rarely small flakes) and are mostly obtained from flint and/or jasper, where the latter is present (Borgo Panigale, Collecchio); microliths resulting from bladelets obtained from other raw materials are rare. The massive use of abrupt retouch and of the microburin technique (but the latter is very rarely documented at Collecchio and Casalecchio) in the microlith manufacture process causes the complete modification of the original shape of the blanks. It can be therefore affirmed that the production of lowly standardised blanks (by the adoption of "pragmatic" reduction sequences) is balanced by the activity invested in their transformation into a more or less wide range of standardised microliths.

Flint by-products are often employed for the production of some tool categories, especially burins and endscrapers while the production of large size tools (sidescrapers, backed knives and denticulates) strictly depends on a selection of laminar flakes obtained from siliceous raw materials other than flint and jasper (respectively *ftanite* at the sites in the Bologna area and siltstone at Collecchio).
Regarding the typological composition of the assemblages, the sites analysed can be roughly clustered into two main groups: the first includes the sites in which the tool-kit is dominated by microliths (between 67 and 80%) and a high percentage of broken elements (sites of the Bologna area and some *loci* at Le Mose); the second group is represented by the site of Collecchio and some *loci* at Le Mose where tools (about 55%) dominate (Table 11.1).

Focusing on the specific types documented in the different sites, further divergences can be observed: at Cava Due Portoni, Le Mose (locus 3) and Casalecchio the microlithic assemblage includes all the main types that characterise the Sauveterrian complex, as described at the reference site of Romagnano: backed and double-backed points *cfr. Sauveterrian*, truncated back bladelets, scalene and isosceles triangles, crescents (Broglio and Kozlowski, 1984). In contrast, the assemblage from I.N.F.S. seems to

Tab. 11.1 – Typological composition of the analysed assemblages (data for Collecchio and Le Mose are preliminary; data for Borgo Panigale are taken from Cremaschi *et alii*, 1990 and do not include the whole assemblage)

	I.N.F.S.		**B. Panigale***		**Casalecchio**		**Le Mose (Locus 3)**		**Le Mose (Locus 20)**		**Collecchio***	
Tools	**45**	**32,1**	**12**	**25,5%**	**14**	**28%**	**8**	**20%**	**8**	**47%**	**15**	**55,5%**
Burins	4	2,9%	1	2,1%	-	-	-	-	2	11,7%	4	14,8%
Endscrapers	2	1,4%	7	14,9%	2	4,0%	-	-	2	11,7%	-	-
Points/scrapers	14	9,9%	-	-	1	2,0%	3	7,5%	2	11,7%	2	7,4%
Notches/Denticulated bladelets	7	5%	1	2,1%	9	18,0%	5	12,5%	1	5,9	1	3,7%
Backed knives	4	2,8%	1	2,1%	-	-	-	-	-	-	4	14,8%
Truncated bladelets	14	10%	2	4,2%	2	4,0%	-	-	1	5,9	4	14,8%
Microliths	**95**	**67,9**	**35**	**74,5%**	**36**	**72%**	**32**	**80%**	**9**	**53%**	**12**	**44,4%**
Backed points	6	4,3%	3	6,4%	2	4,0%	5	12,5%	1	5,9	3	11,1%
Backed bladelets	5	3,5%	1	2,1%	3	6,0%	-	-	-	-	1	3,7%
Truncated backed bladelets	1	0,7%	4	8,5%	1	2,0%	2	5%	-	-	-	-
Crescents	7	5%	1	2,1%	1	2,0%	1	2,5%	-	-	1	3,7%
Triangles	-	-	9	19,1%	3	6,0%	5	12,5%	3	16,6	-	-
Fragments/pieces under construction	76	54,3 %	17	36,2%	26	52,0%	19	47,5%	5	29,4	8	29,6%
Total	**140**		**47**		**50**		**40**		**17**		**27**	
Mircroburins	131		24		-		51		42		-	

show a strong specialisation in the preparation of only some categories of microliths: Sauveterrian points and crescents while triangles and truncated back bladelets are totally absent. Lastly, at Collecchio the preliminary analysis of the retouched artefacts revealed the unique composition of this assemblage, in which microliths are rare and not standardised. Geometric types are absent and the use of the microburin technique is not documented. Among the tools, burins represent the most characteristic types though, in several cases, their identification is problematic due to the presence of several cores on flakes.

CONCLUDING REMARKS

Our study indicates that the lithic assemblages analysed share several aspects – i.e. the same general volumetric principles and criteria of selection and modification of the blanks – but at the same time each of them is characterised by some peculiar features of the reduction sequences and the typology of retouched artefacts.

Volumetric principles are essentially controlled by "prag-matic" (cfr. Walzak 1998, p. 209) shaping processes (ex-ploitation of natural surfaces and edges, with direct ope-ning of platforms and flaking surfaces) and frequent maintenance due to the occurrence of knapping accidents. The unidirectional reduction sequence is almost exclusive (but bidirectional exploitation is also documented at I.N.F.S.). The occurrence of multiple (especially orthogo-nal) platforms, documented at some sites, does not con-tradict the principle of dominating unidirectional exploita-tion. A centripetal reduction sequence is also documented but with a low incidence.

The main objectives of production were unstandardised slightly concave bladelets and small flakes. Only some assemblages (in the Bologna area and Collecchio) show the presence of a separate reduction sequence which was aimed at producing large blanks (morphologically to be mostly classified as "laminar flakes"). The production of small blanks (bladelets and small flakes) is mostly connected to the use of siliceous fine-grained raw materials which appear more or less homogeneous (flint/jasper pebbles and small nodules). In contrast, the large laminar flakes are always associated with the use of other raw materials with a coarser grain but available in larger sized nodules (*ftanite* and *spiculite* in the Bologna area; siltstone in the Parma area).

The selection of blanks for tool manufacture seems to have followed essentially the same criteria at all the sites: the use of bladelets and flakes for microliths, and of by-products for burins and endscrapers. The presence of large sized tools (backed knives, denticulated scrapers and sidescrapers) at some sites depend on a selection of "laminar flakes" made from siliceous rocks other than flint and jasper.

As for typology, a twofold distinction can be made between the sites, based on the presence/absence of particular tool types, and the percentages of tools/ microliths. Accordingly, some sites (Borgo Panigale, Casalecchio and some *loci* at Le Mose) are charactertised by a the presence of all the types of microliths that characterise the Sauveterrian complex, and high percentages of microliths compared with tools; at other sites the assemblages are characterised by the presence of only some "specialised" categories of microliths (I.N.F.S.) or by a dominance of tools over microliths (Collecchio and some *loci* at Le Mose); further differences concern the presence/absence of the microburin technique, which does not appear to be strictly dependent on the presence/absence of microlith.

In conclusion, how can these observations contribute to the reconstruction of the behaviour of the Early Mesolithic hunter-gatherers that lived on the southern Po Plain margin?

Due to their "dynamic" nature, technological characters appear more easily interpretable, probably reflecting a common cultural imprinting (same volumetric principles and same general *débitage* objectives). Nevertheless some peculiar characteristics have also been observed which seem to be related – at least to some extent – to the morphology and quality of available raw materials and which appear to affect both the approach addressed to the blocks and the objectives of *débitage.* From this viewpoint two significant aspects have been observed: a – core reorientation (orthogonal, bidirectional, etc.) seems to be favoured by the "square" shape of the nodules exploited (Le Mose); b – the presence of a secondary *chaîne opératoire* for the production of large laminar flakes is dependent on the local presence of other raw materials than flint, which are available in larger sizes than the latter (sites of the Bologna area, Collecchio).

Another important point is represented by the use of data concerning raw material provenance as an element for the reconstruction of the territories covered by human groups. In fact, at all the sites the rocks exploited were collected in two different geographical situations, i.e. along the riverbeds next to which the sites are located, and in the primary outcrops, situated directly upstream at different distances from the sites themselves. This pattern seems clearly to indicate the existence of primary territories based on the main rivers of the Apennines and a north/east-south/west mobility, running obliquely to the Apennine chain. In contrast, the evidence concerning trans-padane and trans-apennine itineraries appears rather sporadic, but the presence of some exotic elements at Borgo Panigale (a few artefacts made of Alpine flint) and at the mountain sites located on the Apennines (flints from Alpine and Tuscan outcrops) represents an important indication of the existence of larger scale contacts (Cremaschi *et alii* 1990; Ferrari *et alii,* 2006)

Coming back again to typology we are aware that a classification of retouched artefacts into the two basic categories of tools (*outil du fond commun*) and microliths has some limits, especially due to the difficulties of attributing some types either to one or the other category and that, more in general, typology itself, as a method of study, suffers of several problems, i.e. the impossibility of establishing a strict relationships between specific types and their function, the problem of including (not retouched) blanks which have been used as tools, the presence of differentiated levels of standardisation in the different sites and of artefacts that are abandoned under construction and/or pieces that break either during construction or after use etc. Nevertheless, in the absence of specific functional studies, a typological classification and a division of retouched artefacts into great categories, such as tools/microliths, appears rather pragmatic in order to evaluate macro-similarities and/or macro-divergences between different assemblages; at least, this division seems to reflect a certain technological dichotomy and probably even a functional specificity.

Therefore considering that the sites analysed appear highly differentiated from a typological viewpoint this could correspond, at least to a certain extent, to a difference connected to the types of activities carried out, hence to the specific site-function. Nevertheless such a simple equation could be biased by other factors (to which also possible post-depositional disturbance and problems due to archaeological recovery should be added). In fact, the lack of absolute dates for most sites prevents an evaluation of the differences that may be due to the specific chronology of the deposits; even the low number of sites so far known does not allow to put forth any hypotheses concerning the possible existence of stylistic differences that could be due to the diverse ethnical identities of groups operating upon different river systems, as the analysis of raw material provenance could suggest; lastly, the scarcity of organic remains and dwelling features does not allow so far the definite role played by functional activities carried out at the different sites to be better evaluated.

To conclude, probably only the adoption of a wider interdisciplinary approach (radiometric dates, spatial analyses, use-wear studies, environmental investigations etc.) and of further survey activities aimed at the identification of new sites could help with the interpretation of these data, but if it is true that technology and typology alone cannot answer such questions, their contribution still appears to be essential, not only in order to help outline the technical features of lithic assemblages within a given geographical and chronological context, but also to put forth further relevant issues such as the definition of settlement patterns as well as of cultural and economic territories.

Acknowledgments

The examination of some of the assemblages reported in this paper (Borgo Panigale, Collecchio, Le Mose) is still in progress and the results presented are therefore preliminary. Introduction and concluding remarks have been developed by the first author. The other sections of the paper report the results of analyses which have been carried out by the two authors (first author for the sites of the Bologna area; the two author together for Collecchio and Le Mose). We would like to thank Dr Maria Bernabò Brea and Dr Giuliana Steffé of the Soprintendenza Beni Archeologici dell'Emilia Romagna for granting access to materials and the necessary documentation.

References

BIAGI, P.; CASTELLETTI, L.; CREMASCHI, M.; SALA, B.; TOZZI, C. (1980) – Popolazione e territori nell'Appennino tosco-emiliano e nel tratto centrale del bacino del Po tra IX e V millennio. Emilia Preromana. VIII, p. 14-36.

BERNABÒ BREA, M.; COLOMBI, N.; GRASSI, G.; NEGRINO, F.; OTTOMANO, C.; STRADA, N.; TRAMONTANO, A. (1998) – Piacenza, loc. Le Mose, lotto IKEA. Archeologia dell'Emilia – Romagna. II: 2, p. 11- 15

BROGLIO, A.; KOZLOWSKI, S.K. (1984) – Tipologia ed evoluzione delle industrie mesolitiche di Romagnano Loc III. Preistoria Alpina. 19, p. 93-148.

BROGLIO, A.; LANZINGER, M. (1990) – Considerazioni sulla distribuzione dei siti tra la fine del Paleolitico superiore e l'inizio del Neolitico nell'Italia nord-orientale. In Biagi, P. ed. – The Neolithisation of the Alpine Region. Monografie di Natura Bresciana. 13, p. 53-69.

CREMASCHI, M.; GUERRESCHI, A.; STEFFÉ G. (1990) – Il sito mesolitico di Cava Due Portoni a Borgo Panigale (Bologna). In Iodice M., ed. – Borgo Panigale. Da villaggio mesolitico a quartiere cittadino. Bologna, CRABP. p. 11-20.

FARABEGOLI, E.; FONTANA, F.; GUERRESCHI, A.; NENZIONI G. (1994) – Il sito mesolitico dell'I.N.F.S. di Colunga (Ozzano Emilia – Bologna). Bullettino di Paletnologia Italiana. 85, p. 73-133.

FERRARI, A.; FONTANA, F.; PESSINA, A.; STEFFÉ, G.; VISENTINI P. (1998) – Provenienza e circolazione delle rocce silicee scheggiate fra Mesolitico ed Età del rame in Emilia centro-orientale, Romagna e Friuli. Archeologia dell'Emilia Romagna. II/1, p. 13-19.

FERRARI, A.; STEFFE', G., FONTANA F., MAZZIERI P. (2006) – Il comprensorio montano fra Paleolitico superiore ed età del Rame: il caso modenese. In Cardarelli A., Malnati L., eds. Atlante dei Beni Archeologici della provincia di Modena, Montagna, vol. II, All'Insegna del Giglio, Firenze, pp. 17-39.

FONTANA, F.; NENZIONI, G. (1995) – Approvvigionamento della materia prima ed utilizzo dei diversi litotipi nel sito mesolitico dell'I.N.F.S. In D'AMICO, C.; FINOTTI, F., eds., *Le Scienze della Terra e l'Archeometria*, Riassunti estesi delle comunicazioni presentate alla seconda giornata nazionale, Rovereto, 7-8 Aprile 1995, p. 93-97.

FONTANA, F.; CREMONA, M.G.; FERRARI, E.; GUARISCO, F.; MENGOLI, D. (in press) – People and their land at the southern margins of the central Po Plain in the Early Mesolithic. In Meso 2005, Proceedings of the 7th Conference on the Mesolithic in Europe. Belfast, Northern Ireland, 29 august-2 September 2005

FONTANA, F.; GUERRESCHI A. (in press) – Variability of lithic resource exploitation systems in northern Italy during the early Holocene: the case-studies of Mondeval de Sora (Belluno) and I.N.F.S. (Bologna). In Meso 2005, Proceedings of the 7th Conference on the Mesolithic in Europe. Belfast, Northern Ireland, 29 august-2 September 2005

GENDEL, P.A. (1987) – Socio-stylistic analysis of lithic artefacts from the Mesolithic of Northwestern Europe. In ROWLEY-CONWY, P.; ZVELEBIL, M.; BLANCKHOLM, H.P., eds. Mesolithic Northwest Europe: recent trends. Sheffield, J.R. Collis. p. 65-73

GHIRETTI, A.; GUERRESCHI, A. (1988) – Il Mesolitico nelle valli di Taro e Ceno. Preistoria Alpina. 24, p. 69-102.

ROZOY, J.G. (1994) – Territoires sociaux et environnement en France du Nord et en Belgique de 14.000 à 6.000 B.P. 119ème Congrès National Société Historique Scientiphique, Amiens, Pré- et Protohistoire. p. 429-454

WALCZAK, J. (1998) – La question des styles techniques durant le Mésolithique: remarques générales sur le style tardenoisien de Coincy et sur sa "valeur humaine". Bulletin de la Société Préhistorique Française. 95: 2, p. 203-220.

WIERER, U. (this volume) – Techno-typological analysis of a Sauveterrian industry: the case of Galgenbühel/ Dos de la Forca in the Adige valley (South Tyrol, Italy). Proceeding of the XV UISPP Congress, Lisbon 4-9 September.

PALIMPSESTS, ASSEMBLAGES, PHASES & FACIES: THE CONUNDRUM OF TAXONOMIC GENERALIZATIONS FROM PARTICULAR ARCHEOLOGICAL CASES

Lawrence Guy STRAUS

Department of Anthropology. University of New Mexico. Albuquerque, NM 87131 USA lstraus@unm.edu

***Abstract**: This article examines the nature of the Upper Paleolithic record generated by both old and modern excavations and questions the "cultural" (i.e., ethnically identified) reality of the classic de Mortilletian subdivisions. It proposes that for at least the LUP we can examine actual networks of socio-economic relationships as they existed on the Late Glacial landscapes of Western Europe, not by means of standard lithic chronological and typological analyses, but rather by studies of resource procurement and the circulation of "exotic" items of art and adornment, using radiocarbon as an independent measure of synchrony or diachrony among occupation levels.*

***Keywords**: Late Upper Paleolithic; archeological record; Western Europe; social networks; interpretation*

***Résumé**: Cet article examine la nature du registre archéologique du Paléolithique supérieur aquis par des fouilles anciennes et modernes. Il questionne la réalité "culturelle" (ethnique) des subdivisions classiques à la de Mortillet. Il propose que, au moins pour le Paléolithique supérieur récent, nous puissions examiner des véritables réseaux de relations socio-économiques tel qu'elles existérent dans les paysages du Würm récent en Europe occidentale, non par moyen des analyses lithiques standards de type chronologique et typologique, sinon au travers d'études de l'obtention des ressources et de la circulation des objets d'art et d'adornement "exotiques", et en employant le radiocarbone comme mesure indépendent de la synchronie ou diachronie parmi des niveaux d'occupation.*

***Mots-clés**: Paléolithique supérieur récent; registre archéologique; Europe occidentale; réseaux sociaux; interprétation*

INTRODUCTION

The central questions of archeology have long been 1.) How old is it?; 2.) What is the meaning of differences & similarities among collections of finds? 3.) How were people living at any particular period in the past? and 4.) Why did lifeways change? This brief communication revisits the classic issue of the significance of inter-assemblage variability, a problem which is at the core of much of what archeologists do and debate. As I work mainly in the Upper Paleolithic of Western Europe, I am fortunate to be able to rely (albeit cautiously) on radiocarbon dating to answer the first of the three "big questions" chronometrically. This is not to say that I would deny the ***general*** validity of the temporally restricted nature (and hence chronological utility) of certain "fossiles directeurs" such as Azilian or Magdalenian harpoons, Solutrean foliate or tanged points, or Aurignacian split-base bone points. However, even these iconic artifacts may be "imitated" by pieces made in different ages or may have come to final resting places by human or natural activity such that they were found out of chronological context. Technological convergence and disturbance both can wreak havoc with the (coincidental) time-indicative aspect of even the most traditional and practically useful "diagnostic" artifacts. In my own career, I have only to cite the ambiguities of small numbers of Solutrean point fragments found in levels dating to 17.000 radiocarbon years or less; of the formal similarities between various Solutrean point types and points pertaining to the Aterian of North Africa, the Blattspitzen industries of Eastern Europe, the Chalcolithic of SW Europe, or even the Clovis tradition of North America; ***and*** of the existence of assemblages with radiocarbon dates in the accepted Solutrean range, but lacking Solutrean points. Found in proper geographical context (i.e., Iberia or southern France) and within the correct general temporal framework, Solutrean points have been shown to correspond to a period from about 21.000 to about 17.000 radiocarbon years BP, but then the relevant question is: "so what?" Solutrean-age hunters did not conveniently abandon their points or even unambiguously recognizable fragments thereof at every site they visited or in every meter-square of every site–an important fact, given the increasingly small percentages of site areas that we can afford to excavate. In addition, some "fossil directors" have survived–like inconvenient Coelacanths--in certain regions long after their putative time of demise (e.g., the normally "Gravettian", but long-surviving Noailles burins found in many Solutrean and Magdalenian levels in the Basque Country, even by modern excavations).

Most Paleolithic assemblages lack commonly distributed diagnostic types such as Solutrean points. In their absence (and before the development or widespread acceptance of quasi-accurate, relatively precise chronometric dating methods), systems for characterizing and "placing" assemblages on the basis of their whole composition were developed in the 1950s–the Bordesian method. François Bordes (initially working with Maurice Bourgon) and Denise de Sonneville-Bordes (together with Jean Perrot and building on the earlier work of Denis Peyrony) codified artifact typologies for the Lower/Middle and Upper Paleolithic respectively. Then they classified artifact collections (many excavated with decidedly pre-modern methods by nonetheless excellent archeologists such as Peyrony) among either temporally successive "cultures" and phases or among potentially contemporaneous "cultures" or "facies". Differences among assemblages (often recovered from thick geological/archeological horizons exposed in fairly large, rapidly-done excavations at so-called "classic" sites, notably in the Périgord region of SW France) were attributed either to vague "evolutionary" trends in the development of technology or to "cultural" (i.e., ethnic) differences and, hence, to the effects of folk migrations in and out of particular regions. The missing element in standard Bordesian explanations–the possibility of functional differences among site occupations–was at the core of the critique by Sally and Lewis Binford–not of the "méthode Bordes (which they too used), but of the assumption that time and ethnicity were the only possible causal factors in observed inter-assemblage variations.

The "Bordes-Binford debate", particularly as it concerned specifically the so-called Mousterian facies, was one of the most critical and significant to occur within the discipline of archeology in the second half of the 20th century. While the arguments of the principals were ultimately inconclusive (though, I believe they tended to give more credibility to the functionalist perspective, if only as a matter of common sense and logic), the debate spawned a plethora of productive research, beginning with Binford's own ethnoarcheological & archeofaunal studies and Bordes' sponsorship of lithic microwear analyses. On the American side of the Atlantic it can be argued that the debate spurred work not only on hunter-gatherer subsistence, seasonality, mobility, raw material procurement and lithic reduction sequences, but also on site formation processes. Many of the same things happened on the European side, but with a significant emphasis (originating in France) on the analysis of ***chaînes operatoires***. The latter, whose origins lay in the intellectual approach of André Leroi-Gourhan, has often been taken as a method for identifying culturally (presumably "ethnically") mediated technological "styles". Technology (i.e., lithic reduction style) commonly has come to replace typology in the search for putative ethnic markers. The focus of much current research–some of it involving exhaustive, time-consuming lithic refitting programs–seems to be on the reconstruction of the mental templates of prehistoric flint-knappers, as presumably molded by the culturally mediated process of apprentice craft-learning. But what, beyond the arguably anecdotal, are we ***really*** observing in the archeological record in terms of artifact assemblage variability?

THE PALEOLITHIC ARCHEOLOGICAL RECORD

There are, as we all know, fundamental differences between open-air sites (particularly those whose Paleolithic levels lie fairly close to the modern surface) and cave and rockshelter sites. With plenty of space over which to spread out, hunter-gatherer sites in the open-air are less likely to be characterized by the formation of massive palimpsests and thus may be easier to decipher and interpret as the spatially structured residues of (nearly) individual episodes of human occupation. Loci such as the various units (e.g., hearth-centered artifact and faunal scatters) at Pincevent, Verberie, Etiolles, Marsangy, Gönnersdorf, Andernach, Champréveyres or Monruz are likely to come very close to representing temporally constrained "moments in time", consisting of the items that were discarded close to contemporaneously in the course of the conduct of limited sets of activities. The refitting of stones and bones can bring archeologists fairly close to an approximation of what people were doing with the materials available at specific times and places and with the cultural norms to which they subscribed due to their upbringing and individual life experiences. Unfortunately, of course, most Upper Paleolithic sites are not Pompeii-like Pincevents, so we are usually dealing with a very different kind of archeological reality–not fossilized moments in time, but blurred, distorted, time-averaged palimpsests that pose their own unique problems of interpretation, while affording undeniable benefits to the study of the "big picture" of human cultural/adaptive change over more or less long spans of time.

The bulk of the Upper Paleolithic record is still from sites in caves and rockshelters; in one of the most classic regions--Cantabrian Spain--essentially 100% of the excavated sites are in caves, for example. In this region, as in others, such as SW France, where the classic Upper Paleolithic culture-stratigraphic units (i.e., Châtelperronian, Aurignacian, Gravettian, Solutrean, Magdalenian and Azilian) with their respective "phases" were originally created by archeologists in the late 19th century), the traditional (i.e., pre-1960s) record was made from cave and rockshelter excavations that were big in both extent and depth, but rapid and "coarse-grained" in their recovery methods. The use of picks, shovels and local workmen was the norm; systematic fine-screening, grid system excavation and piece-plotting were not, although extraordinarily good observations about stratigraphy and even (albeit generally anecdotally) features were often made. The effect of the large, but poorly controlled excavations was to create vast collections (especially of lithic and osseous artifacts) from often massive horizons that were undoubtedly the result of long periods of repeated human occupation. The emphasis has been on the vertical (i.e., the stratigraphic, temporal) aspect of the record piled up by frequent use of particularly favored caves through significant spans of time. Given the large extent of many "classic" excavations (e.g., El Castillo, Cueto de la Mina, Santimami□e, to name just a few Cantabrian examples), this is a shame, because many lateral variations in artifact, faunal and feature content (i.e., different activity areas) could have been observed and recorded had it not been for a clear paradigmatic bias for the construction and validation of grand chrono-cultural schemes. In the case of Spain, it is apparent that the main research goal of both foreign and local prehistorians was to demonstrate the existence of the classic French-defined archeo-cultures of the Upper Paleolithic in that country. And, perhaps not surprisingly, the early methods were appropriate to the goals of the time: the recovery of large numbers of supposedly temporally and culturally diagnostic artifacts, from Solutrean points, to Lower Magdalenian engraved scapulae, to Upper Magdalenian harpoons. This is simply a statistical fact of sampling for relatively infrequent artifact types. The other fact about the pre-1960s record, is that for each major prehistoric culture-area it was dominated by just a few "type sites", whose chief virtues were great stratigraphic depth and artifactual wealth. For Cantabrian Spain, El Castillo was ***the*** great site (despite the lack of substantive publication by its principal investigator, H. Obermaier), complemented by such sites as Cueto de la Mina, El Valle, Hornos de la Pe□a, Cueva Morín, Altamira, La Paloma, and La Riera. In a variability-reducing paradigm, the notions of type sites and type fossil artifacts made perfect sense. But do they have any place beyond the lowest level of heuristic simplification? What are the consequences of a continuing preoccupation with the definition of paleo-cultures or litho-ethnic groups, given the reality of the record upon which such speculations are based?

The current realities of archeological excavation of Upper Paleolithic deposits in caves can be described as follows: Full recovery methods (e.g., water-screening, flotation, extensive piece-plotting, collection of chipping debris and bone splinters, recording of hearths and other structural features) and excavation by thin spits and natural lenses/levels have all slowed the process down enormously–and (together with inflation) have made it much more expensive. The result is that excavations are now generally small, especially in deeply stratified caves and rockshelters. The provide spatially very limited samples of the originally occupied areas. This raises the fourth major possible cause of interassemblage variability: the effect of sampling accidents. Less exciting than the "big three" explanations (time, style and function), that of sampling is nonetheless very real, as was always stressed by L.G. Freeman. In short, quite by chance, by digging a more or less small excavation unit in one part of a site as opposed to any other part thereof, the archeologist will come up with results (i.e., assemblages) that may have a certain composition reflective of primary activities and/or discard at that spot. Quite different from the "averaging" effect of old excavations that were extensive and that lumped the contents of thick strata, modern excavations sample small areas of thin units and are by nature very "particularistic". In short, our coverage of the gamut of residues of activities that were once conducted in sites may be of exquisite quality and control, but (literally) akin to "tunnel vision".

FACTORS CONTROLLING OR INFLUENCING ARTIFACT ASSEMBLAGE COMPOSITION

First and foremost, the composition of an artifact assemblage from any given archeological level is determined by the functions the artifacts were meant (or were actually used) to perform before they were discarded. The extent of prehistoric curation (artifact reuse, recycling, etc.), the nature of abandonment (e.g., by dropping at the place of use, by tossing into an adjacent area, or by longer-distance disposal), and situational considerations related to each prehistoric activity, all determine the degree of correlation between artifacts used at a place in a site and the actual activities that had taken place there. Different classes of artifacts may tend to vary in the extent to which they were abandoned at the same places where they mostly used. This is especially true when unretouched lithic debris (micro- and macro-débitage, cores, etc.) are included in the notion of "artifact assemblage", but it is even true when only formal tools are considered. (Imagine the differences among Upper Paleolithic projectile points, endscrapers or knives in terms of the potential relationships between place of normal use and place of discard, for example.)

Because human activities are usually spatially structured and segregated, any society for which there is a signifycant degree of functional specialization among tools would be characterized by uneven distributions in space of the different kinds of tools in its repertoire–both within and among different classes of sites. Thus there should be no expectation that everywhere an archeologist digs a hole (especially a small one relative to the full extent of a site) he/she will find all the kinds of artifacts that a particular group of people were making and using in any given period of time, nor in the relative frequencies that are represented of the prehistoric technological repertoire as a whole. The accidents of archeological sampling ***do*** matter! ***Where*** we choose these days (with our limited funds and time and our concern for slow, meticulous excavation, recording and sediment processsing) to dig our rather small holes (in which sites?, in which places within sites?) can significantly influence the nature and composition of the collections of artifacts (and fauna) that we make. Whether (and to what extent) those collections are actually representative of the full, original assemblages is highly problematic.

Luckily, perhaps, the physical characteristics and constraints of caves and rockshelters (overhang, terrace, bedrock walls, roof-fall blocks, talus slopes, stream channels, areas of more or less sunlight, wind drafts, etc.) can all act to condition where different kinds of human activities can be most commodiously carried out over long periods of time in the geomorphological evolution of the cavity. In short, human space use can be more or less redundantly determined by the structural facts of each site, so, although we archeologists are unlikely to recover actual Pompeii-like "moments in time" in deeply stratified caves, we can reasonably hope to perceive patterns in space-use over fairly long spans of time, so long as the physical characteristics of the site remain stable and the overall nature of the human occupations also remains similar during repeated visits to the site. Thus we can and almost always do "lump" the residues of multiple occupations in our interpretations of spatially patterned activities in caves and rockshelters. We can be guided by the occasional presence of hearths and other anthropic features that structured human activities around or in relation to them, sometimes aided by the ability to refit artifacts or bones. But even so, there is never a guarantee that we are looking at just single episodes of human activity and not palimpsests. Very few sites have the spectacular conditions of preservation and micro-stratigraphic resolution of a Pincevent, so we must learn to untangle and deal with the more usual records with which we are more regularly presented.

So, on the one hand, old excavations often covered large areas (whole rockshelters or cave mouths in some cases), lumped many occupation episodes into massive culture-stratigraphic horizons (palimpsests), and tended to keep mostly the formal tools (and often proportionally more of the larger of these, due to a lack of systematic fine-screening). This resulted in the creation of collections that were time- and space-averages of the contents of sites during long periods of repeated human occupation (no doubt highly variable in terms of group composition, activity mixes and site roles or functions). Old excavations tended to "lump" by their very nature; their sampling was broad, but coarse. Not surprisingly, most ***rare*** cultural occurrences (e.g., burials) and ***objets d'art*** (e.g., engraved scapulae) in the extant record are still the fruit of old excavations, with the down-side being a paucity of precision in terms of provenience information (and some times the actual loss of the finds in question). Ironically, these excavations were rather well-suited for the purpose of defining broad culture-stratigraphic units, amassing information on the ***gestalt*** or overall pattern of the technology in use during more or less extended periods of time over more or less extensive regions. On the other hand, modern excavations often cover very small areas (both absolutely and proportionally) of sites, attempting to separately sample thin levels that may come close to approximating single occupations or series of closely spaced occupations; in short, they "split". They generate large quantities of exquisitely detailed data, especially because of fine water-screening, with a quantitative predominance of microdébitage and small retouched artifacts (e.g., bladelets). The chances of recovering "fossil director" artifacts (such as projectile points or portable art objects) in any given unit (i.e., excavation area and level) are greatly reduced by limited excavation areas and the stochastic vagaries of sampling. Only tiny proportions of the "big picture" of human uses of a site are revealed by many modern excavations, especially when collections are analyzed by the thin levels defined during field work. So, in the cases of many collections from modern excavations it is not likely that a traditional "culture-stratigraphic" attribution can be made, first because the likelihood of finding a diagnostic artifact is soon poor and second because modern excavations are going to find and keep many classes of artifacts different than those commonly saved in systematic fashion from old excavations (e.g., backed bladelets, needle fragments). The things we find in modern excavations and how we curate those finds (i.e., by what kinds of collection units) are more appropriate to the analysis and interpretation of human activities in small parts of sites, rather than to global pronouncements about cultural and phase attribution. It seems to me that to use ***both*** old and modern artifact collections for the purposes of such attributions is akin to comparing apples and oranges; the data resultant from the different kinds of excavations are simply very distinct.

WHAT ARE THE CLASSIC UPPER PALEOLITHIC "CULTURES"?

I have never denied the heuristic value of such terms as Solutrean or Magdalenian, but I firmly believe that it is unrealistic to equate broad classes of artifacts such as invasively retouched lithic points or antler ***sagaies*** or supposedly distinctive artifact assemblage profiles (i.e., Bordesian indices and cumulative percentage graphs) with actual social/ethnic groups bound together by shared cultural norms, especially when these would have spanned thousands of years. What I find most questionable is that, in a day and age when we should better understand the complexity of the archeological record and the multiple causes for its variability (including those introduced by excavation and analysis methods), we often continue to treat concepts created in the early days of the discipline of Paleolithic archeology as if they were the ethnic signatures real groups of people who transmitted cultural norms across scores of generations and who carried such norms from region to region as they moved across the varied landscapes of Last Glacial Europe. More problematic still is the defense of such named concepts even when their supposedly defining characteristics have been changed since the time when they were first conceived of ***by archeologists***, generally in the 19th or early 20th century. These "cultures" take on a life of their own–not so much in the prehistoric reality of the Stone Age, as within the academic discipline that created them in the Industrial Age.

How, for example, can the term "Badegoulian" ***sensu*** E. Vignard, J. Allain & F. Trotignon (a.k.a. "Proto-Magdalenian"***sensu*** A. Cheynier; "Magdalenian 0"***sensu*** F. Bordes & D. de Sonneville -Bordes) be applied to collections in which ***raclettes*** (the original fossil director of this so-called culture at the type-site of Badegoule [Cheynier 1949:225; see also Bordes 1958; de Sonneville-Bordes 1960:497; Trotignon 1984]) are extremely rare or absent (e.g., Bosselin & Djindjian 1999)? Even some of the secondary characteristics of the so-called Badegoulian, such an abundance of burins (especially transversal burins), are scarce or lacking in some collections, which some prehistorians have recently claimed to attribute to this putative cultural tradition. Unfortunately, named constructs such as "Badegoulian" (as opposed to "Magdalenian 0"–which implies a phase in a larger cultural tradition) take on meanings of their own and assume realities among many archeologists as being equivalent to actual cultures, regardless of the characteristics variously assigned to each one through time. Our simply calling two kinds of assemblages of roughly the same age by the same name, even if their contents are very different, does not mean that their prehistoric makers were members of the same cultural entity. Yet this ***modus operandi*** is still being used by some archeologists, for whom–quite ***indiscriminately***--all classes of data (e.g., lithic débitage, tools, pollen, sediments) are grist for the mill of creating pseudo-culture-history.

What does seem to be true–and this has been observed both in France (relatively early, i.e., >/=18.000 ^{14}C BP) and in Spain (relatively late, i.e., </=17.000 ^{14}C BP)–is that Solutrean points disappeared (although neither totally nor abruptly at all sites) and that assemblages with many tools on flakes often appear in the record. Some have varying (but often quite high) percentages of ***raclettes*** and/or transversal burins, but others do not. Collections with the original defining characteristics of the Badegoulian do exist in many regions of France, from Ile de France to Lot. But does that justify vastly broadening the definition to speak of a folk migration into both Cantabrian and Levantine Spain, where this supposed tradition would have replaced the late-surviving local Solutrean culture, especially when there is abundant evidence in many Spanish sites of considerable technological, typological, settlement and subsistence continuity across the so-called Solutrean-Magdalenian transition (e.g., Straus & Clark 1986)? Although it is true that there are "archaic"-looking (i.e., flake-rich) post-Solutrean assemblages with low percentages of laminar/lamellar items in sites such as El Parpalló, ***raclettes*** are very scarce, burins far from abundant, and transversal burins virtually absent (Aura 1995).

Our current excavations in El Mirón Cave (Cantabria) concern precisely levels that are temporally transitional between Solutrean and Magdalenian (González Morales & Straus 2005; Straus & González Morales 2005). Exposed in a small area (rendering sampling effects very consequential), some of the levels dating to ca. 17.000 ^{14}C BP have many of large flakes and archaic-looking tools on flakes (sidescrapers, denticulates, notches) made on local non-flint raw materials (mudstone, quartzite, limestone) with few microliths or classic Upper Paleolithic tools. However other levels (units no more than a few cm thick) have more artifacts made on excellent-quality non-local flint, including some classic Upper Paleolithic tool types (even some bladelets and burins, though none of the latter are transversal). ***Raclettes*** are essentially absent. There are quite a few ***piéces esquillées*** (as there are in many Magdalenian assemblages in El Mirón), a type sometimes considered typical of the initial Magdalenian (e.g., Bordes 1968:163). But this is no doubt a product of the small size of the flint nodules that were being procured at a relatively long distance from the site; these are simply bipolar cores and it is hard to imagine them as "cultural markers". The point is that the "archaic" tool-rich assemblages may be localized not only stratigraphically (and not in the oldest position), but also spatially. They probably represent episodes when human mobility was limited to the area immediately around the cave, but were these for situational reasons such as seasonal variations in catchment territories or social exclusion from the source areas of good flint near the Tardiglacial shore to the north-northeast of the site, or was the reduced mobility a cultural (i.e., ethnic) characteristic of certain groups at this time? The relationship between classic Upper Paleolithic ("leptolithic") tool types such as burins and backed bladelets and good-quality flint is quite clear. When the flint is scarce and local stones are used, what abound are large flake tools of "Mousteroid" aspect. In the area corresponding to the small "window" into this period which we have opened by our excavation, these two alternative technologies seem to alternate (for similar evidence from La Riera Cave, see Straus & Clark 1986). But it is entirely possible that in other parts of the same levels–not sampled by our excavation–the artifact assemblage compositions could be very different or even reversed from what we observe currently, due to activity area variations within this large cave.

In short, the most parsimonious explanation is not to ascribe different assemblage types to different cultures, but rather to accept the fact of sampling accidents and changing locations of different activities within the cave among a series of human occupations, as well as fluctuating roles for the cave as a site within the settlement systems of each period, as these factors overlapped with the problems of availability of good-quality flint. These are all questions that will have to be posed and answered, as the lithic, structural and faunal analyses of the El Mirón early Magdalenian proceed. Naturally, on a Southwestern European scale it is interesting to seek reasons why the killing technology of the Solutrean does seem to have disappeared (first in the north and later in the south) as the rigorous climate conditions of the Last Glacial Maximum relaxed somewhat in early Dryas I. But an invasion of Spain by once-***raclette***-rich people who left their ***raclettes*** behind as they crossed the Pyrenees, is the least likely hypothesis.

PRISONERS OF OUR OWN TAXONOMIES

As I see it, the basic problem is that prehistorians (quite justifiably) are interested in seeking evidence of human population movements in the Upper Paleolithic, but they are sometimes going at it with inadequate, antiquated means and measures. The result is the continued assumption that culture-stratigraphic units created in the late 19th or early 20th century are strictly equivalent to ethnic groups each with a real sense of identity and social boundedness. Researchers still ***start*** with the idea of the prehistoric socio-cultural reality of such modern-day archeological constructs as the Solutrean, the Badegoulian, the Magdalenian, etc. Each of these is defined in by a ***pot-pourri*** of traits, some fairly widespread, others highly variable in their presence from site to site or area to area within sites, some clearly linked to specific activities or raw material availability. Presence, absence and relative frequency of all the putative defining traits of an Upper Paleolithic "cultural tradition" are subject to the vagaries of archeological sampling. Nonetheless, despite all the advances made by prehistoric archeology over more than a century, certain prehistorians continue to defend the meaningfulness of "entities" whose definitions can be highly variable from site to site and whose spans of supposed existence demonstrably covered thousands of years–far longer than the continuous existence of any known cultures of the historic era. The continued acceptance and use of such implausible concepts to plot the movements and contacts of people across the landscapes of Europe during the course of the late Last Glacial are problematic.

On the other hand, it does seem to me that, for at least the later periods of the Upper Paleolithic, with many radiocarbon dates of reasonably high precision, we can begin to speak of actual regional band territories, inter-band contacts and geographical changes in the human range, but by using other measures less susceptible to explanation by alternate, more plausible causes.

Our perception of Upper Paleolithic socio-cultural groups on the landscape is only partly dependent on the classic diagnostic artifacts. Increasingly we are coming to realize that, with temporal control provided by radiocarbon, trade goods with definite source areas (i.e., fossils, marine molluscs, rare minerals, petrographically identifiable lithic raw materials) and items of portable art and ornamentation that are technically and stylistically complex (and hence not likely to be similar just because of convergence) can serve to define the existence of prehistoric social contacts and networks of relationships. Through the distributions of such objects, we can trace the spheres of human interaction–direct or indirect, frequent or occasional–that must have existed during particular spans of time in the past, and the reasons for which can be understood at least in part with reference to the ecology of the times. For example, the contraction of the inhabited world of Western Europe into refugia in Iberia and southern France during the Last Glacial Maximum and the difficult conditions of existence that surviving human groups faced, help to explain the rather restricted distribution of the Solutrean, the technological emphasis on lethal hunting weaponry, the frequent selection of excellent-quality flint with which to manufacture reliable projectile points, the fragmented nature of the main areas of human settlement with stylistic variation in functionnally equivalent projectile points, etc. On the contrary, as pleniglacial conditions began to relax and the high latitude and high altitude regions of Europe became re-vegetated and repopulated with game, the human range re-expanded. Yet contacts had to be maintained with the former refugium areas (for such purposes as demographically essential mate acquisition in a situation of leap-frog colonization of new regions over long distances, as back-up strategies to deal with resource emergencies in times of extreme climatic fluctuation, or simple socialbility). This is manifested in the widespread distribution of fossils, sea shells, exotica such as jet or amber, "peculiar" portable art objects, decorative design motifs or ornaments. These would seem to be more reliable, exclusive indicators of actual networks of human interaction that constituted what we call the Magdalenian world than, for example, particular styles of blade manufacture–so dependent on the availability of very large nodules of good-quality flint, which however is not ubiquitously present. Archeologists ought to take a "bottom-up" approach to detecting and defining socio-cultural entities (in reality, networks of interacting band members) in the Upper Paleolithic time range. This should be done by using radiocarbon to provide temporal control and then plotting the distributions of "contemporaneous" items susceptible have been made, acquired or initially invented in specific areas and then "spread" among other regions by a variety of human mechanisms (e.g., direct trade, down-the-line exchange like "kula" or "hxaro", long-distance visiting, band migrations). With radiometric dating and the use of artifactual indicators that are not likely to the consequences of convergence, and whose presence actually testifies to human-to-human contacts by their very complexity and rarity, it seems to me that we can get closer to the truth about socio-cultural interactions among people who did share certain things in common. This is so, even if it is likely that there were no fixed cultural boundaries or precise notions of actual membership in exclusive cultural entities in the Upper Paleolithic.

Examples of what I would be comfortable with accepting as evidence of hunter-gatherer social interaction spheres exist at different scales. For example, in the period around 16.000-15.000 ^{14}C BP, an exclusive cluster of red deer scapulae with images of (mainly) red deer hinds engraved by multiple striations exists in the geographically restricted area of Cantabria and eastern Asturias. Similar engraved figures on cave walls in the same small region are also believed to be of this age, based on independent dating at Altamira. With examples in El Cierro at the western end of this 65 km-long area and at El Mirón at the other end, the center of this distribution seems to be in the area of Altamira and El Castillo caves, where there are many scapulae and near which are several other sites containing these items (González Morales *et al.* n.d., with refs). The distribution of these artifacts suggests intensive interaction on the scale of a regional band with restricted territorialism. It perhaps represents continuation (or even greater contraction) of the limited range of human catchment areas suggested by the distribution of concave base Solutrean points in the preceding period, when the characteristic artifacts are found from central Asturias through the Basque Country and even in trace quantities in the French Pyrenees. (A similar and quite famous case of apparently strict regionalism is that of the cluster of so-called "bird-and-fawn" carved spearthrowers in the mid-Magdalenian of the French Pyrenees [Cattelain 2005].)

In the period around 15.000-14.000 ^{14}C BP, images of ungulate heads (mainly, but not only horses) cut out of hyoid bones and then perforated ("contours découpés") have been found at numerous sites the length of the French Pyrenees, in some cases (e.g., Isturitz, Labastide) in large numbers. However, small numbers of these very unusual adornments have also been found at a few sites in Cantabria and Asturias (Corchón 2005, with refs). Some of the latter are identical to the Pyrenean examples (including a group of "cached" items in a deep side-room of Tito Bustillo Cave [Balbín *et al.* 2003]), but others seem to be "imitations" (non-identical "look-alikes") of the genuine article (items from the living site at the original entrance of Tito Bustillo and from El Juyo). This phenomenon seems to be related to the vigorous re-occupation of the Pyrenees in late Dryas I, after the retreat of the mountain glaciers of the LGM. The substantial new human population of the Pyrenees clearly had direct contacts with the long-established population of the French Basque Country, and the latter seem to have had long-distance relations with the also long-established population of Cantabria and Asturias (leapfrogging over the Spanish Basque Country, where no "contours découpés" have [yet] been found. (The case of perforated and engraved disks also cut out of scapula blades is similar; most are concentrated in the mid-Magdalenian of the French Pyrenees, but the distribution includes several sites in northern Aquitaine, plus two outliers in Asturias and even more distant ones of later age in Belgium, the German Rhineland and Southwest, and adjacent Switzerland [Schwendler 2005, with refs].)

In the period ca. 13.000-12.000 ^{14}C BP, the final northward expansion of the Magdalenian world took place, ultimately reaching the northwestern region of Germany. This included the leapfrogging reoccupations of the Paris Basin, England, NE France, Switzerland, Belgium, SW Netherlands, SW Germany, the German Rhineland and eastern Germany, as well as the Hamburg region. To a great extent, this vast region's Magdalenian bands seem to have been connected by trade in fossils (from source locations in the Seine and Loire basins), Atlantic and Mediterranean shells, circulation of other exotica and non-local flints, and of at least ideas about images to be engraved on stone slabs (e.g., highly stylized so-called "female" forms, realistic large ungulates) (Bosinski 1991; Rensink 1993; Otte & Straus 1997, all with refs). There is even the hint of an extremely long distance (and time-transgressing) connection between the French Pyrenees and the Hamburg region site of Poggenwisch because of an antler wand with a high-relief carving of a convoluted motif in the German site that is similar to ones found at Isturitz and other sites in the southern French mountain chain (Bosinski 1978). At this scale, one can speak of a network of social connections that constituted what we call the Upper Magdalenian world in the period of the Last Glacial Interstadial (see Taborin 1993; Alvarez 2001; Schwendler 2004, all with refs). The interconnectedness of this Tardiglacial world of human relations was recently highlighted by the discovery of ***Homalopoma sanguineum*** shells of apparently strictly Mediterranean origin in sites as far apart as Tito Bustillo, Horno and Mirón in Cantabrian Spain on the one hand and Andernach and Gönnersdorf in the German Rhineland on the other (Alvarez 2005), reinforcing the long-advocated, art-based arguments of G. Bosinski for long-distance Magdalenian connections.

CONCLUSIONS

Before claims of the existence of paleo-cultures (based on general artifact assemblage similarities) equivalent to modern-day cultures or ethnic groups can be made, all the alternatives must be examined and temporal relationships among phenomena (i.e., levels at different sites) must be accurately determined by means independent of the artifacts themselves (i.e., by replicated, coherent ^{14}C dates) . Convergence, coincidence, and similarities of raw material and functional constraints can all play significant roles in causing broad similarities among widely separated artifact assemblages. This is not to deny the existence of actual human contacts (direct or indirect) via down-the-line exchange, intermarriage, visits, economic/ social/ritual aggregations, etc. The spread of technological inventions (things that seemed to be good ideas at the time, gadget "fads") and even of manufacturing styles from band to band, from person to person, must have occurred, especially under the conditions of what was, for foraging societies, relatively dense population packing in the Franco-Cantabrian region. Our task is to try to actually document such contacts and influences, not with vague, highly situational similarities among whole assemblages of stone tools, but with more concrete objects whose similarities are so complex and/or unique as to be unlikely the result of convergence or chance. Whether we choose to continue to call the results of these studies by such names as "Solutrean" or "Lower, Middle or Upper Magdalenian", or to talk of the nature and scale of human social territories and networks (closed/open, restricted/expansive) during particular time slices such as radiocarbon millennia, is immaterial to my mind. The important thing is to realize that studies of Upper Paleolithic social relations are possible, but we must get serious about finding meaningful measures for observing networks and boundaries, rather than continuing to wallow in the literal defense of old concepts based on the presence or relative frequency of socially irrelevant stone tool types. Far more interesting along these lines, for example, is the reliable study of lithic raw material procurement and catchment areas, as opposed to percentages of burins, endscrapers, ***raclettes***, etc. The latter can help inform us about site (or site area) activity functions. But that is different from trying to glean information about human contacts, or their recognition of shared symbols and values as members of something larger than the family or local band. This is feasible, but only with independent chronological control and the careful choice of data appropriate to addressing this kind of question.

References

ALVAREZ, E. (2001) – L'axe Rhin-Rhône au Paléolithique supérieur récent: l'exemple des mollusques utilisés comme objets de parure. *L'Anthropologie* 105: 547-564.

ALVAREZ, E. (2005) – Eloignés mais pas isolés: la parure hors de la "frontière française" pendant le Magdalénien. In DUJARDIN, V., ed. - *Industrie Osseuse et Parures du Solutréen au Magdalénien en Europe.* Paris: Mémoires de la Société Préhistorique Française. 39, p. 25-38.

AURA, J.E. (1995) – *El Magdaleniense Mediterráneo: La Cova del Parpalló.* Valencia: Servicio de Investigación Prehistórica.

BALBIN, R.; ALCOLEA, J.; GONZALEZ, M. (2003) – El macizo de Ardines, un lugar mayor del arte paleolítico europeo. In BALBIN, R.; BUENO, P., eds.- *El Arte Prehistórico desde los Inicios del Siglo XXI.* Ribadesella, Asociación Cultural Amigos de Ribadesella, p.91-151.

BORDES, F. (1958) – Nouvelles fouilles à Laugerie-Haute Est. Premiers résultats. *L'Anthropologie.* 62, pp. 205-244.

BORDES, F. (1968) – *The Old Stone Age.* New York: McGraw Hill.

BOSINSKI, G. (1978) – Der Poggenwischstab. *Bonner Jahrbuch.* 178, pp. 83-92.

BOSINSKI, G. (1991) – The representation of female figures in the Rhineland Magdalenian. *Proceedings of the Prehistoric Society.* 57, pp. 51-64.

BOSSELIN, B.; DJINDJIAN, F. (1999) – Une révision de la séquence de La Riera (Asturies) et la question du Badegoulien cantabrique. *Bulletin de la Société Préhistorique Française.* 96:153-173.

CATTELAIN, P. (2005) – Propulseurs magdaléniens: marqueurs culturels régionaux. In DUJARDIN, V., ed.- *Industrie Osseuse et Parures du Solutréen au Magdalénien en Europe.* Paris: Mémoires de la Société Préhistorique Française 39, p. 301-317.

CHEYNIER, A. (1949) – *Badegoule: Station Solutréen et Proto-Magdalénien.* Paris: Institut de Paléontologie Humaine, Mémoire 23.

CORCHÓN, S. (2005) - Europa 16500-14500 a.C: un lenguaje común. In ARIAS, P.; ONTAÑÓN, R. *La Materia del Lenguaje Prehistórico. El arte mueble paleolítico de Cantabria en su contexto.* 2ª ed., Santander: Instituto Internacional de Investigaciones Prehistóricas de Cantabria, p.105-126.

GONZALEZ MORALES, M.; STRAUS, L.G. (2005) – The Magdalenian sequence of El Mirón Cave. In DUJARDIN, V., ed.- *Industrie Osseuse et Parures du Solutréen au Magdalénien en Europe.* Paris : Mémoires de la Société Préhistorique Française. 39, p.209-219.

GONZALEZ MORALES, M.; STRAUS, L.G.; MARIN, A.B. (2007) – Los omóplatos decorados magdalenienses de la Cueva del Mirón (Ramales de la Victoria, Cantabria) y su relación con las cuevas del Castillo, Altamira y El Juyo. In MAILLO, J.; BAQUEDANO, E., eds.- *Homenaje a Victoria Cabrera.* Madrid: Zona Arqueológica (in press).

OTTE, M.; STRAUS, LG. (1997) – *La Grotte du Bois Laiterie.* Liège: ERAUL 80. 391 pp.

RENSINK, E. (1993) – *Moving into the North: Magdalenian Occupation and Exploitation of the Loess Landscapes of Northwestern Europe.* Doctoral dissertation, Rijksuniversiteit Leiden.

SCHWENDLER, R. (2004) – *Hunter-Gatherer Social Interactions in Magdalenian Western Europe.* Ph.D. dissertation, Albuquerque: University of New Mexico.

SCHWENDLER, R. (2005) – Magdalenian perforated bone disks in geographic and social contexts. In DUJARDIN, V., ed.- *Industrie Osseuse et Parures du Solutréen au Magdalénien en Europe.* Paris: Mémoires de la Société Préhistorique Française 39, p.73-84.

SONNEVILLE-BORDES, D. de (1960) – *Le Paléolithique Supérieur en Périgord.* Bordeaux: Delmas.

STRAUS, L.G.; CLARK, G.A. (1986) – *La Riera Cave.* Tempe: Anthropological Research Papers 36.

STRAUS, L.G.; GONZALEZ MORALES,M. (2005) – El Magdaleniense de la Cueva del Mirón (Ramales de la Victoria, Cantabria, España): observaciones preliminares. In BICHO, N., ed. – *Actas do IV Congresso de Arqueologia Peninsular,* Faro: Promontoria Monográfica 2, p.49-62.

TABORIN, Y. (1993) – *La Parure en Coquillage au Paléolithique.* Paris: Gallia Préhistoire, Supplément 29.

TROTIGNON, F. (1984) – *Etudes sur l'Abri Fritsch (Indre).* Paris: Gallia Préhistoire, Supplément 19.